社會生物學：新綜合理論
SOCIOBIOLOGY : THE NEW SYNTHESIS
twenty-fifth anniversary edition

第四冊：從冷血動物到人類

威爾森　著
BY EDWARD O. WILSON

薛絢　譯

Sociobiology: The New Synthesis （Twenty-Fifth Anniversary Edition）
by Edward O. Wilson
Copyright © 1975, 2000 by the President and Fellows of Harvard College
Published by arrangement with Harvard University Press
Complex Chinese edition copyright:
2012 Rive Gauche Publishing House
All rights reserved

左岸｜科普 183

社會生物學——新綜合理論（Sociobiology: The New Synthesis）
第四冊：從冷血動物到人類

作　者	威爾森（Edward O. Wilson）
譯　者	薛　絢
總編輯	黃秀如
特約編輯	蘇彥肇、張名泉
責任編輯	王湘瑋
封面設計	黃暐鵬
內頁設計	Arales
社　長	郭重興
發行人暨出版總監	曾大福
出　版	左岸文化事業有限公司
發　行	遠足文化事業股份有限公司
	231 新北市新店區民權路 108-2 號 9 樓
電　話	（02）2218-1417
傳　真	（02）2218-8057
客服專線	0800-221-029
E-Mail	service@bookrep.com.tw
網　站	http://blog.roodo.com/rivegauche
法律顧問	華洋法律事務所　蘇文生律師
印　刷	成陽印刷股份有限公司
初　版	2013 年 11 月
定　價	500 元
ISBN	978-986-6723-97-1

國家圖書館出版品預行編目（CIP）資料

社會生物學：新綜合理論．第四冊，從冷血動
物到人類 / E. O. 威爾森（Edward O. Wilson）
著；薛絢譯． – 初版 – 新北市新店區：左岸文化
出版：遠足文化發行, 2013.11.
560 面 ; 23 公分
（左岸科普 ; 183）
譯自：Sociobiology: The New Synthesis
ISBN 978-986-6723-97-1（平裝）

1. 動物行為

383.7　　　　　　　　　　102020941

總目

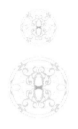

阿周那對黑天大神說：

如果這些人利令智昏，被貪婪迷住心竅，
不把毀滅家族視為罪，不把謀害朋友視為惡；
而我們心智清明，知道毀滅家族罪孽深重，
那我們還有什麼理由，不迴避這種罪過？

黑天大神對阿周那說：

認為宇宙的大我會殺死什麼，
或認為大我會被殺死，這兩種看法都不對。
大我既不殺，
也不被殺。

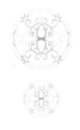

引自《薄伽梵歌》1-38, 2-19

Chapter 21

冷血脊椎動物

　　魚類、兩棲類、爬蟲類社會組織的一些元素達到高等程度，牠們把這些元素集合起來的方法不算高等。這些冷血的脊椎動物在領域性、求偶、親代照顧方面並不輸給哺乳類和鳥類，許多物種還一直是田野觀察與實驗室研究的重要範本。但不知為何，也許是因為冷血脊椎動物缺乏足夠的智能，因此牠們沒有演化出哺乳動物用來建立社會基礎的那種合作育幼行為。又因為其他緣故──可能是欠缺單雙套染色體性別制，或欠缺恰當的生態必要性──牠們也沒有足夠的利他行為，來形成昆蟲那樣的社會。即便如此，冷血脊椎動物仍有令社會生物學特別感興趣之處。魚類的結群行動有些獨特的樣貌，近來才開始受到重視，本章下文就會談到。魚的結群可以說是在另一種物理媒質之中表現的社會性，因而使立體幾何學變成社會組織的要素（其他社會之中的個體是安排在平面上的）。兩棲類也一樣值得重視，但理由不同。近

期的研究顯示，青蛙有充份發展的、高度多樣化的社會系統，與鳥類的社會系統相同。由於青蛙的系統發育與鳥類相差很遠，我們所討論的特性又是在屬與種的層級有易變性，所以牠們是另一支獨立運作的演化實驗，才剛開始被研究。爬蟲類亦然，尤其陸棲蜥蜴物種。

魚群

　　一九二七年間，帕爾發表了一篇文章，將魚類結群行為這個題目帶入客觀的生物學研究中（Parr, 1927）。他駁斥了「社會本能」的含糊舊概念，推論魚類生來就會憑視覺彼此領會而產生吸引與排斥，結群就是在吸引與排斥之間取得平衡的結果。喜好結群的程度與形成群體的方式，因物種不同而各異。帕爾認為結群是一種有適應作用的生理現象，和其他適應行為一樣應該從生理與演化的角度加以探討。五十年來累積了大量有關結群的行為及生態研究成果，證實帕爾的看法有理。最精湛的文獻回顧來自蕭與拉達考夫（Shaw, 1970; Radakov, 1973），蕭將英文與德文的研究文獻作了總複習，拉達考夫包辦了俄文的全部文獻，兩者的量一樣大。西方動物學家所知極少的俄文研究著作，都有很充裕的經費支持，因為前蘇聯的漁撈產業要應用這些知識。這些文獻值得注意，是因為注意重心放在魚群的生態意義上，符合其他國家社會生物學研究的較新的面向。

　　按拉達考夫的說法，魚群是「個體的暫時集合，通常由同一物種的個體組成，成員全部或多數處於生命週期中的同一階段，積極地互相接觸，表現──或隨時可表現──有組織的行動，這些行動通常都對群體成員有生物上的益處。」有人會不服這樣的說明，會在各項描述上增增減減，或加以修改；但是，語義上的爭論已經籠罩這個課題的「理論」太久了。拉達考夫的釋義其實已接近各家共識，這樣的描述也交代得夠妥當了。

　　遠看一個魚群，會覺得像一個大的生物體。魚群的成員，少則二、三條，

多可上百萬條，以緊密的隊形行動，迴旋或逆轉都近似一體。其中可能並沒有統御與服從之分，或許是這個區分很微弱，所以對於魚群整體的動態影響很小，或全無影響。而且沒有一定的帶隊者。魚群如果向左或右轉，原先居於側邊的成員就變成了帶隊者（見圖 21-1）。魚群的平均規模因物種不同而有大小差異，成員之間保持的距離、行進速度、群體的形狀，也都有物種上的差異（Breder, 1959; Pitcher, 1973）。魚群行進中雖然會像軍隊般精準地排好，休息或攝食的時候卻幾乎漫無定向。如果遭遇掠食者，魚群又會有特定的隊形變換（見圖 21-2）。行進中的魚群如何保持個體的間距，當然會受

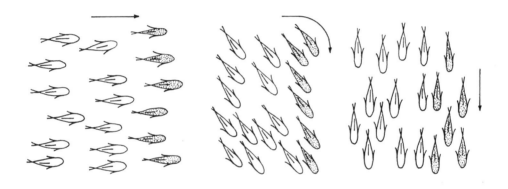

圖 21-1：魚群如果改變方向，帶隊者也會變。左圖的帶隊者（身上打了黑點）在魚群作 90 度轉向時變成居於側邊，如中間圖與右圖所示。（Modified from Shaw, 1962.）

流體力學很大影響。每條魚會儘可能與毗鄰者貼近，同時不讓其他成員產生的湍流嚴重妨礙自己的效率（Rosen, 1958; Breder, 1965; Shuleikin, 1968）。每名個體都在身後形成一條漸消的渦流尾巴。在多數魚群中，並行的個體之間的距離，大約是一條魚的側邊到另一條魚製造的渦流前端外側之間，這個距離的兩倍多一點點。魚兒甚至可以利用自己前面的夥伴耗用的能量，毫不用力地乘著渦流行進小段距離。節省力氣當然不是結群的唯一目的。魚群有

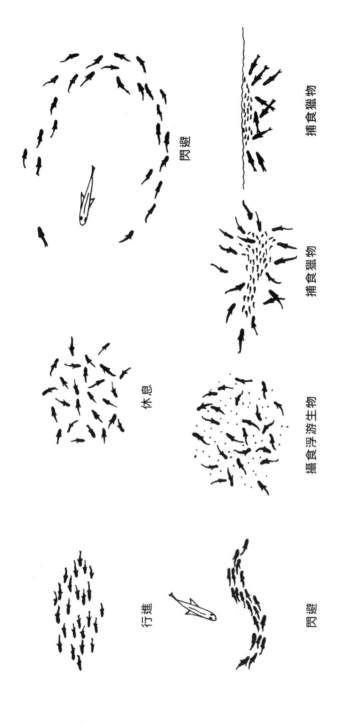

圖 21-2：在開放水域中的魚群會依環境條件改變隊形。魚群休息或進食時通常隊形較鬆散。（Modified from Radakov, 1973.）

閃避

捕食獵物

捕食獵物

休息

攝食浮游生物

行進

閃避

社會生物學：新綜合理論

時候會密集成所謂的「豆莢」，也就是個體彼此相觸地貼緊。這種隊形可以抵擋掠食者。例如，鰻鯰（*Plotosus*）幼魚會在受到侵擾時整群擠成一個結實的球狀，尖銳的胸鰭朝外，如同一顆佈滿尖刺的仙人掌球。一般而言，魚群吃飽時的隊形最緊密，需要覓食時的隊形會變鬆。原因可能是為了便利覓食，而犧牲預防掠食者的一些優勢。

蕭與其他人士的詳細實驗證明，魚群中的個體定位主要是憑視覺。銀漢魚（*Menidia menidia*、*Atherina mochon*）之類的小魚出生幾天就有視力運動反應，隨後不久就能排並列隊伍。單獨孵養的銀漢魚仍會結群，但遠不及群體一起養大的銀漢魚排得整齊。寬竹莢魚（*Trachurus symmetricus*）結群時會配合同伴調整自己的速度，密切注意著自己側翼的個體（Hunter, 1969）。定位也包含流變觸覺：魚群大多逆流前進，並且會避開渦流的邊緣。有時候群中不同位置的個體會有不同的行為，使魚群呈現些許幾何結構。鯔魚（*Mugil cephalus*）每年秋季會從美國東部沿岸和灣流海岸遷移到外海去繁殖，魚群結構密實，不斷改變形狀，流暢自如地變換成圓圈、盤狀、幾個小團、三角形、彎月形、直線形。群中的個體也不斷變換位置。魚群尾端比較密實的部份會以隨機的動作攪動水流，經常散開來成為不同動向的小群，然後再集合回來，也可能不再回到群隊裡。McFarland and Moss（1967）發現，龐大魚群前端至尾端的環境氧濃度會明顯遞降。他們認為，從這一點就可以解釋攪動水流與尾端解散的緣故，也可以解釋鯔魚群形狀不斷改變的緣故。反之，周圍氫離子似乎變化不大，不足以造成什麼影響。

流體動力上的限制也會促使結群的成員體積都差不多大。體積值域比幾乎不會超過 1:0.6，其中的 1 即是魚群中最大隻的個體體積（Breder, 1965）。如果體積小的魚試圖和體積大的魚結群，會難以保持相同速度，也不可能維持正確的個體間距離以避免湍流的減速效應。如果是各種不同大小的魚結群，其中的成員必須隨時調整與緊鄰同伴之間的距離，這恐怕是不可

能的任務。

　　許多固定結群的魚類，通訊的功能不止於動作協調。例如南美洲的淡水魚種細鋸脂鯉（*Pristella riddlei*），背鰭上有醒目的黑斑，警戒時背鰭會迅速抽動（Keenleyside, 1955）。太平洋的三帶圓雀鯛（*Dascyllus aruanus*）身上有顯著的黑白紋，能吸引同類聚群（Franzisket, 1960）。少數幾個魚種（尤其是夜間集群者）會用聲音作接觸訊號（Winn, 1964）。鯉科、鯰魚，以及其他骨鰾類的魚，皮膚裡含有一種警戒物質（即 Schreckstoff，德語之「恐怖的東西」），群中如果有成員受了傷，釋出的警戒物質會使其他成員解散（Pfeiffer, 1962; Tucker and Suzuki, 1972）。

　　魚究竟為什麼要結群？顯然只有在不必守著領域的情況下才可能結群。一生大部份時間或全部時間都在開放水域中度過的魚種，隨機挪換地點，才有可能演化結群行為。我們將領域行為顯著有別的物種作比較研究，可能推斷出是哪些生態因子使某些物種「擺脫」了據守地盤的生活方式。Stephens et al.（1970）研究鯛科小魚之中的高鯛屬（*Hypsoblennius*）就是非常好的例子。美國加州南部沿海有兩種高鯛分別在不同地帶佔住近乎絕對的優勢：詹氏高鯛（*H. jenkinsi*）的勢力範圍不出低漲潮區域的蛤蜊巢穴、貽貝團、蟲管，吉氏高鯛（*H. gilberti*）則分佈於詹氏高鯛勢力範圍之上的潮間帶，潮退時佔據「老家」的岩石區潮水潭，漲潮時就在潮間帶和毗鄰的低潮帶礫石之中遊走。我們可以合理地推斷，這兩個物種因競爭而彼此排擠。詹氏高鯛的環境比較穩定而可以預測，所以成年者都留在距離安全退避處一公尺的範圍內，非常努力地保衛這個領域，不准其他鯛魚涉入。吉氏高鯛的情形卻不同，必須游很廣的範圍覓食，最遠的地方距老家可能有十五米遠。吉氏高鯛的活動圈範圍大得多，牠們不會費力保衛，甚至可能完全不保衛。結群的行為很可能就是從這種機會主義的適應方式演化的。只要環境條件迫使個體離開活動圈，而且持續游來游去的利多於弊，結群行為就會演化。從遊走結群

逆向演化為單獨據守領域，也一樣說得通。有些物種，例如刺魚，會在一次生命週期裡輪流採兩種行為，在繁殖季節開始時離開覓食群去建立各自的領域。

遊走是演化結群行為的必要條件，但不是只憑這個條件便可演化結群行為。也不會有什麼單一的生態需求是演化的原動力。結群是高度折衷的現象，許多種系發生上明顯不同的動物都分別演化出結群行為（Shaw, 1962）。大概有兩千個海洋物種都會結群。其中多數物種屬於海中數量最多的三個目：鯡形目；鯔形目，包括鯔魚、銀漢魚等；鱸形目，包括結群的狗魚、鯧鰺、短吻秋刀、鯖、鰹，以及偶爾結群的留鯛和石鱸。另外，淡水的鯉形目也包含兩千個結群的魚種，例如淡水銀漢魚和脂鯉。已有非常多的證據顯示，結群行為有各種不同的益處，以下各項因魚種不同，可能只有一項適用或多項適用：

1. 抵禦掠食者。魚群遭遇掠食者時的結群行為最強烈也最明顯。有些魚種會密集靠攏，例如刺魚、鯰魚。有些魚種，例如玉筋魚（*Ammodytes*），會散開一小段距離再重新集合成一個圓圈，把掠食者包圍住。假如大體積的掠食者衝刺，玉筋魚群會閃到一旁，然後再恢復圍住掠食者的隊形（Kühlmann and Karst, 1967）。拉達考夫發現，加勒比海的堅頭美銀漢魚（*Atherinomorus stipes*）如果受到驚恐的刺激，會有一道「騷動波」傳過魚群，速度比個體的動作快。騷動波的強度會隨距離消減，所以較弱的刺激引起的反應會只限於魚群的局部。這些觀察所見，導致帕爾以及後來的研究者都認為，魚群這種行為是為了要混淆掠食者。這個作用應該可以降低個體被捉的機率，使機率低於個體沒有協調一致動作的情況。也有可能是因為結群的魚比獨居者容易覺察掠食者，使個體成員逃脫的機率較高。這些說法都沒有充足的證據。但 S. R. Neil（cited by Pitcher, 1973）不久前發現，在實驗室環境中，狗魚和鱸魚攻擊魚群的成功率不如攻擊獨居的魚。Williams（1966a）曾

指出，魚類有尋求掩蔽的向性，這會增加結群的凝聚力。因為離群行動比較危險，甚至游在群體邊緣也比較危險，所以每條魚都有想往群體中心移動的明顯傾向。結果就是魚群前進中先鋒部隊不斷往內轉，一些成員從後方往前擠時把另一部份成員擠成帶隊者，帶隊者前進了一小段距離後又往後轉，使別的成員變成帶隊者。結群的另一個擾亂掠食者的方法是，把一個大群化整為零，成為幾個縮聚的點。掠食者必須持續窮追不捨，否則成功機率會大減（Brock and Riffenburgh, 1960）。在這種情況下，掠食者如果有尋找追蹤魚群的本領，就可以佔上風。體型大的動物如果攻擊密集魚群，那麼單獨個體小得不夠塞牙縫的魚也可以提供一頓飽餐。例如，Bullis（1960）就曾看見一條白吻鯊大口地吃多指馬鮁（Polydactylus）的密集群，如同啃蘋果一般。鰹鳥攻擊多指馬鮁的方式是，先浮在魚群的上方，然後衝下來大口吞食這些小魚。

　　2. 增進覓食能力。至少從理論上看，個體可以在結群覓食時，從其他成員的發現與經驗中受益。前文（第三章、第十七章）談到鳥類結群時已經講過這項優勢。只要食物資源不集中而且難以預測，結群覓食的優點就勝過成員可能爭搶食物的缺點。因此，就憑這一個原因，以小魚群或頭足綱（魷魚等）為食物的大型魚類也會結群覓食。甚至體型最大的水中掠食者也會結群捕食，這當然不是因為怕被掠食，而是為了增進捕食效率。O'Connell（1960）以實驗證明個體的確可以藉結群提高覓食效率。他在實驗室中訓練一組擬沙丁魚（Sardinops caerulea）在五秒鐘燈光訊號後去找魚食丸子的反應，反覆訓練會使這種反應越來越快。之後他以未受過訓練的沙丁魚取代了群中的41%，結果並未降低整體的反應速度，顯然新加入的成員會跟著老成員的動作反應。

　　3. 節省能量。前文說過結群的魚可以搭隊伍前面的成員製造的渦流便車，因而節省自己的力氣。結群有可能保溫，這是冷水物種的重要考量。

社會生物學：新綜合理論

Hergenrader and Hasler（1967）發現，美國威斯康辛州門多塔湖的水溫如果降至攝氏零至五度，獨居的黃金鱸（*Perca flavescens*）的游速只有結群黃金鱸的一半。

4. 便利繁殖。在開闊水域中分散生活的魚種，族群密度遠低於集中於海底特定棲地的物種。結群的魚種必然比較容易覓得配偶，也比較容易在靠近同類的地方產卵。至於這個優勢是否足以導致結群行為演化，現有的證據仍嫌不夠。

蛙類的社會行為

一般人印象中的青蛙和其他無尾目動物（蟾蜍等），是獨自過單調生活的，只在求偶與產卵時與同類短暫共處。甚至許多研究動物學的人也這麼認為。其實上百種的無尾目動物的生活史都是非常多樣的。雖然其中不乏按照基本的「卵—蝌蚪—成蛙」順序發展的物種，然而這麼單純的過程仍可能包括繁複的通訊，甚至還會有生殖群形成的暫時社會組織。此外，生命週期會發生很大變異，熱帶物種尤其多變。有些物種是雄性把蝌蚪馱在背上或放在聲囊裡，有些會在溪流上方的植物中築巢，蝌蚪孵出時便會掉進溪中。還有一些是把蝌蚪這個階段完全略過。每種適應都伴隨著兩性通訊與兩性角色上的一些變動。

箭毒蛙科（Dendrobatidae）、雨蛙科（Hylidae）、薄趾蟾科（Leptodactylidae）、負子蟾科（Pipidae）、赤蛙科（Ranidae）都有領域性（Sexton, 1962; Duellman, 1966; Bunnell, 1973）。雄牛蛙（*Rana catesbeiana*）會在黃昏時從隱蔽處出來，在開闊的水中佔好鳴叫位置，使肺裡充滿空氣浮在水中。這個姿勢使鮮黃的喉部露在水面上，在蛙鳴時可能還有輔助的視覺訊號作用。假如甲雄蛙靠近乙雄蛙的距離只有六公尺左右了，地盤上的乙雄蛙就會發出響亮的連串短促「打嗝」式叫聲，並且朝闖入的甲

雄蛙略前進幾步。多數情況下，闖入者會撤退。如果牠不撤，兩隻雄蛙就要打一架，其中一隻可能躍到另一隻身上把牠推走。比較常見的是，兩隻雄蛙前腳抓在一起角力，後腿猛踢，至其中一隻仰面摔倒為止（S. T. Emlen, 1968）。箭毒蛙也會這樣爭鬥，保衛的是陸上的領域（見圖 21-3）。

圖 21-3：熱帶的加林樹棲箭毒蛙（*Dendrobates galindoi*）的兩隻雄蛙為爭地盤而角力。多數情況下，反覆鳴叫就足以保持距離。（From Duellman, 1966.）

　　蛙類和其他兩棲類的社會行為演化，是在從水中生活轉為陸上生活的時候進行。很多蛙種的系統發育分別循各自路線，達到可以不完全在水中生活，生活史中的促成條件各異，演化程度也不同。Jameson（1957）確認了四個平行的發展趨向，似乎顯示出共同適應的現象，這些發展能配合份量增大的陸上生活：（1）原來在水中進行的求偶與產卵過程，大部份或全

部移到陸地上；（2）產卵時泄殖腔並列；（3）求偶時雌性的角色加重；（4）雌雄之一照顧卵的行為增多。求偶時兩性的角色變動特別值得注意。原始的尾蟾（*Ascaphus truei*）的雄性不會發聲，必須循鳴聲找到雌蟾。雄蟾用可插入的器官為雌蟾產的卵授精。尾蟾的形態上雖然原始，兩性行為倒未必。比較原始的情形似乎都表現在完全在水中繁殖的蟾類，包括鈴蟾（*Bombina*）、爪蟾（*Xenopus*）、掘足蟾（*Scaphiopus*），以及蟾蜍屬（*Bufo*）的多數物種。雄蟾有時候會形成群集，有時候分據各自的地盤上，用特殊的叫聲呼喚雌蟾前來。掘足蟾的某些物種的雄蟾非常積極，只要看見了雌蟾就會窮追不捨。其他蟾蜍屬、蛙屬（*Rana*）、樹蛙（*Rhacophorus*）、岩蟾（*Syrrhophus*）等的雄性，都只在雌蛙很接近的時候才追上去。有些掘足蟾、小口蛙（*Gastrophryne*）、雨蛙（*Hyla*）的雄性會持續地叫，必須被雌性觸及才會停止，然後再開始下一步的求偶行為。樹棲箭毒蛙（*Dendrobates*）則是雌蛙追雄蛙，同時邊走邊繼續叫。這些演化趨勢有什麼生態上的相互關聯，尚不能確定。按目前通行的性擇理論（見第十五章），雄性被雌性追，是因為雄性提供充份的親代照顧，使雄性成為雌性的限制資源。樹棲箭毒蛙的雄蛙在陸地上接受雌蛙的卵，之後又把孵出的蝌蚪帶到水中，也許是一個重要因素。

　　雄蛙聚集在一起鳴叫，其實是組成和鳥類相似的求偶場。群蛙齊鳴的聲音比一隻雄蛙獨鳴的聲音傳得遠，也比單獨的鳴叫更能持續不斷。雄蛙加入合唱，交配成功的機率應該大於獨自站在一旁和一個合唱蛙群競爭的成功率。會組成合唱蛙群的物種，通常都在水塘下雨暫時積水處繁殖。在美國佛羅里達州的炎熱漆黑夏夜裡，聽見路旁水溝傳來的上千隻掘足蟾哀號，真的會有身處地獄深處之感。也許不遠處還有鳥鳴雨蛙（*Hyla avivoca*）的柔和顫音或花腔合唱蛙（*Pseudacris ornata*）的尖銳金屬聲呼應。南美洲蛙類合唱有時候是十數個不同蛙種的混聲亂嚷。

一九四九年間，C. J. Goin 發現春雨蛙（*Hyla crucifer*）的雄性竟然是三隻一組以重唱鳴叫。由此可知，每個大合唱都是由許多三重唱組成的。此後又相繼發現雨蛙、小跗蛙（*Centrolenella*）、窄口蟾（*Engystomops*）、小口蛙、挖洞蛙（*Pternohyla*）、鑿蛙（*Smilisca*）的其他物種也有二重唱、三重唱，甚至四重唱，都在不同蛙科中獨立演化（Duellman, 1967）。薄趾蟾的卵齒蟾屬（*Eleutherodactylus*）的雄性待在自己的活動圈之內，一面和鄰居一同二重唱（Jameson, 1954; Lemon, 1971b）。二重唱是兩隻蛙你來我往地輪流唱，間隔停頓往往十分精準。Lemon 在實驗中將二重唱的雄蛙之一取走，結果另一隻的章法大亂；如果播放取走的那隻蛙的錄音，二重唱又可恢復。假如合唱夥伴不叫了，另一隻仍有很強的鳴叫意願，這想繼續叫的一隻會換個位置，一面偶爾叫幾聲，顯然是想再找一個合唱夥伴（Duellman, 1967）。小合唱團裡會有一些統御與從屬角色的分別，這也是鳥類求偶場的特徵之一。Duellman 以中美洲的弗氏小跗蛙（*Centrolenella fleischmanni*）作實驗，將一系列三重唱各組中聲音最大的那隻移走，剩下的兩隻都先沉默一陣，然後才零星地叫叫停停。如果把其中的「從屬者」移走，最大聲的那隻照叫不誤。Brattstrom（1962）發現，水泡窄口蟾（*Engystomops pustulosus*）合唱團中的團長不但是每一回合鳴叫的領唱者，而且是繁殖成功率最高的一

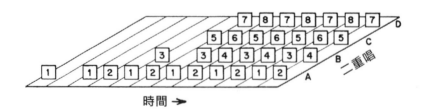

圖 21-4：包氏鑿蛙四對雄蛙的鳴叫順序，每一對都以快速輪流的方式進行二重唱。四對樹蛙分別為 A，B，C，D。八隻樹蛙以數字號碼表示，領唱的一對（1 與 2）帶頭展開大合唱，目的在吸引雌蛙靠近。（Modified from Duellman, 1967.）

個。Duellman 也發現，包氏鬢蛙（*Smilisca baudini*）會有一個合唱團領唱，其他合唱團跟著唱的情形。第一個二重唱的領唱者先叫一聲（是很清楚的一聲「呱」），停頓一下，再發出一個單音或兩、三個音。假如對方沒回應，牠可能等上幾分鐘，然後重複一遍剛才的邀請。另一隻如果回應了，兩隻蛙就按精準而快速的節奏你來我往地輪唱。接著就有其他的二重唱兩兩加入，終而形成一個大合唱團（見圖 21-4）。每唱上一陣，全體會突然停下，之後又由帶頭的那一組二重唱再開始。

爬蟲類的社會行為

有關爬蟲類的社會行為的研究，遠不及鳥類及哺乳類的研究多。原因之一當然是爬蟲類行為隱密，但主要原因是，圈養的爬蟲類行為會明顯減少。丁克爾的側斑鬢蜥（*Uta stansburiana*）實驗便是典型的例子。蜥蜴放入實驗室後，正常的爭鬥行為與兩性行為驟減，反而頻頻出現野外從未被觀察到的同性交配（Tinkle, 1967）。一般普遍認為，爬蟲類的各種行為都很簡單，爬蟲類的智能也比較低。Brattstrom（1974）和其他人士卻發現，這些概念都是觀察養在涼爽的、環境過度簡化的籠子裡的爬蟲類得來的結論。如果把溫度仔細調整為野外爬蟲類喜好的水平（往往很熱），牠們的行為表現會大幅改進。例如，以往讓蜥蜴跑 T 形迷宮的實驗，在實驗室的溫度下進行，這麼簡單的行為竟練了三百多次才學會。後來放在野外正常溫度下進行實驗，同樣的迷宮，蜥蜴跑了十五次（或更少）就學會了。蜥蜴甚至會在受訓練後學會自己按槓桿增高籠內的溫度。要使爬蟲類表現所有的社會行為，不但必須提供適當的溫度，而且得在籠裡安排石塊、植物等，營造爬蟲類適應的立體視覺環境。

爬蟲類的社會生活逐漸明白起來，其中各物種間差異很大，也有一些相當精密之處。社會行為的平均複雜度可能不如鳥類和哺乳類。也就是說，有

比較多的物種完全行獨居。至於社會系統能接近鳥類和哺乳類的，實在少之又少。即便如此，就整個爬蟲類看來，適應模式多得出乎我們意料，其中有一些甚至按哺乳類的標準來看都算高。

　　先說活動圈和領域性吧。爬蟲類在這方面也和其他脊椎動物一樣有高度易變性。蜥蜴之中的領域性有生態基礎可循。飛蜥科（Agamidae）、避役科（Chamaeleontidae）、壁虎科（Gekkonidae）、鬣蜥科（Iguanidae）的多數物種會在一個地方坐著等獵物到來，這個位置往往沒有遮蔽，蜥蜴主要靠視力進行捕獵。這些物種大多也有領域性，一直守著地盤，以視覺訊號警告同類不得靠近。正蜥科（Lacertidae）、石龍子科（Scincidae）、鞭尾蜥科（Teiidae）、巨蜥科（Varanidae）則相反，專在視覺受阻的地方捕食。許多物種會掘泥土翻腐枯葉，靠嗅覺尋找獵物。這種行為也許導致此類爬蟲常有活動圈重疊的現象。如果個體有領域，這些領域也只是暫時的。同一個物種也會有使用地盤上的差異。加拉巴哥群島的陸地蜥蜴與海中生活的鬣蜥，只在繁殖季節裡保衛領域。側斑鬣蜥表現領域行為的方式和強度，會因為地點不同而有別。許多觀察記錄證實，族群密度對領域性有所調節，其中一個極端是絕對領域性，另一個極端即是多名成年者在統御階級分明的組織下共存。櫛刺尾蜥（*Ctenosaura pectinata*）的棲地如果比較平靜，則成年雄蜥會分散開來，各自據有界線分明的一片地盤。Evans（1951）發現一個擠在墓地岩石壁上的刺尾蜥族群，墓地附近的農田足夠養活一個大族群，但這片岩石壁不夠讓每隻雄蜥佔據自己的地盤。雄蜥們白天到田中去攝食，晚上回來組成雙階層的統御等級系統。首領雄蜥是個十足的暴君，按時巡邏自己的勢力範圍，哪隻雄蜥若不立即退回石縫裡，就會遭到牠張口威嚇。每一隻從屬者都保衛著自己的一小片空間，除了暴君，不允許任何成員涉入。Brattstrom（1974）在實驗室中研究短冠刺尾蜥（*C. hemilopha*），模擬了這種領域行為轉變。他在一個戶外的大籠裡堆了四個石塊堆，再將五隻雄蜥放

入籠子，其中四隻大的就各佔了一個石塊堆為地盤。之後，他將四個石塊堆混成一堆，五隻雄蜥便按體形大小組成統御等級。可見領域性轉變為統御分級並不一定是密度的影響。影響銅變色蜥（*Anolis aeneus*）的主要因素顯然是蔭蔽的濃度，草木濃密的棲地中就會形成統御等級（Stamp, 1973）。顯而易見，側斑鬣蜥族群的領域行為變異，是因為死亡時程不同與 *r* 型選擇程度不同所致（Tinkle, 1967）。

爬蟲類爭鬥炫示與求偶炫示的複雜度，介於兩棲類和鳥類之間。Kästle（1963）依據深入觀察，將金草變色蜥（*Norops auratus*）的炫示分為四大類型。Rand（1967b）則將線變色蜥（*Anolis lineatopus*）的炫示分為七類。順從行為的發展和威嚇炫示差不多細密，順從行為往往可以容許兩隻或兩隻以上的變色蜥和平共處。鬚鬣蜥（*Amphibolurus barbatus*）向強勢者表示順服的行動是，身體貼住地面，再抬起一邊前肢做出特定的揮手動作。這樣做的鬚鬣蜥就可以安然穿越的地盤。網紋鬚鬣蜥（*Amphibolurus reticulatus*）使用的訊號更奇怪。從屬者會仰天倒下，靜候統御者走過後再起來（Brattstrom, 1974）。美國西南部沙漠中的阿氏穴龜（*Gopherus agassizi*）的統御行為又更進一步了。雄龜衝突時會奮力打鬥，必須一方後退了或是翻倒成四腳朝天，才會歇手。穴龜仰面翻倒是可能致命的，因為牠自己翻不回來，會有過度日曬的危險。按 Patterson（1971）的觀察，打敗的一方會發出一種特別的聲音，誘使勝利者把牠翻過來。

多數爬蟲類的統御方式，似乎只是把領域霸權稍作改變，據有勢力範圍的暴君只允許少數幾個從屬者待在牠的地盤上。從屬者之間大多沒有尊卑分別。銅變色蜥是一個例外，多隻雌蜥在一隻雄蜥的領域之內生活，雌蜥彼此劃分了尊卑有別的位階，至少分為三個等級（Stamps, 1973）。

雄蜥蜴的領域容許多隻雌蜥並存，是常見的情形。截趾虎（*Gehyra*）、變色蜥、海鬣蜥（*Amblyrhynchus*）、柔齒蜥（*Chalarodon*）、脊尾蜥

（*Tropidurus*），都有這種一雄多雌共處的現象。但是這與鳥類、哺乳類的一夫多妻模式並不一樣。雌蜥只是受容許而待在雄蜥的領域裡，並不是被特地聚集來的，也不受到保護。美國西南部草食性的脹身扁平蜥（*Sauromalus obesus*）的行為算是最接近一夫多妻（Berry, 1971）。霸主雄蜥據有很大的領域，從屬的雄蜥可以在其中的岩石堆和曬太陽的地點附近，佔住一小塊自己的地盤。雌蜥也在大領域中分別佔有小地盤，但是都比從屬雄蜥的地盤大。到了繁殖季節，霸主雄蜥會天天造訪每隻雌蜥，不許其他雄蜥踏出其各自的小地盤，只有霸主可以與雌蜥交配。

爬蟲類一般都沒有什麼親代照顧行為。Oliver（1956）曾經觀察到眼鏡王蛇（*Ophiophagus hannah*）在野外與圈養環境中照顧下一代。雌蛇會築巢，並且不准闖入者靠近，所以眼鏡王蛇對人類特別危險。由於蛇是爬蟲類之中最沒有社會性的，這種行為模式也就顯得特別不尋常，使眼鏡王蛇成為日後一個很好的研究題目。同樣令人想像不到的是，爬蟲類親代行為發展最成熟的是鱷類——短吻鱷、開曼鱷等都在此例。總共二十一個現存物種的雌鱷，都在巢中產卵並且自己保衛，阻止其他動物闖入（Greer, 1971）。恆河鱷與另七個物種的行為比較原始，掘洞為巢。其餘的物種，包括短吻鱷、開曼鱷、長吻鱷等，會用樹葉、枝條等零碎廢物建起丘形巢，可避免巢中的卵被水浸，廢物分解也可以產生溫熱。小鱷魚將要破殼而出之前會發出高音的嘎叫，如果附近有動靜，叫得更急。母鱷聽見叫聲，就開始把巢頂上的東西扒掉。母鱷產卵後覆蓋上去的築巢材料，已經被太陽曬成一層硬殼，因此必須這樣幫忙，孵出的小鱷才比較容易脫身。有一些鱷種的媽媽還會把孵出的小鱷領到水邊，並且不時給予保護。

鱷類屬於古蜥，也就是中生代主宰陸地的脊椎動物現在僅存的後代。由於鱷類有很高等的親代照顧行為，因此我們有理由推測牠們的遠古親戚——恐龍——是否組成社會性的群體而生活。根據一些零星的證據可以看出來，

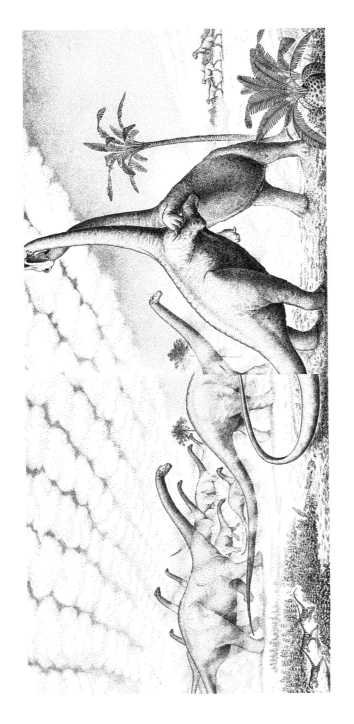

圖 21-5：推斷的恐龍社會生活。圖中所繪的棲地是侏羅紀晚期俄國懷明州的乾燥沖積平原。這群巨大的斷腳恐龍是梁龍。由於梁龍在生態上最接近現今有蹄類有路類及大象，所以設定其社會組織和象群相仿。一群雌龍和幼龍從圖左向前行進，由一年長的雌龍帶隊。前方有兩頭雄龍在為爭霸而打鬥，像長頸鹿一般用頭子角力，並且以長的中趾互抓。梁龍屬於體型最大的恐龍。成年者體長可達 30 米，站立時肩高有 4 米，後腳直立時頭頸向上伸可以高達 10 米。圖中梁龍是在空曠棲地上活動敏捷的動物，不是以往常被描述的遲緩水生動物。右邊背景有三隻食肉的異特龍（Allosaurus），左下角有三隻以後足行走的恐龍穿過一叢木賊。右邊形似棕櫚的高樹是蘇鐵（Williamsonia），右下角的是真蘇鐵，背景中還有兩株南洋杉。（Drawn by Sarah Landry; based on Robert T. Bakker, 1968, 1971, and personal communication, and John H. Ostrom, 1972.）

至少某些恐龍是有社會性的。美國自然史博物館探險隊一九二二年在蒙古發現的原角龍（*Protoceratops*）卵化石，顯然埋在一個沙巢裡，也許它與現今鱷魚的土洞巢差不多。在美國德州和麻州發現恐龍足印和行走路徑（Bakker, 1968; Ostrom, 1972）。留下足印和行跡的恐龍顯然是團體行動，一行行足印十分密集。德州的達芬波特牧場的足印，很明顯是由有組織的一群共三十頭雷龍留下。最大的足印都在路徑的外側，最小的都靠近中央。而且，這些體型最大的、吃植物的恐龍，也許並不像以往一向描述的那麼不愛活動又笨拙。Bakker（1968, 1971）根據普遍生理學原則和近期的重建結果，認為其中許多物種直立行走、溫血、動作敏捷。雷龍和鳥臀龍可能曾經像現今的羚羊、犀牛、大象那樣成群漫遊過乾燥平原和開闊森林。圖 21-5 是 Sarah Landry 所繪，我們發揮了最大的自由來重建這個情景。圖中的恐龍是梁龍（*Diplodocus*），這種恐龍的體型最大，所以我們認為牠的社會組織應該和非洲象相仿。

Chapter 22

鳥類

　　就社會生活的細節而言，鳥類是脊椎動物之中最像昆蟲的。非洲的白喙牛文鳥（*Bubalornis albirostris*）、合群織布鳥（*Philetairus socius*）、肉垂椋鳥（*Creatophora cinerea*），西印度群島的棕櫚鵑（*Dulus dominicus*），以及阿根廷的和尚鸚鵡（*Myiopsitta monachus*）等少數鳥類會共同築巢，每對配偶在各自的私用空間裡產卵育幼。這樣的合作行為顯然有助於抵禦掠食者（Lack, 1974）。按昆蟲學的說法，這些鳥算是組成共居群體（communal group），與某些蜜蜂類十分相似（包括 *Augochloropsis diversipennis, Lasioglossum ohei, Pseudagapostemon divaricatus*； 見 Michener, 1974）。 共居狀態的昆蟲在演化路徑上屬於「副社會性」（parasocial），牠們最終會演化到包含不生殖階級的成熟群落。共居築巢與合作繁殖（cooperative breeding）不同，合作繁殖是指一對以上的成年者在同一個巢中一起養育下

一代。許多鳥種之中有所謂的「幫手」，也就是幫助其他成鳥育幼但自己不產卵者。這一點也與昆蟲很像。銀喉長尾山雀（*Aegithalos caudatus*）就有幫手從繁殖者開始生育就從旁協助，這與「半社會性」（semisocial）的蜜蜂及胡蜂相似，也都是在副社會性的演化路徑上。如果幫手是繁殖者先前生育的子代，長成後留在親代的築巢地點，例如群居松鴉，按昆蟲學的分類應該歸入「高等亞社會性」，是屬於亞社會性（subsocial）的演化路徑。姑且不論昆蟲學的副社會性與亞社會性區別法在鳥類研究上是否有用，不可否認的，按昆蟲的標準看，有幫手乃是高等社會性的特徵。要真正達到螞蟻和白蟻的社會性，只要演化出幫手階級——其成員的身份永遠不變。截至目前，尚未發現有鳥種走完這最後一步。鳥類之中的幫手都有獨力繁殖的潛能，只要機會出現，就會自己築巢生育。

鳥類與昆蟲的相似，並不止於社會演化的階段。脊椎動物之中只有鳥類具有社會寄生習性。此外，鳥類的巢寄生（brood parasitism），在許多細節上也與螞蟻的暫時社會寄生相似。鳥類沒有達到群居昆蟲的那種極致，但仍有少數鳥種已經有昆蟲標準中的中高等層次。讀者可參考第十七章的相關詳論。

我認為，因為鳥類和昆蟲的親代照顧模式相仿，所以兩者才會相似。鳥類的親代照顧時間長，需要反覆到遠距之外為下一代覓得食物，這與前社會性及社會性的昆蟲是一樣的。合作繁殖的多數鳥種，以及受到巢寄生的宿主鳥，雛鳥都晚熟（出生時完全沒有自己生存的能力），而且必需安置在特別築的巢裡。雌雄親鳥普遍維持親密關係（這在其他脊椎動物中較不常見），似乎就是基於這兩項因素。也因為具備了這些條件，兄姐或其他親屬會幫助雙親哺育幼雛，從而增進牠們自己的總適存度。寄生者也會利用這些條件而在宿主的巢中產卵。雛鳥欠缺個別特色，親子的通訊又是一成不變，也給了寄生者可乘之機。

讀者應該已經清楚，鳥類社會行為的**元素**，在社會生物學通則的發展之中扮演要角。尤其是講到爭鬥行為在適應上的重要性，特別針對鳥群作了分析（見第三章、第十七章）。探討通訊功能（以及連帶講到行為學）的時候，也是以鳥類為主要範例（第八章至第十章）。領域性與統御關係（第十二章、第十三章），內分泌控制生殖與爭鬥行為（第七章、第十一章），聚落築巢與多配偶制的兩性行為（第十五章），親代照顧（第十六章），巢寄生與混生覓食團體（第十七章）等題目，很多資料都來自鳥類。這些性狀，大多也見於多數其他脊椎動物。本章接下來要更仔細地檢視鳥類社會組織各種最高等的**模式**，重點特別放在合作繁殖的行為上。

我們如果統計一下投注在全世界鳥類田野研究上的功夫，會覺得合作繁殖的分析早就該完成了。Alexander F. Skutch 在一九三五年間只憑不過十個物種就提出合作繁殖的實例——其中三個物種是他發現的。一九六一年間他將這個題目重作整理，發現有一三〇個以上的物種具備某種繁殖幫手，包括紅鶴、家燕、啄木鳥、鶇鶯等各式各樣不同科別的物種在內。Fry 於一九七二年間再度深入探究這個題目，確定有大約三十個科、總共六十個物種，合作繁殖行為已發展成熟。總之，實例持續增加，現在可知全世界有將近 1% 的鳥類普遍行合作繁殖。

鳥類學家已經發現了合作繁殖的某些生態上的原因（Lack, 1968; Brown, 1968）。Brown 評估過相關的族群統計因素之後，首度把族群生物學的理論納入鳥類社會性的這個面向。圖 22-1 是已知鳥類所有合作繁殖行為之遠近因的概觀。注意其中顯然有兩條主要的演化路徑。一條是雛鳥早熟（出生後不久便可離巢）的物種，另一條是雛鳥晚熟（出生時完全仰賴親鳥存活）的物種。共居築巢的型態也有一些差異值得注意。第一類物種如鴕鳥（*Struthio camelus*）、美洲鴕（*Rhea americana*）與美洲熱帶區的幾種鷸鴕，由二至四隻雌性在一個巢裡產卵，這個巢由一隻雄鳥保衛著。通常雄鳥全權

管理巢中的幼雛，只有鴕鳥偶有例外，統御的雌性可能幫忙雄鳥。高地鶺鴒（*Nothocercus bonapartei*）中的雌鳥會留在雄鳥的領域內，萬一這一窩卵毀了，即可再產一次卵。其他鶺鴒物種（如 *Crypturellus boucardi*、*Nothoprocta cinerascens*）的雌鳥產卵完畢就離開，到其他雄鳥的地盤去產卵。是什麼環境原動力促成雌鳥這種相互容忍的行為模式，至今仍不確知，但有些顯而易見的條件可以引發這種演化傾向。首先，雛鳥早熟，一隻親鳥就可以獨力照顧整窩幼雛。其次，雄鳥自據地盤再引多隻雌鳥來交配產卵，對雄鳥是有利的。這是基本的一雄多雌制，而照奧維二氏模型推斷（見第十五章），雄鳥的領域品質應有很大差異。比較奇怪的是，雌鳥並不試圖霸佔接近雄性的機會，與一個領域之內的巢，也不按常見的模式那樣將雄鳥的領域劃分，各在其中築一個自己的巢。雌鳥能夠相安無事在同一個巢中產卵，可能是因為同巢產卵的雌鳥彼此是近親。如果是一群姐妹，這樣合作繁殖可以將總適存度最大化，像上述鶺鴒那樣與不止一名雄性交配，如此合作的優勢更大。研究一下這些鳥種的親緣關係，應該會有頗重要的發現。

第二類合作繁殖的鳥種很多，約佔已知鳥種 90% 以上。如圖 22-1 所示，導因似乎有好幾個，彼此之間有複雜的關聯。多位人士的研究與著述分別把這些因子一一作了說明。Pulliam et al.（1972）認為，黃臉草雀（*Tiaris olivacea*）的族群如果變小，而且近親交配增多，就會強化合作行為。在牙買加發現的草雀族群近乎綿延不斷，規模相當大，個體也有很強的領域性。哥斯大黎加的草雀族群都很小，是半孤立狀態，其中成員會聚成相對較大的群集。開曼布拉克島上，草雀族群規模和聚集的鳥群規模都屬中等。從這些發現可以看出，有效族群的規模越小，互動成員之間的親屬關係就越近，所以表現爭鬥行為的可能性越低。研究合作繁殖鳥種的多位動物學家，包括研究犀鵑亞科的 Davis（1942）與研究松鴉的 Brown（1972, 1974），對於小族群與穩定性都抱持相同看法。

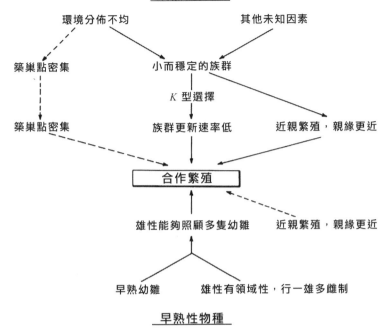

圖 22-1：合作繁殖（鳥類最高等形態的社會行為）之連鎖因果關係的假設。實線代表已有
　　　　觀察記錄的重要關係，虛線代表仍未有觀察記錄的關係，但它們應該至少有次要
　　　　的影響。

　　物種會分成個體少、半孤立的小族群，又是其他更純粹屬於環境的因
素造成。影響鳥類的這些環境因素是哪些，雖沒有定論，但可以猜到一般有
哪些性質。首先，即將適應社會性的鳥種已經特化出利用散落不均資源的能
力。資源散落不均的型態，對於演化出何種社會性有深遠的影響。在資源短
缺的地區，個體每次覓食的過程必須從一個區塊搜尋至另一個區塊，結果可
能導致成群行動（Levins, 1968）。最可能需要逐點尋覓的資源是食物和水，
而築巢育幼的地點卻多半固定不變。因此，鳥兒在繁殖的地方有各自所據的

領域，但覓食找水卻是成群行動的。這些資源在時空上越難以預測，為適應繁殖而成群的行為就越明顯。這種因果關係，似乎最適用於解釋燕鷗及一些其他集群的海鳥（Ashmole, 1963）、椋鳥（Hamilton and Gilbert, 1969）、澳洲沙漠鸚鵡（Brereton, 1971）的結群行為。假如主要資源分佈夠普遍或是面積夠大，個體必須在該地點仔細探查，那麼結果就很可能大不相同，個體不再需要漫遊很廣的範圍。族群侷限於一定範圍的棲地時，各族群在遺傳上較易彼此孤立，而且規模也較小。結果可能就如圖 22-1 所示，小而孤立的族群傾向於穩定，屬於 K 型選擇。K 型選擇偏好生活史長、繁殖數量少、親子關係持續較久（見第四章、第十六章）。這些生活史上的變動，都會助長繁殖期的合作與利他行為。

　　合作繁殖的演化起因，最主要的關鍵應該是規模小的有效繁殖族群。如果築巢地點十分受限，以至於族群變小，親屬關係變得很近，有結群習性的鳥種在此情況下也可能演化出合作繁殖的行為。但是這兩種情況也可以完全不相涉。有許多結群的鳥種會形成很大的繁殖群集，彼此親屬關係不近，因此繁殖地點的爭鬥行為與同性間的競爭也更形激烈。相反的，在特定棲地（資源分佈普遍，資源地點面積大）棲居攝食的鳥種可能很密集地使用棲地、或棲居密度高，族群因而比較大。這些鳥種也會演化同性之間的競爭與繁殖地點的爭鬥行為。根據目前的假說，合作繁殖是否演化，端看是否有某種有限的資源——食物、築巢地點或其他——造成族群小而孤立，而且有歸家趨性。

　　即便這樣的理論確實無誤，還是有一個未解的疑問：物種為什麼演化出某種覓食及築巢策略，而非演化出另一種策略？要詳答鳥類的這個問題，已遠遠超出了本書的範圍。特定物種所採用的適應方法，乃是適應輻射（adaptive radiation）所致，之後由各種不同生態角色的物種組成了群落。有些基本理論已經在第三章、第四章裡講過；詳論可參考 MacArthur（1972a, b）與 Cody（1974）。

　　以下要談兩個合作繁殖的例子，都是利用彼此相近的物種所作的比較研究。這些種系發生上的研究，是確立合作繁殖適應意義的最佳依據，也是發現社會行為新模式的最佳起點。

犀鵑亞科

　　犀鵑亞科（Crotophaginae）是杜鵑科六個亞科之一，亞科內的物種包括圭拉鵑（*Guira guira*）與犀鵑（*Crotophaga*）。犀鵑亞科只限於美洲的熱帶與亞熱帶地區，雖然僅有四個物種，社會行為卻有很大差異，很適合用來重建社會演化過程。戴維斯是研究脊椎動物社會演化之生態基礎的第一人（D. E. Davis, 1942），他的犀鵑亞科研究並未過時，而且仍具有權威性。繼他之後的深入研究是 Skutch（1959）與 Lack（1968）。

　　犀鵑亞科的四個物種大多居於無遮蔽的棲地，也都有「吵雜、招搖的習性」，大約十一、二隻結為一群，團體出動覓食，晚上安歇在同一株樹上。每個群體都以爭鬥式炫示和打鬥行為保衛本群的領域，不准同物種的他群成員涉入。到了繁殖季節，牠們築起共用巢，在其中產卵的雌鵑可能多達數隻。雄鵑會幫忙築巢與育幼。最先長成的子代之中，至少有一些會幫忙照顧下一批幼雛，少數幾隻會在下一個繁殖季中參加合作繁殖。犀鵑亞科的群集屬於半封閉的群體，少部份個體（沒有確切計算）會從一個群遷移到另一個群，但必須通過威嚇及打鬥的關卡之後，才可能被新群體接納。

　　戴維斯將合作繁殖的演化分為漸進的三個階段。圭拉鵑的共用巢只是兼性的行為，有些配成一對的杜鵑會在群體領域之內劃出一小片自己的領域，另建自己的巢，離開其他成員自己養育幼小。所以，圭拉鵑有時候也遵循鳥類的基本模式，具有配偶親密關係和領域性，與一般鳥類不同的是，與繁殖無關的行為必與固定的一個群體為伴。此外，群體保衛領域很不積

極，也突顯了社會演化處於初期階段。大犀鵑（*Crotophaga major*）幾乎一律築共用巢，但群體成員兩兩成對，群體領域的防衛也很無力。另外，滑嘴犀鵑（*C. ani*）與清嘴犀鵑（*C. sulcirostris*）的共巢行為表現相當徹底，多配偶制和雜交的情形經常出現，多隻雌鳥在同一巢中產卵，整個犀鵑群非常積極、團結一致地保衛領域。

犀鵑亞科的這種趨向最初是怎麼開始的，我們並不確知。兩性比率偏向雄性，這是其他合作繁殖的鳥種也常見的現象。由於未交配的雄性可以藉幫忙養育弟妹而提增自己的適存度，因此雄性偏多可能有助於幫手行為演化。不過，性比率本身就是演化的產物，很容易被遺傳上的小改變扭轉過來。不平衡的性比率也許不是起因，只是合作繁殖的一種共適應，主要的原動力比較可能是環境因子。犀鵑亞科築巢與睡眠的地點都是零星散佈在熱帶草原上的樹叢裡。戴維斯認為，牠們其實是迫於空間不足才結群，更有可能是棲息地的零星散佈對其族群造成了重大影響，使地區繁殖族群變小、族群之間遺傳隔絕。

松鴉

最晚近也最有啟迪性的鳥類社會行為研究，是布朗與沃芬登的美洲松鴉研究（J. L. Brown, 1972, 1974; Woolfenden, 1974）。八個屬形成一個種系發生關係密切的物種群，可能只有無冠松鴉（*Gymnorhinus cyanocephala*）例外。松鴉與烏鴉、喜鵲、星鴉、紅嘴山鴉同屬於鴉科，和鴉科這些成員一樣，是適應力高的雜食鳥，強烈傾向社會行為。其社會型態從基本的雌雄成對保衛領域模式，到共居築巢與合作繁殖的比較極端形式，各種都有。

布朗指出，松鴉的社會演化循兩條不同的路徑進行（Brown, 1974；見圖 22-2）。一條演化路徑的頂端是唯一共居築巢的物種——無冠松鴉，結群築巢的成鳥可能多達數百對，集體出外覓食時結成密實的一群，在空曠林

地中像椋鳥群或林鴿群一般「翻滾」。只有據巢的一對配偶會保衛自己巢的近旁，整個群集並不保衛活動範圍，不阻止別群的無冠松鴉進入。有些成鳥會充當幫手，但是遠不及灌叢鴉及墨西哥松鴉的幫手行為細膩。暗冠藍鴉（*Cyanocitta stelleri*）可能是一個演化早期的中間階段。這個物種並不是真正的聚落性，因為巢與巢之間保持的相等距離是巢主夫妻以爭鬥行為劃出來的，但是對於活動範圍大多沒有防衛，因此領域廣泛重疊。暗冠藍鴉可以說是領域防衛開始變弱的一個物種，為以後築巢形成聚落系統的行為踏出第一步。

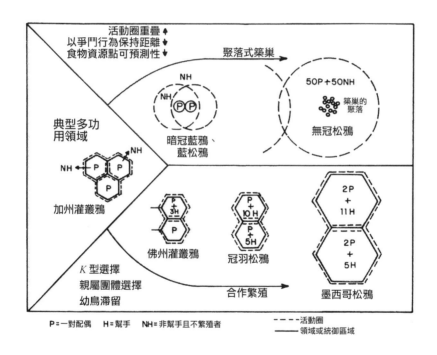

圖 22-2：美洲松鴉高等社會性的兩條演化路徑。上半部的一條終點是無冠松鴉，由兩兩配偶各自築巢密集於「聚落」之中。聚落的每名成員都參與緊密群飛覓食。另一條導向合作繁殖，幫手會幫其他成鳥哺幼，終點是墨西哥松鴉。（Modified slightly from J. L. Brown, 1974.）

佛羅里達灌叢鴉（*Aphelocoma coerulescens*）的合作繁殖行為十分成熟。按沃芬登耗費五年時間的悉心研究，藍白羽色的灌叢鴉只生長在美國佛羅里達半島區，棲地是很不連續的沙質地，有特定的植物群（Woolfenden, 1973, 1974, and personal communication）。因為灌叢鴉不會離開密灌叢，也從沒有人在佛州州界以外看到過灌叢鴉，這種鳥成了佛州鳥種之中最特別的一個。灌叢鴉族群很穩定，有很明顯的長期 *K* 型選擇的特徵。以野生鳥而言，灌

叢鴉算長壽，大多可以存活八年甚至更久。成鳥兩歲才開始繁殖，雌雄配成一對便終生相許，並據用永久的領域。沃芬登觀察的灌叢鴉配偶之中，半數有幫手，數目年年不同，在 36% 到 71% 之間起伏。幫手並不幫忙築巢與孵卵，但會積極投入其他活動，包括保衛領域與鳥巢、防止其他灌叢鴉涉入、攻擊掠食者以及哺餵雛鳥（見圖 22-3）。

　　沃芬登將大量的灌叢鴉自出生便作記號，追蹤觀察了數年，確定了幫手

圖 22-3：
佛羅里達灌叢鴉的幫手現象。圖中所繪是美國佛州中部阿奇波德生物研究所常見的景象。一對親鳥和一隻一歲的成鳥在巢邊餵雛鳥，一歲的幫手是巢中幼雛的大哥或大姐。靠右邊的另兩隻幫手發現有靛森王蛇（*Drymarchon corais*）迫近，靛森王蛇會掠食灌叢鴉幼雛。地上的這隻幫手擺出威嚇的姿勢，枝上的那隻採「打嗝站姿」，即將發出警報。棲地即為佛州特有的「灌叢」，鳥巢是用枯枝築在低矮的稔葉櫟（*Quercus myrtifolia*）上。其他典型植物還有右下角的少花三芒草（*Aristida oligantha*）與背景中的鋸棕櫚（*Serenoa repens*）與沙松（*Pinus clausa*）。（Drawing by Sarah Landry; based on G. E. Woolfenden, 1974 and personal communication.）

的關係與最終境遇。七十四個季節繁殖（配偶的完整繁殖季節）中，幫手協助雙親四十八例，協助父親與繼母十六例，協助母親和繼父兩例，協助兄弟及其配偶七例，協助無血緣的一對配偶僅一例。可見偏好明顯傾向關係最近的血親——有理由相信親緣選擇為利他行為演化的基礎。沃芬登也證實，幫手可以提高生殖者的繁殖成功率，從而提高幫手自己的總適存度。他追蹤觀察數年的四十八例沒有幫手的季節繁殖中，每對親鳥平均能撫育至離巢的雛鳥數為 1.1 隻，離巢後三個月仍存活的幼鳥平均數目是 0.5 隻。相形之下，五十九例有幫手的季節繁殖中，親鳥平均能撫育至離巢的雛鳥數目為 2.1 隻，三個月後仍存活的平均為 1.3 隻。因此，有幫手協助可增加灌叢鴉家庭替換率的係數是二到三。沃芬登發現，沒有幫手的生殖者都是最年輕也最沒有經驗的，只憑這一點就可能造成上述的差異。但是，如果不考慮沒有經驗的生殖者，將經驗的影響排除時，幫手的影響依然舉足輕重。沃芬登將同一對親鳥有幫手與沒有幫手的年份的生殖成果作了比較，作成更縝密的分析。結果，有幫手的配偶果然確實有優勢。

令人意外的是，雛鳥餵食率增加並未導致生殖成果提高。幫手的多寡並不影響撫養長成幼鳥的數目，離巢雛鳥的體重也看不出與之後的存活率有什麼關係。剩下的最可能屬實的假說，就是幫手能使共同抵禦掠食者（尤其是對於幼雛殺傷力最大的大型蛇類）的力量更壯大，從而提高存活率。幫手增強了警戒系統，能幫忙圍攻太接近鳥巢的蛇。至於有了幫手是否就能減少幼雛夭折，仍有待證實。

佛羅里達灌叢鴉的研究數據很重要，因為此外沒有什麼證據可以顯示合作繁殖是否真能增進繁殖成功率。換言之，無從證明幫手是否真正幫了忙。另外只有一個物種，即細尾鷦鶯（*Malurus cyaneus*），已經觀察到合作繁殖能增進成功率（Rowley, 1965）。Fry 研究紅喉蜂虎（*Merops bulocki*）的結果也顯示成功率可能增進，不過統計上未達顯著。按 Gaston 研究英格蘭的

銀喉長尾山雀（*Aegithalos caudatus*）的結果，幫手並沒有好壞影響，而阿拉伯鶇鶥（*Turdoides squamiceps*）的幫手反而可能妨礙繁殖。

　　如果有些鳥種之中的幫手並沒有幫上繁殖者的忙，那麼充當幫手者也許是藉由這種關係來從中獲利。沃芬登發現，即便表現「利他精神」的灌叢鴉也有這種情況。灌叢鴉的每個家族團體之中的非繁殖者都有很嚴格的尊卑位階之分，雄性的位階在雌性之上。假如雄性繁殖者死亡或離開，極可能是由排第一位的雄性幫手頂替。此外，有幫手的確有助於擴張領域，領域面積可能增加三分之一或更多。只要領域變大，最高位階的雄性幫手就可能在家族領域之內劃一塊自己的地盤，繼而覓得配偶，開始自己來繁殖。簡而言之，族群能因此成長擴展至某種程度，幫手則從中得利。由此可見，幫手現象至少部份原因是個體選擇。灌叢鴉以及其他鳥種演化合作繁殖行為，受個體選擇與親緣選擇相對影響究竟多少，仍待詳細計算。

　　墨西哥松鴉（*Aphelocoma ultramarina*）表現的合作繁殖行為，在已知的美洲松鴉之中最為徹底（Brown, 1972, 1974）。墨西哥松鴉群體其實是佛羅里達灌叢鴉式的大家庭。一般都是八至二十名個體佔據一個家族活動區，不許外員進入。家族區中有至少兩對繁殖者，幼雛由全體家族成員餵食，雙親負擔的餵食工作量大約佔一半。墨西哥松鴉要成長至三歲以後才會試圖開始繁殖，極可能終生都在家族領域內渡過。其發展新群體的方式多少與灌叢鴉相同，是形成亞群體分枝出去，佔據與老家領域相鄰的地盤。在這種情況下，緊鄰群體的血緣關係會比一般鳥種的相鄰群體來的近。

社會生物學：新綜合理論

Chapter 23

哺乳動物的演化趨向

　　哺乳動物的社會生物學關鍵在於乳汁。因為嬰幼兒早期發育主要依賴母親，因此母子是哺乳類社會不變的核心單元。即便所謂的獨居性物種（即是除了求偶與母職照顧之外沒有社會行為者），母親與子女之間的互動仍舊細密而且時間也比較長。從單單這一個特徵，產生了較高等社會的主要一般特徵，哺乳動物社會的差異雖然大（例如獅群和猩猩群），但都同樣具有這些特徵：

　　——幼兒斷乳後若仍有兩代之間的親密關係，這關係通常都是母系的。

　　——由於雌性必須投注的時間與能量都很多，所以牠們是性擇之中的限制資源。因此一雄多雌制在哺乳動物的社會中是常例，雄性據有妻妾群也很常見。一雄一雌制比較罕見，只有河狸、狐、狨、伶猴、長臂猿、夜凹臉蝠屬之。就這方面而言，哺乳類不同於普遍行一雌一雄制的鳥類。哺乳類也不

會有性別角色互換，即是沒有雌性追求雄性而後由雄性負責哺幼的情形。

這樣的概論雖然不會有什麼大問題，但哺乳動物的社會生物學畢竟只在進展初期，大大落後昆蟲與鳥類的研究。以哺乳動物為題的描述大多為軼事形式，棲居洞穴的動物和夜行動物的描述尤其不夠深入。撰述者往往誤將稠密的族群和繁殖的群體說成「聚落」，又誤將母親帶著較大的子女的狀況說成「隊夥」。哺乳類的兩個最大的目——齧齒目與翼手目——大多數的科、屬，等於完全未被探討過。有袋動物的情形亦然，而有袋動物在社會演化上的可觀性，並不遜於有胎盤的真獸類。

表 23-1 精簡地呈現目前對於哺乳動物社會型態已知的資訊。我們很難——甚至可以說不可能——用這些資訊規劃出一套確切的演化藍圖，因為數據資料仍然非常零星，而更重要的是，哺乳動物的多數社會特性都很不固定。除了母系的親代照顧行為及其最顯而易見的結果（如上所述）固定不變，社會組織的其他特徵都沒有一定的規則，甚至連小至科、屬的分類單元之內都有高度分歧。表 23-2 中蝙蝠社會特性的變異就是一個有趣的例子。同一個科之內的不同物種，甚至同一個屬之內的物種，有時會存在三種或三種以上「層級」的社會演化模式。同一個分類單元之中有部份物種行獨居，也可能行一夫一妻制、妻妾群或兩性混合生活的團體。每一個科之內，各物種表現的這些型態組合都不一樣，而且不容易根據自然史其他方面的特徵加以預測。Bradbury（1975）舉了囊翼蝠屬（*Saccopteryx*）為例，說明控制社會演化的環境因素有多麼微妙。千里達島上的大銀線蝠（*S. bilineata*）蝠群通常都棲息在大樹的枝幹上，一旦受鳥或哺乳動物驚嚇，就降落至枝幹之間黑暗的安全隱蔽處靜止不動。因為這個習性，大銀線蝠會形成不太大的穩定群體，也因此而有細密的社會系統。雄蝠終年據有妻妾群，並且用複雜的鳴唱、嚎叫、揮動腺體、盤旋飛行這些行為來互相爭鬥。千里達也有小銀線蝠（*S. leptura*），雖是同一個屬，卻只會三、五隻成群棲息在沒有遮蔽的樹幹上。

社會生物學：新綜合理論

如果受了驚嚇，會立刻飛到別處，通常都是另一個熟悉的地方。顯然就是因為這種逃跑策略，更因為群體規模小，使雄的小銀線蝠沒有妻妾群，雄蝠之間的爭鬥訊號也沒有大銀線蝠那麼多樣化。囊翼蝠屬的這個例子讓我們馬上就想到群居胡蜂的兩種主要防衛對策。有些物種——特別是新熱帶區的柄腹胡蜂屬（*Mischocyttarus*）的多數物種——會形成小而快速成熟的聚落，一旦遭到軍蟻或其他厲害的掠食者攻擊，就會飛往新的築巢處。另一類物種，例如紙胡蜂屬（*Chartergus*）、異腹胡蜂屬（*Polybia*）、胡蜂屬（*Vespa*），築起堡壘似的蜂巢，幾乎能抵擋所有掠食者。這類物種會形成非常大的聚落，蜂后和工蜂形態明顯不同，通訊系統也比較繁複（Jeanne, 1975）

表 23-1　現存哺乳動物諸科，具代表性的屬，社會生活模式，以及包含社會生物學訊息的重點文獻。分類方式按照 Anderson and Jones, ed.（1967）。行為學及生態研究文獻詳細書目可參考 Walker, ed.（1964），以及《哺乳動物學期刊》（*Journal of Mammalogy*）。

哺乳動物種類	社會生物性	文獻
單孔目（Monotremata）		
針鼴科（Tachyglossidae）		
針鼴屬（*Tachyglossus*）、原針鼴屬（*Zaglossus*）。澳洲、紐幾內亞。	**獨居**。獨立生活時也許有領域性；在嚴格監禁的群體中會形成統御尊卑關係。雌鼴直接產卵在袋中，之後會在嬰幼兒有安全蔽身處時出外覓食一至二天。沒有雄性幫忙。	M. Griffiths in Ride（1970），Brattstrom（1973）
鴨嘴獸科（Ornithorhynchidae）		
鴨嘴獸屬（*Ornithorhynchus*）。澳洲。	**獨居**。雌性產卵於密閉地洞中；幼兒在洞中待十七週，期間雌獸外出覓食。沒有雄性幫忙。	Troughton（1966），Ride（1970）

哺乳動物種類	社會生物性	文獻
有袋目（**Marsupialia**）		
負鼠科（Didelphidae）		
負鼠屬（*Didelphis*）、蹼足負鼠屬（*Chironectes*）、灰林負鼠屬（*Philander*）。新世界，尤其是熱帶區。	**獨居**。負鼠屬的新生兒攜於袋中；略大後由母鼠背著同行短暫時間，行進間幼鼠緊抓母親背上毛皮。沒有雄性幫忙。	Reynolds（1952），Llewellyn and Dale（1964），McManus（1970）
袋貓科（Dasyuridae）		
袋貓（*Dasyurus*）等屬、寬足袋鼩屬（*Antechinus*）、狹足袋鼩屬（*Sminthopsis*）、袋食蟻獸屬（*Myrmecobius*）、袋獾屬（*Sarcophilus*）、袋狼屬（*Thylacinus*）。澳洲。	**獨居**。至少有部分物種的雌性會使用巢穴。嬰幼兒攜於母親袋中，稍大後與母親同行短暫時間。袋貓與袋獾幼獸會進行遊戲打鬥。沒有雄性幫忙。寬足袋鼩與袋獾會有活動圈廣泛重疊的情形。	Fleay（1935），Calaby（1960），Eisenberg（1966），Troughton（1966），Van Deusen and Jones（1970），Lidicker and Marlow（1970），Ride（1970），Wood（1970）
袋鼴科（Notoryctidae）		
袋鼴屬（*Notoryctes*）。澳洲。	**或許為獨居**。	Van Deusen and Jones（1967），Ride（1970）
袋狸科（Peramelidae）		
袋狸屬（*Perameles*）、短鼻袋狸屬（*Isoodon*）。澳洲。	**獨居**。或許有領域性。在植被堆中築巢。嬰幼兒先攜於袋中。之後與母親相伴短時期。沒有雄性幫忙。	Mackerras and Smith（1960），Troughton（1966），Van Deusen and Jones（1967），Ride（1970）
新袋鼠科（Caenolestidae）		
新袋鼠屬（*Caenolestes*）、鼩負鼠屬（*Lestoros*）。南美洲。	**或許為獨居**。	Van Deusen and Jones（1967）

哺乳動物種類	社會生物性	文獻
袋貂科（Phalangeridae）		
袋貂屬（*Phalanger*）、環尾袋貂屬（*Hemibelideus*）、卷尾袋貂屬（*Pseudocheirus*）、袋鼯屬（*Petaurus*）、無尾熊屬（*Phascolarctos*）、蜜貂屬（*Tarsipes*）。澳洲。	**多樣化。**有些物種行獨居。袋鼯為家族團體共居，由一隻雄性統御，可能有多代一起生活；卷尾袋貂的社會組織相似，但較鬆散。此科物種顯然有領域性，卷尾袋貂族群變稠密時，爭鬥性也增強。無尾熊的母親照顧期長達一年。	Schultze-Westrum（1965）, Eisenberg（1966）, Troughton（1966）, Ride（1970）
袋熊科（Phascolomyidae）		
軟毛袋熊屬（*Lasiorhinus*）、袋熊屬（*Vombatus*）。澳洲。	**獨居。**雌性一胎生一隻，置於袋中。稍大後與母親相依數月之久。個體據居於複雜地道系統。	Troughton（1966）, Wünschmann（1966）, Van Deusen and Jones（1967）, Ride（1970）
袋鼠科（Macropodidae）		
大袋鼠（*Macropus*）、樹袋鼠（*Dendrolagus*）、麝袋鼠（*Hypsiprymnodon*）、巨袋鼠（*Megaleia*）、岩袋鼠（*Petrogale*）、長鼻袋鼠（*Potorous*）、短尾袋鼠（*Setonyx*）等屬。澳洲、紐幾內亞。	**多樣化。**有些物種行獨居或配成對，例如麝袋鼠、長鼻袋鼠。短尾袋鼠會形成無組織的群集，有雄性分階統御。巨袋鼠與大袋鼠會形成組織鬆散的小隊夥。參閱本章相關敘述。	Hughes（1962）, Caughley（1964）, Eisenberg（1966）, Troughton（1966）, Packer（1969）, Ride（1970）, Russell（1970）, Kitchener（1972）, Grant（1973）, Kaufmann（1974a–c）
食蟲目（Insectivora）		
刺蝟科（Erinaceidae）		
刺蝟（*Erinaceus*）、鼩蝟（*Echinosorex*）、沙漠蝟（*Paraechinus*）等屬。舊世界。	**獨居。**母親照顧幼小，雄性不參與。	Eisenberg（1966）, Findley（1967）, Matthews（1971）

續：表 23-1

哺乳動物種類	社會生物性	文獻
鼴鼠科（Talpidae）		
鼴鼠（*Talpa*）、星鼻鼴鼠（*Condylura*）、麝鼴（*Desmana*）等屬。北美洲、歐亞大陸。	**獨居**。母親照顧幼小，雄性不參與。	Eisenberg（1966）, Findley（1967）, Matthews（1971）
馬島蝟科（Tenrecidae）		
馬島蝟（*Tenrec*）、馬島林蝟（*Dasogale*）、小馬島蝟（*Echinops*）、紋蝟（*Hemicentetes*）、鼩蝟（*Microgale*）、獺蝟（*Potamogale*）、大馬島蝟（*Setifer*）等屬。馬達加斯加、西非。	**多樣化**。母親在洞穴中照顧幼小；紋蝟與馬島蝟的幼兒會隨母親出外覓食。大馬島蝟會在非繁殖季節形成雄性小團體。紋蝟最具社會性：多隻雌蝟（可能有血緣關係）、雌蝟的子女、一隻雄蝟會共用一個巢穴。	Dubost（1965）, Eisenberg and Gould（1970）
金鼴科（Chrysochloridae）		
金鼴（*Chrysochloris*）等屬。南非。	**獨居**。	Findley（1967）, Matthews（1971）
長吻蝟科（Solenodontidae）		
溝齒鼩屬（*Atopogale*）、長吻蝟屬（*Solenodon*）。西印度群島。	**獨居或原始社會性**。大家庭可能共用同一巢穴。	Eisenberg and Gould（1966）, Findley（1967）, Matthews（1971）, Eisenberg（personal communication）

續：表 23-1

哺乳動物種類	社會生物性	文獻
尖鼠科（Soricidae）		
鼩鼱（*Sorex*）、北美短尾鼩（*Blarina*）、麝鼩（*Crocidura*）、臭鼩（*Suncus*）等屬。世界各地。	**獨居**。麝鼩與臭鼩的幼兒受警戒時會一個抓住一個的尾巴在母親後面連鎖排列。	Crowcroft（1957）, Shillito（1963）, Quilliam et al.（1966）
短尾象鼩科（Macroscelididae）		
短尾象鼩（*Macroscelides*）、象鼩（*Elephantulus*）等屬。非洲。	**獨居**。	J. C. Brown（1964）, Findley（1967）, Ewer（1968）, Matthews（1971）, Sauer and Sauer（1972）
皮翼目（**Dermoptera**） **鼯猴科**（Cynocephalidae）		
鼯猴屬（*Cynocephalus*）。亞洲熱帶地區。	**獨居或群集**。有極端的滑翔形態。一年只生產一隻，幼猴緊抱母親腹部。不築巢。成猴有時候會形成欠缺內部組織的鬆散群集。	Wharton（1950）, Eisenberg（1966）, Findley（1967）, Matthews（1971）
翼手目（**Chiroptera**） 共 19 科，見表 23-2	**非常多樣化**。各科不同，同一科內也有變異。有些物種行獨居（如肩章果蝠、棕蝠、毛尾蝠），有些會兩兩成對（如彩蝠、黃翼蝠、墓蝠），有的雄蝠有妻妾群（如囊翼蝠、犬吻蝠），也有形成永久的雌雄大群集而生活的（狐蝠、囊翼蝠）。有 50% 的熱帶物種及 20% 的溫帶物種具有程度不一的社會性。參閱本章敘述。	Eisenberg（1966）, Koopman and Cockrum（1967）, Davis et al.（1968）, La Val（1973）, Bradbury（1975）

哺乳動物種類	社會生物性	文獻
靈長目（Primates）	見第二十六章。	
貧齒目（Edentata）		
食蟻獸科（Myrmecophagidae）		
食蟻獸屬（*Myrmecophaga*）、侏食蟻獸屬（*Cyclopes*）、小食蟻獸屬（*Tamandua*）。中南美洲。	**獨居**。母親將獨生的幼兒揹在背上。食蟻獸揹幼兒的時間可長達一年。	Krieg（1939），Schmid（1939），Barlow（1967），Matthews（1971）
樹懶科（Bradypodidae）		
樹懶屬（*Bradypus*）、二趾樹懶屬（*Choloepus*）。中南美洲。	**獨居**。一段時間遊蕩後，以打鬥行為保衛領域。雌獺將獨生幼兒攜於背上或胸前，為期一個月或更久。	Beebe（1926），Barlow（1967），Montgomery and Sunquist（1974）
犰狳科（Dasypodidae）		
犰狳（*Dasypus*）等屬。美洲，熱帶地區尤多。	**獨居**。據守確定的活動圈。一次生產多胚的多隻幼獸，最多達十二隻。幼兒早熟，出生幾小時便能跟隨母親外出覓食。	Taber（1945），Talmadge and Buchanan（1954），Barlow（1967）
鱗甲目（Pholidota）		
穿山甲科（Manidae）		
穿山甲屬（*Manis*）。非洲與亞洲熱帶。	**獨居**。母親將一或二隻幼兒攜於背上與尾部。	Rham（1961），Pagès（1965, 1970, 1972a, b），Barlow（1967）
兔形目（Lagomorpha）		
鼠兔科（Ochotonidae）		
鼠兔屬（*Ochotona*）。亞洲與北美洲西部。	**在「聚落」中獨居**。族群稠密而有地區性。個體在其中維持獨居的領域。	Hage（1960），Broadbooks（1965），Layne（1967）

哺乳動物種類	社會生物性	文獻
兔科（Leporidae）		
兔（*Lepus*）、穴兔（*Oryctolagus*）、岩兔（*Pronolagus*）、棉尾兔（*Sylvilagus*）等屬。世界各地；由外地引入澳洲。	**多樣化**。普遍都有領域行為。有些物種行獨居，例如兔屬。穴兔（*O. cuniculus*）有些雄性的領域內會有多隻雌性，這些雌性亦有大致的尊卑次序。養兔場中的穴兔會容許成長的子代留在領域中。有些兔群會欺壓其他兔群，佔據較大領域。	Southern（1948），Lechleitner（1958），Mykytowycz（1958–60，1968），O'Farrell（1965），Ewer（1968），Mykytowycz and Dudzi ski（1972）
齧齒目（Rodentia，**現存 43 科**）		
山狸科（Aplodontidae）		
山狸屬（*Aplodontia*），北美洲西部。	**在「聚落」中獨居**。族群稠密而有地區性，但個體維持自己洞穴周圍的獨居小領域。	Anthony（1916），McLaughlin（1967）
松鼠科（Sciuridae）		
松鼠（*Sciurus*）、溝牙鼯鼠（*Aeretes*）、草原土撥鼠（*Cynomys*）、花栗鼠（*Eutamias*）、鼯鼠（*Petaurista*）、地松鼠（*Spermophilus*）、美洲金花鼠（*Tamias*）、紅松鼠（*Tamiasciurus*）、旱獺（*Marmota*）等屬。世界各地。	**多樣化**。若非一律有領域行為，至少也普遍有。某些物種行獨居，如松鼠屬、紅松鼠屬；有些物種的雄性會有妻妾群，如旱獺；有些物種會為渡冬而結群，如美洲鼯鼠（*Glaucomys*）。黑尾草原土撥鼠（*Cynomys ludovicianus*）會形成成年者的排他「集團」，其中成員年齡性別相混；見本章相關敘述。	Layne（1954），Robinson and Cowan（1954），King（1955），Bakko and Brown（1967），Broadbooks（1970），Dunford（1970），Waring（1970），Brown（1971），Carl（1971），Downhower and Armitage（1971），Heller（1971），Yeaton（1972），Barash（1973, 1974a），Drabek（1973），Smith et al.（1973）

續：表 23-1

哺乳動物種類	社會生物性	文獻
囊鼠科（Geomyidae）		
囊鼠（*Geomys*）、平齒囊鼠（*Thomomys*）等屬。新世界。	**獨居**。生活於地下。保衛自己的洞穴系統。	Eisenberg（1966），McLaughlin（1967）
林棘鼠科（Heteromyidae）		
林棘鼠（*Heteromys*）、跳囊鼠（*Diplodomys*）等屬。新世界。	**獨居**。一般有領域性，據居專用的穴道系統。	Eisenberg（1963, 1966, 1967），McLaughlin（1967），Rood and Test（1968）
河狸科（Castoridae）		
河狸屬（*Castor*）。北美洲與歐洲。	**家族團體**。一對配偶、一歲大的子代、新生的子代共據居所。子代於兩歲大時離家自立。保衛領域不准其他家族涉入。	Tevis（1950），Eisenberg（1966），Wilsson（1971），Bartlett and Bartlett（1974）
鱗尾鼯鼠科（Anomaluridae）		
鱗尾鼯鼠屬（*Anomalurus*）。熱帶非洲。	**家族團體**。出現時兩兩成對。	McLaughlin（1967）
倉鼠科（Cricetidae）		
倉鼠（*Cricetus*）、林鼠（*Neotoma*）、稻鼠（*Oryzomys*）、南美嶺鼠（*Thomasomys*）、鹿鼠（*Peromyscus*）、葉耳鼠（*Phyllotis*）、鬃鼠（*Lophiomys*）、旅鼠（*Lemmus*）、田鼠（*Microtus*）、麝鼠（*Ondatra*）、沙鼠（*Gerbillus*）等共97屬。世界各地。	**多樣化**。多數物種行獨居，可能全部都有領域性。有些鹿鼠表現雌雄相伴的關係，時期不一；又有幾例較大群集越冬的現象。有些田鼠組成母帶子的大家庭關係，在族群密度高的地方尤其多見。布氏田鼠（*M. brandti*）會有兩性集成的小團體，類似草原土撥鼠（*Cynomys*）。	Linsdale and Tevis（1951），Eibl-Eibesfeldt（1953），F. Petter（1961），Eisenberg（1962–1968），Errington（1963），Lidicker（1965），Arata（1967），Healey（1967），Dunaway（1968），King（1968），Linzey（1968），Packard（1968），Stones and Hayward（1968），Baker（1971），Matthews（1971），Getz（1972），Myton（1974）

哺乳動物種類	社會生物性	文獻
盲鼹鼠科（Spalacidae）		
盲鼹鼠屬（*Spalax*）。中東。	**獨居**。有領域性。	Arata（1967）
鼠科（Muridae）		
小鼠（*Mus*）、蹼鼠（*Aethomys*）、姬鼠（*Apodemus*）、非洲攀緣鼠（*Dendromus*）、家鼠（*Rattus*）等共98屬。舊世界各地。	**多樣化**。許多物種行獨居。小鼠與家鼠的雄鼠有妻妾群，且形成鬆散的隊夥組織。	Calhoun（1962）, Barnett（1963）, Eisenberg（1966）, Arata（1967）, Saint Girons（1967）, Ropartz（1968）, Ewer（1971）, Matthews（1971）, Wood（1971）, R. M. Davis（1972）
睡鼠科（Gliridae）		
睡鼠（*Glis*）等屬。歐洲、中東、非洲。	**有爭鬥性與家族性**。兩性群集渡冬；圈養中家族至少暫時聚集。	Koenig（1960）, Eisenberg（1966）, Arata（1967）
林跳鼠科（Zapodidae）		
林跳鼠（*Zapus*）、長尾跳鼠（*Sicista*）等屬。北方溫帶。	**獨居**。顯然有領域性。	Quimby（1951）, Whitaker（1963）, Eisenberg（1966）, Arata（1967）
跳鼠科（Dipodidae）		
跳鼠（*Dipus*）等屬。北非、亞洲。	**獨居**。顯然有領域性。	Eisenberg（1966, 1967）, Arata（1967）
豪豬科（Hystricidae）		
豪豬（*Hystrix*）等屬。非洲至中國。	**多樣化**。有些物種明顯為一對配偶共同生活，而有些物種有集體聚群現象。	Starrett（1967）
美洲豪豬科（Erethizontidae）		
美洲豪豬（*Erethizon*）等屬。阿拉斯加至南美洲。	**獨居**。活動圈以氣味標示，範圍有重疊。繁殖緩慢，母親照顧時間長。	Eisenberg（1966）, Starrett（1967）

續：表 23-1

哺乳動物種類	社會生物性	文獻
豚鼠科（Caviidae）		
豚鼠（*Cavia*）、草原豚鼠（*Microcavia*）、兔豚鼠（*Dolichotis*）等屬。南美洲。	**獨居且有領域性。**一隻雄鼠的領域之內可容納多隻雌性，雌鼠又在其中分據個別地盤。草原豚鼠的雌性容許女兒留在地盤，至下一次生殖才趕走。雄性在可接受交配的雌性附近聚集，形成統御位階。兔豚鼠的配偶會在連續生育期間共享領域。	King（1956），Kunkel and Kunkel（1964），Rood（1970），Eisenberg（personal communication）
水豚科（Hydrochoeridae）		
水豚屬（*Hydrochoerus*）。中美洲、南美洲。	**群居。**為齧齒目中體型最大者。組成 3 至 30 隻的小群，兩性與各年齡層均有，群中有家族團體。	Starrett（1967），Matthews（1971）
硬毛鼠科（Capromyidae）		
硬毛鼠（*Capromys*）、地硬毛鼠（*Geocapromys*）等屬。	**獨居。**野外生活時會有些許分散行為、互相避開。圈養中比較互相容忍，並形成群體。	Clough（1972）
美洲巨水鼠科（Myocastoridae）		
美洲巨水鼠屬（*Myocastor*）。南美洲。	**家族性。**	Ehrlich（1966）
刺豚鼠科（Dasyproctidae）		
刺豚鼠（*Dasyprocta*）、長尾刺豚鼠（*Myoprocta*）、無尾刺豚鼠（*Cuniculus*）等屬。中美洲、南美洲。	**獨居或配偶成對。**圈養中會形成群體，但在野外普遍分散不結群。雌雄共據地盤，各自防止同性者涉入。	Starrett（1967），Kleiman（1971，1972a），Eisenberg（personal communication）

續：表 23-1

哺乳動物種類	社會生物性	文獻
絨鼠科（Chinchillidae）		
絨鼠屬（*Chinchilla*）、山絨鼠屬（*Lagidium*）、平原絨鼠屬（*Lagostomus*）。南美洲。	**多樣化**。山絨鼠會形成 2 至 5 隻個體的小集團，兩性及各種年齡都有，包含家族。不同的小集團在「聚落」中彼此鄰近，多達 75 隻個體。雌性在繁殖季節中表現敵意，雄性在洞穴系統中遊走，可能集中棲息。	Pearson（1948），Starrett（1967）
蔗鼠科（Thryonomyidae）		
蔗鼠屬（*Thryonomys*）。非洲。	**妻妾群**。	Ewer（1968）
嚙齒目其他科		
另有 24 科，其中許多科包含物種少，又很稀有，一般都欠缺研究。	**多樣化**。我們所知甚少。	Arata（1967），McLaughlin（1967），Packard（1967），Starrett（1967）
鬚鯨目（Mysticeti）		
露脊鯨科（Balaenidae）		
露脊鯨屬（*Balaena*），小露脊鯨屬（*Caperea*）	**多樣化**。小露脊鯨屬為獨居或雌雄成對。露脊鯨屬為獨居或雌雄鯨與幼小鯨魚形成家族小群。	Slijper（1962），Norris（1966,1967），Rice（1967），Mörzer Bruyns（1971）
灰鯨科（Eschrichtiidae）		
灰鯨屬（*Eschrichtius*）	**按季節而變**。單獨遷移，或結成小群而遷移，最多 12 頭；在近北極的攝食場域上形成大而無甚組織的群集，雌鯨與幼鯨會避開雄性。	同上。

續：表 23-1

哺乳動物種類	社會生物性	文獻
鬚鯨科（Balaenopteridae）		
鬚鯨屬（*Balaenoptera*）、座頭鯨屬（*Megaptera*）	**社會性。**結成小群，成員不一，小群在攝食場合成大群集。座頭鯨以善鳴著稱，常形成雄、雌、幼的家族小群。	Slijper（1962），Norris（1966, 1967），Rice（1967），Mörzer Bruyns（1971），Payne and McVay（1971）
齒鯨目（Odontoceti）		
喙鯨科（Ziphiidae）		
喙鯨（*Ziphius*）等屬。	**多樣化。**有些物種很明顯為獨居，如中喙鯨（*Mesoplodon*）與喙鯨。但瓶鼻鯨（*Hyperoodon*）會形成緊密而協調一致的小群，包含 10 隻或更多個體。	Norris（196,1967），Rice（1967），Mörzer Bruyns（1971）
獨角鯨科（Monodontidae）		
白鯨屬（*Delphinapterus*）、獨角鯨屬（*Monodon*）。	**社會性。**形成大小不同的群。	同上。
抹香鯨科（Physeteridae）		
抹香鯨屬（*Physeter*），小抹香鯨屬（*Kogia*）。	**社會性。**雌鯨與幼鯨形成緊密的育幼群行動，另有一隻或多隻巨大雄鯨（「園長」）相隨；年輕雄鯨常組成光棍群。鯨群有時會合成個體多達上千隻的大群集。	Caldwell et al.（1966），Norris（1966,1967），Rice（1967）

社會生物學：新綜合理論

續:表 23-1

哺乳動物種類	社會生物性	文獻
江豚科（Platanistidae）		
江豚（*Platanista*）、亞馬遜江豚（*Inia*）等屬。	**社會性**。以不超過 12 隻個體的小群行進。	Layne（1958）, Layne and Caldwell（1964）, Rice（1967）
糙齒海豚科（Stenidae）		
糙齒海豚屬（*Steno*）、南美長吻海豚屬（*Sotalia*）、白海豚屬（*Sousa*）。	**社會性**。以大小不等的群體行進。糙齒海豚群最大有上千隻，但常見的群體都不超過 10 隻。	Rice（1967）, Mörzer Bruyns（1971）
鼠海豚科（Phocoenidae）		
鼠海豚（*Phocoena*）等屬。	**社會性**。小群成員通常不超過 6 隻；有時候以彎月隊形追逐魚。	Rice（1967）, Mörzer Bruyns（1971）, Vaughan（1972）
海豚科（Delphinidae）		
海豚（*Delphinus*）、短鰭海豚（*Orcaella*）、虎鯨（*Orcinus*）、露脊海豚（*Lissodelphis*）、瑞氏海豚（*Grampus*）、原海豚（*Stenella*）、寬吻海豚（*Tursiops*）等屬。	**社會性**。群集規模差異極大；曾有人觀察到真海豚（*Delphinus delphis*）多達十萬隻的群集。黑領航鯨（*Globicephala scammoni*）以寬隊形行進，時常拆為同年齡的、同性別的小群，再「遊蕩」成為混群。虎鯨（*Orcinus orca*）會捕獵海獅、鯨魚、其他海豚，以協調良好的群隊進攻獵物。	Tavolga and Essapian（1957）, Norris and Prescott（1961）, Dreher and Evans（1964）, Norris（1966,1967）, Rice（1967）, Evans and Bastian（1969）, Pilleri and Knuckey（1969）, Martinez and Klinghammer（1970）, Mörzer Bruyns（1971）, Caldwell and Caldwell（1972）, Saayman et al.（1973）, Tayler and Saayman（1973）
食肉目（Carnivora）		
狗、貓、浣熊、熊、水獺、鼬、臭鼬、靈貓、鬣狗等。	見第二十五章。	

哺乳動物種類	社會生物性	文獻
鰭腳目（Pinnipedia）		
海獅科（Otariidae）		
南海獅屬（*Otaria*）、北海獅屬（*Eumetopias*）、澳洲海獅屬（*Neophoca*）、加州海獅屬（*Zalophus*）、南海狗屬（*Arctocephalus*）、北海狗屬（*Callorhinus*）。	**社會性。**到了繁殖季節，牠們在海灘或其他有屏障保護的海岸上集成大群，體型最大的雄性保衛地盤，其中有妻妾群與幼小。	McLaren（1967），Orr（1967），Peterson and Bartholomew（1967），Stains（1967），Peterson（1968），Schuster and Dawson（1968），Farentinos（1971），Matthews（1971），Stirling（1971,1972），Caldwell and Caldwell（1972），Nishiwaki（1972）
海象科（Odobenidae）		
海象屬（*Odobenus*）。	**社會性。**雄性並不與雌性帶著幼小的群體共處，除了繁殖季節以外，此時雄性彼此打鬥。沒有妻妾群的現象。母親與子代關係持續達 3 年。	Eisenberg（1966），Perry（1967），Stains（1967）
海豹科（Phocidae）		
海豹（*Phoca*）、灰海豹（*Halichoerus*）、豹海豹（*Hydrurga*）、象海豹（*Mirounga*）、鬚海豹（*Erignathus*）、僧侶海豹（*Monachus*）、管海豹（*Cystophora*）等屬。	**非常多樣化。**豹海豹幾乎完全獨居。鬚海豹與僧侶海豹會聚群，但沒有組織而隨意交配。管海豹會在繁殖季節兩兩成對。各家族之間保持距離。灰海豹與象海豹有與海獅類似的妻妾群。	Bartholomew（1952, 1970），Scheffer（1958），Bartholomew and Collias（1962），Carrick et al.（1962），Eisenberg（1966），Stains（1967），Peterson（1968），Ray et al.（1969），Nicholls（1970），Caldwell and Caldwell（1972），Le Boeuf et al.（1972），Nishiwaki（1972），Le Boeuf（1974）

續：表 23-1

哺乳動物種類	社會生物性	文獻
管齒目（Tubulidentata）		
土豚科（Orycteropodidae）		
土豚屬（*Orycteropus*）。非洲。	**獨居**。雌性帶著一隻幼土豚，有時候帶著兩隻。	Eisenberg（1966），Hoffmeister（1967），Pagès（1970）
蹄兔目（Hyracoidea）		
蹄兔科（Procaviidae）		
蹄兔屬（*Procavia*）、樹蹄兔屬（*Dendrohyrax*）、岩蹄兔屬（*Heterohyrax*）。非洲、阿拉伯半島。	**社會性**。樹蹄兔會組成一雄一雌帶著幼小的家族群。蹄兔屬會形成「聚落」，其中包含雄性與妻妾群帶著幼小的單元。	Coe（1962），Eisenberg（1966），Hoffmeister（1967），Rahm（1969），Matthews（1971）
海牛目（Sirenia）		
儒艮科（Dugongidae）		
儒艮屬（*Dugong*）。東非至所羅門群島。	社會性。組成小群，有些是家族群。	Eisenberg（1966），Jones and Johnson（1967）
海牛科（Trichechidae）		
海牛屬（*Trichechus*）。美國佛羅里達州至南美洲、西非。	**獨居或稍有社會性**。基本單元是母親帶著一隻幼小。有些情況下會形成無甚組織的群集。	Moore（1956），Eisenberg（1966），Bertram and Bertram（1964），Jones and Johnson（1967）
奇蹄目（Perissodactyla）		
馬、斑馬、驢、貘、犀牛。	見第二十四章。	
偶蹄目（Artiodactyla）		
豬、猯豬、河馬、駱駝、鼷鹿、鹿、長頸鹿、羚羊、牛、羊等。	見第二十四章。	
長鼻目（Proboscidea）		
大象	見第二十四章。	

表 23-2　蝙蝠社會形態與系統發生的關係，在屬及更小的分類單元都顯得十分多樣化。（Based on Bradbury, 1975。）

蝙蝠種類	A 除了交配與母親攜帶子女之外，均為獨居	B 兩性除了交配之外並不共處	C 兩性只在分娩時隔離，其他時間共處	D 一雄一雌的家庭	E 全年妻妾群	F 全年多雄多雌群體
大蝙蝠科（Pteropodidae）						
始新狐蝠（Pteropus eotinus）		○				
地狐蝠（P. geddiei）		○				
巨狐蝠（P. giganteus）						○
灰首狐蝠（P. poliocephalus）		○				
岬狐蝠（P. scapulatus）		○				
無尾肩章果蝠（Epomops franqueti）	○					
非洲長舌果蝠（Megaloglossus woermanni）	○					
棕果蝠（Rousettus leschenaulti）			○			
鼠尾蝠科（Rhinopomatidae）						
小鼠尾蝠（Rhinopoma hardwickei）			○			
鞘尾蝠科（Emballonuridae）						
犛兒翼蝠（Balantiopteryx plicata）						
南美鬼蝠（Diclidurus alba）	○		○			
長鼻蝠（Rhynchonycteris naso）						
大銀線蝠（Saccopteryx bilineata）						○
小銀線蝠（S. leptura）					○	
黑鬚墓蝠（Taphozous melanopogon）			○			
裸腹墓蝠（T. nudiventris）			○			○

社會生物學：新綜合理論

續：表 23-2

蝙蝠種類	A 除了交配與母親攜帶子女之外，均為獨居	B 兩性除了交配之外並不共處	C 兩性只在分娩時隔離，其他時間共處	D 一雄一雌的家庭	E 全年妻妾群	F 全年多雄多雌群體
黑暗墓蝠（T. peli）				○		
裂面蝠科（Nycteridae）						
裂面蝠：淡色裂面蝠（Nycteris arge）、粗毛裂面蝠（N. hispida）、矮小裂面蝠（N. nana）				○		
蹄鼻蝠科（Rhinolophidae）						
黑葉鼻蝠（Hipposideros atratus）		○				
小葉鼻蝠（H. beatus）				○		
短耳葉鼻蝠（H. brachyotis）			○			
康氏葉鼻蝠（H. commersoni）			○			
冠葉鼻蝠（H. diadema）		○				
魯氏菊頭蝠（Rhinolophus rouxi）			○			
佐氏菊頭蝠（R. clivosus）			○			
短翼菊頭蝠（R. lepidus）			○			
矛鼻蝠科（Phyllostomatidae）						
華氏大耳蝠（Macrotus waterhousii）		○	○			
葉頤蝠（Mormoops megalophylla）						
異色矛鼻蝠（Phyllostomus discolor）					○	
大矛鼻蝠（P. hastatus）					○	
蝙蝠科（Vespertilionidae）						

續：表 23-2

蝙蝠種類	A 除了交配與母親攜帶子女之外，均為獨居	B 兩性除了交配之外並不共處	C 兩性只在分娩時隔離，其他時間共處	D 一雄一雌的家庭	E 全年妻妾群	F 全年多雄多雌群體
蒼白洞蝠（Antrozous pallidus）			○			
大棕蝠（Eptesicus fuscus）			○			
小棕蝠（E. minutus）	○					
任氏棕蝠（E. rendalli）	○					
彩蝠：哈氏彩蝠（Kerivoula harrisoni）、疣彩蝠（K. papillosa）、彩蝠（K. picta）				○		
紅毛尾蝠（Lasiurus borealis）	○					
灰毛尾蝠（L. cinereus）	○					
東南鼠耳蝠（Myotis austroriparius）等			○			
澳洲長翼蝠（Miniopterus australis）			○			
摺翅蝠（M. schreibersii）			○			
長耳蝠（Plecotus auritus）			○			
湯氏長耳蝠（P. townsendii）			○			
家蝠（Pipistrellus pipistrellus）等			○			
皺鼻蝠科（Molossidae）						
巴西犬吻蝠（Tadarida brasiliensis）			○			
大犬吻蝠（T. major）			○			
米達犬吻蝠（T. midas）					○	
小犬吻蝠（T. pumila）			○			

社會生物學：新綜合理論

另有一些趨向在整個翼手目之內都明顯可見。比較小的蝙蝠物種最不易調節體溫，所以牠們大多以有遮蔽的地方為巢，例如洞穴、空樹洞。因此，牠們會形成比較大的群體，簇擁在一起歇息，這些特性都是要演化較高等社會組織的預備條件。非洲的錘頭果蝠（*Hypsignathus monstrosus*）是雌雄二型性的大型蝙蝠，棲息在森林樹冠中無遮蔽的地方，會形成極眩目的求偶群。大蝙蝠科的一些物種會在樹上形成非常大的永久群體，顯然是為了防禦掠食者。食性和社會型態的整體關聯性並不明顯，也許根本沒有關聯。

哺乳動物的其他各目，也一樣找不出明白的社會演化線索。真哺乳動物之中最眾多也最有意思的幾類——包括齧齒目、偶蹄目、靈長目——即是如此。有袋動物亦然，這一群動物是真哺乳動物以外的重要演化研究題材。偶蹄目與靈長目的研究已經漸漸深入，足以從屬與種的層次上確認相互的關聯性，這些哺乳動物群將是本書後幾章的主題。此外，現在我們已經可以針對個別的社會特性，稍微評估出它在演化中相對的易變程度。第二十七章將藉這個方法來重建人類早期演化的過程。

基本模式

要概括哺乳動物的社會演化，文氏圖比起系統發生樹表達得更清楚（見圖 23-1）。圖示中表現出母子相依關係普遍存在，而其他社會特性在屬或種的層次酌予加減。方形之內是特定時間點下所有哺乳類物種的集合。個別物種的演化改變，以越過子集界線的線條來表示，再另外畫出更小子集的界線。兩性之間合作的模式、團結的程度、社會的開放度，都有細節上的差異。此外，多數的交互作用方式的季節性改變也因物種不同而各異。

特定社會形式在物種之中的分佈雖然零散，但是在整個哺乳綱與其中幾個比較大的目之內，仍有一些大略的系統發生上的趨向可循（Eisenberg, 1966）。例如，比較原始的現存有袋目動物和食蟲目動物，都傾向獨居；夜

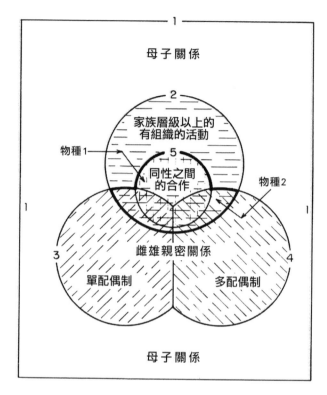

圖 23-1：
此文氏圖說明了哺乳動物的社會形式，將具有不同社會屬性組合的物種劃分開來。方形之內是特定時間點下的所有哺乳類物種，圓圈是具有個別社會特性的物種子集。劃入中央粗線之內的物種具有最高等的社會組織。這裡不用系統發生樹和演化等級，是因為多數社會特性在屬與種的層級就有各式各樣的變異，不可能做出通用的圖表。但是像本圖示的假想物種 1 與 2 的推斷演化路線，就可用穿越子集的線條表明。

「獨居」
　　僅 1：母親與幼小形成團體，雄性只在要交配時加入。

社會性
　　僅 2：無組織的獸群。
　　僅 3：一對配偶，通常有領域性。
　　僅 4：妻妾群，通常有領域性。
　　5：隊夥、群隊
　　2 + 3、3 + 4、5（粗線區域）：家族層級以上的有組織的社會。

間覓食的動物與地棲性的物種，也大多行獨居。每一個目之中社會型態最複雜的物種，照例體型都最大，有袋類、嚙齒類、有蹄類、食肉類、靈長類，都是如此。這種發展趨向也許反映了一項簡單的事實：最大型的動物都在地面以上覓食，而且是在白天。但是，另一個必然的關聯就是智能比較高。這些物種不論生活方式如何，一般腦的體積都比較大，構造也比較複雜，所以學習能力比較強。此外，適應了如何在非隱蔽環境中生活的物種，比較可能演化出社會性。例如，有袋動物之中最具社會性的，就是在澳洲草原與開闊林地覓食的一些袋鼠物種。嚙齒類之中少數會形成兩性混合小集團的物種，也全都以草原為棲地。有蹄類動物之中，會集成大群的物種大多只棲息於空曠草原或疏林莽原。這些有蹄動物的群集雖然大多數無甚組織，但是像馬群、山羊群、象群等，卻都是團結而很有組織的社會。

　　本章以下專談三個哺乳類物種，這些物種在牠們同類動物之間，社會行為都演化到最成熟的地步。帕氏大袋鼠與黑尾草原土撥鼠分別為有袋目和嚙齒目之中社會性最強的物種。瓶鼻海豚是鯨豚類的代表，但目前研究仍不夠透徹，鯨豚類（含鬚鯨目與齒鯨目）也是哺乳動物之中吾人理解最少的一個大項。本書收尾的四章之中會更深入探討有蹄類、食肉類與靈長類。

帕氏大袋鼠（*Macropus parryi*）

　　現存諸多有袋動物（從澳洲昆士蘭北部至新南威爾斯東部）之中，最具社會性的物種也許就是帕氏大袋鼠了。這種小體型的袋鼠偏好的棲地是有桉樹和茂盛青草的開闊原野，習慣白晝攝食，只吃青草和蕨類等草本植物。考夫曼曾以十三個月的時間觀察研究峽谷溪（位於澳洲新南威爾斯省李奇蒙國家公園）一個自由生活的族群，發現這群袋鼠分成三個組織鬆散的「群組」，整年維持不變（J. H. Kaufmann, 1974a）。每個群組包括三十至五十名成員，各群組的成年者性比率差別很大，可能族群的整體性比率是平衡的。一些亞

成年的雄性會在群組之間移動，但欠缺完整數據；雌性即便有遷移行為也是極少的。

三個群組的活動圈分別為71公頃、99公頃、110公頃，都是近乎排外的。按兩個可以有效丈量的位置來看，領域僅有大約10公頃面積重疊，三個群組不常相遇，即使相遇也不傷和氣，反而會融合成一個群體，一同攝食歇息，對待別組的成員和自己群組的同伴沒什麼兩樣。混群時各個年齡層的袋鼠能自在地共處，成年雄性為爭奪統御地位而打鬥或追求雌性，似乎並沒有特別偏好某個群組的對象。

群組的整體活動圈之內，個體成員據有自己的一小塊地方。考夫曼發現每個群組都有相當固定的日常行動模式，成員們夜晚聚集在樹林裡，白天分成不規則的小組在空曠地方覓食。各群組的行動模式有些細節上的差異。例如，有一個群組每天一早從有樹林的山坡往下走，固定分成至少十五個小群；中午時分，成員一夥夥四散活動，結夥的成員和數目都時時在變；天近傍晚前，一些小群會先匯集然後返回山坡上。另外兩個群組據居的棲地植被與第一個群組不同，所以不需下山上山，但白天在空曠處仍會聚集成群。

帕氏大袋鼠的群組不過是結構鬆散的集合，其中的個體和小群彼此緊鄰著進行各自的活動（見圖23-2）。亞成年者與成年者中都有統御等級，雌性間的尊卑鬆散而不常表現，雄性之間的線性尊卑次序卻清楚分明，而且每隔一段時間就要表明一次。爭鬥行為非常儀式化，最溫和的就是移位，也就是強者迫使弱者挪開。強勢者有時候只是走近來嗅一嗅對方，或是觸一下對方的鼻子，便可使對方退走。也有時候，強者從弱者背後撲上，抓住對方的腰腹。雄性爭奪求偶機會與雌性試圖趕走追求者的時候，最常發生移位。如果是雄性衝突引起的移位，隨後往往會發生追趕與打鬥。考夫曼認為，峽谷溪大袋鼠族群的打鬥行為頗有「紳士風度」。雄性的挑戰動作通常就是直立起來——這也是打鬥的姿勢，也許還會把前掌放在對手頸上或上半身。挑

戰一旦被接受，打鬥就如預料而進行。打鬥者面對面直立，以腳趾站立而儘量將身體仰高，然後互相拍打對方的頭、肩、胸、喉部。揮掌用的力氣不如收回來時用的大。有時候互摑之後接著角力，兩隻雄袋鼠互抓頸與肩，試圖把對手摔倒。只有極少數打鬥中會有用後腳踢對手肚子的動作，這一招使的力不會很大，通常表示用踢招的一方要認輸了。雄性間的打鬥顯然有強化尊卑關係的作用，多數時候由高位階的一方主動。位階相仿的雄性最常發生打鬥，但從未有人觀察到這樣的打鬥會造成明顯傷害。

高位階的雄性可以在求偶時佔得先機。雌袋鼠進入動情期的幾小時裡，會有多達五、六隻雄性尾隨著，但通常只有位階最高的一隻可以交配。如果位階最高的這隻雄性正在追求其他雌性，位階次高的那隻便會遞補上來。由於雌性的動情期太短，而且不易預測，雄性必須時時尋覓追求目標。甚至可以說，帕氏大袋鼠最常見的社會互動行為，就是雄性「檢查」雌性。考夫曼認為，群組裡的雄袋鼠幾乎每一隻每天都要把大多數或所有的雌性檢查一遍。由於雌性一次發情不過短短幾天，而且只有統御位階的雄性有成功交配的機會，所以多數的檢查行為是白費工夫。即便是這樣，這種行為仍然讓每隻雄性隨時做好準備，迎接機會或許終於來臨的那一天。峽谷溪族群的檢查動作開始是憑藉嗅覺。雄性會從雌性的後方靠近，迅速嗅一下雌性的尾部，甚至進而拉起雌性的尾巴去觸摸、並舔舐雌性的泄殖部位。雌性偶爾會有排尿至雄性口中的反應。嗅過之後，雄性站到雌性的面前，將頭伸向雌性，或是上下來回地擺頭。有時候雄性會將前肢交叉在胸前，或是將前肢輕輕放在雌性頭上或肩上。如果雌性並未發情，她通常會移開，或以手掌把追求者打退。雌性一旦進入動情期，雄性的追求動作會更加延長而持久。一開始有低位階的雄性尾隨在後，但到了動情期的高峰，高位階的雄性必然會來把低位階者趕走。成立的排他配偶關係可以持續一至四天。有時候雌性會突然跑掉，引得配偶與其他雄性猛追不已。

圖 23-2：

帕氏大袋鼠的一個群組，牠是有袋目之中最具社會性的物種。場景是新南威
爾斯峽谷溪的清早，成員尚未分為小群，但不久就會分成多個小群再走到
空曠草地去進食。整個群組沒有協調行動可言。個體和三三兩兩的小群進
行各自的活動。前景中有多隻雌袋鼠帶著幼小在休息、梳毛，或準備進食。
靠左邊有兩隻雄性在互嗅以辨識對方。中央靠右有兩隻雄袋鼠進行儀式化的
打鬥，以表明尊卑地位。另一隻雄性站著旁觀。背景靠中央有一隻雄性在嗅
雌性的生殖器部位，是常見的動作，用來「檢查」雌性是否進入動情期。左
邊背景有一隻雄性朝著發情的雌性彎下身體，同時用前掌抓起草與土。這對
雌雄的周圍有三隻從屬位階的雄性，等候這隻統御的雄性一旦離開就上前展
開求偶炫示。棲地是開闊的林地，地面上覆被著青草、苜蓿、蕨叢、荊棘。

（Drawing by Sarah Landry; based on J. H. Kaufmann, 1974.）

社會生物學：新綜合理論

峽谷溪帕氏大袋鼠經常會有非關性行為的互嗅動作，可見嗅覺通訊有可能是視覺炫示之外的重要輔助。互相梳理的行為反倒十分少見。主要只有舔舐的動作，而且大多只限於母親與子女或是年幼者之間的互動，打鬥的雄性之間極少有。因此，帕氏大袋鼠的異體梳理行為並沒有如靈長目和真哺乳類的其他各目一般具有安撫與示好的作用。

帕氏大袋鼠的遊戲行為，也不如多數真哺乳動物來得發達，幾乎完全限於母子互動，內容也只包括模仿性行為與爭鬥動作。一旦亞成年雄性開始打鬥，這些行為就變得「認真」了，而且直接影響統御等級的形成。就這一點而言，打鬥已經發生作用，不算是真正的遊戲。

總之，因為帕氏大袋鼠代表了哺乳動物一個大類項的社會演化極限，這個類項又與目前已有研究的其他哺乳動物在系統發生上的距離很遙遠，所以帕氏大袋鼠特別值得注意。牠們雖然在求偶與爭鬥行為演化中表現了複雜而儀式化的社會行為，並且由此形成雄性的統御階級制，卻顯然沒有產生其他的內在組織模式。帕氏大袋鼠的群體穩定，小群體的活動圈維持不變而幾近

排外，小群體之間容忍度非常高，而且可以藉不同小群間成員互認而彼此容忍。這一個特別的地方是與黑猩猩相似的，但其他方面的行為明顯以個體為出發，短時期的整體社會模式比較混亂。雖然爭鬥行為在社會互動中有很重要的功用，異體梳理卻沒有演化出真哺乳綱多數物種的那種社會功用。最後一點是，母子關係和真哺乳綱群居動物一樣複雜，但同齡年幼者之間的關係發展甚淺。社交遊戲通常是以成年者為對象，成年者的反應雖然與其他哺乳動物一樣複雜而有個別性，同儕之間卻幾乎沒有遊戲的社會行為。

黑尾草原土撥鼠（*Cynomys ludovicianus*）

嚙齒動物的棲居地越是沒有遮蔽，越可能形成稠密的地區族群。在這種「聚落」之中，個體或小群體會據守自己的洞穴系統，並且保衛洞穴出口周圍的領域。空曠凍原的北極地松鼠（*Spermophilus parryi*），高山草地上的旱獺（*Marmota*）與山絨鼠（*Lagidium*），草原中的布氏田鼠（*Microtus brandti*），都是實例。這種演化趨向有多條各自獨立的路徑，其中以北方平原的黑尾草原土撥鼠為代表。金恩曾經詳細研究過黑丘（美國南達科塔州）的野外黑尾草原土撥鼠（J. A. King, 1955）。之後又有 W. J. Smith et al.（1973）同時觀察了野外與費城動物園的圈養族群，將金恩的研究結果擴大證實。Waring（1970）又以黑尾土撥鼠的通訊方式為題，完成鉅細靡遺的研究。

黑丘的黑尾土撥鼠的地區族群（俗稱為土撥鼠城），成員可能多達上千名。山脊、溪流、植物群等環境條件會把土撥鼠城分成多個區。每個區裡又包含多個小集團。這種小集團不是由環境劃分，而是由行為特性劃分的真正社會單元。按金恩的族群研究，每個小集團平均包含成年雄性 1.65 隻、成年雌性 2.45 隻、未成年雄性 3.57 隻、未成年雌性 2.36 隻。最大的一個小集團有 38 隻成員，成年雄性 2 隻、成年雌性 5 隻、未成年雄性 16 隻、

未成年雌性 15 隻。較大的小集團通常隨即就會分裂，或有個體移出，使規模再縮小。

同一小集團的成員會共用洞穴，而且顯然彼此都認識。兩隻黑尾土撥鼠相遇時會「親吻」，也就是張嘴露齒互觸嘴唇。這種辨識寒喧的動作可能源於儀式化的威嚇炫示行為。如果親吻的雙方都是同一個小集團的成員，牠們可能隨即繼續前進，但也時常繼而互相梳理，其中一隻會躺下讓另一隻用牙齒輕啄其毛皮。有時候親吻後雙方會並肩躺下一會兒，然後起身一同去進食。如果親吻雙方互不相識，後續動作就不同了。雙方都會豎起尾巴露出肛腺，然後輪流互嗅至一方認輸退走為止。

黑尾草原土撥鼠群居生活的最獨特之處，是小集團的領域範圍因襲不變。每個小集團的個體總數因死亡、出生、遷移而經常變動，小集團的領域界線卻大致不變，生在小集團裡的個體都要學會辨認這個界線。新一代土撥鼠藉著與其他成員頻頻梳理、遭鄰居反覆拒斥，來學會認清領域界線。成年雄性要另起爐灶建立小集團，就得往鄰近的空地去開挖新的洞穴系統。會有幾名成年雌性跟牠一起出走，幼小者與亞成年者會留在老的洞穴裡。小集團在每年冬末春初時會部份解體，因為雌性會隔出一部份穴道進行生育哺幼，不准許任何其他成員靠近。

異體梳理是黑尾土撥鼠最常有的社會互動方式。幼鼠特別喜歡受到梳理，經常追著成年者要求。黑尾土撥鼠的聽覺、視覺訊號也非常豐富，只要有掠食者接近「土撥鼠城」，吠叫聲就會傳遍所有洞穴。警報吠叫是一種尖聲的鼻音，鼠群如果發現有鷹鷲在近處盤旋，警報會達到最高強度，這時候的音高、速度、持續時間都會變，形成一種特別的威嚇炫示。另有一種緩慢而斷續的吠叫，是保衛領域時發出的。吠叫的時候如果伴隨著上下牙打戰的聲音，表示向對手嚴厲的威嚇。雌性守護育幼洞穴時發出的是一種悶悶的吠聲。如果打鬥落敗者被對方追逼，牠會發出典型的呼嚕聲，這可能是表示順

從的訊號，可舒緩對方的敵意。所有表意的吠叫之中最具戲劇性的，是炫示「自信」的領域呼喊。土撥鼠以後腳直立，仰起上身邊吸氣邊發出一個大聲的單音，再恢復四腳站立，同時藉吐氣發出第二個單音。發出這種呼喊的土撥鼠如果用力極強，牠可能不禁跳起來四腳離地，甚至往後仰面跌倒。金恩認為，這種叫法類似穩據領域的雄鳥發出的鳴叫，土撥鼠的意思應該是在說：「這是我們集團的領域。誰也動不了我。非請莫入！」

棲居空曠環境與高等社會組織之間的關聯，在所有哺乳類之中，就屬黑尾草原土撥鼠等囓齒動物表現得最為明顯。假如環境中有促成這種演化的原動力，又會是什麼？金恩提出一個說法，相關題目的大多數研究者（例如 Carl, 1971、Smith et al., 1973）也都贊同，即是：被掠食的可能。囓齒動物一旦特化為棲居於沒有遮蔽的環境，就會以稠密群體和群體警報系統來代替岩石與植被的掩護。黑尾草原土撥鼠同時也大幅改換攝食內容，從大面積草原的青草，變成掘洞穴的土長出來的草本植物。黑尾土撥鼠用群居生活把環境變得符合自己的喜好——抑或我們應該說，牠們調整了自己的喜好，以便配合被群居生活所改變的環境？我們不禁要選擇後一個假說，因為這意味被掠食的確是社會演化的原動力，而其他改變是迫於原始改變而作的「後適應」。不過我們仍無從確定哪個假說屬實。無論是哪個假說，顯而易見的是，群居生活使某些土撥鼠發展出稠密的族群，若沒有群居生活，就無法如此。隨著小集團的安穩生活，生育率降低了，平均壽命提高了。而這對行為造成的影響是，為了辨識同群夥伴而特化出全新且豐富的訊號，以及領域保衛行為趨於多樣化。

海豚

瓶鼻海豚的智力是否真的在其他動物之上，而且可能與人類不相上下？牠們會用極精密的、人類仍無法解讀的一套語言溝通嗎？一般民眾普遍會這

麼想，甚至科學界也有人問這些問題。造成這種狀況，主要得感謝利里（John C. Lilly）的兩本書──《人與海豚》（*Man and Dolphin*, 1961）與《海豚的心智：非人類的智能》（*The Mind of the Dolphin: A Nonhuman Intelligence*, 1967）。我認為，利里這兩本書誤導讀者到了幾近不負責任的地步。他開宗明義就是一段驚人之語：「不出十年、二十年，人類將與另一個物種達成通訊，這個物種不是人類，與人類不同質，可能是外星的，更可能是海洋中的；但確實是極聰明的物種，也許甚至是具有知性思維的物種。」人類此舉會揭示「人類心智以往沒有想像過的觀念、哲學、方法、工具」（Lilly, 1961）。書中說這件事很快就會受到各國政府重視，正如原子彈使得核子物理學被納入公共政策考量。利里隨後便使用瓶鼻海豚來申論這個命題，然而，就在他把讀者的期望提得過高之後，他又淡然地提醒讀者：他這樣說海豚也許是錯的。還為自己這樣的討論方式極力辯解：科學進步，不就是藉由否定不實假設而來的嗎？

利里雖然沒有直截了當說他心目中的另一類智能生物就是指海豚，卻又不斷暗示：「牠們可能有遊牧文化，牧養自用的魚類──我們並不確知。這些都是有待求證的事。」他用軼事趣聞進行一概而論的推斷。例如，曾有一群虎鯨（屬於海豚科）在捕鯨船隊到來時撤走，他認為虎鯨們互相告知：「這些船之中，有些船的前端伸出一個東西，能發射一種尖利物，進到我們體內就會爆炸。它還連著一條長繩，能把我們拖過去。」這番奇想隨即變成下一個更明確的論述與推斷的前提：「我們可以將這種『對話』與魚群的傳訊作一個對照……首先，其中傳遞了許多訊息，這些訊息涉及另一件物體，而不是關於虎鯨；這物體還被虎鯨與附近的類似物體區辨開來。這件不一樣的物體，有一處是危險的，而牠們說它危險。」這則例子很可以代表利里所作的研究記錄與推理的整體性質。他不作自然環境條件下行為的客觀研究，而為了證明海豚的高智能所進行的「實驗」卻大多是軼聞性質，欠缺量化數

據與對照實驗。利里的著作不能當作梅爾維爾與凡爾納的作品*來看，不只因為他的文采不及上述兩位，更因為他一本正經宣稱自己講的是科學記實，這種說法卻欠缺充足理由。

我毫無粉飾地評論這兩本書，是因為在所有關於社會生物學的書籍之中，這兩本書的讀者可能最多，因而誤導的一般大眾和各學科的人士也特別多。極多通俗文章、幾本其他作者的類似作品，以及一部很賣座的電影，都曾引據這兩本書。許多動物學家討論社會行為時根本不提及它們，這樣不表明態度只會延續利里製造的神話。我們必須強調把海豚說成智能與社會行為都超越其他動物，是完全沒有證據。瓶鼻海豚的智能，可能介於狗與恆河猴之間（Andrew, 1962）。至於海豚類的通訊與社會組織，顯然與哺乳動物的常規型態差不多。

海豚有另一套文化的說法，事實根據有二：一是海豚的腦的確很大，另一點就是海豚的模仿能力特別強。McBride and Hebb（1948）曾指出，瓶鼻海豚（*Tursiops truncatus*）的腦大約與人類一樣大，重量在 1600 克到 1700 克之間，皮層腦迴的程度也和人類差不多。但是腦的大小與皮質區域大小並不是衡量智能的確切標準。腦體積會與身材大小成正比增加，所以與海豚是遠親的抹香鯨，腦的重量高達 9200 公克。說不定抹香鯨其實具有天才的智能，這種可能性不能說完全沒有。但是我們且看陸上最大的動物，大象的腦重量是 6000 公克，是人類腦重量的四倍。至於象的智能，一般普遍已有相當的把握確定遠低於人類，可能和類人猿中比較聰明的猴子及猩猩差不多。此外，象使用的訊號數量與社會組織，與一般有蹄類動物沒有太大差異（見第二十四章）。可見腦的大小雖與智能高低有些關係，卻不能當作衡量智能的標準。

我們應該問的是，海豚的腦為什麼這麼大。答案也許就在海豚高超的模仿能力。海豚不但和海豹、黑猩猩一樣容易訓練作表演，而且即便無人訓練，

---

*梅爾維爾（Herman Melville）著有《白鯨記》。凡爾納（Jules Verne）著有《環遊世界八十天》等冒險小說。

牠自己也很喜歡模仿其他動物。利里書中說，有些海豚聽了笑聲、口哨、噓聲時會以相同的聲音回應。海豚也能跟著人說「一、二、三」、「TRR」、「六點了」，但發音很不準，Brown et al.（1966）作了一個實驗，將一隻瓶鼻海豚與一隻太平洋的原海豚（Stenella）放在同一個水池裡，瓶鼻海豚只看見原海豚做了一次旋轉躍起的動作，就跟著照樣做。野生的瓶鼻海豚不會做旋轉式躍起的動作，實驗中的這隻瓶鼻海豚以前也從未見過這種動作。Tayler and Saayman（1973）也就印太瓶鼻海豚（Tursiops aduncus）作了一連串重要觀察。他們將瓶鼻海豚放入南非海狗的水池中，海豚便模仿海狗的睡姿以及游水、示好、性交的動作。有一隻瓶鼻海豚看見一名潛水員洗刷觀測窗上沾的海藻，就模仿這個舉動，同時發出和氣瓶一樣的聲音，並且冒出與潛水員呼氣一樣的一串串氣泡。另一隻瓶鼻海豚看見一名潛水員用機器刮刀刮除池底的海藻，便照樣操作刮了一些海藻，然後把海藻吃了。這個用刮刀刮下海藻吃的動作，顯示瓶鼻海豚學用工具的能力好比黑猩猩。

　　海豚為什麼如此擅長模仿？ Andrew 就模仿發聲的部份提出一個頗為合理的推論：這與鳥類、靈長類的模仿發聲一樣，可能促使同群夥伴的訊號往同一方向會合，在遠距之外也能辨識同伴。對於在開闊海洋中高速往來、不時集合又散開的海豚而言，這種能力顯然非常有用。這一個因素就足以解釋海豚為什麼模仿聲音的能力特別發達、腦特別大。此外，海豚類是靠回聲定位來辨識方向與獵物，因此牠必須具備發達的聽覺通訊方法。至於模仿動作的習性，比較不容易解釋清楚。雖然研究已在進行中（見 Saayman et al., 1973），然而對於自由活動的海豚群行為，我們的知識仍非常欠缺。有可能是，海豚群的成員跟著最有本領的同伴，躲避掠食者與追捕小魚時，可以迅速適應環境中特有的條件。這種彈性的行為可能在特定狀況下促成協調行動。Hoese（1971）曾經目睹兩隻瓶鼻海豚將波浪推上鹽水沼澤的泥岸，合力困住了小魚群，然後衝上岸一小段距離，捕到了魚之後再滑回水中。

另外一例協力行動是救助傷殘的同伴。海豚群之中如果有一名成員被魚叉射中或因他故而受傷,同伴通常的反應是逃離現場,扔下傷者自生自滅。但偶爾也會有同伴將傷者圍住托至水面的情形,這樣傷者便可以繼續呼吸了。Pilleri and Knuckey(1969)曾在地中海觀察到以下的事例:

　　發現一群真海豚(*Delphinus delphis*),約五十隻。「黃道」號一駛近,牠們便加速、潛下去,在水中改變方向。海豚群在「黃道」艇尾後集合。追逐中有一條海豚被魚叉傷了,我們清楚地看到,其他海豚立刻游到右舷這邊救援受傷的海豚。牠們用鰭肢和身體托住傷者,使牠浮到水面。傷者呼氣二、三次後又潛下。這個過程約有三十秒之久。傷者顯得無力自己浮起時,眾海豚又重複了上述過程兩次。之後,整群海豚,包括傷者,潛進水中很快就游得不見影了。

圖 23-3 呈現了這個情景。自由生活的瓶鼻海豚和圈養的瓶鼻海豚都有相似的行為(Caldwell and Caldwell, 1966)。這是一種利他行為,與野犬、非洲象、狒狒群體中的救助行為類似,但並不必然意味智能高等。就行為本身而言,這種行為的複雜度還不如織布鳥築巢,也不如蜜蜂的搖擺舞

圖 23-3：
真海豚的利他合作行為。左邊這群海豚正在救助一隻身
中魚叉的同伴。如正文所述，這隻海豚是在地中海西部
被一艘研究船射中。受傷者體側冒出血來，沒有力氣浮
上水面去呼吸，如果沒有同伴像圖中這樣將牠托起，很
快就會溺死。同群其他成員都在附近，右邊可見兩隻幼
小的海豚都貼近各自的母親。（Drawing by Sarah Landry;
based on a written account by Pilleri and Knuckey, 1969.）

第二十三章　哺乳動物的演化趨向

蹈傳訊，它不過是同伴有難時的固有而固定不變的反應。傷殘導致溺死，可能是鯨豚類的一個主要死因。自動救助子女或其他親屬對總適合度極有貢獻，所以很可能已經是海豚天生已設定好要執行的行為。

瓶鼻海豚代行親職的行為也發展得十分成熟（Tavolga and Essapian, 1957）。至少在圈養的海豚群中可以看到，年紀較大而未懷孕的雌性會與有孕在身的雌性相伴，並且緊貼著幼兒予以照顧。這些雌海豚甚至會把死產的嬰兒抬到水面，可能是想幫死嬰活過來。

海豚群聚的數目不一定。古氏瓶鼻海豚（*Tursiops gilli*）每群都包含雌性與雄性，通常不超過二十隻，但也會有多達百隻的大群。古氏瓶鼻海豚群每每與黑領航鯨（*Globicephala Scammoni*）同游（Norris and Prescott, 1961）。地中海的真海豚與條紋海豚（*Stenella styx*）通常每群十隻至百隻不等，偶爾也會有一群數百隻甚至上千隻之多（Pilleri and Knuckey, 1969）。海豚群會呈多種不同的幾何圖形，顯然不同的隊形功用也不同（見圖 23-4）。Evans and Bastian（1969）搭乘海底交通工具觀察自由游動的熱帶斑海豚（*S. attenuata*），確知海豚會按個體的多寡分別形成三種不同的群體。第一種是一隻雄性，有時候有一隻雌性相伴；第二種是四至八隻亞成年雄性；第三種是五至九隻成年雌性與幼小。這種三重排列很像許多有蹄類動物群的組織，雄性並不與帶著幼兒的雌性同行，只在繁殖季節中來會合。此外，圈養的瓶鼻海豚會組成統御等級，年長的雄性地位在雌性與從屬雄性之上。統御的雄海豚在繁殖季節裡爭鬥性特別強，會用牙齒咬刮其他成年雄性。控制未成年者的方式則是用頭撞、用尾巴拍打、或用顫動頜骨的響聲威嚇。成年雌性可能同時統御低位階的雄性與其他雌性，但尊卑關係不嚴謹也不確切（Tavolga and Essapian, 1957; Tavolga, 1966）。這些與有蹄類社會行為相似的特徵，可能有生態上的原因。海豚的覓食方式也和稀樹草原及半沙漠地帶的有蹄動物一樣，在廣闊的範圍中「且吃且走」，食物雖不是草葉而

是魚類，但是在時空上的分佈同樣散落不均。在這些情況下，以成員多寡不定的群體行進，雄性與帶著幼兒的雌性都可以獨立行動，是比較有優勢的（見第三章）。

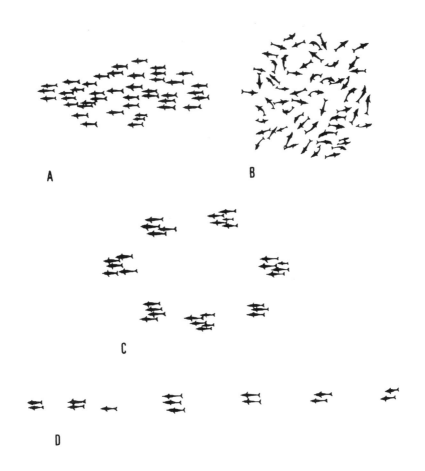

圖 23-4：在地中海觀察到的海豚群隊形。A：航行隊形，群體保持固定不變的方向，靠得
　　　　近的往往是雌海豚帶著幼海豚（各種海豚都有此隊形）。B：攝食隊形（真海豚、
　　　　條紋海豚）。C：中空圓形，顯然是一種「遊行」隊形，用來在清澈水域中沉默
　　　　地前進（瓶鼻海豚）。D：「遊行」，用來在清澈水域中沉默地前進（真海豚）。
　　　　（From Pilleri and Knuckey, 1969.）

海豚類的通訊系統的大小與複雜度，大約與多數鳥類和其他哺乳動物差不多。Dreher and Evans（1964）已經辨識了瓶鼻海豚的十六種呼哨、古氏瓶鼻海豚的十六種呼哨，以及貝氏真海豚（*Delphinus bairdi*）的十九種呼哨。將三種海豚兩兩進行比較，會發現有 60% 至 70% 的訊號可以共通。另外如尾片拍水與猛咬上下顎的打擊音響，也是屬於共通訊號（Caldwell and Caldwell, 1972; Busnel and Dziedzic, 1966）。因此，按合理粗估，訊號總數應該在二十個到三十個之間，比恆河猴、黑猩猩、其他人類以外的高等靈長目動物使用的訊號都少，但與多數其他脊椎動物差不多。不過，這樣的估算很可能偏低，因為研究自由生活的海豚群很困難，海豚與其他鯨豚類動物的社會生物學仍在起步階段。要標記個別海豚、在遼闊的海洋中追蹤牠們進行研究，都極度困難。此外，海豚為了在能見度不良的環境中找到獵物與行進方向，會用超音波進行回聲定位，使訊號的辨識上又多一層困難。還有一點，鯨豚類能在沒有地形地物的空間裡通訊，表示牠們可能具備了一些其他海洋動物都沒有的獨特能力，牠們可能演化出一些可以維繫家族和同伴的遠距訊號，座頭鯨的複雜鳴唱可能就是一個例子。

Chapter 24

有蹄動物與大象

各種各樣不同的有蹄哺乳動物以前全部被歸為有蹄目（Ungulata），而現在已經劃分為兩個不同的目。一是奇蹄目（Perissodactyla），包括馬、犀牛、貘；另一個是偶蹄目（Artiodactyla），包括駱駝、豬、鹿、長頸鹿、羚、牛、山羊、綿羊等。有蹄類哺乳動物是草食性，四肢特化為善跑，可以快速避開大貓類等肉食哺乳動物。蹄的作用等於使腳尖著地，這使有蹄動物在空曠中可以加快跨步率而跑得更快。象被稱為「次有蹄類」，是因為象的祖先世系和有蹄類相同。象也是草食性，但其自衛靠的是體積大力氣大。

在整個新生代裡（大約五千萬年之久），奇蹄目逐漸減少，偶蹄目與象卻越來越多。從更新世起，過去的三百萬年裡，偶蹄目與象也在走下坡。但是偶蹄目仍是三類之中衰落程度最小的，所以如今在全世界大型草食動物之中，偶蹄目的數量仍然遠遠領先其他物種。偶蹄目之中數量居首的是反芻亞

目（Ruminantia），包括了鹿、羚、牛、羊等。反芻動物的主要特徵在消化方式不同於其他物種，牠們將食物先稍微咀嚼一遍便吞下，之後食物從四個室的胃回到口中細嚼，然後嚥下。其胃裡的大量共生原生動物與細菌會將纖維素分解，這些微生物又有一部份跟著被消化吸收。因為有反芻的功能，加上能利用微生物，反芻動物可以更有效率地攝食粗食料。這些特徵當然也是反芻動物生存成功的重要因素。

　　有蹄動物因為兩大特點而成為社會演化的研究者所中意的題材：結群的性向強、物種多（全世界共一八七種）。過去十年中以圈養的、自由走動的有蹄動物族群為題的研究暴增。表 24-1 將許多資訊作了摘要。其中列出的各種社會形態顯現出一套比較簡單的模式，可以排在一條軸線上（雖然稍有失真），這條軸線就是所謂的「社會性梯度變異」（sociocline）。一端是與多數其他哺乳動物共有的原始狀態，這當然包括更新世的髁節類，也就是有蹄類與象的始祖：髁節類成獸除了求偶成對的時候之外，其餘時間都行獨居，幼小者緊隨母親，較大或成年後才離開。某些有蹄動物，例如麋鹿，在最佳攝食場地上會暫時集成大群，但同時仍保持這種基本的組織。其他物種，例如馬、豬，以及許多羚羊類，又再跨出了一大步。多個母攜子的單元會集結成群較長的時間，結群期間雌性彼此認識，可能會排斥外來者，但也可能不會。象群更把這個性向發揮到極致，關係緊密的親屬群體會一代代延續，成年雌象會在同伴有危難時奮力援助，幼小者可以向群中任何一隻正在泌乳的雌象索乳，每次行動與列隊都由一名母象帶領。

表 24-1　有蹄動物各目及更細分類，其社會生物性特徵暨參考文獻。

有蹄動物種類	社會生物性	文獻
奇蹄目（Perissodactyla）		
馬科（Equidae）：馬、斑馬。1屬、7物種。非洲、中東至中亞；引進世界各地。	**組成妻妾群或雄性有領域性。**柏氏斑馬（*Equus burchelli*）與蒙古野馬（*E. caballus przewalskii*）是雌馬帶著幼馬成群，雌馬形成統御階級。多數物種的這種御馬群是由一匹雄馬控制，雄馬統御並帶領雌馬，以爭鬥行為阻止其他匹雄馬涉入。柏氏斑馬的一匹雄馬最多控制六匹雌馬，如果將幼馬算在內，一群可能有十五名成員。雄馬如果不在了，馬群不會解散，而是等候另一匹雄馬來統御。蒙古野馬有基本的妻妾系統，但是野生亞種會有不同的鐵異現象，可見這固性狀是會變的。格氏斑馬（*E. grevyi*）與野驢（*E. asinus*）的雄性有領域性。雌性帶著幼小另外成群走動。	McKnight（1958），Klingel（1965, 1968, 1972），Eisenberg（1966），Tyler（1972），Estes（personal communication）
貘科（Tapiridae）。1屬，4物種。中南美洲、中南半島至蘇門答臘。	**獨居或（可能）成對。**野外物種的社會行為不明；成年者即便與自己的後代已有各自的活動圈，顯然仍能容忍自己的子女。	Hunsaker and Hahn（1965），Eisenberg（1966 and personal communication），Matthews（1971）
犀牛科（Rhinocerotidae）。4屬，5物種。非洲、亞洲熱帶地區。	**多樣化。**非洲的白犀牛（*Ceratotherium simum*）會形成多達五隻成員的家族群，且至少可暫時組成多達二十四隻成員的大群。其他物種顯然為獨居。黑犀牛（*Diceros bicornis*）與白犀牛有領域性；其他物種可能普遍都有領域性，但資料不足。	Ripley（1952, 1958），Hutchinson and Ripley（1954），Sody（1959），Lang（1961），Goddard（1967, 1973），Dorst（1970），Owen-Smith（1971, 1974），Mukinya（1973）

續：表 24-1

有蹄動物種類	社會生物性	文獻
偶蹄目（Artiodactyla）		
豬亞目（Suina）：豬、端豬、河馬		
豬科（Suidae）。5 屬，8 物種。舊世界，但不含澳洲與大洋洲。	**多樣化的社會性。**野豬（*Sus scrofa*）會有數頭雌豬帶著兒女成小群；雌性在分娩季開始時離群。叢林豬（*Potamochoerus porcus*）群體成員從六至二十隻不等（偶爾會多達四十隻），由一隻雄豬統御。疣豬（*Phacochoerus aethiopicus*）一家為一群，內含雌雄各一、帶著一胎或連續兩胎的子代。有時候多個家族會集成大群。疣豬群有領域性，雄性會為爭競御地位而打鬥。	Frädrich（1965, 1974），Gundlach（1968），Dorst（1970）
端豬科（Tayassuidae）。1 屬，2 物種。美國西南部至南美洲。	**社會性。**端豬（*Pecari angulatus*）形成雌雄皆有的群，成員數約十隻，但最多可達五十隻。全年可繁殖。群體的活動圈大多是獨占使用。雌性統御雄性，求偶交配由雌性主動。群體沒有明顯的領導行為。	Eisenberg（1966），Sowls（1974）
河馬科（Hippopotamidae）。2 屬，2 物種。非洲。	**多樣化。**侏儒河馬（*Choeropsis liberiensis*）單獨或成對生活。河馬（*Hippopotamus amphibius*）社會性高。雌性與子女結成五至十五隻不等的群，雄性居於外圍。最先交配的機會會顯然屬於統御階位的雄性。群體按照氣味標示的固定路徑，從水中移至攝食區。	Verheyen（1954），Eisenberg（1966），Dorst（1970）

社會生物學：新綜合理論

續：表 24-1

有蹄動物種類	社會生物性	文獻
反芻亞目 (Ruminantia)		
駱駝科 (Camelidae)：駱駝、駱馬、駝馬，3屬，4物種。北非至溫帶亞洲、南美洲。	**組成妻妾群。**一隻統御的雄性控制雌性們帶著幼兒的小群。駱駝的妻妾群是季節性的，南美駝馬的妻妾群是固定的。參閱本章關於南美駝馬的敘述。	Koford (1957)，Gauthier-Pilters (1959, 1974)，Franklin (1973, 1974)
鼷鹿科 (Tragulidae)。2屬，4物種。西非、熱帶亞洲。	**獨居。**獨自生活，或於繁殖季節中成對生活。	Davis (1965)，Dubost (1965)，Dorst (1970)
鹿科 (Cervidae)：鹿、馴鹿、麋鹿。16屬，37物種。世界各地均有，但不含撒哈拉沙漠以南的非洲、澳洲、大洋洲。	**多樣化。**有些物種為獨居，包括狍鹿 (Capreolus capreolus)、白尾鹿 (Odocoileus virginianus)、美洲麋鹿 (Alces americana)。其他物種是雌性帶著各自的幼鹿成群，到動情期由一頭或數頭雄性控制。馴鹿 (Rangifer) 會形成大群遷徙，多數雄性只在動情期加入雌性及幼小的群體；少數雄性可能整年與雌性相伴。	Darling (1973)，Linsdale and Tomich (1953)，Dasmann and Taber (1956)，Geist (1963)，Eisenberg (1966)，Vos et al. (1967)，Kelsall (1968)，Prior (1968)，Dorst (1970)，Espmark (1971)，Brown (1974)，Houston (1974)。Peek et al. (1974)
長頸鹿科 (Giraffidae)：長頸鹿、歐卡皮鹿。2屬，2物種。非洲。	**多樣化。**棲居森林的歐卡皮鹿 (Okapia johnstoni) 為獨居。長頸鹿結群，成員從兩隻到四十隻不等，偶爾會有七十隻的大群。有些群體成員全部是雄性；有些是數隻雌性帶著幼小，只有一隻或數隻雄性雌性（其中有一隻統御者）。混合群體通常由一隻雌性領導。	Innis (1958)，Dorst (1970)，Matthews (1971)，Foster and Dagg (1972)

續：表 24-1

有蹄動物種類	社會生物性	文獻
叉角羚科（Antilocapridae）。1屬，1物種。北美洲西部。	**組成羣羊**。雄性在繁殖季節中劃定地盤，而且不准其他雄性接近雌性。	Buechner（1950），Eisenberg（1966），Bromley（1969）
牛科（Bovidae）：牛、水牛、美洲野牛、羚羊、44屬，111物種。北美洲、歐亞大陸。非洲。	**非常多樣化**。見表 24-2 與本章相關敘述。	Schloeth（1961），Tener（1965），Eisenberg（1966），Estes（1967，1969，1975a），Hanks et al.（1969），Pfeffer and Genest（1969），Dubost（1970），Leuthold（1970，1974），Roe（1970），Geist（1971），Hendrichs and Hendrichs（1971），Kiley（1972），Shank（1972），Whitehead（1972），Jarman and Jarman（1973），Gosling（1974），Jarman（1974），Joubert（1974）
長鼻目（Proboscidea）		
象科（Elephantidae）。2屬，2物種。非洲、熱帶亞洲。	**高度社會性**。數隻雌性帶著幼小成群。雄性會在繁殖季節加入，但平時是光棍另結外結群，偶爾也會獨居。參閱本章相關敘述。	Kühme（1963），Hendrichs and Hendrichs（1971），Sikes（1971），Eisenberg（1972），Eisenberg and Lockhart（1972），Douglas-Hamilton（1972，1973），McKay（1973，1973），Laws（1974）

表 24-2 幾種有蹄動物的社會特性一覽，涵蓋社會組織的所有不同程度。（主要依據 Eisenberg, 1966；其他數據取自 Klingel, 1968; Tyler, 1972; Douglas-Hamilton, 1972; Owen-Smith-, 1974。）

有蹄動物種類	成年者獨居，僅配偶成例外；有領域性	成年者鬆散結群；母攜子的單元偶有；母攜子的小單元並不彼此結盟	母攜子的單元結群；母攜子的小單元不彼此結盟	成小群；雄性獨居	集成大群。有求偶場的雄性在傳統繁殖場所佔據地盤；除此之外，群體為單一性別	集成大群。雄性佔有領域雄性擁有固定妻妾群；母攜子的單元彼此結盟	集成大群。雄性有季節性的妻妾群；母攜子的單元的單身雄性彼此結盟	集成大群。有單一性別的小群在其中。多隻雄性在動情期與雌性共處，或永久共處
奇蹄目								
馬科								
布氏斑馬（*Equus burchelli*）						○		
家馬（*Equus caballus*）						○		
犀牛科								
白犀牛（*Ceratotherium simum*）			○——不定——○（？）					
偶蹄目								
豬科								
野豬（*Sus scrofa*）				○				
河馬科								
河馬（*Hippopotamus amphibius*）						○		
駱駝科								
南美駝馬（*Vicugna vicugna*）						○		
雙峰駱駝（*Camelus bactrianus*）							○——不定	

有蹄動物種類	成年者獨居，僅隅例外；或無領域性	成年者鬆散結群；母攜子的單元小單成群時並不彼此結盟	母攜子的單元的結盟；雄性獨居	集成大群。有求偶場；雄性在傳統繁殖場所佔據之外，群體為單一性別	集成大群。雄性有領域的求偶場；母攜子的單元彼此結盟	集成大群。雄性佔有領域統據地盤；定妻妾群，母攜子的單元彼此結盟	集成大群。雄性有季節性的妻妾群；母攜子的單元彼此結盟	集成大群。有單一性別的小群在其中，多隻雄性在動情期與雌性群共處，或永久共處
鼷鹿科								
鼷鹿（Tragulus）	○							
鹿科								
鹿亞科（Cervinae）								
赤鹿（Cervus elaphus）			○					
美洲鹿亞科（Odocoileinae）								
騾鹿（Odocoileus hemionus）				○				
麋鹿（Alces alces）					○			
鹿（Capreolus capreolus）					○			
叉角羚科								
北美叉角羚（Antilocapra americana）						○		
牛科								
遁羚亞科（Cephalophinae）								
藍遁羚（Cephalophus maxwelli）		○						

續：表 24-2

有蹄動物種類	成年者獨居，僅配偶時例外；或無領域性	成年者鬆散結群；母攜子的單元並不彼此結盟	集成大群。有求偶場在傳統繁殖場所佔據地盤；除此之外，群體為單一性別	集成大群。雄性佔有領域的雄性擁有固定妻妾群；母攜子的單元彼此結盟	集成大群。雄性有季節性的妻妾群；母攜子的單元彼此結盟	集成大群。有單一性別的小群在其中。多隻雄性在動情期與雌性群共處，或永久共處
牛亞科 (Bovinae)						
野生歐洲牛 (Bos taurus)						○
北美野牛 (B. bison)						○
馬羚亞科 (Hippotraginae)						
赤羚 (Kobus kob)			○			
捷羚 (Alcelaphus buselaphus)				○		
羚羊亞科 (Antelopinae)						
飛羚 (Aepyceros melampus)					○	
長頸羚羊 (Litocranius walleri)					○	
山羊亞科 (Caprinae)						
大鼻羚族 (Saigini)						
大鼻羚 (Saiga tatarica)					○	
歐洲山羚族 (Rupicaprini)						
歐洲山羚 (Rupicapra rupicapra)					○	

續：表 24-2

有蹄動物種類	成年者獨居，僅配成時有例外；或無領域性	成年者鬆散結群；母攜子的單元並不彼此結盟	集成小群；雄性獨居	集成大群。有求偶場：雄性在傳統繁殖場所佔據此地盤；除此之外，群體為單一性別	集成大群：雄性佔有領域的雄性擁有固定妻妾群；母攜子的單元彼此結盟	集成大群。雄性有季節性的妻妾群；母攜子的單元彼此結盟	集成大群。有單一性別的小群在其中。多隻雄性在動情期與雌性共處，或永久共處
北美山羊（Oreamnos americanus）	○						
麝牛族（Ovibovini）							
麝牛（Ovibos moschatus）						○	
山羊族（Caprini）							
大角羊（Ovis canadensis）							○
野生山羊（Capra hircus）							○
長鼻目							
象科							
亞洲象（Elephas maximus）							○
非洲象（Loxodonta africana）							○

總之，有蹄動物與象的社會是以母親為中心而聚集，可能有很精密的發展。雄性的角色因物種不同而有很大差異，可以說這項性狀的演化方向，垂直於雌性與子代單元的演化軸線。所有已知物種的雄性，都以某種方式競爭交配機會。有些物種用的方式是保衛地盤，追求活動範圍與自己重疊的雌性，例如在遷移的牛羚族群中，雄性會追求路經自己地盤的發情雌性。至於非洲的烏干達水羚，雄性將地盤集中成求偶場，雌性進入這個場地主要是為了交配。其他如馬、駱駝、叢林豬等物種，雄性要競爭統御雌性帶著幼小的群體，勝利者可以獨擁與動情雌性交配的權利。另外如駝鹿與美洲叉角羚，雄性只在繁殖分娩期控制妻妾群。

　　表 24-2 的縱列標題涵蓋了有蹄動物社會性的完整光譜。從所列的物種可以看出，有蹄類的根本社會性和其他哺乳類——有袋類、嚙齒類、食肉類、靈長類——同樣多變。尤其是母子關係以外的特質，在科與屬的層級就有很大差異了。有蹄動物的社會生活似乎有一個明顯的特性：雌雄關係幾乎都維持不久。「獨居」物種的雌雄兩性如果活動圈有重疊，可能一同佔用寬廣地盤而不准外員涉入，但一對配偶合力保衛領域的情況，或是像鳥類、食肉類那樣一同哺育後代，卻少之又少。不過，一般對於野外的「獨居」麑鹿和羚羊所知仍太少，也許實際上一對配偶的關係比我們以往所想的要普遍（Estes, 1974）。

社會演化的生態基礎

　　有蹄動物與象的各物種所表現的社會性，也可以視為分佈於三度空間的一些點，座標系的三條軸線分別是：族群大小、成年雌性之間結盟強度、雄性依附於雌性群體的方式。三個變項彼此相關的程度很弱。Eisenberg（1966）的哺乳動物社會生物性縱論，初步探討了每個物種是受到哪些生態條件驅使，而確定其社會性落在座標上哪一點。更詳盡的研究分別有

Geist（1971a, b）的羊、鹿、野牛，Eisenberg and Lockhart（1972）的亞洲有蹄動物與象，Estes（1974）、Jarman（1974）、Leuthold（1974）的非洲牛科動物。這些人士的研究結果匯集，指向一個事實：從濃密森林遮蔽的棲地搬到稀樹草原和空曠草地以後，社會行為就越趨繁複。艾斯特斯（R. D. Estes）認為，非洲羚類物種生成特別多——佔全世界有蹄動物的 37%——就是棲地變遷所致。留在森林裡的物種，大多數體型小而行獨居，棲於無樹平地上的物種則大多有一些社會性。塞倫蓋蒂與其他稀樹草原的保護區都有龐大動物群，證明棲地與社會性確有相互關聯。這些草食動物群成為獅子（社會性最強的貓科動物）與野犬（社會性最強的犬科動物）的捕獵目標，也不是湊巧。總之，非洲的野生動物景觀受社會組織的影響相當大。

賈曼（P. J. Jarman）根據量化的數據，分析了羚羊類社會生物性的細密結構。這方法的好處在於他詳細記錄了羚羊物種之中，隨著個體體型加大，群體成員數目及社會複雜程度也會增加，並且把各物種的攝食與棲地偏好的所有資料都集合起來。他提出的解說模型十分簡明，而且主要的生態及行為面向都涵蓋了。以下三步驟可以完整概述賈曼的理論：

1. 非洲空曠棲地（包括草原，稀樹平原，稀疏樹林地）的羚羊類生物量最高，物種也最多樣。這些地點的植物產量最高，分佈卻最不一貫，主要是因為草禾在生長季節中很早就同步發芽。而且，草本植物的食物價值的同質性，比嫩葉植物的食物價值來得高，而嫩葉只是在草本植物的表面提供分散的食物。

2. 小型羚羊類攝食比較會挑揀。牠們可以一口一口咬下植物的個別部位，較大型的物種卻咬不了那麼細。此外，按表面積—質量定律，較小物種平均每公克的代謝需求較高，所以牠們必須攝食能量價值較高的食物。由於這種食物生長在特定植物上的特別部位，比較稀少而且分散，所以較小型物種的生物量就比較大型物種來得少。空

曠棲地上的草提供大量低能量價值的食物，這些是大型羚羊類較能有效利用的，因此小型物種的數量就更明顯較少（見 Bell, 1971）。

3. 賈曼的五大類社會組織，大致與表 24-2 所列相符，這與各種羚羊的攝食方式及平均體積密切相互關聯，表 24-3 將這些關係作了概述。最小的物種迫於攝食的性質，所以分散得很遠，行獨居，或僅能形成小群生活。物種體型越大，越可能在空曠處活動，因為可以充分利用草本食物。此外體型大的物種也比較可能藉結群防禦掠食者。體型較小的羚羊可依賴的幾乎完全是共同警報系統，以降低被掠食的風險。體型最大的物種不但可以借助共同警報系統，還可以憑團結一致的隊形與掠食者對峙，甚至可以發動集體攻擊。食草導致的巨大生物量，以及在無遮蔽地點需要合力防衛，這兩個因素一同促進了群體組織。有蹄動物的平均體積越大，形成的穩定群體越大。

表 24-3　非洲羚羊類與水牛的行為及生態分類。（Based on Jarman, 1974.）

社會組織	攝食方式	體型（平均體重，公斤）	對抗掠食者的行為	範例
A 類				
單獨或成對，有時帶著子代。群體規模一至三隻。小面積固定活動圈。	選吃許多植物種類的特定部份。此類物種的攝食內容最多樣化。	1–20	僵住，躺下，或跑到遮蔽處靜止不動。因體型太小，跑速無法超過多數掠食者，也不能利用集體反擊。	犬羚（*Madoqua*）、遁羚（*Cephalophus*）

社會組織	攝食方式	體型 （平均體重，公斤）	對抗掠食者的行為	範例
B 類				
通常雌性攜子的數個單元會集結成群。群體成員一至十二隻，通常為三至六隻。群體在單身雄性的地盤內有固定活動圈。	完全吃草本植物或完全吃嫩葉，選食植物的特定部位。	15–100	同 A 類物種。	葦羚（*Redunca*）、短角羚（*Pelea*）、侏羚（*Ourebia*）、扭角條紋羚（*Tragelaphus imberbis*）
C 類				
大群，成員六隻至數百隻，因地區及季節不同而變異。繁殖季節中幾隻雄性佔據地盤，不准其他雄性涉入，許多雄性是獨居或集為光棍群。雄赤羚在求偶場上進行炫示。	選食多種草本植物與嫩樹葉的特定部位。	20–200	多樣化。在濃密遮蔽中，僵住或（被發現後）逃跑。若在空曠棲地上會逃跑；有時候會向四面八方「炸開」，之後再集合。藉警報行為提高防備。	赤羚（*Kobus*）、跳羚（*Antidorcas*）、瞪羚（*Gazella*）、飛羚（*Aepyceros*）、大扭角條紋羚（*Tragelaphus strepsiceros*）

社會組織	攝食方式	體型 （平均體重，公斤）	對抗掠食者的行為	範例
D 類				
草料充裕的期間並不遷徙，形成如 C 類的群體。因為食物資源改變而遷徙的期間，多個群會集結成有上千個體的「超大群」。	食用多樣化的草本植物，挑選特定部份食用。因食物資源在時空上分佈不均，群體需適時大舉遷移。	100–250	遇大型掠食者時會奔逃，但也可能以群體抗敵，甚至集體反擊。	牛羚（Connochaetes）、狷羚（Alcelaphus）、白面狷羚（Damaliscus）
E 類				
大而較穩定的母子群體，伴有多隻統御等級分明的雄性。這種群體一般成員為數百隻，甚至多達一、二千隻。也會有單身雄性群。遷徙時不形成超大群。	選擇食用各式草本植物及嫩樹葉的不特定部位；多數食料營養成份低。	200–700	常見反應是排成自衛隊形與集體攻擊，甚至面對大型掠食者亦然。幼獸發出求救叫聲時，成年者會集體趕到。	非洲水牛（Syncerus caffer），可能還有巨羚（Taurotragus）、東非劍羚（Oryx beisa）、南非劍羚（Oryx gazella）

賈曼的分析以及其他的有蹄動物研究所揭示的關係，蓋斯特都作了技巧的整理（Geist, 1974）。他作的說明有些是實際經驗的陳述，有些是演繹所導出的假說，有蹄哺乳動物的社會生物性研究經過他的表述，已經拉到接近族群生物學了。就這一方面而言，有蹄類研究的進展超越了其他哺乳動物的研究。順理成章的下一步應該是，把族群結構和族群遺傳學的計量法納入，建構起一套模型。最佳的著手處就是蓋斯特、賈曼，以及其他哺乳動物學家提出的假說，用來解釋有蹄動物的性別二型性。不同物種在這個性狀上有極大的差異。有些物種不難解釋。例如賈曼所說的 A 類物種，雄性的形態和雌性差不多。這種單型現象的原因有二，一是活動圈固定，使雄性沒有機會為形成妻妾群而競爭；第二個原因是牠們必須行動隱密，以防備掠食者。社會性較高的有蹄動物，也就是賈曼的 C、D、E 類，其中有些物種的性別二型非常明顯，有些又是單型，有雌性模仿雄性的現象，也有雄性反過來模仿雌性（見 Estes, 1974）。蓋斯特用以下假說來解釋這種變異。如果食物供應的情況年年有變，而每次豐足期頗長，雌性就可以安然繁殖。牠們不必佔據領域，也不必在緊密連結的群體內作出很多爭鬥炫示。如此一來，雌性成了最重要的有限資源，雄性必須為雌性而競爭。套用族群生物學的話來說，這類物種受 r 型選擇，雄性形態極可能與雌性趨異，而趨異的部份純粹來自同性內選擇。但是，如果食物來源分佈更不均，使得食物變成更細膩的一種資源，那麼性擇的選擇就會瓦解。此時物種所受的選擇更接近於 K 型。由於雌性無法在一段固定時間內穩定生殖，所以雄性若為了守住妻妾群而耗用許多能量排除對手，就不划算了。由於繁殖期間，動物需求的能量並非取之不竭，因此雌性最好能避開競爭力弱的年輕雄性。雌性會顯得比較有爭鬥性，甚至外表變得和雄性相似，例如雌牛羚會長出陰莖般的一叢毛。北美野牛、非洲水牛、馴鹿、跳羚、瞪羚、巨羚等物種會接近兩性單型，可能就是基於這種原理。這個說法也有助於解釋，為何賈曼的 E 類羚羊的雌性群固定容

社會生物學：新綜合理論

納多隻雄性。

　　艾斯特斯提出另一種假說，雖與以上說法對立，卻一樣有可信度（Estes, 1974）。他認為兩性單型是為了在多個物種混合遷徙時維持群體凝聚不散。兩性單型，再加上各物種特有的體形和鮮明斑紋，可以使成員更容易彼此辨認。有些無領域性的物種，例如巨羚與水牛，甚至還有一種天擇壓力驅使雄性持續生長，因為雄性的位階高低取決於身材大小。結果，同群之中雄性成年者的體型大小就明顯不一。

　　本章以下要談一系列個別物種的自然史，以涵蓋社會發展的所有階段。這些物種也提供了種系發生的巨大差異，有形態原始的鼷鹿，也有演化高等而特化的牛羚與大象。

鼷鹿科（Tragulidae）

　　鼷鹿的行為特別值得注意，是因為牠們在反芻亞目之中算是原始的，而反芻亞目包含的有蹄物種最多，社會形式也最多樣化。現有的五種鼷鹿都棲居於森林，習性隱密，野外很少人觀察到，有關其行為的記錄都很片斷。

　　鼷鹿外表很像大型小鼠，牠在許多方面都與長尾刺鼠以及南美洲森林的穴居豚鼠有趨同現象。鼷鹿的行動敏捷靈巧。Sterndale（1884）曾說：「牠們輕巧地用腳尖跳來跳去，好像風一吹就要倒似的。」雄鼷鹿外表與雌性非常相似，不同的只是多了一對長牙。看起來，社會組織的性質單純。按Dorst（1970）的觀察，非洲鼷鹿（*Hyemoschus aquaticus*）或獨居或成對。亞洲鼷鹿（*Tragulus*）雄性顯然各自據居領域，或至少會保衛自己活動圈內的雌性。Katherine Ralls（personal communication）觀察到圈養的大鼷鹿（*T. napu*）的雄性用下頜間的腺體氣味標示自己的籠圈。此外，雄性也會將分泌物擦在雌性的背上。彼此陌生的雄性如果放進同一籠裡，會開始打鬥，用獠牙互相撕咬（見圖24-1）。但是，不得不在群體中共處的雄性罕有敵

對行為，Ralls 認為這是因為幾代近親繁殖的關係。這個看法與 Davis（1965）的發現相同；他曾觀察爪哇鼷鹿（*T. javanicus*），發現父子雄鹿不會有敵意，兒子若是同曾與父親結伴的雌性交配，父親也沒有敵意行為。

圖 24-1：雄性大鼷鹿打鬥。（Photography by Karen Minkowski; by courtesy of Katherine Ralls.）

南美駝馬

　　南美洲西部的安地斯山脈中央區，農作耕地極限以上，有一片無樹的乾冷高原。走過這裡的旅者放眼起伏的暗淡貧瘠草地，會被嘎然的長鳴聲嚇一跳。叫聲把他的視線拉向一群瞪羚般奔跑的哺乳動物，有五十頭，鮮明的肉桂色——是駝馬！旅者看見，這群駝馬衝上荒蕪的山坡，後面一頭大駝馬緊緊追趕著。牠衝向一隻落後的，然後又衝向另一隻，像是在咬牠的腳跟。但

是這追趕的駝馬突然停住,挺直了脖子、豎起尾巴,注視著遠處的一群駱馬,發出一串尖銳的呼哨。然後牠跑開,去陪著幾隻在不遠處吃草的駝馬,其中有些顯然還年幼。

　　這是寇福經典之作的開端（C. B. Koford, 1957）。這篇文章以南美駝馬為題,他的研究率先將一種脊椎動物的社會行為與生態學按現代方法整合起來。這段文字所描述的大的雄駝馬,正在把一群年輕未交配的雄性趕開,不許牠們靠近自己的妻妾群以及幼小。南美駝馬屬於駱駝科,雄駝馬是目前所知領域性最嚴格的哺乳動物,而且通常終年據有妻妾群──這在有蹄動物之中是少數。寇福以一年時間在秘魯安地斯山區幾個地方觀察,詳細記錄駝馬的群居生活。富蘭克林繼寇福之後,於一九六七至一九七一年間在秘魯的加列拉草原國家駝馬保護區進行研究,證實了寇福的觀察屬實,並且提出更精確的記錄（W. L. Franklin, 1973, 1974）。

　　駝馬社會的基本單元是據守領域的家族團體,成員包含一頭雄性與其妻妾群（見圖 24-2）。寇福觀察位於烏埃拉科（Huaylarco）的駝馬小群,平均包含 1 雄、4 雌、2 未成年者,數目最多時達到 18 隻雌性,9 隻幼小者。加列拉保護區的基本小群所佔據的領域,其中包括進食地盤、繁殖地盤,以及面積比較小的一塊夜晚睡眠用的地盤。富蘭克林觀察的六個小群所佔的領域,從 7 至 30 公頃不等,平均為 17 公頃。有些領域之間正好有道路或溪流構成界限,但通常都是以駝馬才認得的無形界限分隔。雄性會走到界線上彼此相距不過 2 至 3 公尺的地方互相擺出威嚇炫示。只要有一方越過雷池,另一方就立即把牠趕回原地。

　　領域中會有東一堆西一堆的糞便,群體成員以儀式行為對待這種糞堆。家族的每一份子都要按時到糞堆那兒,嗅一嗅,用前腳揉弄一下,然後往糞堆上再添一些屎尿。富蘭克林認為,這些氣味標示物不是要警告他群份子不

圖 24-2：

南美駝馬的社會，在安地斯山高處荒脊平原上。靠右前景部位是一個佔據領域的家族。統御的雄性以敵意的姿勢站著面對觀察者，在一塊大石上挺直而立，昂頭豎尾，可以更顯出牠體型雄偉。牠身後是妻妾群，共有 10 隻雌性與 3 隻幼獸，有的在進食，有的在休息。駝馬歇息時會將腿收在肚子底下，藉此保存熱度；胸口與前腿上方覆有一層厚白毛，也有保溫作用。最右邊的這一隻雌性在「啐」（spit），即以噴氣向另一隻同類表示敵意。圖左後方遠處有一群無地盤的年輕光棍雄性。這種光棍群遊走覓食時可能隨意解散，而且其中的雄性會伺機在群隊雄性體能變差或離去時奪取其地盤。前景地上有一些安地斯山高原的植物，如最靠左的青茅 *Calamagrostis vicunarum*，中央的牛毛草 *Festuca rigescens*，左下角萵苣狀的錦葵科植物 *Nototriche transandica*，在錦葵右後方是菊科植物 *Baccharis microphylla* 與鱗葉 *Lepidophyllum quadrangulare*，右下角為祕魯紫雲英（*Astragulus peruvianus*）。這些植物都是駝馬的食物，只有鱗葉除外。（Drawing by Sarah Landry; based on Koford, 1957, and Franklin, 1973.）

得靠近。因為，領域主人的這一群如果暫時走開，遊走的雄性光棍或其他家族都會大搖大擺走進來。這些糞堆的主要功用，比較可能是使領域成員待在界限之內。雌性或幼小如果偶爾踏出界限，本群的雄性馬上把牠們趕回來。姑且不論糞堆究竟功用如何，領域的最終目的應該是保衛食物來源，因為荒脊高原環境中一年大部份的時間食物資源都不足。領域面積最大的駝馬，其中可食植物的密度最小，可見食物考量是主要的影響。這個影響因素之重

要，很可能是促成駝馬演化特有領域行為的主力。

　　雄駝馬隨時隨地盯著自己的家族群，把家小在領域中帶來帶去。遇有危險時，雄駝馬會發出尖利的警顫鳴，大約四秒鐘長，共有幾個由高漸低的哨音。顫鳴的同時，雄駝馬會擋在自己的家族和外來威脅之間。本來沒有地盤的雄性，可以佔據當時未被佔據的地區，或另一隻雄性捨棄的地盤。起初他會保持低調，只靜靜地吃草與休息。幾天後，他開始用爭鬥態度與鄰近的其他雄性接觸，似乎是藉這種方式認清自己可以放心佔用的地盤的確切界限。位子佔穩了之後，他便開始覓求雌性以便組織家庭。一歲的落單雌性，沒有雄性來統御的小群，失去配偶的其他雌性，都是可爭取的。這種目標一年總有幾個。

　　三月是分娩季節，這時候的新生兒兩性比率接近相等。然而，不過六個月，雄性幼獸的數量暴減。到次年三月，一歲大的雄性非常少了。按富蘭克林在加列拉保護區的計算，一歲駝馬的雌雄比率是 100:7。差距這麼大的原因是，群中已成年的雄駝馬的爭鬥行為會越來越兇。起初雌駝馬會試圖保護兒子，甚至企圖帶著兒子離群，但是又被這隻雄性趕回來。最後，母親終究默許雄駝馬的行為，兒子也都被迫離去。等到下一個分娩季，每一隻一歲大的雌性都成為自己的媽媽和成年雄性攻擊的目標。年少的雌駝馬在統御等級之中位階最低，遲早會被趕走。據有地盤的家族群體裡的成年者究竟有幾名，取決於該群納入多少被逐出其他群的個體，納入多少失去統御雄性的雌性群，以及死亡與遷移造成的減損，這些因素之間的平衡。顯而易見，駝馬社會有嚴重的父權傾向，因此雄性所行使的統御，是決定群體有多少成年者的主因。

　　另一個主要的社會單元，是沒有佔地盤的雄性群。這種光棍群可大可小，成員數目從 2 隻到 100 隻不等，但通常在 15 隻到 25 隻間。而且常有獨來獨往者。雄駝馬結群很隨意，加入或離去沒有一定。雄駝馬群在各個家族

群地盤的邊緣上遊走，不時停下來休息進食，經常故意闖入地盤或向其中的雄性挑戰，以測試其防衛力。只要據守地盤的雄性示弱，或是離開了，光棍群中的雄性就毫不遲疑地取而代之。

斑紋牛羚（*Connochaetes taurinus*）

斑紋牛羚代表了非洲野生動物幾乎消逝的榮光。動物學家眼中的這個畸變羚類，曾是非洲短禾草原上數量最大的有蹄動物。斑紋牛羚大舉遷移時數目以千計，非常壯觀。如今塞倫蓋蒂平原上仍有百萬頭之多。牛羚所到之處，生態由牠們掌控。狗牙根（*Cynodon dactylon*）等叢生的草場最適合牛羚生存，因為這類植物耐得住經常不斷的踐踏與啃食，而且能從攝食者的排泄物獲取養份。牛羚其實也多方促成了最適宜自己的環境，牠是賈曼 D 類物種的絕佳例子，也就是雌性帶著子女的小群會進出繁殖雄性的領域，但不依附雄性。Estes（1969, 1975a）經詳細研究又發現牛羚一個更特殊之處，即是社會系統很有彈性，密切跟著非洲大平原的多變環境而變。

如果攝食環境一貫良好，牛羚族群就會組成雌性帶著幼小的獸群，以及單身雄性的獸群。坦尚尼亞的恩戈羅恩戈羅火山口一帶，雌性攜幼的小群平均成員 10 隻，顯然據有固定的活動圈，面積最大有幾百公頃。這種小群似乎組織頗穩定，而且拒絕外員加入，試圖加入的雌牛羚往往會受到侵擾。到了乾旱季節，情況卻變了。雌性攜子女的小群會往潮溼而地勢低的區域集結，因為只有這些地方仍有可食的草料。起初牠們會在夜晚時返回各自的活動圈，但後來所有時間都待在這些新的進食地區了。同時，因為單身雄性群和一些有地盤的雄性也湧入，這裡的牛羚數目會大增。長期比較乾燥的地區中，牛羚一年到頭集成大群，在有草料的地點之間移來移去。這種遷徙族群，以及長期定棲的族群，是牛羚適應穩定環境與變動環境的兩個社會組織極端。介於兩個極端之間的各式各樣發展階段都有。像羅德西亞的萬基國家公

園裡，就有定棲族群從遷徙族群發展出來，那是因為當地的生存條件由壞變好了。

斑紋牛羚已經很適應大群遷移的行動。牠們以單列隊伍沿著傳統路徑走，蹄部趾間腺留下濃烈的氣味嗅跡，連人類也能憑嗅覺一路跟蹤。牛羚的個體間必須保持的距離，比其他有蹄動物小，所以必要時可以擠在一起行動。

獨居雄牛羚的領域範圍，會涵蓋以雌性為中心的小群。雄牛羚保衛領域的目的與南美駝馬不同，駝馬是為了維護妻妾群和食物資源，而牛羚只為了求偶。保衛領域與連帶的性炫示行為，全年無休進行，到了動情季節又格外強化。定棲族群的地盤不會很大，平均大約直徑 100 至 150 公尺。至於遷移群，雄性必須一再改換地盤，地盤大小也往往縮至直徑不過 20 公尺。乾旱

圖 24-3：
坦尚尼亞塞倫蓋蒂平原上的斑紋牛羚社會組織。前景有兩頭雄性在進行挑戰儀式，這是日常的互動，用意在於重申自己的領域權，並且測試對方的領域權。左邊這隻雄性做的是躍啟動作，而對手剛做完用角挖土的炫示動作。兩隻雄牛羚顯然彼此相識，所以挑戰儀式平均持續 7 分鐘，而且幾乎不可能有真正的打鬥或受傷。這種較量儀式可以在任一方的領域之內不拘什麼位置上進行，也可能在圖中央前方的踏平地點上進行。圖右是一個母攜子的小群在進食及休息，他們正經過一隻雄牛羚的領域。群中的雌性如果在動情，就可能與據守領域的雄性交配。兩隻幼小雄性的遊戲，日將後變成爭鬥儀式和博鬥，佔據很大一部份成年生活的時間。另有單個的雄性站在自己的地盤上，左邊兩隻進行挑戰儀式的雄性的後方遠處各有一隻，右邊背景中樹下的兩隻雄性站在彼此領域的交界處。圖左背景中另有兩個母攜子的小群在吃草。靠中間的背景有一群鬆散的無領域雄性。地上的草是能耐經常踐踏與啃食而且藉牛羚糞獲取養份的狗牙根。（Drawing by Sarah Landry; based on Estes, 1969 and personal communication.）

季節中最艱困的時期，族群必須不斷移動，領域行為會暫時減弱或暫時完全消失。成年雄性之中只有大約半數可以不分季節據有地盤；另外半數只得降格加入光棍群。

雄性斑紋牛羚宣告領域的炫示行為，在脊椎動物之中堪稱繁複可觀。牠們能運用狷羚亞科的所有基本招式：昂頭、扒蹄、儀式化的排糞、跪倒、用角抵。這些舉動有許多是在一塊踏平的地方做出來，這是雄牛羚地盤中央或靠近中央的地方。雄牛羚也經常會倒下打滾，這個動作也許不只是單純的視覺炫示，可能也要往身上沾糞便與尿液的氣味。雄牛羚每天還要做獨特的「挑戰儀式」（Estes, 1969）。每一頭雄牛羚每天要把領域四週的鄰居巡視一遍，對每一鄰居做的挑戰儀式平均歷時 7 分鐘，一天之中耗在巡迴挑戰上至少 45 分鐘。這種挑戰儀式的作用，顯然是為了再確立自己的領域主權，同時也測試其他雄性的主權。據有地盤者顯然認識所有鄰居。可以說這種挑戰的特色包括對彼此尊重、自制，真正的打鬥非常罕見。發生打鬥和受傷通常是在另外的時候，也就是雄性開始建立領域時，換言之，那個時候別的雄性還不認識牠。挑戰儀式用到的明顯可辨的行為模式大約有 30 種，可以用各種各樣的順序進行，挑戰涉及的雙方都做，而且隨便在過程中的任何時候做。炫示包括側面擺姿勢；儀式化的吃草與梳毛；跳躍——這包括搖擺、低頭撞、躍起、來回跑、旋轉；發「假的」警報訊號——一方或雙方都抬起頭往別處望、同時踏步；測尿；以及前面所述狷羚亞科的各種招式（見圖 24-3）。挑戰儀式的另一個特徵是，可在領域裡的任何地點進行，不限於踏平地段或相鄰領域的邊界上。

群體的個別成員生命史雖不詳，但一般的生命週期是清楚的。小牛羚出生的季節到來之前，年輕的雄性會被逐出雌性為中心的小群，被逐的雄性便開始結成群。四個月後，動情開始，能留在雌性群中的一歲大雄性不剩幾隻，其餘全部加入光棍群。母親與其他雌性的排斥，是年輕雄性離開的因素

之一，但主要的驅力來自據有領域的雄性，牠們把年輕雄性視為競爭對手，以爭鬥行為相向。年輕雌性比較受寬容，而雌性在群中的身份可能多少以雌性血親關係為依據。

非洲象（*Loxodonta afticana*）

非洲象是陸地上最巨大的哺乳動物，其社會組織也發展得十分成熟。值得注意的是，雌象之間關係親密，母象家長統率整個家族群，象群成員間的關係長久維繫。象的社會生物學是近來的概念。洛斯與派克根據群口統計數字推斷了基本的事實（Laws and Parker, 1968），而他們的推論經過韓崔克斯伉儷以兩年時間直接觀察塞倫蓋蒂平原一個族群的行為，得到證實（Hendrichs and Hendrichs, 1971）。之後又有道格拉斯‧漢米爾頓在坦尚尼亞的曼雅拉湖國家公園作了為期四年半的研究，認識了大約500頭象之中的41頭，非常詳盡地記錄個體之間的互動關係，以及家族群體的生活史（Douglas-Hamilton, 1972, 1973）。以下的敘述主要便是以道格拉斯‧漢米爾頓的研究為依據。

如今可以看到非洲象的地方，是撒哈拉沙漠以南的多數地區，僅好望角除外。但是，不過是在古羅馬時代，往北一直到地中海沿岸和敘利亞，都有非洲象棲息。現在非洲象可能有幾百個族群，每個族群包含1000至8000隻個體，棲居面積1300至2600平方公里。象是純粹草食性，牠會在各式不同的平原上攝食。按觀察所見，一頭象在12小時之內所吃的植物多達64種，分屬28科。適於攝食的植物並不是到處都有，因此象群不得不改吃草，但是又不能長久靠這次等的食物供給能量。象對於週遭環境產生很大的破壞，被牠們剝了皮斷了枝幹的樹可能死亡。密度大的象群可能把乾燥森林夷為平地。有些雄象能夠把很大的樹推倒，然後與同伴共享一頓。相思樹等喬木或灌木的種子，會完好無傷地通過象的消化道，再從排出的象糞中發芽生長，

因此，象的族群大小與象需要攝食的植物茂密程度，終將達到一種平衡。

　　每一個族群組成二至三個階層的社會集團，個體之上的**家族單元**（family unit）最為重要，這是 10 至 20 頭母象與各自子女形成的緊密組織，由一母象大家長統率。曼雅拉國家公園的家族單元，每個單元平均包含 3.4 個雌象攜子代的團體。家族單元的成員似乎都不離開群體超過一公里遠，即便超過一公里，也會在一天之內歸隊。大家長通常是最年長者，也是群體之中最大最壯的一個——因為象在發育成熟後會繼續長大。由於大家長年紀大，因此圍繞在她身邊的成年雌象除了她的女兒之外，可能還包括她的孫女。家族群裡的雌象親密感情可能維繫 50 年之久。大家長會在面對危險時站在群體的最前面，在撤離危險時殿後。接班的家長可以在老家長日漸衰老時逐步取而代之。如果大家長突然死亡，會造成嚴重創傷，其他成員會繞著她陷入一片慌亂，群隊失了秩序，似乎連需要撤離或採取防衛時也不知所措。獵象的人一向都知道，只要開槍打中了大家長，就可以輕而易舉把整群象解決。基於這個原因，洛斯與派克主張，如果迫於族群壓力必須進行剔除，與其隨機選擇某些個體，不如將整個家族單元移除。

　　家族單元之上的社會組織是**親屬群體**（kinship group），由彼此鄰近生活的家族單元集合而成，各單元的成員相互有些認識。親屬群體可能是在家族單元分家之後產生。家族單元會拆散是確有其事，因為多數家族單元不斷成長，其中成員卻幾乎都不會多於 20 隻。道格拉斯・漢米爾頓曾經看過曼雅拉最大的一個家族單元拆散。這個家族本來已有 22 隻成員，在兩年的時間內，有兩頭年紀較輕的成年雌象、一頭青春期的雌象、兩頭幼象，越走離家族越遠。青春期的雌象生下第一胎之後，兩個亞群分開了幾次，時段長短不一。一天，大家長把原來的家族群往南帶到 15 公里以外，第一次把兩個亞群之間的距離拉大。等到母群重返原來的據點，分出去的子群又來會合，持續留在附近。假如這個例子是典型的，就可以證明親屬群體的確由家族單

元拆散後產生。

　　族群成長可以把穩定的雌性集合更加擴大，產生更大的群居綜合體，這種綜合體與地區族群是並存的。我們姑且稱之為「幫」（clan），成員數目可能在 100 至 250 隻間。遷徙時可能有多達一千頭象，形成機動的群集，其組織程度顯然只有親屬群體的層級。以曼雅拉的象群為例，家族單元佔據的棲地面積在 14 到 52 平方公里之間，家族在其中走動沒有一定的模式。各家族的佔地彼此重疊的情況普遍，卻沒有明顯可見的領域行為，可能因為相鄰的小群彼此有親屬關係。

　　家族單元內部有的合作行為與利他表現都非常高。幼象不分性別受到平等對待，每一隻幼象都可以獲得群中正在哺乳的母象餵乳。青春期的雌象會擔任「阿姨」角色，阻止幼象亂跑，把貪睡的幼兒叫醒。道格拉斯‧漢米爾頓曾用一隻運動飛鏢射中一頭小雄象，成年雌象趕忙過來幫忙，試圖扶小雄象站起來。獵象的人也經常看見類似的行為。就適應上的意義而言，這種反應與海豚把受傷的同伴托至水面的行為差不多。由於象的體積大，跌倒後若不站起來，會被自己的重量壓得窒息，或因久臥在陽光下而曝曬過度。此外，大家長的利他精神尤其不尋常，牠會奮不顧身保護群中成員，在群體圍成圓圈的典型自衛陣式之中，大家長也是表現最勇敢的（見圖 24-4）。

　　跟著母親的幼年雄象會模仿衝刺動作，或打鬥遊戲，為日後的角色作準備。雄象進入青春期以後，會被母象往外推。到了 13 歲，雄象差不多完全成年了，牠會一再被驅趕，終至離開母群。成年雄象會獨自生活，或是組成鬆散的一夥，散佈的範圍比雌性大得多。雄象隊夥之中的尊卑位階是憑競爭形成，通常體型大者佔上風。遇有雌象發情，雄象的競爭會變得最激烈，但仍極少造成嚴重受傷。高等靈長目動物的那種結盟關係，雄象似乎也有。韓崔克斯伉儷觀察到一種「仗勢威嚇」行為，與庫麥觀察阿拉伯狒狒看到的行為十分類似（見第二十六章）。即是，比較小的雄象仗著有年長雄象在旁，

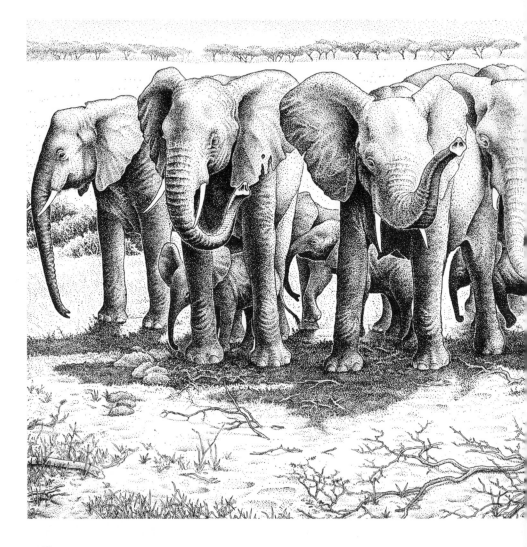

圖 24-4：
非洲象的兩種基本社會群體。左邊面向觀察者的一群是家族單元，成員排成緊密的自衛陣式。挺直的站姿、豎起的耳朵、向前伸的鼻子，顯示象群處於警戒並且微有敵意。家族單元之中只有雌象和不同生長階段的幼象。這個家族的大家長是左起的第二頭，從她臉上的皺紋和耳朵的裂痕可以看出她年事已高。嬰幼兒都躲在後面受保護的位置。右起第一頭象已達成年體型的四分之三，右二的象大約只有成年者的一半大。其他大象都是成年雌性。如果這個家族群被迫撤退，大家長會殿後，而且持續面向敵人，牠可能還會

社會生物學：新綜合理論

故作衝向前之狀，或真的衝出去。大家長離去時，速度不會超過群中最小、最慢的幼象。
家族單元是象的核心社會組織。其中雌象的關係可以維持數十年，個別雌象都很依賴大
家長。圖右後方是一群組織鬆散的雄象，其中兩頭在競爭統御地位。位階最高的雄象可
以成為雌象群中發情者的暫時配偶。圖右前方是被進食的象折斷的一株相思樹。這種破
壞會導致植被變稀。象群棲居的地方，乾燥樹林往往變成圖中這樣的平坦地。（Drawing
by Sarah Landry; based on Douglas-Hamilton, 1972 and personal communication, together with
photographs by Peter Haas.）

就敢欺壓中等體型的雄象。體型最大者比較不會威嚇體型小的象，牠們比較常找上中等體型者，顯然是因為中等體型者較可能被當作競爭對手。

非洲象的通訊大多運用身體前部發出的視覺訊號。表示敵意所用的是一系列混合的姿勢和動作，強弱程度不一。程度最弱的是「挺立」，即是將頭抬高，長牙揚起，兩耳往前豎。按韓崔克斯指出，高強度的威嚇是發出砰然響聲地搧耳朵，鼻子往前抽動，朝著敵手前進。如果是對體型較小的對手示威，牠會「前甩鼻」，即是朝著對方捲起鼻子又突然甩開，同時噴出氣或發出吹號聲。有些象還會把草或枝葉等捲起來，再往對手的方向拋。象鼻的用法與進行通訊時的環境狀況有重要關係。例如，伸出鼻子配合耳朵向前豎起的姿勢，大概都是敵意訊號。但也有的時候伸出鼻子只是為了測試空氣，或是表示友善。兩頭象如果暫時分開又重逢了，彼此問侯的儀式與狼群及非洲野犬的問侯儀式很相似，彼此要把鼻子放入對方口中，通常由較小的一隻先做。這可能是儀式化的進食動作，幼兒常會伸鼻到母親口中查看母親剛吃了什麼東西。非洲象最激烈的爭鬥行為是全速向前衝，這也是自然界的一大震撼景觀。這種舉動可能只對掠食者而發──包括人類。象群認真攻擊前，敵意炫示甚少，也幾乎沒有任何警告：

一頭我不認得的年輕雌象帶著新生幼象從右手邊消失。大約過了60秒，一頭巨大的母象（屬於第五類體積），耳朵完全豎起，不發一聲地從樹叢衝出，進入方才那頭攜幼雌象消失之處。她用力將一根長牙刺入我休旅車駕駛廂後面的一側，腳步不曾稍停。車子轉了90度。這時候有其他象出現，所以我無暇再看原先這頭母象，但從車子受損之狀可斷定她抽出長牙後又再刺了一次。後來的這些象從右邊跑來，最前面是一隻大約三歲的小象，牠們毫不遲疑便展開攻擊，動作之餘還連連發出響亮吼叫。第二頭成年母象用頭先撞了駕駛廂再往車廂頂壓下去。她重重地斜倚住車身，長牙刮了車門後面的

車體。第三頭雌象從前面衝來，左牙刺入一邊的頭燈。她將牙迅速抽出再刺，穿透了散熱器，有大約 3.5 呎的牙沒入身車。她猛抽回牙，開始用力推。車子被推得退了大約 35 碼，撞上一棵小樹才停下。第三頭雌象和其他的象撤退了 30 碼左右，停下，排成緊密的圓圈，一面仍吼著，面向圈外，耳朵豎起，頭抬起。然後不過一分鐘，群象解散又進入樹叢。

（Douglas-Hamilton, 1972）

　　象的聽覺顯然和人類差不多靈敏。充分訓練過的印度象，能聽懂馴象伕多達 24 條口語指令。自由生活的非洲象，使用的聲音通訊和視覺通訊一樣內容豐富而且頻繁。發聲大致可以分為低吼、響亮吼、長嘎音、尖叫，但是各種聲音的強弱和使用場合會有很大變異。低吼是低沉的咕嚕咕嚕聲，是最常聽見也最多功能的象鳴。低吼聲可以傳到一公里以外，通常的功用似乎是為了讓個體與家族保持聯繫。此外，小象如果想擠入成年者挖的水塘，雌象和小象彼此也會用低吼表示輕微敵意。小象遊戲打鬥時也會發低吼聲。成年象之間爭鬥炫示比較激烈時，會發出低吼加上響亮吼。從一些觀察實例可知，同一群體的成員可以憑音質上的細微差異彼此辨認。

　　象這麼巨大的哺乳動物也用到化學通訊，也許有些出人意外。道格拉斯・漢米爾頓曾經看見，一頭象用鼻尖嗅著一條兩小時之前的嗅跡，找回了自己的家族單元。公象經常會將鼻尖放在雌象生殖器官開口處，檢查雌象的發情狀態。象的顳腺（位於耳與眼之間）是個待解的謎。顳腺會分泌一種氣味強烈的黏稠液體，象越興奮或緊張，分泌量就越大，可見顳腺可能由自主神經控制。非洲象兩性都有顳腺功能，亞洲象僅雄性有。非洲象和亞洲象都會將顳腺分泌物擦在樹上或地上，但用意不明。顳腺分泌物似乎隨著族群密度而增加，但並沒有證據顯示雄象會標示並保衛地盤。道格拉斯・漢米爾頓根據長久觀察推斷，顳腺分泌物有多重通訊功能，可用於製造嗅跡、個體辨

識、警報，可能也用於保持距離。

　　Eisenberg、McKay 等人士在錫蘭的研究顯示，亞洲象的社會行為基本上與非洲象相似。例如，穩定的群體是家族單元，包含 8 至 21 頭的雌象和幼象；家族單元由母象家長率領；嬰幼兒可以由群中任何一隻正在泌乳的雌象哺乳；雄象成長到 5 至 7 歲就離開母群。另外也有一些與非洲象不同之處。例如，14 歲以上的雄象會有發情狂暴現象，即是有一段時間變得攻擊性特別強，性狀態特別活躍，同時會分泌大量的顳腺液。雄象會將顳腺液擦在樹幹上，顯然是在標示其動向與情緒。狂暴期以外的時間，雄象也可以交配生殖，但狂暴期的行為顯然讓牠更可能奪得統御地位，提高與發情雌性交配的機率。至於顳腺分泌物有沒有代表個體氣味的「簽名」作用，尚不得而知。

Chapter 25

食肉動物

　　哺乳動物的各個目之中，食肉目的社會行為精細度與多變性僅次於靈長目。食肉目現有 253 個物種，其中大多數物種完全行獨居，包括狗、貓、熊、浣熊、獴等。也就是說，組成一個社會的成員只有一名母親帶著尚未斷奶的子女，兩性成年者只在繁殖季節相伴。從這個基礎又演化出多種比較複雜的社會組織。常見的一種形態是配偶關係：雄性與雌性相伴較長的一段時間，並且幫忙照顧與保護幼小。胡狼、狸、狐、獴都有這種情形。長鼻浣熊（*Nasua narica*）展現了演化的另一個級次，帶著幼小子女的雌性會集成群，繁殖季節中有雄性相伴。許多種類的獴的社會組織又更高一級，即是由一對配偶率領家族，在狩獵時合作行動。海獺的社會組織形態又不同了。為適應海生環境，海獺像海豹一般以組織鬆散的群體在安全的地方生活。雄性在這裡打鬥，求偶交配在這裡進行。貓科動物之中，只有獅子的社會組織先進，

由雌性結成群，另有一、兩隻統御的雄性以近似寄生的方式依附該群生活。可以稱為食肉動物社會演化頂峰的，是狼群與非洲鬣犬群，協力合作與利他精神的表現，只有群居昆蟲和少數亞、非洲猿猴類可以相提並論。

　　不但食肉動物各有不同程度的社會行為，連同一個科、同一個屬之內，也有多樣變化（表 25-1）。個別社會特性的演化變異程度高，與其他哺乳動物差不多，所以很難用傳統的系統發生圖表來呈現。整體而言，食肉目比大多數其他哺乳動物的社會性都強。跟其他哺乳動物比起來，食肉目有較高比例的物種，在母攜子的基本單元以上還有其他社會組織，而且有較多物種達到最高的演化等級，或幾乎達到最高的演化等級。有一點特別值得注意，即是食肉目的社會行為主要是為了提高掠食效率。這個特徵帶來兩個後果。一，為符合生態效率原則，食肉動物的族群密度比食草動物的族群密度低，活動圈比食草動物大。所以，食肉動物的領域有時空性，甚至在某些案例中，牠們的領域不過是有氣味標示的捕獵路徑網絡，彼此大量重疊。二，大型食肉動物因為居於能量金字塔的頂端，本身不太受到掠食。獅、虎、狼都是生態學家說明首要「頂端食肉動物」時，常舉的範例。這些動物是一項重要演化實驗所產生的結果。牠們的社會適應行為如果不全然是為了捕獲獵物，也至少是以捕獵為主要目的。這正可以與囓齒類、羚羊類等食草動物對比，這些動物的社會形態多少有助於牠們防禦獅、虎、狼等掠食者。

表 25-1　現有食肉目的各科、屬，以及其主要社會生物性。各屬參考著作列於後。總論見 Eisenberg（1966）、Kleiman（1967）、Ewer（1973）、Kleiman and Eisenberg（1973）。

食肉動物種類	社會生物性	文獻
犬總科（Canoidea）		
犬科（Canidae）		
犬亞科（Caninae）		
犬屬（*Canis*）：包括狼、郊狼、胡狼。7 物種。北美洲、歐亞大陸、非洲。	**多樣化。**一對胡狼配偶會保衛領域。狼會結群，成員多達 20 頭，通常為大家庭成員；參閱本章相關敘述。	Murie（1944）, Banks et al.（1967）, Scott（1967）, Snow（1967）, Woolpy and Ginsburg（1967）, Woolpy（1968a, b）, Fox（1969, 1971）, Mech（1970）, H. and Jane van Lawick-Goodall（1971）, Ewer（1973）, Wolf and Allen（1973）
北極狐屬（*Alopex*）。1 物種。極地附近。	**配偶成對。**偶爾獨居。	Kleiman（1967）, MacPherson（1936）
鬃狼屬（*Chrysocyon*）。1 物種。南美洲南部。	**獨居。**	Langguth（1969）, Kleiman（1972b）
南美狐狼屬（*Dusicyon*）：巴拉圭狐、智利狐等。10 物種。南美洲。	**獨居。**	Housse（1949）, Kleiman（1967）
耳廓狐屬（*Fennecus*）。1 物種。北非至阿拉伯。	**配偶成對。**	Gauthier-Pilters（1967）
狸屬（*Nyctereutes*）。1 物種。蘇聯東部、中國、日本。	**配偶成對。**	Seitz（1955）
灰狐屬（*Urocyon*）。2 物種。北美洲。	**配偶成對。**	Lord（1961）
狐屬（*Vulpes*）。10 物種。歐洲、亞洲、非洲。	**配偶成對；**雄性可能與數隻雌性共同生活，雌性可能是母女或姐妹關係。有領域性。	Vincent（1958）, Ables（1969）, Kilgore（1969）, Ewer（1973）

續：表 25-1

食肉動物種類	社會生物性	文獻
小耳犬屬（*Atelocynus*）、食蟹狐屬（*Cerdocyon*）。	**不明。**	
短鼻犬亞科（Simocyoninae）		
非洲野犬屬（*Lycaon*）。1 物種。非洲。	**高度協調的群體。**見本章相關敘述。	Kühme（1965a, b），Estes and Goddard（1967），H. and Jane van Lawick-Goodall（1971），van Lawick（1974），Estes（1975b）
豺犬屬（*Cuon*）。1 物種。蘇聯南部至爪哇。	**結群。**集體捕獵。	Keller（1973），Kleiman and Eisenberg（1973）
叢林犬屬（*Speothos*）。1 物種。中南美洲。	**結群。**以小群捕獵齧齒類等獵物。	Kleiman（1972b）
蝠耳狐亞科（Otocyoninae）		
蝠耳狐屬（*Otocyon*）。非洲。	**結群。**以小群捕獵小型動物及昆蟲。	Kleiman（1967）
熊科（Ursidae）：熊、大貓熊。6 屬，8 物種。	**獨居。**可能普遍有領域性；幼兒跟隨母親時間很長。參閱本章相關敘述。	Krott and Krott（1963），Perry（1966, 1969），Ewer（1973），Poelker and Hartwell（1973）
浣熊科（Procyonidae）		
浣熊屬（*Procyon*）。6 物種。新世界。	**獨居。**浣熊（*P. lotor*）為獨居，但一歲多的個體有時同穴而居。活動圈大量重疊。沒有證據顯示浣熊有領域性，但會在進食據點形成統御位階。	Stuewer（1943），Sharp and Sharp（1956），Bider et al.（1968），Ewer（1973），Barash（1974b）
小貓熊屬（*Ailurus*）。1 物種。錫金至中國。	**不明。**圈養環境中能彼此容忍，也許在自然環境中會結伴。	Ewer（1973）

社會生物學：新綜合理論

食肉動物種類	社會生物性	文獻
南美節尾浣熊屬（*Bassaricyon*）。2 物種。墨西哥至南美洲。	**不明。**	
中美節尾浣熊屬（*Bassariscus*）。2 物種。美國俄勒岡州至中美洲。	**獨居。**	Richardson（1942）
長鼻浣熊屬（*Nasua*）。3 物種。中南美洲。	**社會性。**母攜子的單元集成小群，繁殖季節有雄性伴隨。見本章相關敘述。	Kaufmann（1962）
小長鼻浣熊屬（*Nasuella*）。1 物種。南美洲。	**不明。**	
蜜熊屬（*Potos*）。1 物種。墨西哥至南美洲。	**獨居。**	Poglayen-Neuwall（1962, 1966）
貂科（Mustelidae）：貛、獺、臭鼬、黃鼠狼等。25 屬，70 物種。世界各地均有，但澳洲、大洋洲除外。	**多樣化。**多數物種似乎都是獨居，僅有母攜子共同生活，以及雄性於繁殖季節加入。海獺（*Enhydra lutris*）的棲地有巨藻和可供歇息的岩石，牠們會形成包含兩性在內的、組織鬆散的大群；求偶、配成對、雄性打鬥，都在群體中發生。其他水獺類似乎均行獨居。歐洲的貛（*Meles meles*）是一對配偶和子女共同據居一個地下洞穴系統，可能繁衍至兩代。洞穴系統是「傳統」的，甚至可維持上百年，傳上好幾代。美洲貛（*Taxidea taxus*）則獨居。	Eisenberg（1966），Lockie（1966），Verts（1967），Erlinge（1968），Kenyon（1969），Ewer（1973）

食肉動物種類	社會生物性	文獻

貓總科（Feloidea）

靈貓科（Viverridae）：靈貓、麝貓、獴。36 屬，75 物種。舊世界各地均有，但澳洲、大洋洲除外。

多樣化。靈貓亞科（Viverrinae）為夜行動物，明顯行獨居。但獴亞科（Herpestinae）的物種通常都有相當社會性，甚至高於貂科物種。獴類的配偶通常都有親密感情，此外，至少有長毛獴（*Crossarchus*）與狐獴（*Suricata*）這兩屬的雌性體型比雄性大，雌性統御雄性。長毛獴、侏儒獴（*Helogale*）、非洲獴（*Mungos*）、狐獴，這些屬當中有些物種由幾個家族一同棲居覓食；結群的最極端表現是非洲獴（*M. mungo*），成員多達 30、40 隻的大群十分常見。筆尾獴屬（*Cynictis*）和獴屬（*Herpestes*）的物種會家族棲居同一巢穴，但不一同覓食。侏儒獴屬可能幾代一同棲居覓食。

Ewer（1963, 1973），Wemmer（1972），Albignac（1973），Rasa（1973）

鬣狗科（Hyaenidae）：鬣狗、土狼。3 屬，4 物種。非洲至印度。

社會性。土狼（*Proteles cristatus*）以白蟻為主食，會獨居也會形成小群，小群可能是家族群體。斑點鬣狗（*Crocuta crocuta*）會形成「幫」，成員從 10 名至 100 名不等，有領域性；雌性體型比雄性大，並會統御雄性。

Eisenberg（1966），Kruuk（1972），Kruuk and Sands（1972）

續：表 25-1

食肉動物種類	社會生物性	文獻
貓科（*Felidae*）。4 屬，37 物種。世界各地均有，但澳洲、大洋洲除外。	**多樣化。**多數物種獨居，但幼獸會在捕獵時跟著母親幫忙。獵豹（*Acinonyx jubatus*）的雄性會與雌性相伴至幼豹出生為止。獅（*Panthera leo*）會形成以母親為中心的群，有 1 至 2 隻雄獅相伴；參閱本章相關敘述。	Eaton（1960, 1970），Schaller（1970, 1972），Eisenberg and Lockhart（1972），Bertram（1973），Eloff（1973），Ewer（1973），Kleiman and Eisenberg（1973），Muckenhirn and Eisenberg（1973）

　　以下各節要談的物種，是食肉目動物各社會形態研究得最詳盡的範例。這些物種「知名度」多半很高，動物園中常可見到，所以格外令人感興趣，田野研究也特別仔細。動物學家因此更有把握觀察其社會演化的生態基礎。

美洲黑熊（*Ursus americanus*）

　　以往一向認為熊完全是獨居的。羅哲斯在明尼蘇達州北部完成的研究卻證實，雖然美洲黑熊大致都是獨居，但其個體關係遠比一般猜測的親密而持久（Rogers, 1974）。總之，雌性必須有獨佔的進食領域才能夠進行生殖，就這一點而論，牠算獨居。然而，母熊允許女兒在領域之內分佔小的區域，並且會在離去或死亡時把領域傳給女兒。羅哲斯為了要查明這些事實，在四年之中用陷阱捕到 94 頭熊做了標記，用遙測無線電追蹤了 7 頭雌熊從出生到發育成熟的歷史。

　　五月中到七月下旬的交配季節裡，成年雌熊會保衛獨佔的領域（以美國明尼蘇達州而言，平均為 15 平方公里，最小 10 平方公里，最大 25 平方公里）。生殖所需的領域大小，顯然有一定的限度，過低就不利生殖了。有兩頭雌熊的領域各自只有 7 平方公里，都沒有生下小熊。另一頭雌熊只生下一

隻小熊，便離開了原有的領域。到了夏末時節，多數雌性仍待在自己的領域內，但是對於擅入者已放鬆威嚇態度。

羅哲斯監控的 9 個黑熊家庭，都在六月的頭三個星期之中解散，也就是小熊 16 至 17 個月大的時候。年滿一歲的雌熊都留在母親的領域之內，各佔用一個小區域，這樣的生活可以維持至少兩年。曾有一家四姐妹與年齡較長的雌熊緊鄰生活，這些比較大的雌性很可能是四姐妹的母親以前生下的大姐姐們。年輕雌熊佔用的領域雖然是在母親原來的交配生殖領域之內，母女卻會各過各的生活。如果母熊被殺了，其中一個女兒就會獨佔母親領域之內 15 平方公里的面積。這名雌熊會在冬天到來時產下小熊，在繼承的領域裡養育子女。曾有一頭三歲大的雌熊，在母親將領域往西移了 2.4 公里之後，獨佔了母親的東邊整個領域。她的妹妹後來繼承了西邊較小的這片領域，她生長得比姐姐慢，也未能產下小熊。母親當初往西移，是為了去佔據死去的鄰居原有的領域。她佔領之後，鄰居 3 歲大的女兒只得移至自己母親舊領域的西半邊，與一頭 5 歲大的雌熊共用這半邊領域。這 5 歲大的雌熊很可能是 3 歲雌熊的姐姐，她統御了 3 歲的雌熊；而 3 歲的雌熊在冬季來臨時也未能生下後代。

雄性在這個遺產制度中是沒有份的。雄性到了亞成年期就得離開母親的地盤。完全成熟的雄黑熊會在交配季節進入雌性的領域，以爭鬥方式排除不敵的對手。如果雌性就在附近，兩雄爭鬥會更激烈。等到睪丸酮的分泌量降低，雄性會退出雌熊領域，聚集到食物資源最豐富的地方，和平地進食。到了秋末，雄性又回到雌性的領域去冬眠。

長鼻浣熊（*Nasua narica*）

長鼻浣熊外形頗似拉長的浣熊，吻部細長，尾巴靈活、動作豐富。長鼻浣熊是美洲的浣熊科之中社會性最高的。動物學家已經證明獨居的長鼻浣熊

幾乎一律是雄性。在整個屬之中，長鼻浣熊是棲地最北的物種，牠們生活在美國亞利桑納州往南至巴拿馬的地區。考夫曼曾研究過巴羅科羅拉多島長鼻浣熊的生態與社會行為（Kaufmann, 1962），史密士研究同一批族群，又補充了更多資訊（Smythe, 1970a）。

長鼻浣熊和美洲黑熊雖然循不同演化路徑發展，長鼻浣熊的社會生物性卻很像是比黑熊多跨出一步。其實兩者的差別在長鼻浣熊會有多個母攜子的單元集成穩定的群隊。各群隊的活動圈大幅重疊，但又獨占核心區域。考夫曼觀察的六個群隊，成員總數從 4 至 13 隻不等，由 1 至 4 隻的雌浣熊構成核心。此外他也觀察到一隻獨居的成年雌性，以及 12 隻以上的獨居成年雄性，都在他研究的區域內活動。群隊組成後雖然幾乎不會變動，但是會在日間出外覓食時暫時打散為隨意的小群。結伴關係以各種不同的個體組合為基礎，所以，如果將群隊分分合合的圖表畫出來，這張圖表看來會像編得鬆鬆的繩子。群隊裡面最穩定的組合就是母攜子的單元。群隊中各雌浣熊很可能有很近的親屬關係，也許是姐妹或嫡堂表姐妹，但這一點並沒有確實求證。群隊中若有一隻或多隻雌性要出去另闢核心區域，就會導致新的群隊產生。

群隊之內成員間的關係，相對而言比較疏遠。有互相梳毛的行為，但最常見的是親子互相梳毛，其次是不同年齡層非親子關係者的互相梳理，同年齡者之間最少互相梳理。統御階層並不嚴格分明，青少年往往最居優勢，但牠們必須順從自己的母親。這些被「寵壞」的小浣熊，好鬥地吱吱喳喳叫、尖號、與兄弟姐妹玩角力遊戲。牠們有時會無來由地攻擊群中其他成員，只不過因為對方太靠近牠們進食或梳毛的地方。青少年如此霸道，全憑母親在後面撐腰。只要牠們惹起爭執，媽媽就立刻趕來支援。這種行為的影響力可以持續的，因為，即便母親暫時不在，小浣熊照樣欺壓其他成員。有時候別的成年雌性也會像母親般地幫忙。

長鼻浣熊的社會行為沒有合作或利他的跡象。有食物，就會引起爭搶。

雖然群體會合力把小鼠、蜥蜴等獵物趕到空曠處，結果卻是第一個搶到獵物的浣熊吃掉。搶到食物者會揚起鼻子尖叫，並作勢衝出去攻擊，意在阻止同伴靠近。一直要等到食物吃得乾乾淨淨，爭搶行為才停止。考夫曼曾經看見一隻母浣熊允許自己的子女分食她手上的陸蟹，不過她已經把這隻蟹吃掉一半了。一頭長鼻浣熊如果正在挖躲在地洞裡的蜥蜴或狼蛛，不論誰試圖來幫忙，都會遭到威嚇。群隊之中沒有領導可言。小浣熊大多跟著媽媽走，但只要群隊中有誰顯露特別強的動機，全隊就會跟著他走。長鼻浣熊沒有放哨警戒者，只要稍有危險的跡象，全體就四散而逃，似乎都只顧得了自己。

　　雄性在一年中大部份的時間獨自生活。兩隻雄浣熊若在森林中相遇，會互相做出敵意炫示，如揚起長鼻尖聲長鳴、低吼等，有時候會進而追逐打鬥。巴羅科羅拉多島的長鼻浣熊族群之中似乎有統御位階，因為爭端每每速戰速決，事前就可以預測哪一方會贏。雄性如果與家族群隊相遇，也會爆發衝突。多數情況下群隊採取攻勢，而雄浣熊慢吞吞地撤離。只有在乾燥季節（一至三月）開始時的求偶期間，雄性才會平和地接近家族。

　　圖 25-1 所示的巴羅科羅拉多島長鼻浣熊繁殖週期，與食物來源有密切關係。求偶季節是樹上有大量水果正在成熟的時候。到了新出生的小浣熊能從窩裡出來結隊覓食，果實多到過剩，許多水果都落在地上腐爛了。這時候，所有的長鼻浣熊，包括仍在單獨生活的雄性，都變成以果子為主食。到潮溼季節快結束的時候，果實漸漸少了，雌性帶著幼小的群隊也漸漸轉為捕捉無脊椎動物和小型脊椎動物為食。雄性也捕食這些動物，此外牠們也捕食蹄鼠、林棘鼠等。雄性數量的多寡，最終似乎由食物在調控。果實掉落量最少的時期，雄性覓食時間可以一直延長至夜晚，打鬥發生的次數也比較多，牠的皮毛會顯得傷痕累累。兩性有這些差異的原因不明。生態上這樣分歧，可能源於雄性自我犧牲，把最優質的食物留給自己的子女，自己則是有什麼吃什麼。不過雄性會捕食較大的脊椎動物，更有可能（至少比較合乎現行的

社會生物學：新綜合理論

遺傳理論）主要是基於個體生存的天擇，甚至純然基於個體天擇。也許群隊合力捕獲的較小獵物在分食之下不夠成年雄性果腹，所以，雄性仗著自己體型稍微大些（比雌性重 10%），來捕獵嚙齒類和其他稍大的獵物。

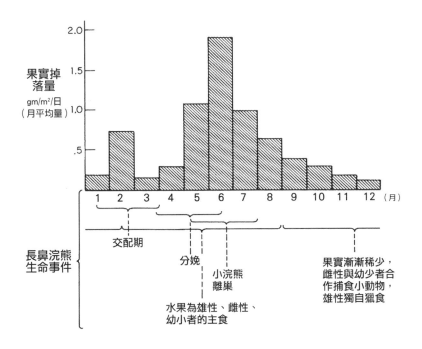

圖 25-1：長鼻浣熊一年間的社會行為與食物來源的關係。（Modified from Smythe, 1970a; coati data partially from Kaufmann, 1962。）

獅（*Panthera leo*）

　　獅子在人類心目中地位一向特別高，牠是萬獸之王，是太陽的象徵，甚至被尊崇為動物神。古埃及的拉梅西斯二世（Rameses II）曾經帶著獅子上戰場，從公元前十五世紀的古埃及到十三世紀的法國，獅子都是君王打獵的

圖 25-2：
塞倫蓋蒂公園的一個獅群正在分食一頭剛獵殺的水牛。兩頭雄獅是兄弟，因為已
經先吃飽了，所以走開讓其他的獅子去吃。圍著獵物的包括雌獅、兩隻三歲大的
雄獅、一隻約十八個月大的幼獅、兩隻五個月的幼獅。右邊背景中有兩隻黑背胡
狼，左邊有一群兀鷹，都等著分一杯羹。遠處還有一群牛羚。後面那頭雄獅張著
嘴，這是放鬆的表情。左前這頭獅子直視著觀察者身後的某個目標。兩頭母獅在
互相咆哮，這是同群的獅子在捕殺的獵物旁常有的低調爭鬥表現。一頭年輕的雄
性因為被擠開了，正伏在獵物後方。幼獅的統御位階最低，牠們往往還來不及
吃飽，獵物便被其他獅子吃光，所以營養不足導致的夭折率很高。（Drawing by
Sarah Landry; based on Schaller, 1972, in consultation with Brian Bertram.）

社會生物學：新綜合理論

目標物。真正深入研究獅類，卻是近十多年的事。夏勒（George Schaller）1966 年至 1969 年追蹤研究坦尚尼亞塞倫蓋蒂公園的獅群。那兒的草原「有一望無際的地平線，從一隻鴕鳥的兩條腿中間望過去，就可以看見浮雲」。那兒的正午熱浪「把遠處的花崗岩變成幻象城堡，把斑馬變成現代雕塑」。夏勒追蹤獅群總共走了 149,000 公里，觀察時間長達兩千九百小時。之後，貝特藍（Brian Bertram）再追蹤觀察塞倫蓋蒂獅群長達四年，證實了夏勒的

研究結果，並且提出更多解釋其社會行為的生態理由。野外動物族群被這樣長期研究的例子並不多，像羅哲斯研究黑熊，道格拉斯・漢米爾頓研究大象，珍古德研究黑猩猩，都把田野研究帶入新的探討層次。他們都追蹤自由生活的個體，從出生經過社會化，生殖到死亡，詳盡記錄了每隻個體的癖性與社會關係。

獅群的核心是幾頭成年雌性親密的姐妹情誼。這幾頭雌獅可能是親姐妹，至少也是堂表姐妹，牠們在一代傳一代的固定地盤之中共同渡過一生，或一生大部份的時間。夏勒最密切監控的獅群之中，個體數目從 4 頭到 37 頭不等，平均每群 15 頭。雌獅之間表現的合作程度，是所有哺乳動物

觀察記錄之最，僅人類除外。雌獅捕獵時會先以扇形散開，之後再同時由各個方向直撲上去。幼兒的情況與非洲象群類似，有些托兒中心的味道，泌乳的母獅雖然偏愛哺餵自己的子女，卻不會拒絕其他母獅子女的要求。一頭幼獅吃一頓飽餐的過程，可能要陸續吃過三、四頭母獅的奶，甚至得五名母獅接力。至於成年雄獅的生活，一部份靠雌獅維持。年輕的雄獅幾乎一律要離開自己出生的獅群，過單獨流浪的日子，或是與其他年輕雄獅結夥。（有少數年輕的雌獅也會流浪。）遇有機會，這些雄獅會加入別的獅群，有時候藉爭鬥行為把群中原來的雄獅趕走再取而代之。雄獅結夥——不論是在獅群之中與否——必是兄弟一起，或至少是從小一起長大。加入獅群的成年雄性會跟著雌獅走，由雌獅主導移動方向。追捕與撲殺獵物也大多由雌獅負責，雄獅習慣坐享其成，一旦獵物倒地，就仗著體壯力大把雌獅幼獅推開，自己吃飽後才讓婦孺吃（見圖 25-2）。雄獅對待外來者的態度比較有敵意，對於企圖涉入本群地盤的其他雄獅尤其兇惡。結夥的雄獅兄弟越多，在獅群裡的地位就可以維持越久——不易被競爭對手趕走。

貓科動物以獨來獨往聞名，為什麼唯有獅子要過群體生活？夏勒的說法很有道理。他認為，演化出群體生活，主要是為了在空曠平原上捕獵大型草食哺乳動物。他的數據顯示，幾頭獅子一同伏擊獵物，成功率通常是單獨出擊的兩倍。合作捕獵也可以抓住特別大而且危險的獵物，例如長頸鹿和成年公水牛，一頭獅子根本不可能獨力捕獵。夏勒也發現，母獅如果是群體一員，她所生的小獅子被豹或遊蕩的雄獅捕殺的機率就比較低。基於這兩個原因，在群體中養育下一代的成功率，遠遠高於獨自撫養一窩幼仔。

獅群中的雌雄性都有一個大致的統御位階，各獅所處位置完全按力量強弱而定。每頭獅子似乎都知道每頭獅子的打鬥能力，所以群體中可以維持緊繃的和平。偶發的吼叫衝突雖然看來嚇人，但通常不會釀成傷害。然而，真正的打鬥仍可能發生，特別是為爭奪獵物而引發的打鬥，逢有這種狀況，大

貓會毫無節制地發狠撕咬。其他成員最好的策略是先預料到情況可能不妙而提早躲開。雌獅有時候會合力發動攻擊，把雄獅逼退。偶爾會有雄獅互鬥致死的事例。夏勒就記錄了好幾起這種例子。他也曾經目睹幼獅被撲殺，起因是群中的一隻雄獅死亡，入侵的他群獅子便將幼獅殺死吃掉。

犬科（Canidae）：狼與狗

有三種犬科動物會成群狩獵：狼（以及由狼衍生的家犬）、非洲野犬、豺犬。集體掠食必須靠最高度的合作與行動協調，這些合作協調的影響又及於社會生活的所有層面。本來體型較小的動物，可以藉群體狩獵行動捕獵既大又難得手的獵物。Bourlière（1963）以及其他動物學家都曾指出，掠食性的哺乳動物大多捕食體積與自己一樣大或比自己小的動物。成群狩獵的犬科動物只因為勢眾，就能夠打破這種限制。海洋哺乳動物之中有類似情形的是虎鯨（群體協調捕食比自己大很多的其他鯨類），昆蟲之中有軍蟻（集體覓食、集體攻擊，制服其他群居昆蟲，包括其他蟻類）。按現行理論，靈長目動物之中會集體狩獵的就是人類（見第二十七章）。

犬科動物的兩種特性，似乎導致在許多情況下較易演化成群狩獵行為（D. G. Kleiman and J. F. Eisenberg, 1973）。首先牠們配偶之間的連結方式特殊，雄性會供應雌性與幼兒所需，因此，只要可以取得充裕的獵物，就可以養育多隻後代。犬科動物中最具社會性的物種形成群體組織的方式，往往就是延伸這種經濟系統，將有親緣關係的家族維繫在一起。第二，犬科動物並不潛行偷襲，而是在空曠處直接追捕獵物，所以牠們比較容易演化出成群合作的狩獵方式。

人類尚未大舉撲殺狼之前，整個北美洲、往南一路到墨西哥的高地，以及從歐亞大陸到阿拉伯、印度、中國南部，都有狼棲息。狼的體型比家犬大，體重平均在 35 公斤到 45 公斤之間，最重可達 80 公斤，雄性比雌性略重。

換言之，狼和瘦小的成年人是差不多大的。狼也居於食物鏈頂端，牠們捕食的動物有 50% 以上是河狸那麼大的哺乳動物，或更大者。以北美洲的狼而言，典型的獵物是河狸、鹿、麋鹿、馴鹿、駝鹿、山地綿羊。在人類定居的地區附近，狼會獵捕牛、羊、貓、狗（牠們極少獵食人類，甚至完全不獵食）。此外還有老鼠、雷鳥等比較小的動物，平時是藉此變換口味，在艱困時期則做為主要食物。狼群一旦發現獵物，就協力跟蹤追捕。小型動物只需一頭狼便可用犬齒咬住。如果是比較大的獵物，必須狼群合力拉扯把牠拖倒在地。但合作捕獵也經常以失敗收場。動作最敏捷的目標——例如鹿、山地綿羊——狼的速度不易追上；成年的麋鹿如果堅持不屈服，一大群狼也莫可奈何。據麥赫在蘇必略湖皇家島的觀察，被狼群發現的 131 頭麋鹿之中，只有 6 頭被殺死吃掉。其餘大多數麋鹿在狼群迫近之前就逃跑，又有少數麋鹿堅持不讓狼群靠近，使狼群終於放棄，或是在追捕中憑速度把狼群直接甩掉（見圖 25-3）。研究文獻之中有許多例子，狼群全憑一致配合行動才獵捕成功。這種例子中通常獵物已被逼入死角，或是狼群從四面八方將牠逼出安全的蔽身處。Murie（1944）、Crisler（1956）、Kelsall（1968）都曾經目睹狼群用包夾的方式追捕馴鹿。按凱爾梭的觀察，一群共五隻狼靜靜看著一小群馴鹿走進一小片矮小的雲杉裡，馴鹿沒入樹叢後，一隻成年狼便從杉樹叢外往上坡走，躲在馴鹿將要走上的路徑旁。另外四隻狼同時圍著樹叢，在下坡這端散開，隨即開始悄悄地往樹叢裡「圍趕」，顯然是要把馴鹿往等在上坡處的那隻狼的方向趕。

　　狼的體型與特化的掠食習慣，使族群密度低，佔據的活動圈卻非常大。美國密西根州皇家島與加拿大安大略省阿岡昆公園，每一千平方公里有 40 隻狼，但是，加拿大與阿拉斯加較為普遍的數目是 4 至 10 隻。由於多數狼群的成員有 5 到 15 隻（最高紀錄是阿拉斯加中南部的一群 36 隻），我們可以合理地假定一個狼群的活動圈在一千平方公里左右。田野研究的實際估

圖 25-3：在皇家島，狼群包圍了一頭馴鹿。馴鹿堅決不准狼群靠近，五分鐘後狼群便放棄了圍攻。（From Mech, 1970.）

算，在一百至一萬平方公里不等，但大多數在三百到一千平方公里之間（見 Mech, 1970: Table 18, p. 165）。狼群會在自己的領域之內不停移動尋找獵物，將其獵殺後會留在附近幾天，休息進食，然後再動身往別處去。雖然狼群行進的某部份路程中，某些路徑一再重複，但整體活動模式是隨機性質的，沒有什麼必走的路線。狼群以馬拉松式的穩定慢跑行進，牠們可以在 24 小時內趕百餘公里的路。有些芬蘭狼群在凝固的雪地上遭人類追捕時，一天可以跑 240 公里遠（Pulliainen, 1965）。Allen、Mech 以及皇家島上的研究夥

伴發現，狼群有領域性，但地盤通常受時空影響，活動圈也有大片重疊。一群狼似乎會避開另一群狼幾小時前或幾天前待過的地方。尿液無疑是狼群使用的重要訊號，嗥叫的聲音可能也促使狼群彼此更加分散。狼群與狼群相遇時，偶爾會打鬥。Wolfe and Allen（1973）記錄過這樣一樁打鬥，皇家島最大的狼群遇上只有四隻狼的小群，結果四隻狼之一因打鬥而死亡。有時候較大的狼群會佔住地盤不准小狼群涉入，但也有時候大小狼群的活動圈大幅重疊卻相安無事。

　　麥赫是觀察自由生活狼群成果卓著的代表，曾將狼的社會行為逐一作了討論（1970）。福克斯（M. W. Fox）是研究圈養狼群的社會化過程，也作了社會行為的整理（1971）。麥赫的解說比較詳細，而且他核對了關於狼群生態的最新資訊。總之，一雌一雄結為配偶離開母群生下後代，就開始形成新的狼群。家族漸漸擴增的同時，雄性與雌性分別形成線性統御順序，創群的這一對（至少暫時）居於最高統御地位。統御順序決定了進食、佔用最佳歇息地點、選擇配偶的各種優先權。不過統御與順從的關係並非絕對。一隻狼的口部方圓約半公尺的範圍，是牠的「所有權帶」，在這個範圍之內的食物，連位階更高者也不可以去爭搶。成員的位階在幼小期的打鬥遊戲之中開始奠定，成長後再以反覆的敵意及順從炫示加以強化。只要競爭的雙方之一表示順從，打鬥就會迅速停止。但也有些時候會發生真正激烈的打鬥，導致重傷，這種情況在繁殖季特別常見。狼群中的小集團會在發生這種爭鬥時合力幫一隻狼打另一隻狼。狼群中帶頭的雄性隨時都是成員的注意焦點，牠是不折不扣的首領至尊。多數追逐行動由牠帶領，有外來者闖入時牠的反應也最兇。狼群成員互相致意的禮節中，都向首領表示順從，輕輕觸、舔、嗅首領的嘴巴。這種舉動似乎是小狼乞求餵食動作經過儀式化版本。平常時候兩隻狼彼此分開一段時間後再見面才有此行為，但狼也會在許多情況下自然而然向首領做出上述動作。有時候整群狼

都擠在首領四周以這些動作表示友善順從。

　　首領雄狼可以優先與發情的雌狼交配，但這個特權並不是絕對的（Woolpy, 1968）。首領和其他高位階雄狼各有特別中意的雌狼。雌狼會從雄狼中挑選中意的對象，然後站著不動，尾巴偏向一旁，表示願意交配。

　　申克爾最早證實，狼會用豐富的面部表情、尾巴姿勢、體態，來表明位階的差別與不友善的意圖（Schenkel, 1947, 1967）。勞倫茲在《所羅門王的指環》裡曾說，狼將喉部朝向對方是表示順從之意。現在看來這似乎是誤解。勞倫茲說：「你預料暴力行為隨時會出現，屏住呼吸等著看勝者的牙撕裂敗者頸動脈的一幕。其實這是杞人憂天，因為那一幕不會上演。在這種情況下，勝者絕不會朝著敗者的脖子咬下去。你看得出來他很想咬，可是他偏偏不能！」按申克爾的觀察（1967），向對方暴露喉部其實是表示統御權威，高位階的狼以喉部朝向低位階者，低位階者當然不敢趁機咬上一口。這種行為的確切用意雖然仍待求證，但早期的觀察是把統御者與從屬者搞混了。

　　除了視覺上的各種戲碼，還有差不多一樣豐富的各式短吠、長嗥等聲音通訊。關於狼的費洛蒙的研究雖然很少，但是，僅僅近肛門的區域就有五個分泌點：生殖腺、前尾腺、肛腺、尿、糞。氣味顯然可以用於標示領域、傳遞食物訊息（「猛聞」對方的嘴唇以獲知剛吃過什麼東西），辨認雌性的動情週期狀態。氣味也可以用於增強統御互動的通訊。高位階的狼會先嗅低位階者的肛門區域，然後以尾部朝著低位階者，讓對方嗅查。

　　如今的證據似乎一面倒，認為家犬完全從狼演化而來，沒有摻入胡狼、郊狼或其他犬科物種的基因。事實上，家犬（*Canis familiaris*）並不能真正算是狼（*Canis lupus*）以外的另一個物種。各家一致採用的判斷特徵，是家犬尾巴向上彎的形狀。所有品種的狗都有此特徵，與狼以及其他野犬類的下垂尾巴明顯不同。狼的社會性強，會用匍匐與儀式化嗅舔的動作積極表示順從，樂於跟隨統御者的領導，習慣成群結伴狩獵，這些都是促成牠們變成人

類共生良伴的前適應條件。用碳十四測定的考古遺骸證實，一萬兩千年前人狗已經結伴，那時最後一塊大陸冰被持續消退，而狩獵採集的人口已經擴散冰被邊緣。必是尚未接受狼群社會化的小狼，才可能接受人類調教，但是這麼小的幼兒必須吃母乳，問題如何解決？J. P. Scott（1968）提出了以下頗有道理的巧妙假設：

撿食腐肉的狼可能走近人類的狩獵營地，來尋找被拋棄的動物內臟，或偷食人類貯存的肉。狩獵的人可能偶爾獵過狼，把窩中的小狼仔抓出來。這些小狼可能被帶回家，可能引起一名婦女關心，而沒把牠們下鍋。這婦人可能剛生產過但嬰兒夭折了，正在受泌乳不止的困擾。她很容易就能把需要吸乳的小狼抱到胸前哺乳，幾週之後，小狼便能吃小塊的固體食物。如果食物來源充裕，小狼不愁吃不飽。這被收養的小狼很快就會依戀人類——就像如今的小狼一樣——只要收養的時機對，而且牠會與兒童友善，和孩子玩在一起。等小狼長到三個月大，差不多不需要人照顧了，只要有剩菜飯吃，自然成為人類群體的一員。餵養牠長大的這名婦女會特別愛牠，除非古早時代人性完全和我們現在不一樣。

狼特有的社會行為，又被非洲野犬進一步發揮，也難怪赫迪格（Hediger）稱非洲野犬是「超級掠食猛獸」。非洲野犬是少見的物種，卻也是在非洲分布最廣的哺乳動物。除了極乾燥的沙漠和濃密森林之外，其他多數棲地都有。曾有人在吉力馬扎羅山高峰（高度 5895 公尺）看見一群共五隻非洲野犬，應該是哺乳動物當中破紀錄的高度了。非洲野犬是不折不扣的肉食動物，通常捕獵與自己體型差不多大的動物，包括葛氏瞪羚、湯氏瞪羚、飛羚，以及幼小的牛羚。此外也會捕食比自己大得多的動物，例如成年牛羚和斑馬。非洲野犬的狩獵行動幾乎一律由群體密切配合進行，平均歷時僅 30 分鐘，通常都能成功，而每一次都是兇猛無比。野犬群與獵物還隔著

一段距離，首領便選中了目標，帶著同伴堅定地全速向前。野犬靠近到二、三百公尺以內，瞪羚便開始奔逃。野犬仰仗速度加耐力以及勢眾，才能捕獵這種速度最快的動物。野犬奔跑有 55 公里的時速，衝刺速度快到每小時 65 公里，可以在最初 3 公里內追上多數獵物。牠們有時候會以 50 公里的時速持續跑 5 公里以上。以前人們誤以為野犬會以接力的方式追獵物，而事實上，是有一隻「領導」層級的成員全程率先，其他同伴在後面拉長了距離跟著，最遠可以落後一公里以上。群體追逐有雙重優勢。由於被追的動物為了擺脫掠食者，會繞圈子跑或是之字形急轉彎，此時跟在後面的野犬可以及時衝過去攔截。一旦捉住獵物，整群野犬都撲上去，從四面八方把獵物扯碎。一頭瞪羚可能在被捉住之後 10 分鐘之內被殺死吃掉。如果是成年的公牛羚或斑馬，可能需要一小時以上時間，但這仍快得驚人，畢竟非洲野犬的身材只有德國狼犬那麼大。

非洲野犬社會行為的研究是相當晚近的成果，主要歸功於 Kühme（1965）、Estes and Goddard（1967）、Hugo van Lawick（1974, and in H. and J. van Lawick-Goodall, 1971）在塞倫蓋蒂國家公園的田野研究。這些動物學家在數百小時的觀察中發現，野犬合作與利他的程度甚於其他所有動物，只有大象與黑猩猩例外。出外獵食的野犬一旦塞飽了肚皮，就返回巢穴，將食物回吐給幼兒以及留守在家中的所有成年同伴（見圖25-4）。即便獵物不夠大，不足以讓大家都吃飽，獵食者照樣會讓同伴分享，所以，群體中的傷病者可以無限期受照顧。在捕獲獵物的現場，年少者可以優先享用，這模式與獅群狼群完全相反。群體行為還不止於此。Estes and Goddard 觀察的一個野犬群中，有一窩九隻小狗在五星期大的時候變成了孤兒，結果群中其他八隻成員就擔起哺育之責，而這八隻成員全是雄性。

野犬群圍獵時雖然兇狠，但平時同伴互動關係隨和且平等。成員之間沒有必須保持的個體距離，有時候大家躺成一堆取暖。雌性爭先照顧幼兒，但

圖 25-4：

最具社會性的犬科動物，「超級掠食猛獸」：坦尚尼亞塞倫蓋蒂平原上的一個非洲野
犬群。多數的成年者是剛結束一次成功的狩獵。右前方這隻成年者正好將剛吃下的肉
回吐出來，餵給一個接一個從窩裡爬出來的幼犬。左邊一隻正值哺乳期的雌犬在向統
御雄犬做出致意歡迎儀式行為。等一下她也將吃到回吐的肉。後方遠處有斑馬群和牛
羚群，他們是野犬會攻擊動物之中尺寸最大者。幼兒特別多也是野犬群的一個特徵。
群中每次只有一、兩隻雌性生育，其餘成年者都要全力參與照顧幼兒。野犬的利他與
合作精神特別強，這與結夥捕獵的習性有關。合作狩獵可以增高日間追擊捕獲的效率，
而且可以捕獵比鬣狗體型大很多的動物。（Drawing by Sarah Landry; based on Estes
and Goddard, 1967, and Hugo van Lawick-Goodall in van Lawick-Goodall and van Lawick-
Goodall, 1971, in consultation with Richard D. Estes.）

母親有優先權。雌性與雄性的統御次序各自分開，但是表達得很微妙，所以觀察的人不容易看出來。威嚇的意思尤其不易辨認。野犬的威嚇並不像狼那樣咆哮得毛髮豎立，而是做出形似跟蹤獵物時的動作，頭低到與肩平，或比肩略低，尾巴垂著不動，面向對方僵住站著，或是僵硬地走向對方。順從的表達與威嚇相反，繁複而醒目。觀察者可能不察，而把這些行為歸為寒暄致意的禮儀，也就是用來重申彼此聯繫、有時候用於發起群體追逐的動作。在可能發生緊繃狀況的時候，特別是剛撲殺了獵物之後，野犬似乎爭先恐後地做出順從的炫示。嘴唇做出齜牙笑的樣子，身體前半部放低，尾巴舉到背上，興奮地來回跑著嘰嘰叫，彼此互往同伴身體下面鑽。艾斯特形容這是寧願委屈，不敢佔上風。如果再加上舔臉嗅嘴的儀式化乞食動作，順從的表示又變成真正的寒暄致意。

　　既然順從炫示頻頻出現，也難怪觀察者搞不清楚野犬社會之中的爭鬥行為與統御分階。雌性之間的互動尤其找不出確定的模式。例如勞威克觀察

到這樣一個案例：四隻雌野犬在群體中有線性的統御次序，正在哺育一窩幼仔的這隻，位階最低，經常被另三隻騷擾，而這三隻雌犬騷擾她的動機顯然是對幼仔懷著強烈興趣（H. van Lawick, in H. and J. van Lawick-Goodall, 1971）。這很令人費解，但參考勞威克後來觀察到一個群裡有兩隻雌性同時做了媽媽所帶來的明顯敵意與殺嬰行為（van Lawick, 1974），這又似乎有是一種重要的惡意表示。「天使」懷孕時「浩劫」已經在哺育一窩幼仔，浩劫見到天使就要趕她走。等到天使分娩後，浩劫把她的幼仔一個個逮住殺死，只剩下一隻──「獨白」。後來，浩劫自己收養了獨白，讓獨白和自己的孩子玩在一起，但是獨白扮演從屬的角色，經常被浩劫的子女欺負。此後浩劫就不准天使靠近獨白。

如今我們才漸漸理解野犬特有的繁殖模式。通常一年中只有一或兩隻雌性產下幼仔。能否生下幼仔，可能受雌犬本身位階高低的影響。即便生下幼仔，能否養到斷奶，仍舊取決於雌犬的位階。姑且不論是否母親的位階決定幼仔生死，可以確定的是，整群野犬一次只能全力照顧一窩幼仔，或至多照顧兩窩。野犬一胎的數量很多，野外環境中平均一胎有 10 隻，最多達到一胎 16 隻。分娩大多數在雨季，這也是多數草食動物分娩的季節。我覺得，把野犬和軍蟻對照比較，可以推斷這種一次養育一大窩的特性有什麼重要意義。軍蟻和野犬都是高度肉食性的動物，牠們有集體覓食的習性，能制服體型比自己大、獨力無法捕食的獵物。也許這種特化適應，最終導致野犬與軍蟻成為遊走者，幾乎天天在遷移。如果不遷移，核心地盤之內的食物就會降到必需量之下。在群居昆蟲之中，軍蟻的幼蟲發育特別明顯同步，這也是因為軍蟻能在短時間內大量產卵，而且間隔的時間很規律。軍蟻只在產下的卵成為幼蟲的時候遊走。因此，發育同步化也表示，下一代尚在卵或已成蛹的狀態時，蟻群可以在安穩的築巢處停留比較長一段時間。野犬的同步化也對牠有益，但情形與軍蟻不同。幼仔出生以後，野犬群會在一個地點定下來，

一直等到幼犬發育到可以跟得上成犬的腳程為止。假如群中每隻雌性分娩的時間前後不一，每窩幼仔的數目又像一般犬科動物那麼少，那麼整個群將不得不在一個定點停留很久。因此我們可以合理推斷，一隻雌性一胎產下很多幼仔的繁殖模式有其道理，因為幼兒同步發育使整個群體有更多時間遊走覓食。

野犬群雖然遊走，卻似乎不會走出一個固定的大範圍。Kühme 追蹤觀察的一群，在二月裡獵物密度高的期間，遊走範圍有 50 平方公里，而到了五月間獵物稀少時必須走長途尋覓目標，遊走範圍擴大為 100 至 200 平方公里。其他的觀察發現，一個群在一年之中遊走的總範圍有上千平方公里。不同的野犬群不常相遇，相遇時的互動方式也有很大差異。有時反應顯然很友善，但彼此避開的情況更為常見，或是一群野犬追趕另一群野犬。其他犬科動物典型的尿液標示行為，野犬表現得很不明顯。統御的雌性經常標示自己的巢穴。勞威克有兩次看見雌狗把走到巢穴附近的外來小群趕走。因此，嚴格定義之下的領域行為，可能只限於每年在這個地點撫育幼仔的兩個月以內。不過，也有可能是野犬群保衛領域的方式太微妙，觀察者不易看出來。

社會生物學：新綜合理論

Chapter 26

人類以外的靈長目動物

　　現有的靈長目物種正好可以視為自然界的一道階梯，底部接近有胎盤哺乳動物的系統發生，而一步一步向上發展生理構造的特化、行為的複雜度、社會的組織。包括以下的物種順序：樹鼩、眼鏡猴、環尾猴、新世界猴，舊世界猴、類人猿，以及人類。如赫胥黎所說：「也許哺乳動物之中再沒有一個目，會呈現這麼特殊的一系列分級──導引我們不知不覺從動物世界的冠冕與頂峰往下走，直到似乎只一步之差，就到了有胎盤哺乳動物中最卑下、最微小、智能最劣之處。」（T. H. Huxley, 1876）按現代的講法，這階梯應該是一連串演化等級，橫切過有分枝的系統發生樹，而不是真正的單獨一道順序階梯，從動物的遠祖串聯到牠們現存的子孫（見 Hill, 1972）。等級如何確切定義，是目前靈長目社會研究的關鍵問題，在這裡必須特別談一下。

靈長目獨有的社會性狀

　　我們先來看有哪些根本的生物特性促成了靈長目的社會演化。一九三二年間，祖克曼在《猿猴的社會生活》之中指出，靈長目動物的社會性由性吸引力主導（Zuckerman, *The Social Life of Monkeys and Apes*, 1932）。他這個觀點，來自觀察倫敦動物園裡剛形成一個群體的阿拉伯狒狒。這群狒狒之中的雄性為爭奪雌性而打鬥，性活動積極。祖克曼認為他看見的真正獨有特性是猴類、猿類、人類的性生活沒有中斷期。他說，即便某一物種確有繁殖季節，活動的改變並不影響維繫社會關係的力量本質在於性吸引力，「因為沒有證據顯示使個體聚集的那股性刺激曾完全消失。群體成員的生殖活動總數因季節而有所減少，但這並不會打斷其固有的性基礎。因為，只要其中成員多少仍有性交能力，社會就不會瓦解。」這個理論主導了往後二十五年的靈長目社會生物學研究。甚至到了一九五九年，薩林斯仍舊說「月經週期的大部份時間（甚或整段期間）均可交配，一年四季均可交配，這樣的生理性能，促使猿猴整年都組成異性混雜的群體。在靈長目之內，社會整合提升到另一層次，超越了其他哺乳動物，那些動物的交配期時間短而受季節限制，所以異性混雜的群體也同樣受限。」（Sahlins, 1959）

　　祖克曼的理論是錯的。一九五〇年代晚期開始蔚為風氣的靈長目生物學田野研究，已經推翻他的說法。研究已經證實，靈長目各有其明確的繁殖季節，甚至社會凝聚很緊密的物種當中，也有很大比例的繁殖季節是固定的（B. Lancaster and Lee, 1965; Hill, 1972）。我們已確知，社會互動的許多細節完全與繁殖行為不相干，高等社會性的重要淨相關因素包括：有沒有領域、用何種方式防禦掠食者，以及與兩性關係無關的其他現象。有力證據之一是庫麥（H. Kummer）後來研究衣索比亞自由生活的阿拉伯狒狒而發現的。他發現，亞成年的雄狒狒尚未建立自己的群體之前，而且距離開始

性活動還早得很，牠就開始把一些雌狒狒趕在一起。牠會把不足六個月的幼兒擄來自己照顧，之後把幼少者收為己有，用威嚇的方式禁止小狒狒離開。這種一雄多雌的群體早在性活動未開始之前就組織起來。庫麥認為，這種關係的演化，乃是由母子關係轉移過來。蒂赫（N. A. Tikh）在黑海岸的蘇呼米養殖所研究圈養的阿拉伯狒狒，也得到同樣的結論（見 Bowden, 1966）。

　　祖克曼的論點，是靈長目社會演化的第一套（可能也是最後一套）一元化的大解釋。後來漸漸累積的事實證明，各物種都有相當的特異性（idiosyncrasy）。因此有理由相信，一個物種之所以達到某個演化等級，至少部份取決於該物種所適應的直接環境。如果按照研究群居昆蟲、鳥類、有蹄動物以及一些其他脊椎動物時曾經用的方法，來看靈長目的演化，許多事都可以解釋清楚。不過，有些靈長目物種為什麼演化到比其他脊椎動物高的等級，仍是一個問題。腦比較大當然是一個基本條件，因為研究的注目焦點就是比較大型的猿猴。可是，我們並不知道，智能在多大程度上算是一種前適應，使猿猴傾向演化出複雜社會。我們也不知道，智能在多大程度上算是一種後適應，用來因應某些外在選擇壓力，使社會組織改善。

　　前適應作用與後適應作用尚無法清楚分割開來。我們充其量只能按照合理的假設把兩者按因果次序排列，用來解釋學者已經確認的靈長目社會生活最明顯的特徵。圖 26-1 列出靈長目的某些基本特質，這些特質可能是演化的原動力。我按本書第三章的方法大綱，將各項特徵依來源分類，一個特徵可能源自系統發生的慣性，或源自靈長目的重大適應轉變，也就是變成樹棲。這兩種力量（慣性與後適應）都引發一連串的其他適應作用，這些適應又一同形成了靈長目社會性的特徵。

　　哺乳動物生殖及遺傳的基本模式極為保守。演化中的哺乳動物族群不可能輕易改變腦下垂體與性腺的內分泌系統，不可能輕易以單雙套染色體取代 XY 性別決定機制，也不可能輕易摒棄以泌乳為基礎的母親照顧模式。因

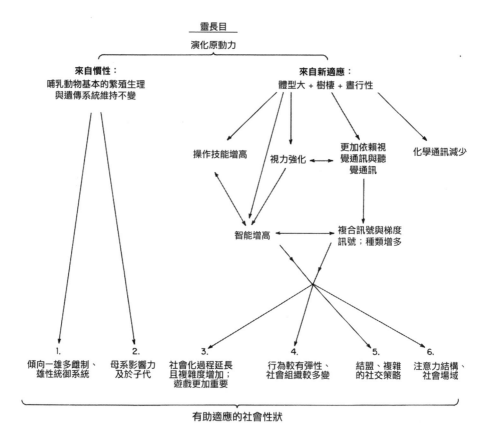

靈長目
演化原動力

來自慣性：
哺乳動物基本的繁殖生理
與遺傳系統維持不變

來自新適應：
體型大 + 樹棲 + 晝行性

操作技能增高　　視力強化 ←→ 更加依賴視　　化學通訊減少
　　　　　　　　　　　　　　覺通訊與聽
　　　　　　　　　　　　　　覺通訊

智能增高 ←　複合訊號與梯度
　　　　　　　訊號；種類增多

1.
傾向一雄多雌制、
雄性統御系統

2.
母系影響力
及於子代

3.
社會化過程延長
且複雜度增加；
遊戲更加重要

4.
行為較有彈性、
社會組織較多變

5.
結盟、複雜
的社交策略

6.
注意力結構、
社會場域

有助適應的社會性狀

圖 26-1：高等靈長目動物特有的社會特徵，乃是哺乳動物的基礎本質（**慣性**力量）與適應樹棲生活造成的後果。即便現今已屬陸棲的動物，仍保留了樹棲祖先的演化進展過程。

此，生殖與遺傳系統可說是有慣性的。因為這些有慣性的模式，哺乳類的古老特性一直在靈長目動物之中穩居優勢。雄性往往擁有多隻配偶，成年雄性會相互爭鬥，但是也有少數物種適應了單配偶制或彼此和平相處（Washburn et al., 1968）。兩性關係一般維持不久，最持久而牢固的是母親與子女的關係，母系血緣甚至可以說就是社會的核心。母親是動物生命早期的主要社會

化力量。一些憑爭鬥組織起來的社會中，母親會影響子女的同儕身份以及子女的社會位階。這種影響還可能及於孫代（Kawamura, 1967; Marsden, 1968; Missakian, 1972）。

靈長目社會行為的第二類決定因子，包括圖 26-1 右邊的這些基本的後適應性狀。絕大多數的樹棲動物，從昆蟲到松鼠，體型都小，而能夠在樹冠層行動自如。樹幹和樹枝的表面，甚至樹葉，對這些動物的身體而言都算寬闊，可以當作地面的延伸部份一般來去。但是，多數靈長目動物能成為**大型**樹棲動物還是很奇怪，系統發生上比較高等的原猴、猴類、猿類等會成為樹棲，尤其異乎尋常。牠們成為大型樹棲動物的最終原因不明，這種適應轉變在生理上的立即後果卻很明顯。由於牠們必須確切判斷距離和支持物的牢固程度，所以視力是最重要的知覺。靈長目的眼睛在頭的前方而不在兩側，所以牠們有立體視覺，這可以使視力更銳利，再加上辨識色彩的能力，使牠們更容易在色彩多樣的樹葉中分辨物體。Cartmill（1974）曾指出，這些改變對於捕食昆蟲的習性而言，尤其是優勢。要在濃密枝葉中發現其他動物，只能憑聲音，所以聽覺變得更加重要。嗅覺的重要性卻降低了。體型大的動物不太需要追蹤樹冠層不規則氣流中的氣味傳播。靈長目的行動太快，穿越的枝葉太不規則，所以不可能循著其他動物製造的氣味來確切定位。因此，靈長目演化了大量借重視覺和聽覺訊號的通訊方法。體型普遍較大的舊世界猿猴類在這方面的發展，就遠遠在新世界猴之上。

Rensch（1956, 1960）曾經多次表示，哺乳動物的體型越大，智能大致較高，這似乎是腦的絕對體積增大的必然結果。所以，較高等靈長目動物的智能，有一部份只是因為身體變大所致。而由於牠們在行動與休歇時使用手腳抓住樹枝，智能更加增進。新舊世界的猿猴類都進而發展了「精確抓握」（precision grip），這與原始的「強力抓握」（power grip）明顯不同（Napier, 1960）。牠們不論是要扶住支撐物或抓東西吃，都不只是把目標物體握在手

中，還另外在食指和姆指上施力，精細地操弄食物與梳理毛髮。總之，靈長目動物的體型越大，手的操作越靈巧。黑猩猩比獼猴和狒狒靈巧，獼猴和狒狒又比葉猴和鬚猴靈活。人類則是這種演化走勢的頂峰。

智能是組成複雜的脊椎動物式社會的先決條件。在這樣的社會當中，每段個體關係都有個別差異，行為梯度分割精細，而且變得很快。此外，情緒表達精確十分重要。高等靈長目動物已經漸漸脫離基本的哺乳動物性向，不再憑藉簡單的訊號刺激，而是傾向領會完形知覺（perception of gestalt）。換言之，牠們可以同時將整組複雜訊號總合起來。例如，鳥類或魚類的視力會對某一塊顏色訊號、某個正確做出來的頭部動作有反應，除此之外，對其他事物幾乎都沒有反應。猿猴類卻會對於身體和姿態的全貌反應，而且會連結到以前與這隻個體互動的經驗。猿猴類也多半會同時利用不只一種知覺感受，如果距離近，視覺與聽覺的訊號可以協調，而且可以配合觸覺的提示而形成複合訊號組，傳遞的訊息豐富且更為精確（Marler, 1965）。Andrew（1963a）曾指出，舊世界猿猴在近距離接觸時常用的低沉吟聲，特別適於這種複合訊號。這種低吟的泛音厚實，所以極具個別性，可以只憑聲音來辨識個體。低吟是用呼吸道的上部發出，因此，除了聲音表達的意思之外，還帶有額外的視覺訊號，包括嘴形、舌頭的位置、牽動面部表情的其他肌肉的動作。原始的人科動物運用這些複合訊號的方式越來越精密，那可能就是人類語言的起源。另一個可能的後果，是憑面孔辨識個體。按 van Lawick-Goodall、Schaller 等人士的觀察記錄，黑猩猩與大猩猩都有明顯的、與人類相似的個別臉部特徵。觀察的人可以一眼就看出來是哪一隻，甚至可以看臉就猜出某一隻猩猩的父母是誰，準確度頗高。Andrew（1963b, 1972）、Altmann et al.（1967）、Anthoney（1968）、Moynihan（1969）、Wickler（1969b）、van Hooff（1972）都曾廣泛討論了靈長目通訊的這些特質以及其他特性。

高等靈長目動物除了會接收多重訊號，也會同時評估群體之中許多個體的行為。牠們生活在一個**社會場域**裡，同時要回應多隻個體，回應的方式會考慮到自己與每隻個體的不同關係，這往往包含著折衷妥協。觀察者發現，自由生活的舊世界猿猴社會中有藉行為策略操弄社會場域的情形。例如，Kummer（1967）就看出阿拉伯狒狒會「仗勢欺人」。一隻與對手相爭的雌狒狒若挪到居於最高統御地位的雄狒狒身旁，不但可以仗勢欺壓對手，也可以抵禦對手攻擊。她如果受到威嚇，雄狒狒很可能把她的對手趕走而不會懲罰她。如此一來，她比較有可能提高社會位階。結盟行為也十分常見，母親與已發育成年的子女尤其常有此種行為。假父母代行親職的行為會導致成年者形成同盟關係，也會導致發育中的幼小者比較快速擴大社會接觸範圍。獼猴群與狒狒群裡的成年雄性（彼此不一定有血緣），會在發生爭鬥行為時彼此支援。個體在群中居於什麼位階，不只憑自身的勇猛能幹決定，也取決於其結盟者的力量與可靠程度（Altmann, 1962a; Hall and DeVore, 1965）。Simonds（1965）觀察的一個綺帽獼猴群中，統御的雌猴靠著統御的雄猴支援，贏過所有其他成員。後來這隻雄猴掉了一顆犬齒，在一次重要的打鬥中落敗，地位也因而下降，這隻雌猴在其他雄猴面前也威風不起來了。

錢斯以及喬利曾經用整個社會的**注意力結構**來說明個別社會場域的組織（Chance, 1967; Chance and Jolly, 1970）。舊世界猿猴物種的注意力結構可以大致分為兩種。獼猴、狒狒以及其他多數類人猿屬於向心式社會（centripetal society），也就是全體以一隻統御的雄性為中心。成員凡事以這名雄性為準，視他走近或離去而移動自己的位置，自己與其他成員的爭鬥行為也按照他的反應而調整。群體如果遭到外來的攻擊，統御雄性和他的盟友會領導防衛行動或撤退。群體的統御結構越牢固，向心定位也越牢固。如果群體內部爆發爭鬥行為，成員們多半會倒向統御雄性的嘍囉，甚至這些雄性惹事生非，有時仍舊會獲得支持。另一類，也就是無中心式社會（acentric society），常見於紅猴、葉猴、長臂猿。雖然這種社會的注意力結構在細節上因物種而各異，卻一律都具備一個特性：爭鬥狀況一旦發生，雌性會帶著幼小者離開雄性。換言之，社會面臨緊張狀況時會拆成小塊。紅猴群中的雄性在平靜無事的時候大多待在自己的小群體邊緣，主要擔任監察工作。如果有掠食者接近，他會跑到一棵矮樹上，或站在某個突出的位置，做出威嚇動作。雌性卻會帶著幼小逃往另一個方向。錢斯和喬利認為注意力結構是基礎，分析注意力結構乃是理解靈長目社會的關鍵。但其實，注意力結構只是另一個參數，它由多種行為共同形成，為了適應特定環境條件而演化。因此它可以與年齡結構、群體大小、訊號傳遞速率等其他參數，一同套入某些社會組織模式。Loy（1971）也認為這樣區分注意力結構太過簡化，並且指出，並不是所有物種都合乎這種二分法。錢斯與喬利認為黑猩猩是向心的，但其實黑猩猩的社會組織鬆散，說不上向心結構。黑猩猩無甚組織的群體經常在變，結成的團體可能是不含幼弱者的兩性群隊，或是完全由成年雄性組成的一夥，或是母親帶著幼少者的單元，或是其他任何性別年齡的組合。又例如恆河猴的雄性，他們對群體活動中只有次要的影響，不像雄狒狒確實是向心式社會的典型。錢斯與喬利的理論雖有缺點，他們卻也點出重要的事實：高等靈長目動物因為有在複雜社會場域中行事的傾向，所以會自動形成高層次的組織。

社會場域與注意力結構，使個體的角色更加豐富了。DeVore（in Hall and DeVore, 1965）發現，東非狒狒群中的統御雄性即使年紀大了，早已過了生理的全盛期，仍能維持權威不衰。這是因為牠們是「核心領導階級」的一員，受群中同伴的尊敬。Rowell（1969a）根據她自己研究東非狒狒所見，認為其他成員尊敬衰老而經驗豐富的領導者，對自己有利。因為靈長目動物的掠食者以靈長目動物為主，人類尤其自古就在獵食非洲的靈長目動物，而年老的雄狒狒累積的經驗最多，應對的技倆也最多，群體用得著這些優點。

以上所說的靈長目特有性狀，都促使個體能針對環境起伏隨時適應。大體而言，這也是靈長目動物行為適應作用的關鍵。社會的結構本身必須易受影響而改變，動物才能夠按照社會場域中細微的變動而迅速準確地調整反應。靈長目研究文獻中處處可見有關其社會可塑性的描述；Kummer、Rowell，以及其他人士都曾強調，這種可塑性乃是自由生活的群體最顯著的表現。東非狒狒就是最佳實例。DeVore 觀察肯亞奈洛比公園稀樹草原上的狒狒群，看出群隊在遷移地點時有一定的行進次序。統御的雄性陪伴帶著幼兒的雌狒狒居於中間，少年者在他們的兩側，其他成年的雌雄狒狒居於前鋒或殿後位置。如果有掠食者出現，統御的雄狒狒立刻衝到最前線去迎敵。Rowell（1966a）觀察的烏干達森林區東非狒狒的組織又不同了，群隊行進與通訊都比較接近樹棲的靈長目，不太像其他狒狒。移動方式比較不規則，也沒有一貫的行進次序。穿過濃密的植被時，東非狒狒較常用低吼聲通訊，也比草原區的狒狒更謹防成員脫隊。雄性之間的爭鬥式互動也不像草原狒狒那麼頻繁。他認為，並沒有證據顯示森林狒狒也有草原狒狒典型的統御階級之分。森林中的狒狒群隊睡覺時沒有一定的位置，不同的群隊通常都避免彼此相遇。反觀安波塞里保護區的開闊草原裡，狒狒睡眠所需的樹叢很少，所以不同的群隊彼此容忍，有時候會形成類似阿拉伯狒狒那樣的龐大睡眠群集。衣索比亞的阿瓦士瀑布有一個東非狒狒群隊進入了本來由阿拉伯狒狒據居的地盤。Nagel（1973）仔細研究了這個移居群，可以大致區別其社會行為之中哪些部份是遺傳的，哪些又是後天學習的，兩種狒狒居於相同環境的情況下，本來各異的習性有哪些能維持不變。這群東非狒狒會聚集在同一個地方睡覺，覓食時則各走各的，如同羅威爾在烏干達觀察到那樣，模式類似阿拉伯狒狒。此外，牠們覓食所走的路徑長度，以及在有樹林地區覓食所耗的時間，也與阿拉伯狒狒相似。然而，這個群並沒有採行阿拉伯狒狒的兩個層級的、有妻妾群的社會系統，而是維

持和別處東非狒狒相同的單層級社會組織。

　　Kummer 記錄的一項實驗可以證實，如果壓力夠強，特有的社會行為可能完全改變。他將一隻雌阿拉伯狒狒放入東非狒狒群裡，這隻雌狒狒很快把原有的社會反應換成和周圍的新同伴一樣，不到半個小時，她就學會躲避有攻擊行為的雄性東非狒狒，不會再向牠們靠近。相反的實驗更值得注意。Kummer 將一隻雌的東非狒狒放入一個阿拉伯狒狒群裡，這隻雌狒狒在一小時內便學會去接近有攻擊行為的雄性，遵循了阿拉伯狒狒固有的妻妾群制度，而這種制度是東非狒狒沒有的。不過這個適應行為做得不完整。完全學會這個行為之後，大多數的雌性東非狒狒會避開那試圖把妻妾趕在一起的雄狒狒，而且再也不會去接近他。這個適應不徹底的現象，也許正足以解釋阿瓦士瀑布的東非狒狒群的行為，牠們雖然處在變了樣的環境裡，被阿拉伯狒狒的社會包圍，卻並沒有轉換成為阿拉伯狒狒的組織模式。

表 26-1　現存靈長目動物一覽。此處所列的物種皆有相當大量社會生物學的研究。（較高層次的分類原則根據 Simpson, 1945；較低層次的分類原則與地理分佈，根據 Napier and Napier, 1967。）

靈長目（Primates）

原猴亞目（Prosimii）

樹鼩科（Tupaiidae）

　　印度樹鼩屬（*Anathana*），1 物種。印度南部樹木茂盛地區。

　　細尾樹鼩屬（*Dendrogale*），2 物種。森林，越南至婆羅洲。

　　羽尾樹鼩屬（*Ptilocercus*），1 物種。森林，馬來亞至婆羅洲。

　　樹鼩屬（*Tupaia*），12 物種；其代表為樹鼩（*T. glis*）。東南亞森林、裙礁島森林。（Martin, 1968; Sorenson, 1970.）

　　菲律賓樹鼩屬（*Urogale*），1 物種。民答那峨，菲律賓群島。

狐猴科（Lemuridae）

　　侏儒狐猴屬（*Cheirogaleus*），3 物種。森林，馬達加斯加。

社會生物學：新綜合理論

柔狐猴屬（*Hapalemur*），2 物種。森林，馬達加斯加。

狐猴屬（*Lemur*），5 物種；其代表為環尾狐猴（*L. Catta*）。森林，馬達加斯加與葛摩群島。（Petter, 1962, 1970; Petter-Rousseaux, 1962; Jolly, 1966, 1972b; Klopfer and Jolly, 1970; Klopfer, 1972.）

鼬狐猴屬（*Lepilemur*），1 物種。森林，馬達加斯加。（Petter, 1962; Petter-Rousseaux, 1962; Charles-Dominique and Hladik, 1971.）

鼠狐猴屬（*Microcebus*），1 物種。森林，馬達加斯加。（Petter, 1962; Petter et al., Martin, 1972, 1973.）

叉斑侏儒狐猴屬（*Phaner*），1 物種。森林，馬達加斯加。（Petter et al, 1971.）

光面狐猴科（Indriidae）

毛狐猴屬（*Avahi*），1 物種。森林，馬達加斯加。

光面狐猴屬（*Indri*），1 物種。森林，馬達加斯加。

跳狐猴屬（*Propithecus*），2 物種；其代表為白背跳狐猴（*P. verreauxi*）。森林，馬達加斯加（Petter, 1962; Jolly, 1966, 1972b.）

指猴科（Daubentoniidae）

指猴屬（*Daubentonia*），1 物種。森林，馬達加斯加。（Petter and Petter, 1967; Petter and Peyrieras, 1970.）

懶猴科（Lorisidae）

金熊猴屬（*Arctocebus*），1 物種。西非森林區。（Charles-Dominique, 1971.）

嬰猴屬（*Galago*），尖爪叢猴亞屬（*Euoticus*），2 物種。斐南多島（Fernando Póo）與熱帶非洲森林。（Charles-Dominique, 1971.）

嬰猴屬，嬰猴亞屬（*Galago*），3 物種；其代表為嬰猴（G. senegalensis）。非洲 13° N 至 27° S 之間的森林與有樹林的草原。（Sauer and Sauer, 1963; Doyle et al., 1967, 1969; Charles-Dominique, 1971; Rosenson, 1973.）

嬰猴屬，矮嬰猴亞屬（*Galagoides*），1 物種（G. demidovii）。斐南多島森林，熱帶非洲森林區，東至東非裂谷。（Vincent, 1968; Struhsaker, 1970b; Charles-Dominique and Martin, 1972.）

細長懶猴屬（*Loris*），1 物種。印度南部與錫蘭的森林。（Subramoniam, 1957; Petter and Hladik, 1970.）

懶猴屬（*Nycticebus*），2 物種。印度至柬埔寨及婆羅洲的森林區。

續：表 26-1

波特懶猴屬（*Perodicticus*），1 物種。非洲森林。（Blackwell and Menzies, 1968.）

眼鏡猴科（Tarsiidae）

眼鏡猴屬（*Tarsius*），3 物種。蘇門答臘、婆羅洲、西里伯斯、菲律賓以及附近島嶼上的森林。

類人猿亞目（Anthropoidea）

捲尾猴總科（Ceboidea），即廣鼻小目（Platyrrhini）：新世界猴類

狨科（Callithricidae）

猴狨屬（*Callimico*），1 物種（*C. goeldii*）。亞馬遜河上游。

狨屬（*Callithrix*），8 物種。亞馬遜河以南的巴西森林區，往南至巴拉圭。

侏儒狨屬（*Cebuella*），1 物種（*C. pygmaea*）。亞馬遜河上游谷地。（Christen, 1974.）

獅狨屬（*Leontideus*），3 物種。巴西森林。

獠狨屬（*Saguinus*），禿面獠狨亞屬（*Marikina*），4 物種。亞馬遜河上游森林區。

獠狨屬，棉頂獠狨亞屬（*Oedipomidas*），2 物種；其代表為綿冠獠狨（*Saguinus geoffroyi*）。巴拿馬至哥倫比亞的森林區。（Moynihan, 1970b.）

獠狨屬，獠狨亞屬（*Saguinus*），16 物種。亞馬遜盆地森林區。

捲尾猴科（Cebidae）

吼猴屬（*Alouatta*），5 物種；其代表為吼猴（*A. villosa = A. palliata*）。中南美洲熱帶雨林。（Carpenter, 1934, 1965; Collias, and Southwick, 1952; Altmann, 1959; Chivers, 1969; Richard, 1970）

夜猴屬（*Aotus*），1 物種（*A. trivirgatus*）。中南美洲熱帶雨林。

蜘蛛猴屬（*Ateles*），4 物種；其代表為黑蜘蛛猴（*A. geoffroyi*）。熱帶森林。墨西哥至亞馬遜盆地。（Carpenter, 1935; Eisenberg and Kuehn, 1966; Richard, 1970.）

捲毛蜘蛛猴屬（*Brachyteles*），1 物種。巴西東南部森林區。

禿猴屬（*Cacajao*），3 物種。亞馬遜河上游森林區。

伶猴屬（*Callicebus*），3 物種；其代表為毛腮伶猴（*C. moloch*）。亞馬遜河與奧里諾科河盆地至巴西東南部森林區。（Moynihan, 1966, 1969; Mason, 1968, 1971.）

捲尾猴屬（*Cebus*），4 物種。中南美洲熱帶森林。（Bernstein, 1965; Mason, 1971; Oppenheimer, 1968, 1973.）

鬍狐尾猴屬（*Chiropotes*），2 物種。亞馬遜河與奧里諾科河盆地森林區。

絨毛猴屬（*Lagothrix*），2 物種。亞馬遜河與奧里諾科河盆地森林區。

狐尾猴屬（*Pithecia*），2 物種。亞馬遜河與奧里諾科河盆地森林區。

松鼠猴屬（*Saimiri*），2 物種；其代表為松鼠猴（*S. sciureus*。中南美洲熱帶森林。（Ploog, 1967; Baldwin, 1969, 1971; Rosenblum and Cooper, eds., 1968; Mason, 1971.）

獼猴總科（Cercopithecoidea），即狹鼻小目（Catarrhini）：舊世界猿猴類

獼猴科（Cercopithecidae）

白眉猴屬（*Cercocebus*），5 物種；其代表為灰頭白眉猴（*C. albigena*）與白領白眉猴（*C. torquatus*）。非洲熱帶森林。（Struhsaker, 1969.）

鬚猴屬（*Cercopithecus*），短肢猴亞屬（*Allenopithecus*），1 物種。短肢猴。剛果森林。

鬚猴屬，鬚猴亞屬（*Cercopithecus*），21 物種；其代表為綠猴（*C. aethiops*）、白喉鬚猴（*C. albogularis*）、青猴（*C. mitis*）、大白鼻鬚猴（*C. nictitans*）。非洲撒哈拉以南草原樹林以及森林區普遍可見。（Haddow, 1952; Booth, 1962; Struhsaker, 1967a–d, 1969, 1970a; Gartlan and Brain, 1968; Bourlière et al., 1970; Aldrich-Blake, 1970; Hunkeler et al., 1972; McGuire, 1974.）

鬚猴屬，侏鬚猴亞屬（*Miopithecus*），1 物種（*C. talapoin*）。西中非森林區。（Gautier-Hion, 1970,1973.）

疣猴屬（*Colobus*），疣猴亞屬（*Colobus*），2 物種。衣索比亞與塞內加爾至坦尚尼亞的森林區。（Haddow, 1952; Ullrich, 1961; Marler,1969; Sabater Pi, 1973.）

疣猴屬，赤疣猴亞屬（*Piliocolobus*），2 物種。非洲西部、中部、東部森林區。

疣猴屬，橄欖疣猴亞屬（*Procolobus*），1 物種。西非森林區。（Booth, 1957.）

西里伯斯黑猴屬（*Cynopithecus*），1 物種（*C. niger*）。西里伯斯以及摩鹿加群島的巴坎島森林區。

紅猴屬（*Erythrocebus*），1 物種（*E. patas*）。分佈在撒哈拉以南的草原及稀樹平原，地棲。（Hall, 1965, 1967, 1968a; Hall and Mayer, 1967; Struhsaker and Gartlan, 1970.）

獼猴屬（*Macaca*），12 物種；其代表為日本獼猴（*M. fuscata*）、食蟹獼猴（*M. fascicularis = M. irus*）、恆河猴（*M. mulatta*）、豬尾獼猴（*M. nemestrina*）、綺帽獼猴（*M. radiata*）、截尾獼猴（*M. speciosa*），北非獼猴（*M. sylvanus*，亦稱叟猴）。北非、亞洲（阿富汗、西藏、日本以至菲律賓、西里伯斯等地區），森林與空曠棲地均有。（Carpenter, 1942; Sugiyama, 1960; Altmann, 1962a, 1965; Izawa and Nishida, 1963; Southwick, ed., 1963; Mizuhara, 1964; Furuya, 1965, 1969; Koford, 1965; Simonds, 1965; Southwick et al., 1965; Bernstein, 1969a, b; Bernstein and Sharpe, 1966; Nishida, 1966; Yamada, 1966; Kaufmann, 1967; Blurton Jones and Trollope, 1968; Bertrand, 1969; Crook 1970b; Sackett, 1970; Deag and Crook, 1971; Lindburg, 1971; Sugiyama, 1971; Rowell, 1972; Carpenter, ed., 1973; Deag, 1973; Itoigawa, 1973.）

山魈屬（*Mandrillus*），2 物種。山魈（*M. sphinx*）與鬼狒（*M. leucophaeus*）。斐南多島與西非森林區。（Gartlan, 1970; Sabater Pi, 1972.）

長鼻猴屬（*Nasalis*），1 物種（*N. larvatus*）。婆羅洲森林與紅樹林。（Kern, 1964.）

狒狒屬（*Papio*），5 物種，牠們可能是同一個物種，形成界線分明的地理區域族群：東非狒狒（*P. anubis*）在非洲撒哈拉以南地區，阿拉伯狒狒（*P. hamadryas*）在索馬利亞與衣索比亞東部，幾內亞狒狒（*P. papio*）在非洲大陸西邊突出的尖角——即幾內亞、塞內加爾、獅子山，草原狒狒（*P. cynocephalus*）在東非狒狒地界以南從索馬利亞到安哥拉的地區，豚尾狒狒（*P. ursinus*）在南非。五種狒狒的棲地範圍是鄰接的。地棲性，稀樹草原、空曠森林。（Bolwig, 1958; Washburn and DeVore, 1961; Hall and DeVore, 1965; Bowden, 1966; Rowell, 1966, 1972; Hall, 1968b; Kummer, 1968, 1971; Crook, 1970b; Ransom, 1971; Dunbar and Nathan, 1972.）

葉猴屬（*Presbytis*），14 物種；其代表為長尾葉猴（*P. entellus*）與南印葉猴（*P. johnii*）。印度、不丹、中國西南部至婆羅洲的森林區及紅樹林。（Jay, 1965; Ripley, 1967, 1970; Sugiyama, 1967; Bernstein, 1968; Yoshiba, 1968; Poirier, 1970.）

海南葉猴屬（*Pygathrix*），1 物種。寮國、越南、海南的森林區。

獅鼻猴屬（*Rhinopithecus*），2 物種。越南與中國西南部。

豬尾葉猴屬（*Simias*），1 物種。蘇門答臘海岸外的民打威群島森林。

獅尾狒狒屬（*Theropithecus*），1 物種（*T. gelada*）。地棲性，衣索比亞多草山坡。（Crook, 1966, 1970b; Crook and Aldrich-Blake, 1968.）

長臂猿科（Hylobatidae）

長臂猿屬（*Hylobates*），6 物種；其代表為白手長臂猿（*H. lar*）。泰國、中國南方、緬甸丹那沙林至婆羅洲的森林區。（Carpenter, 1940; Bernstein and Schusterman, 1964; Ellefson, 1968; Chivers, 1973.）

大長臂猿屬（*Symphalangus*），1 物種（*S. syndactylus*）。蘇門答臘與馬來半島森林區。

猩猩科（Pongidae）

大猩猩屬（*Gorilla*），1 物種（*G. gorilla*）；一般認為有 3 亞種：西部低地大猩猩（*G. g. gorilla*）、東部低地大猩猩（*G. g. graueri*）、東部高地大猩猩（*G. g. beringei*）。地棲性，奈及利亞、喀麥隆到東非的山地森林區。（Schaller, 1963, 1965a, b; Fossey, 1972.）

黑猩猩屬（*Pan*），2 物種，黑猩猩（*P. troglodytes*）與侏儒黑猩猩（*P. paniscus*）。地棲性，熱帶森林區。黑猩猩從幾內亞與獅子山，橫越非洲，一直到最東的維多利亞湖與坦干伊卡湖都有；侏儒黑猩猩僅限於剛果與盧阿拉巴河。（Yerkes and Yerkes, 1929; Van Lawick-Goodall, 1967, 1968a, b, 1971; Nishida, 1968, 1970; Nishida and Kawanaka, 1972; Sugiyama, 1968, 1969, 1973; Suzuki, 1969; Izawa, 1970; Okano et al., 1973.）

紅毛猩猩屬（*Pongo*），1 物種（*P. pygmaeus*）。蘇門答臘與婆羅洲森林區。（Schaller, 1961; Davenport, 1967; MacKinnon, 1974; Rodman, 1973.）

人型總科（Hominoidea）

人科（Hominidae）

人屬（*Homo*），1 物種。

靈長目動物的生態與社會行為

　　研究靈長目社會的主要原則概念是，每個物種的社會特徵固定，這些特徵乃是該物種對生存環境的適應作用。參數包括社會的大小規模、族群結構、活動圈面積與穩定性、注意力結構。由於這個理論尚未發展完備，仍欠缺正式架構，所以從它的發展由來講起，比較容易搞清楚。播下理論種子

的是卡本特，他最先認清，群體大小、族群結構，以及各種社會行為，是判斷物種特性的依據（C. R. Carpenter, 1934, 1942b, 1952, 1954）。他認為性別年齡結構是趨向穩定的。靈長目的每個物種都有各自的「中心組群趨向」（central grouping tendency）；利用一批樣本社會，計算各個性別年齡類組的中位數，將這些數字排成陣列，即是該物種的中心組群趨向。按此，他最初研究的兩個物種的中位數是：

吼猴（*Alouatta villosa*），51 個群隊：

3 成年雄性 + 8 成年雌性 + 4 青少年 + 3 幼兒 + 數目不明的獨居雄性

白手長臂猿（*Hylobates lar*），21 個群隊（家族）：

1 成年雄性 + 1 成年雌性 + 3 青少年 + 1 幼兒 + 數目不明的暫時獨居雄性及雌性

　　卡本特把成年雄性與成年雌性的平均比率稱為「社會性性比」（socionomic sex ratio）。他推斷，這個特徵和其他社會性特徵都是適應環境的表現，但是他未說明適應的確切過程。

　　卡本特進而指出，社會生活有相當程度的防禦掠食者的作用。有一次在科羅拉多島，他看見一隻年少的吼猴被一隻豹貓攻擊。這隻吼猴發出求救呼喚，立刻就有三隻成年雄猴趕來救援，一面跑還一面大聲吼。Chance（1955, 1961）根據自己的研究也歸納出這個概念，認為猿猴類的群集行為一般都有防禦掠食者的用途。他指出，社會成員的應敵對策不只一種，例如雄狒狒會站住迎戰，長臂猿會在有可靠遮蔽的時候集體逃走躲起來。DeVore在一九六三年提出一項重要的新見解。他觀察肯亞的東非狒狒群發現，狒狒改過地棲生活後，往往形成更大且更有組織的社會。由於食物變得比較少，狒狒群佔據的活動圈必須擴大。牠們穿越空曠地區長途覓食，被掠食者襲擊

社會生物學：新綜合理論

的機率隨之提高，所以群體成員很可能增多，而且組織得更好。成年狒狒，尤其是成年雄狒狒，如果在沒有樹木保護的地方遇上強敵，除了打鬥別無選擇。因此牠們多會演化較具爭鬥性的行為。雄狒狒的體型明顯比雌狒狒大，犬齒（打鬥的利器）也比較大。爭鬥的生活方式也許也深入社會的內在結構，強化了統御系統，而兩性的成年者多少會依照這樣的系統組織起來。Altmann and Altmann（1970）的觀察所見也支持上述觀點；他們在安波塞里觀察到，有十一種狀況使東非狒狒群靠攏聚集，其中大多數明顯與防衛有關：（1）遭遇掠食者；（2）鄰近的狒狒群發出有掠食者的警報；（3）誤發警報；（4）馬賽人放牧的牛群或其他狒狒群很靠近；（5）自己的群隊在植物濃密的地方覓食；（6）自己的群隊將要從枝葉茂密處移出去；（7）走在不熟悉的路徑上；（8）在樹蔭下休息或在飲水的地點停留；（9）即將從一個地點遷移到另一個地點，或正在遷移；（10）將要攀上供睡覺的樹木；（11）早上與傍晚的「社交時間」。

　　靈長目動物學家既已認為社會行為是直接的生態適應，順理成章的下一步應該就是仔細比較據居不同棲地的物種。傑伊曾經證實，有些樹棲的食葉疣猴，尤其是亞洲的葉猴（*Presbytis*）與非洲的疣猴（*Colobus*），牠們與地棲獼猴的差異顯然都是為了更適應樹棲的環境（Jay, 1965）。這些猴類佔用的領域小，但界限分明，不允許同物種的其他群體涉入。這種習性適合平均且可靠的食物分佈，這種習性與食物的相互關聯性與鳥類相似。但是疣猴群中的雄性不如雌性威風，牠們的爭鬥性也不如雄獼猴與雄狒狒，所以一旦遭遇掠食者，疣猴多半會逃進樹裡而不會正面迎敵。

　　霍爾與埃森伯格研究過許多物種，認為這種相關性要不然嫌弱，要不然就是數據太少，除了傑伊那樣的初步概述，不能作成什麼結論。不過霍爾很樂觀（K. R. L. Hall, 1965; J. F. Eisenberg, 1966），他預言，只要持續不懈地進行探索，「這個觀點並不是不可能完全改變這方面的比較研究的傳統概

念。同時也可能徹底證實，如果不能先對這些動物自然生活的生態環境瞭若指掌，那麼要作任何社會行為比較乃是空談。」但是，這個節骨眼上，克魯克與賈特藍不耐煩了，決定強行過關（Crook and Gartlan, 1966）。他倆把靈長目的所有物種，包括原猴亞目，按社會行為分為五個演化等級。然後在棲地和食物中找出部份相互關聯性，不論數據是否完整。這個處理方法後來又由克魯克與戴能延伸改進（Crook, 1970b, 1971; Denham, 1971），但原版的立論直接而一目了然，仍可供參考，見表 26-2。這個分類法並未包括我在前文（第十六章）討論過的獨居的樹鼩科。克魯克與賈特藍提出的方法，優點在於客觀。有了這樣的基本模型，它的假設是清楚的，很容易推測這樣分類方式有多大程度的武斷。我們不必重寫原始資料就能添入數據，套用新的分析方法。

我們仔細看一下克魯克與賈特藍作的結論，以及這樣解釋的缺點何在。等級 I 的物種幾乎全是原猴亞目，其中多數物種的行為可以很肯定地視為較原始。這些物種是夜行的，棲居森林，以昆蟲為主食，習慣獨居或配偶相伴，有自己的領域。值得注意的是，其中唯一系統發生較高等的是夜猴，顯示物種變成夜行只是次要的適應。等級 II 的物種邁出一小步，成為有單一雄性的家庭小群，這個變化與重大的生態差異有關，亦即轉為晝行與素食為主。等級 III 與 IV 明顯與前兩級不同的是多隻雄性能夠彼此容忍，與此緊密相關的就是群體規模較大。但全面的生態關聯性不值一提。地棲的、居於空曠處的靈長目物種大多歸入等級 III 與 IV，但許多樹棲的、生活在森林裡面的物種也落入這兩個等級。等級 V 是等級 II 的奇怪變體，基本社會單元是由一隻雄性統御（或如阿拉伯狒狒群，由兩隻雄性聯手統御）。等級 V 最特別之處是雄性體型明顯較大，行為也與雌性顯著不同。阿拉伯狒狒和獅尾狒狒的社會單元，覓食與睡覺時照例會聚成一大群。等級 V 的三個物種都生活在非洲最乾燥、最荒瘠的棲地。

表 26-2 克魯克與賈特藍（1966）原版的靈長目社會演化等級與物種生態關聯性。

	等級 I	等級 II	等級 III	等級 IV	等級 V
分類					
物種	夜猴（Aotus trivirgatus）	灰柔狐猴（Hapalemur griseus）	狐猴屬（Lemur）	恆河猴（Macaca mulatta）等	紅猴（Erythrocebus patas）
	鼠狐猴屬（Microcebus）	光面狐猴屬（Indri）	吼猴（Alouatta villosa）	長尾葉猴（Presbytis entellus）	阿拉伯狒狒（Papio hamadryas）
	侏儒狐猴屬（Cheirogaleus）	跳狐猴屬（Propithecus）	松鼠猴（Saimiri sciureus）	綠猴（Cercopithecus aethiops）	獅尾狒狒（Theropithecus gelada）
	叉斑侏儒狐猴屬（Phaner）	毛狐猴屬（Avahi）	疣猴屬（Colobus）	草原狒狒（Papio cynocephalus）	
	指猴屬（Daubentonia）	毛臀伶猴（Callicebus moloch）	紅尾鬚猴（Cercopithecus ascanius）	黑猩猩（Pan troglodytes）	
	嬰猴屬（Galago）	長臂猿屬（Hylobates）	大猩猩（Gorilla gorilla）		
生態					
棲地	森林	森林	森林至森林邊緣	森林邊緣、稀樹草原	草原或稀樹草原
攝食內容	以昆蟲為主	果實或樹葉	果實或果與葉、莖等	素食至雜食；狒狒與黑猩猩偶或肉食	素食至雜食；阿拉伯狒狒偶或肉食

續：表 26-2

	等級 I	等級 II	等級 III	等級 IV	等級 V
行為與社會生物性					
晝夜活動	夜間活動	黎明或白天活動	白晝活動	白晝活動	白晝活動
群體規模	通常獨居	群體很小	小群，偶或成大群	中等至大群；黑猩猩群大小不一貫	中等至大群；獅尾狒狒群大小不一，阿拉伯狒狒可能亦是如此
生殖單元	已知的多為一對配偶	家庭小群，單一雄性為基礎	多雄性的群體	多雄性的群體	單一雄性的群體
雄性是否遊走不同群體之間	—	也許稍有遊走	是——就已知而言	日本獼猴與綠猴是如此，其他未觀察到	未觀察到
性別二型性與社會角色分化	略有	略有	略有——大猩猩的身材大小與行為，有明顯的性別二型性；狐猴毛色有別	狒狒與獼猴有顯著的性別二型及角色分化	顯著二型；社會角色分化
族群散佈	按有限資訊來看，他們有領域	有領域及領域炫示，作標記	吼猴與狐猴有領域；大猩猩會避免涉入他群的作息範圍	綠猴有領域與領域炫示行為；其他物種會避免涉入他群的作息範圍，也會發生群鬥；大猩猩遇異常常相混	紅猴、阿拉伯狒狒、獅尾狒狒都常在一起活動，圈內聚在一起攝食或睡眠；獅尾狒狒群會在食物資源不足時分散

克、賈二氏的分析法有兩個大問題。第一，只要稍作檢驗，便可證明相互關聯性很弱，而且不確定。如果加入新的數據，問題更大，新世界猴類的問題尤其大。美洲的捲尾猴類從等級 I 到等級 III 都有，不論群體規模、性別年齡分佈、統御關係方面，彼此差異都很大。但是這些猴類都行樹棲，生活在森林裡，攝食內容差異不大。Moynihan（personal communication）不久前細察過捲尾猴物種，他表示幾乎找不出生態方面的相關因子。夜猴停留在等級 I 或逆轉回等級 I（這種比較單純的狀態往往與夜行習性有關），也許值得注意。蜘蛛猴（*Ateles*）大多形成分裂又融合的群，則可以解釋為適應分佈不均食物資源的對策，捲尾猴類也許另有其他關係演化等級的因子（有人認為當然有其他因子），但克賈二人的解析法並未表述。靈長目動物學界漸漸流行的說法是：決定個別物種社會的是生態，而不是系統發生。但是系統發生確有很大慣性，更詳細的比較研究可能會告訴我們更多答案。Eisenberg et al.（1972）曾經指出，馬達加斯加的狐猴屬與跳狐猴屬都有多隻雄性同群，群中的雄性比雌性多，雌性位階凌駕雄性之上，群體經常分成兩個小群，一邊全是雌性，另一邊全是雄性。狐猴雖然在生態上與許多其他靈長目物種相似，但已知的其他靈長目物種都沒有上述特性。Struhsaker（1969）發現，非洲的鬚猴類的某些社會行為，也有同樣的守恆性。例如棲居稀樹草原的紅猴，生理構造與棲居森林的鬚猴屬很接近，兩者的社會結構也相似，所以，把紅猴和阿拉伯狒狒同列在等級 V 也許是錯的。話說回來，綠猴的生態雖與鬚猴屬其他物種相同，社會性卻有很大差別。

　　克賈二氏觀點的另一個重要缺失，是沒有一個真正的應變數。他們的論點雖然立基於多元迴歸分析的想法，卻沒有按照正確步驟來建構。應該要先有一個令人感覺合理的應變數，根據這個應變數界定社會演化的等級，然後設法力求完備，詳述有哪些其他變量可以和這個應變數有部份相關。應變數可能是某一個性狀，或是根據多個性狀算出來的指標。克賈二人的研究中卻

沒有界定這種應變數，就順理成章地逐級列出一個個性狀。有些社會特性被克、賈二人視為次要，但其他學者會認為這些社會特性是主要的，例如性別二型性現象與群體散佈。

後來，埃森柏格與研究夥伴提出綜合論，很努力要修正這種方法上的缺失（Eisenberg et al.,1972）。表26-3之中，就是以雄性涉入社會生活的程度為關鍵特性。這個變數不但本身適用，而且它與群體大小、統御系統的性質、領域性等社會特性都有相當的關聯。埃森柏格等人可引用的數據比以往論述者都多，他們發現了居於中間的一種社會類別，即是由雄性按年齡分劃統御階層的群隊。有些物種雖然組成多隻雄性並存的社會，卻並不嚴守這種模式。較年輕而不甚強壯的雄性不會被趕走，但只能居於從屬地位。以後牠們可能取代統御雄性的地位，也可能離開本群不再回來。處於這個演化級次的社會，並沒有年齡相仿的雄性彼此之間不劃分階層。所以也就不會像狒狒群和獼猴群那樣，形成核心等級制的結盟與小黨派。

社會生物學：新綜合理論

表 26-3 埃森柏格等人士將靈長目動物劃分到各演化等級，並列出生態上的關聯因子（Eisenberg et al., 1972 and personal communication）。演化等級依據雄性涉入社會行為的程度而定，見表各格各欄標題。（Copyright © 1972 by the American Association for the Advancement of Science.）

獨居動物	雙親家庭	成年雄性容忍度最低[a]（單隻雄性群隊）[b]	成年雄性中度容忍[c]（年齡分階的雄性群隊）[b]	雄性容忍度高[d]（多隻雄性群隊）[b]
A. 食蟲食果物種 樹鼩科 　樹鼩（Tupaia glis） 狐猴科 　小鼠狐猴（Microcebus murinus） 　大侏儒狐猴（Cheirogaleus major） 指猴科 　指猴（Daubentonia madagascariensis） 懶猴科 　細長懶猴（Loris tardigradus） B. 食葉物種 光面狐猴科 　光面狐猴（Indri indri）	A. 食果食蟲物種 狨科 　綿頂獠狨（Saguinus oedipus） 　侏儒狨（Cebuella pygmaea） 　狨（Callithrix jacchus） 捲尾猴科 　毛臉伶猴（Callicebus moloch） 　夜猴（Aotus trivirgatus） B. 食葉食果物種 光面狐猴科	A. 樹棲食葉物種 疣猴亞科 　黑白疣猴（Colobus guereza） 　紫臉葉猴（Presbytis senex） 　南印葉猴（Presbytis johnii） 　長尾葉猴（Presbytis entellus） B. 樹棲食果物種 捲尾猴科 　白喉捲尾猴（Cebus capucinus） 獼猴科 　菁猴（Cercopithecus mitis）	A. 樹棲食葉物種 疣猴亞科 　銀葉猴（Presbytis cristatus） 　長尾葉猴（Presbytis entellus） 捲尾猴科 　吼猴（Alouatta villosa） B. 樹棲食果物種 捲尾猴科 　黑蜘蛛猴（Ateles geoffroyi） 　松鼠猴（Saimiri sciureus） 獼猴科	A. 樹棲食果物種 光面狐猴科 　白背跳狐猴（Propithecus verreauxi） 狐猴科 　環尾狐猴（Lemur catta） B. 半地棲食果雜食物種 獼猴科 　綠猴（Cercopithecus aethiops） 　日本獼猴（Macaca fuscata） 　恆河獼猴（Macaca mulatta） 　綺帽獼猴（Macaca radiata）

續：表 26-3

獨居動物	雙親家庭	成年雄性容忍度最低 [a] (單隻雄性群隊) [b]	成年雄性中度容忍 [c] (年齡分階的雄性群隊) [b]	雄性容忍度高 [d] (多隻雄性群隊) [b]
狐猴科	長臂猿科			
鼬狐猴 (Lepilemur mustelinus)	白手長臂猿 (Hylobates lar)	坎氏鬚猴 (Cercopithecus campbelli)	侏鬚猴 (Cercopithecus talapoin)	草原狒狒 (Papio cynocephalus)
	大長臂猿 (Symphalangus syndactylus)	灰頭白眉猴 (Cercocebus albigena)	C. 半地棲食果雜食物種	豚尾狒狒 (Papio ursinus)
		C. 半地棲食果物種	獼猴科	東非狒狒 (Papio anubis)
		獼猴科	綠猴 (Cercopithecus aethiops)	斯里蘭卡獼猴 (Macaca sinica)
		紅猴 (Erythrocebus patas)	白領白眉猴 (Cercocebus torquatus)	猩猩科
		獅尾狒 (Theropithecus gelanda)	斯里蘭卡獼猴 (Macaca sinica)	黑猩猩 (Pan troglodytes)
		鬼狒 (Mandrillus leucophaeus)	D. 地棲食葉食果物種	
		阿拉伯狒狒 (Papio hamadryas)	猩猩科	
			大猩猩 (Gorilla gorilla)	

a 群隊只有一隻成年雄性，對成年熟中的雄性強烈排斥。

b 「群隊」是指成年雌性與其能獨立生活或半獨立生活的子女，所組成的基本社會群。

c 群隊中的雄性以年齡分階。

d 群隊中有多隻成年成熟的、成年的雄性，以及先後登上統御位子的雄性。

表 26-3 的模型雖然比克、賈二氏原來的方法更有效率也更具啟發性，卻仍有相互關聯不足的問題。食蟲物種仍在最低等級。地棲的與半地棲物種的特徵仍是社會組織最高等，雜食物種亦然。此外推導不出什麼意思了。在一個演化等級之內，可以根據其他社會性狀再細分為亞等級，再把它們與物種所偏好的生態區位的某些面向關聯起來。所以，食葉物種的活動圈比食果物種小，食葉物種也比較可能利用個體的鳴叫或群隊的合唱來維持與他群之間的距離。

　　靈長目動物社會演化的生態分析，進展得並不像首創理論者所期望的那麼快。不過克魯克與賈特藍最先提出的多元迴歸分析方式的確走對了路，到變數增多而且有更充裕的數據之時，我們可以預料會有新的發現。同時我們也應切記，多元迴歸分析不可能證明因果關係；它只能提供某些線索表示因果關係存在。另一個並行的重大發展，是根據族群生物學的模型而建構演化假說。這個方法在群居昆蟲研究中運用得已很成熟（基本原理見第四章）。建立在族群生物學基礎上的演繹推理，如果作得正確，應可補充多元迴歸分析方法的缺失。其實演繹推理勢必勝過多元迴歸分析的方法，因為有些參數和數學關係是純粹歸納法不易辨認的，演繹推理卻可指出這些參數和關係的存在。

　　戴能提出的模型就是個好例子（Denham, 1971），他強調食物分佈是極重要的參數，這個簡單的開端令人看好。他的方法與現今的生態理論相符合，可以延展如下。本書第三章說過，動物越能肯定地從時間和空間來預測食物資源，那麼就會助長領域性的演化。如果資源分佈稠密而且容易保衛，如果食物是影響生長與活動的資源，則加倍努力保衛食物是上策，而單配偶制的雌雄配對就是加倍保衛的方法。假如環境品質不但可預測，而且各個點上的資源一樣多，其變異保持在一雄多雌的門檻以下，單配偶的性向就會受到強化。這個因素可以用來解釋表 26-3 第一等級的「獨居」物種（包括很

大比例的食蟲物種）與第二等級的一夫一妻物種（其中大多數以素食為主）的生態差別。這個解釋是假設性的，但很合理也經得起檢驗。即是，在不同地盤裡，可供食用的植物的品質與數量之間的差異，比起可供食用的昆蟲來得小。這項假設也符合一個事實：食葉物種保衛的領域比其他條件相同的食果物種來得小，牠們使用的發聲炫示也比食果物種鮮明。按荷恩原理，食物資源如果在空間上分佈不均，時間上不可預料，最佳對策就是捨棄攝食地盤而加入比家族大的群體（見第三章）。所以，可以預期這些物種演化出較高等級的社會性。克魯克、戴能，以及其他人士都曾指出，舊世界空曠棲地的猿猴物種會組成比較大的群體，最終的原因也許就在此，因為這些物種棲居的環境中，資源特別不均而難以預料。如果數據顯示，較高等社會性的森林棲居物種也有相同的食物分佈問題，就同樣適用這個原理。一般人也許沒有想到，熱帶森林有季節性變化，而且變化很大。森林裡的許多食物資源，包括許多植物的芽、花、果實，不但有季節性，而且分佈既不均又難以預測。此外，掠食者的威脅當然是演化的一大助力，物種會因而被迫採取某種防衛適應，從而改變其群體規模與組織。

　　本章以下部份要審視靈長目的所有社會性，討論代表每個演化等級的個別物種。由於討論的順序按演化等級往上推進，而不是按系統發生學的歸類，因此讀者會覺得分類的排組很奇怪。例如，類人猿物種遍及各個階級，獨居性最強的紅毛猩猩的社會生物性要與最原始的原猴亞目列在一起，而長臂猿要和狓、伶猴、新世界猴類並列一組。大猩猩的社會中雄性按年齡分等，組織相當複雜，卻仍然落後於黑猩猩社會。而黑猩猩就各種標準看來都是人類以外靈長目社會演化的頂峰。猿類的社會演化極端多樣，但靈長目的其他科也一樣，包含各個演化等級。

社會生物學：新綜合理論

小鼠狐猴（*Microcebus murinus*）

　　嬰猴、波特懶猴、鼠狐猴，以及其他夜行的原猴亞目物種，是靈長目動物之中社會性最原始的物種。由於相關的田野研究困難重重，因此多數研究數據仍是片斷的，還不能下結論。主要由於裴特與馬丁兩位的努力（Petter, 1962; Martin, 1973），小鼠狐猴這個物種的族群結構與行為已有很完整的研究成果，可以當作最低演化等級的一個範例。小鼠狐猴是馬達加斯加的所有原猴亞目物種之中體型最小者，分佈範圍也最廣，海岸森林區幾乎一律都有。小鼠狐猴完全是夜行性，白晝時間都在樹洞或樹叢中用乾樹葉築的巢裡度過。雖然基本上牠是樹棲，但仍隨時可以到地上，跨過樹葉間的空隙在落葉層中覓食。小鼠狐猴是已知的所有靈長目動物之中最近似雜食者，攝食內容包括多種不同喬木、灌木、蔓藤的果、花、葉，以及昆蟲、蜘蛛。另外可能也吃樹蛙、小蜥蜴，以及軟體動物。小鼠狐猴會以前牙旋轉的動作將活的樹皮鑽洞，汲取流出的樹脂。這個習性與美洲最小的靈長目動物（侏儒狨）趨同。

　　可能因為小鼠狐猴什麼都能吃，所以牠們活動圈很小，直徑應該不超過 50 米。這個範圍多半排外，至少不允許同性涉入，可想而知牠會有某種保衛領域的行為。裴特將全體狐猴同一時間放進一只籠子裡，此時狐猴可以彼此相容。他如先放一隻進去，則隨後再放入的狐猴都會受到第一隻狐猴攻擊。彼此相容的一群雄性當中，只要放入一隻正在發情的雌性，就會引發雄性打鬥。

　　馬丁的數據顯示，小鼠狐猴的分佈，在各區域形成族群核（population nucleus）。每個核包含一個高密度的中心，其中成年者雌雄比例約為四比一。馬達加斯加的曼迪納地區的族群核所在的位置，小鼠狐猴偏好食用的兩種樹木生長率都很高。由於小鼠狐猴出生時的性比率是 1/1，後來變成雌多

於雄，應該是因為雄性移出或早期死亡率較高。事實上，過剩的雄性會集中在核心的週邊築巢。雌性常會集體築巢，顯然不論交配或育兒都能和睦共處。一九六八年，每個巢裡的雌狐猴從 1 至 15 隻不等，平均為每巢 4 隻。雌性發情時會有一隻雄性相伴，等到動情結束，與雌性結伴的雄性們顯然變得比較能彼此容忍，有時候會兩、三隻一起聚在雌性的巢裡。馬丁指出，雌小鼠狐猴群的成員往往是母女。兒子卻會被趕到棲地的外圍，在這裡等待成為統御的生殖雄性的機會。共同築巢的原因也許是築巢地點有限，親屬選擇可能也是助力。總之，鼠狐猴基本上仍然應該算是獨居動物。沒有證據顯示共居巢裡存在有組織的社會生活。另一個同樣重要的原因是，小鼠狐猴完全獨自覓食。Charles-Dominique and Martin（1970）證實，西非的矮嬰猴（*Galago demidovii*）也有類似的社會生物性。

鼠狐猴屬的通訊方式並沒有詳細的研究。裴特的初步觀察證實發聲的通訊內容很豐富，有成年者的防衛呼叫、幼兒和少年者的求救呼叫，等等。化學物質的通訊也很重要。成年者會在進入一個新地區時用腳沾尿液塗抹樹枝，雌性動情間，雄性似乎會用生殖器官的分泌物標示領域。

紅毛猩猩（*Pongo pygmaeus*）

紅毛猩猩以前一直是巨猿之中觀察研究資料最少的。大家說牠們是蘇門答臘和婆羅洲雨林中的神秘「老頭」，在野外很不容易看到。郝爾（David Horr）、羅德曼（Rodman, 1973）、麥金農（MacKinnon, 1974）最近才完成了詳細的研究。羅德曼和助手們總共觀察了 1,639 小時，認識了十一隻紅毛猩猩，他們能在婆羅洲古戴保護區（Kutai Reserve）幾乎無路可走的森林裡尾隨目標，一跟就是幾小時，甚至數天之久。

從紅毛猩猩的特殊體型可以看出牠是純粹樹棲的，在雨林中從樹冠層到接近地面的各種高度行動，行動方式主要是藉手臂吊著樹枝蕩來蕩去。紅

毛猩猩以果實為主食，另外也吃樹葉與一些樹皮，以及鳥蛋。以往判斷其自然族群密度是每平方公里 0.4 隻。古戴保護區有一些低地棲地是全亞洲最少有人跡的，羅德曼發現這裡的紅毛猩猩密度接近每平方公里 3 隻。核心群體包含數隻雌性及子女，有時候會有一隻成年雄性。雄性獨居是常態，幼年猩猩或成年雌性獨居卻極少見。群體數目最多有 4 隻成員，超過 4 隻的群體少之又少。在古戴發現的七個群的成員組合分別為：成年雌性＋雄性幼兒；成年雌性＋雄性幼兒；成年雌性＋性別不明幼兒；成年雌性＋青少年雄性；青少年雌性獨居；成年雄性獨居；成年雄性獨居。這些群體單元偶爾會在相遇後二度結群，規模最大可以多達六隻。觀察者多次看見兩個這種暫時的群體組合，似乎都是基於親屬關係而合併。其他的則是同時被一棵結實的果樹吸引，被動地集在一起。這種接觸是由於彼此的活動圈大幅重疊。

　　紅毛猩猩的社會可以算是鬆散的熔合－分裂結構（fission-fusion structure），但遠不及黑猩猩表現得那麼淋漓盡致，紅毛猩猩社會只有初步的形態。就多數其他方面看來，紅毛猩猩更接近鼠狐猴之類的獨居原猴亞目物種。以性別而言，雌性較常聚群，雄性只在交配時來與雌性會合。年輕的雌性逐漸成熟後，會慢慢從母親的活動圈散佈出去。雄性會散佈到更遠的距離之外，遊蕩了相當一段時候之後才固定自己的活動圈。

　　紅毛猩猩的社會互動形式很少，比其他的類人猿類的社會互動都單純得多，幾乎只限於母親與子女的關係，此外就是雄性之間、雌性之間短暫且簡單的正面接觸。社會內部的爭鬥行為很少見，迄今也沒有發現類似統御分階的行為。羅德曼等諸位在古戴保護區的長期觀察中，只發現一次明確為公開敵意的行為：一隻成年雌性把另一隻成年雌性從果樹上趕下去。

　　不過，大部份時候都獨自遊蕩的雄性成年者，如果在鄰近雌性的地方相遇，有可能會互相排斥。雖然尚未有人觀察到雄性之間這種正面衝突，但有一些間接的證據顯示這類衝突存在。性別二型性非常顯著，雄性體型平均有

雌性的兩倍大，雄性還有可伸縮的巨大發聲囊。雄性藉發聲囊發出「長鳴」，這種低沉的大吼聲，一公里之外的人類都能聽見。雄猩猩發出這種低吼，通常是在與暫時的配偶分開一小段時間後，作用顯然是要維持連繫。但是雄性與雌性共處的時候也偶爾這樣低吼。這種炫示顯而易見是以遠距通訊為目的，可想而知應該也有威嚇競爭對手的功用，此外，可交配的雌性身邊從來只有一隻成年雄性相隨，這必然有其原因。

毛腮伶猴（*Callicebus moloch*）

伶猴是小型的捲尾猴，在亞馬遜奧里諾科河谷的雨林中相當常見。毛腮伶猴是現有三個物種之中研究記錄最多的，其社會則是最簡單的家族形態。同樣屬於這個演化等級的捲尾猴很多，包括「典型」的狨（*Callithrix*）、猴狨（*Callimico goeldii*）、侏儒狨（*Cebuella pygmaea*）、綿頂獠狨（*Saguinus oedipus*），以及捲尾猴科的夜猴（*Aotus trivirgatus*）、僧面狐尾猴（*Pithecia monachus*）。舊世界則有長臂猿與大長臂猿。

毛腮伶猴的體型比其他靈長目動物小，尾巴不包括在內的話，身長約在280 毫米至 400 毫米之間，體重為 500 公克至 600 公克。毛腮伶猴偏好棲於矮樹林的樹冠、灌木叢、林下植物，在其中快而緊張地來回跑跳，偶爾也會在地面上行進一段短距離。梅遜發現，哥倫比亞的巴巴斯卡園的毛腮伶猴每群包含一對配偶和一、兩隻未長成的子女，族群密度高，每一個家庭佔據的領域大致呈圓形，直徑只有 50 米左右（Mason, 1971）。每一家的領域都受到嚴密保衛，兩家伶猴經常在領域交界的地方對峙（通常在早上），互相炫示之後再各自離開，不會有明顯的實際接觸。

伶猴家庭成員很團結，大家一起覓食時彼此靠得很近，時常有身體接觸。像圖 26-2 這樣尾巴盤繞在一起，是個體一同歇息時常有的親密表示。梅遜曾經記錄伶猴被放入戶外大圍欄之後如何互識，進而建立關係。陌生者

靠近時，兩性都會小心提防，但雌猴謹慎的程度更強而且更持續。一旦建立親密關係（這種關係顯然持續終生不渝的），雌性表現的依戀比雄性明顯。將一對伶猴拆散，會造成有害的心理影響。伶猴和組織鬆散的黑帽捲尾猴、松鼠猴不一樣，牠被圈禁後會變得沉默而畏縮，大多數活不過幾週。

　　莫尼漢發現伶猴的通訊系統豐富得出乎預料（Moynihan, 1966），除了氣味和觸覺訊號之外，還用到許多不同的視覺炫示。聲音的表達尤其複雜多樣，在動物世界中名列前茅。莫尼漢為了描述伶猴的各種發聲，差不多把能用的字彙全用上了：吹哨，咂舌聲，唧唧叫，呻吟，共鳴音，顫音，斷續噴聲，

圖 26-2：毛腮伶猴只有初步的社會形態，以一對配偶的親密關係為基礎。左邊即是一對配偶尾巴盤繞在一起，這是常見的觸覺通訊。右邊是一隻成年伶猴擺出最激烈的「拱形姿勢」，那是一種爭鬥性的炫示。前肢抬起，手掌下垂，張著口，嘴唇伸出，毛豎起來，尾巴捲起或來回甩動。做拱形姿勢的伶猴往往會同時發出各種鳴叫。（From Moynihan, 1966.）

吱嘎尖叫，咯咯叫，咕嚕低鳴。這些聲音表達，以及介於兩種之間的發聲，或單獨出現，或混合另外一至三種發出，製造出來的音效簡直無限多樣。再加上音質的層次變化與強弱差異，以及不同脈絡下意義的明顯變更，訊號又有了更多不同含意。看來像是同一個意思，卻可能用不只一種句法或鳴聲表達，而且還可能搭配上觸覺和視覺炫示。圖 26-2 即是一種綜合炫示，用於領域保衛和其他有爭鬥意思的表達。

　　毛腮伶猴為什麼要用這麼繁多的通訊方式？莫尼漢猜測是因為伶猴的「音效區位」特別窄而明確。牠們周圍棲居著鳥類和黑帽捲尾猴、吼猴等其他猴類，這些鄰居會發出各式各樣不同的咯咯叫、尖呼、吹哨等聲音，和伶猴的語言多少有些相似。伶猴把自己的鳴叫變複雜，長串地運用，再加上視覺等其他炫示，大大限制了自己的通訊模式，也因而可以在叫聲嘈雜的森林裡把訊息傳達清楚。莫尼漢也認為，毛腮伶猴較少受到掠食之害。果真如此的話，就比較沒有天擇力量淘汰音量大、頻率高的通訊方式，所以伶猴能夠盡量發揮這方面潛力。莫尼漢曾說，伶猴的通訊系統可能是「一個物種特有的——而且基本上是『固有』的——語言，在特別有利的環境條件下，細密繁複程度的極致」。這個假設是個有意思的新問題，而毛腮伶猴已經證實，我們對於美洲靈長目動物的通訊行為了解得仍然太少。

白手長臂猿（*Hylobates lar*）

　　六種長臂猿與其近親大長臂猿，屬於巨猿中體型最小者。其中白手長臂猿是最常見的，研究成果也最多，可以證實長臂猿在社會行為方面與毛腮伶猴等美洲的單配偶靈長目物種趨同。白手長臂猿的分佈地區包括中南半島往西至湄公河，往南至馬來半島南部與蘇門答臘。習性為明顯的樹棲，將近九成以上的活動是在樹枝之間蕩來蕩去進行。偏好棲於濃密森林的封閉樹冠層，能在樹木間迅速前進。白手長臂猿進食時可能下降至矮灌木叢

的高度，雖然可藉吃水果與雨後舐樹皮樹葉獲取所需主要水份，但牠仍會到地面上在溪流中飲水。兩性關係為單配偶制，兩性外表與體型相似，體重在 4 至 8 公斤之間。長臂猿保衛的領域範圍面積在 100 至 120 公頃之間（Ellefson, 1968）。

我們對於長臂猿社會行為的了解，大部份來自卡本特在泰國清邁地區所作的經典田野研究（C. R. Carpenter, 1940）。裝備齊全的遠征歷時數月，用錄音設備完成第一樁自然環境中靈長目聲音通訊的精確研究。值得一提的是華士朋（Sherwood L. Washburn）乃此行助手之一。當時華士朋還是研究生，後來到他柏克萊加州大學任教，帶領夥伴投入田野研究，與哈佛大學的阿特曼（S. A. Altmann）、日本猴類研究中心諸位科學家不約而同，都成為一九五○年代重振靈長目社會行為田野研究的關鍵力量。

卡本特發現，白手長臂猿的社會就是家庭。其中成員 2 至 6 隻，基本的是一對配偶，另外加上子女，最多 4 隻。偶爾會有一隻年老的雄性留在其中。有時候他會看見一隻長臂猿在森林中獨居，通常年老體衰，或是年輕的成年者正在尋覓配偶和地盤。家庭成員彼此時刻不離，沒有統御行為，即便有也很淡。雌猴在保衛領域和交配前的性行為與雄性一樣主動（參閱 Bernstein and Schusterman, 1964）。母親負責照顧嬰幼兒，讓嬰幼兒攀掛在自己肚子下面，給嬰幼兒哺乳，和嬰幼兒遊戲，在幼兒能自己走動時讓幼兒牽著跑來跑去。雄猿與嬰幼兒也很親近，時常會查看或撥弄嬰兒，幫牠們梳毛。雄猿常和嬰幼兒遊戲，嬉戲中容許幼兒做出模擬的爭鬥行為。小猿如果發出求救警報，雄猿會立刻趕去幫忙。如果幼兒之間打鬧動作太激烈，雄猿也會予以制止。卡本特曾經將一群捕來的黑手長臂猿（*Hylobates agilis*）放在一起，其中一隻單獨的雄猿竟讓一隻幼兒把他當作媽媽，白天大部份時候都像母猿一樣懷抱著幼兒。這項觀察顯示，不但正常情況下的親代照顧入微，一旦母親生病或死，雄性也會擔起母職。

長臂猿如何開始形成新的群，從未有人在自然環境中觀察到，但是我們可以根據間接證據推斷。柏克森等諸位指出，長臂猿在青春期變得有爭鬥性；另外，如果將成年者放在一起，牠們之間會有明顯的敵意行為（Berkson et al., 1971）。年輕的成年者會受排斥，餵食的時候尤其受排擠。可能就是在親代與初成年的子女漸漸產生磨擦的時候，子女從原生家庭散佈出去，另組自己的群體。卡本特曾經觀察到一個家庭之中兩隻成員形影不離，時常與其他成員隔開一段距離。這一對長臂猿的性別與身份雖然無從確知，但卡本特認為牠們可能是要結成亂倫的配偶。柏克森觀察一群本來互不相識的圈養的成年長臂猿，其中有兩隻配成了一對。

　　按卡本特在清邁的觀察，長臂猿家庭每天謹守的作息週期大致如下：

1. 清晨 5:30 至 6:30：醒來。

2. 6:00–7:30 或 8:00：與鄰家的長臂猿互相呼叫，並做些一般活動。

3. 7:30–8:30 或 9:00：在自己的領域中行進。

4. 8:30–11:00：進食。

5. 11:00–11:30：行進至中午休歇的地點。

6. 11:30–2:30：午睡，做些許遊戲和一般活動，幼小者多會趁此遊戲。

7. 2:30–4:30 或 5:30：進食，在領域中行進。

8. 5:00–5:30 或 6:30：向過夜的地點直接前進。

9. 6:00 至日暮：安頓下來準備過夜。

10. 日暮至天明：睡覺，即使不睡也會安靜地休息。

　　長臂猿不築巢，但是會選擇自己領域中央有濃密枝葉樹頂的地方為「寢室」。

　　長臂猿的通訊頻繁而複雜。梳毛是社會生活的一個重要部份，梳理時會用到手、腳、牙齒。仰臥，雙臂抬到與肩或頭上或與肩或頭平，就是邀請梳毛的姿勢。梳毛進行時牠們也會發出典型的舒服低吟，這低吟會變成吱吱叫

社會生物學：新綜合理論

聲，同時嘴角會收緊（Andrew, 1963）。卡本特藉錄音設備之助，將清邁地區自由生活的長臂猿的發聲分成九類。最明顯可辨的是著名的領域宣示，可以傳到幾公里之外。成年長臂猿兩性都會宣示領域，雌猿的叫聲格外有代表性，那是一連串喝聲帶著漸昇的轉音，聲調漸漸提高，節拍越來越快，喝吼達到最高點，然後突然變成兩、三個細聲的較低音。整回合歷時 12 至 22 秒。雄猿的叫法是節錄版，只有整串節奏的前幾個音，反覆地叫這幾個音。家族受到捕獵者驚嚇時，或是遇見可能有敵意者，也會發出這種叫聲。家庭成員離群時有另一種特別的集合呼叫或搜尋呼叫，群體一同行進時會用喋喋不休或連串的咯咯叫導引。同群的成員彼此致意、遊戲，以及程度輕重不同的威嚇，又有別的發聲方式和搭配的姿態與表情。

吼猴（*Alouatta villosa = A. palliata*）

　　吼猴屬的各個物種是新世界猴類之中體型最大、最引人注目的。吼猴是本屬五個物種之中分佈最廣的，從墨西哥海岸森林區起，經中美洲到南美洲太平洋岸森林區，往南一直到赤道，都有吼猴。牠的社會生物性特別值得一談，因為個體的容忍度高，可以形成包含多隻雄性的大群體，其社會中不一定有年齡分等。就這方面而言，吼猴與狐猴趨同，也與獼猴屬和其他獼猴科物種趨同。吼猴及其同類，以雄性日常用來保持群隊距離的大吼合唱聞名。卡本特是最先著手研究的人（Carpenter, 1934, 1965），他在巴拿馬觀察作成的基本結論至今仍成立。Collias and Southwick（1952）、Altmann（1959）、Bernstein（1946b）、Chivers（1969）、Alison Richard（1970）也陸續補充了生態與行為方面的重要數據資料。

　　吼猴在美洲熱帶森林的動物之中，可說最令人印象深刻。成年者體重超過 5 公斤，身體健壯，頭的位置低而向前，所以看來好像聳肩拱著背的模樣。牠全身都有黑色長毛，只有暗色的面孔和手掌腳掌沒有毛。喉部膨脹，

這是為了遠距離呼叫而特化的發育。兩性有明顯二型，雄性體重比雌性多30%，喉部膨脹也比較大，而且有鬍鬚。

按靈長目的標準看，吼猴算是生養眾多。卡本特研究的科羅拉多島族群於一九三二年至一九三三年達到或接近飽和，當時的猴群成員為 4 至 35 隻不等，中間數為 18，裡面的個體性別年齡分佈是：3 隻成年雄性，8 隻成年雌性，4 隻青少年，3 隻嬰幼兒。到了一九五〇年代初，動物流行的黃熱病肆虐之後，群體規模減半，平均每群之中的成年雄性數目降為 1 隻。十年後，族群與年齡性別比率大多恢復原狀。因此這個物種可以說是經歷了特殊狀況，隨著族群整體密度，從每群內含多隻雄性的組織變成單一雄性，又再變成多隻雄性。樹頂上偶爾會看見獨居雄性，顯然牠正從一個群遷到另一個群。這種雄性會連著幾天尾隨一群，一路遭受威嚇與拒斥，至終於被接納為止。群體擴增經歷何種過程，目前並不確知，其中可能有最基本的分裂。

吼猴群隊有領域性，排斥闖入者的方法卻與眾不同。相鄰的群隊之中的雄性每天都要互相吼叫示威好幾次，清早時尤其會頻頻互吼。在熱帶美洲森林動物中，吼猴發出的聲音最洪亮，能傳到一公里之外。顯然只憑這種吼叫就足以保持群隊之間的距離。Chivers 發現，白天的例行覓食活動中，群隊如果彼此正在靠近，吼叫會趨於頻繁，互相警告後，彼此都會撤退把距離拉開，吼叫也隨之減少。因為吼猴群不會像伶猴那樣在彼此地盤交界處對峙威嚇而打鬥，所以牠們的活動圈有些許重疊。不過，從 Collias、Southwick、Chivers 的記述可以看出，族群密度提高時重疊面積會縮小。流行病爆發後重疊區域曾經擴大，等到族群密度回升，重疊面積又開始縮小，直到差不多能夠以表面爭鬥行為防守邊界的狀態。互吼是十分有效的保衛方法，但是一旁觀察的人類會有些受不了。

群隊內部少有衝突。衝突的訊號是裂嘴露齒，並且發出咯咯聲，但幾乎從來不會導致打鬥。雌猴之間的爭鬥尤其罕見；觀察上百小時也未必能看見

一次。因此統御次序也很模糊。另外，成年者的年齡不容易判斷，所以目前我們仍不確知吼猴群隊是否由一隻雄猴統御著所有較年輕的成員，抑或是不只一隻雄猴居於高位階（J. F. Eisenberg, personal communication）。如果就表面的證據而言，後者的可能性較高。雄性吼猴似乎密切合作而保護著年幼成員，牠們也不會在雌猴發情時表現爭鬥敵意。

互相梳理的行為也很罕見。這顯然符合一般公認的假說：互相梳毛主要的功用是安撫示好，因此，靈長目物種的社會組織越少表現爭鬥行為，成員也越不需要為他人梳毛（見第九章）。群隊之內的通訊以聲音為主。雄猴的領域宣示吼聲，雌猴類似小狗吠的宣示吼叫，也會在看見人類或掠食者的時候當作警報用。其他訊號與美洲其他靈長目動物不相上下。群隊在樹木間行進時指引方向、提醒同伴注意異狀、邀同伴做遊戲，都有特別的叫聲。幼兒迷路時會呼叫求救，母猴會在幼兒跌落或因其他緣故不見時發出典型的哀號。

環尾狐猴（*Lemur catta*）

馬達加斯加的狐猴屬有五個物種，牠們是原猴亞目之中社會演化的巔峰。因此，狐猴算是提供了另一套樣本，來對照捲尾猴科與獼猴科等達到高等社會演化的靈長目。長期觀察環尾狐猴的喬利（Alison Jolly）這樣描述其模樣：「毛色是鮮亮的淺灰，面孔是黑白二色，尾巴一圈黑一圈白，總共大約有十四道。鼻子、手掌、腳底、生殖器的膚色是黑的。你見到環尾狐猴群隊時的第一印象，是一條接一條從樹枝上直直掛下來的尾巴，好像其大無比的環紋毛毛蟲。之後，你要頗費一番功夫才能夠弄清楚彎著的灰色背部、黑白相間的臉、琥珀色的眼睛。這時候，如果猴群並不認識你，那麼狐猴一定已經在咕咕嘎嘎商量，然後其中一隻向你發出高音的憤怒吠叫，接著全體以大合唱圍攻。牠們可以這樣叫上一個小時，就像二十隻不

聽話的小梗犬在吵鬧。」

環尾狐猴的性別二型性極不明顯，成年雄性只是頭與肩膀比雌性稍為寬大。此外，觀察者也很不容易辨識個體。環尾狐猴並沒有類人猿類和大型獼猴那樣明顯的個別差異。

環尾狐猴的棲地是馬達加斯加南部與西部的混合落葉森林和乾燥的沿河道樹林。牠是各種狐猴之中陸棲性最強的，在地上度過的時間有 20%，這是生態上近似的白背跳狐猴（Propithecus verreauxi）在地上的時間的四倍以上，幾乎和地棲的狒狒一樣多。但是環尾狐猴絕不會走到離樹比較遠的位置，牠稍一受驚就立刻跳到樹上。牠們是純素食者，吃多種不同樹木和地面植物的葉片、果實、種籽。作息謹守晝出夜伏，黎明前開始起身，至遲不超過早上八點半，確切時間依氣溫與天候狀況而定。晨起以後的活動是曬太陽、進食、行路。通常上午要走兩趟長路，一次是走到低矮植被層去進食，一次是走到午睡地點。午後再遊走進食一番，然後群隊回到進食的樹上。同樣的動線往往會連著走三、四天，之後便轉往活動圈裡的另一個地方。

喬利觀察馬達加斯加貝亨提保護區的族群，多年之中牠們也有過群體組合上與領域佔據上的顯著改變。一九六三年到一九六四年間，兩個群隊分別有 21 隻與 24 隻成員。成年雄性與雌性的數目一樣多，總數差不多等於青少年與嬰幼兒的總和。兩、三隻從屬的雄性組成「光棍俱樂部」，行進時跟在主群隊的後面，進食與睡午覺也大多不與大伙一起。兩個群隊一向避免碰頭，各自佔據的領域多半不許對方涉入。打鬥行為極少見。一九七〇年間，貝亨提族群分成了四個群隊，每群隊平均有成年者與幼少者總共 11 名。四個群隊的活動圈大幅重疊，大家按時間分配表共用進食與飲水的地點。不同群隊接觸與打鬥的事件變多了，至於從屬的光棍，往往落後主群隊很遠，待在視線以外。喬利認為，這些改變是由於有一、兩個壞年頭限制了可使用的資源地點，迫使群隊聚到一處（Jolly, 1972b）。但是，大群隊再分成小群隊

並不能用這個理由解釋。

　　狐猴社會是藉由爭鬥而組織起來的。爭鬥互動輕微者是單純的視覺威嚇，嚴重者有全武行的廝殺，雙方用犬齒撕扯。成年雌性的位階高於成年雄性，這與靈長目其他物種相反。雌性之間的階級系統很不嚴謹，而且至少有一部份不可遞移，雄性之間的階級系統卻是絕對線性的，雄性間的爭鬥行為在四月繁殖季節達到最高點。奇怪的是，雄性的位階高低並不影響牠與發情中的雌性交配的機會。喬利觀察到一隻雌性一連與三隻雄性交配，而這六次交配行為中，有三次是一隻從屬雄性完成的。也許統御位階決定的是哪一隻雄性可以長時間留在群隊裡，哪一隻可以在短暫的繁殖季節靠近群隊。領導行為與統御位階也沒關係。群體行進時帶隊的成年者不限一隻，可能有一隻先打前鋒，之後又換另一隻上前。有時候群隊會分成往不同方向前進的小隊，最後會有一隻成員大聲喔喔叫，分散的小隊才又合在一起。

　　環尾狐猴的通訊模式有些方面與舊世界的猿猴類相似，有些則明顯不同。遊戲行為充份發展，青少年的遊戲大多在模仿爭鬥行為。梳毛是重要的互動，特別的是，兩隻狐猴會互相梳毛，但是與位階高低沒有顯然的關係。化學物質的通訊遠比一般猿猴類發達，主要用在發生爭鬥衝突時。雌性與雄性都會用生殖器官分泌物標示小的垂直樹枝，方式是身體倒立，兩腳盡量往樹枝高處抓牢，再以生殖器官來回抹出一個短條標記。雄狐猴還會用前腳掌作標示，以手臂和手擦抹樹枝表面，將有氣味的分泌物塗在上面。雄性胸前上方的肱腺，以及前肢上的前臂腺，也能產生有氣味的物質（見圖 26-3）。雄性會將前肢腺放在胸腺上，似乎是要將兩種分泌物混合。發生爭鬥衝突時，雄狐猴會頻頻把尾巴拉到雙臂中間，然後揚起尾巴，使氣味飄向對手。雄性之間的全面衝突中，雙方會慌忙地化學、視覺、聲音訊號齊發。通常一開始會從把分泌物抹上尾巴，有時候會導致「臭味對決」：

　　這隻狐猴此時也瞪住另一隻。他把上嘴唇往前往下伸，把犬齒尖蓋住了，上唇也突出到下顎的下面一點。這使得他的口鼻前端呈方形，像獵犬的樣子，但下唇沒有像獵犬那樣垂下，而是緊繃的。這個表情也許會使鼻孔張大。他在尾巴上抹氣味時可能會尖聲叫或發出呼嚕呼嚕的低鳴。然後他四腳站定，尾巴彎到背上，尾尖伸在他頭頂上方。他用力地垂直抖動尾巴，把氣

社會生物學：新綜合理論

圖 26-3：

馬達加斯加貝亨提保護區的兩個環尾狐猴群隊相遇。棲地是沿河道的長廊樹林，前景之中是一棵羅晃子樹（*Tamarindus indica*）。左邊樹上的這個群隊剛結束午睡要開始活動，正面向前的這隻雄性呈現威嚇的瞪視，左前肢內側有分泌氣味的腺體。牠的左後方有另一隻雄性要向地上另一個群隊的方向走。牠的正後方有兩隻成年者正在互相梳毛，其餘成員有的靠在一起休息，有的剛睡醒。地上這個群隊在朝午後進食的地點前進。在左邊靠前的兩隻成年者已經看見樹上的群隊，一隻在朝牠們吠，另一隻（雄性）把尾巴拉到胸前的腺體上，準備要作敵意炫示。牠可能要來一次「臭味對決」，把尾巴來回甩，將氣味拋向對手。圖中央最後面的兩隻「光棍俱樂部」的從屬雄性，遠遠跟在地上群隊的後面。（Drawing by Sarah Landry, based on data from Alison Jolly, 1966 and personal communication.）

味往前搖。甩動尾巴必是衝著對手，這對手可能就在他面前，或是 3 米以外。……臭味對決是兩隻雄性朝著對手做出一長串的掌心加味、尾巴加味、甩尾巴的動作。偶爾會有雙方同時甩尾的景象，兩個拱起的背和彎上來的尾巴構成的對稱圖案有如紋章設計。比較兇的一方會漸漸向前挪，另一方漸漸後退，但雙方通常保持距離，不能一跳過去就撲倒對方的。

（Jolly, 1966）

狐猴的其他通訊方式主要包括利用聲音炫示，加上各種各樣的視覺訊號。以功能論，這些炫示雖與捲尾猴科及獼猴科類似，但許多特定的炫示卻極有可能是獨立演化的。

阿拉伯狒狒（*Papio hamadryas*）

阿拉伯狒狒是體型大、白晝活動、幾乎完全地棲的獼猴科物種。分佈於紅海口四週地區裡的乾燥刺槐稀樹草原和空曠草原，包括衣索比亞東部、索馬利亞南部、阿拉伯西南地區。由於阿拉伯狒狒經常與東非狒狒混種，因此牠是否算一個物種，抑或只是東非狒狒的地區性亞種（即 *Papio papio hamadryas*），仍有一些疑問。不過，物種的說法應該成立，因為牠的形態特徵非常明顯。阿拉伯狒狒的臉是肉紅色，並不像其他種狒狒是黑色的。雄性的體型是雌性的兩倍大，因為長著大片灰色鬃毛，外表與雌性明顯不同。性別二型性與其特殊的習性相關：成年雄性統御雌性的程度極端，強迫雌性留在永久的妻妾群中。這種兩性關係也影響了阿拉伯狒狒的社會組織幾乎每一個面向。

庫麥耗時 15 年，下苦功仔細研究阿拉伯狒狒，一開始是研究圈養的狒狒，後來又在衣索比亞作田野研究（尤其見 Kummer, 1968, 1971）。阿拉伯狒狒是徹底的群居動物，在其分佈的廣大範圍之中觀察月餘，只見過一隻獨居的成年雄性。與別種狒狒比較「普通」的社會組織作一下比較，更容易看出阿拉伯狒狒的特別之處。按 DeVore、Hall 等人士的觀察，東非狒狒（*Papio anubis*）社會的基本單元是**群（group）**，由雌性、幼少者、多隻雄性組成。除了母親帶著幼小，沒有其他明顯可見的組織，至少稀樹草原上的狒狒族群是這樣。雄性組成尊卑分明的統御關係。群體由高位階雄性的「中央統御」來統治，這些雄狒狒會合作保衛群體安全，也合作控制從屬的狒狒。哪一隻雄狒狒可以與雌狒狒交配，主要取決於位階，而配偶權大多只限於動情。阿

拉伯狒狒卻不是這樣。成年的雄阿拉伯狒狒永久佔有雌性，其社會由三個階層組成。基本元素是**一隻雄性的單元**，包括一隻成熟的雄性，以及永久伴隨他的妻妾群。幾個單一雄性的單元湊成**夥（band）**，成員行路覓食的部份時間會聚在一起，也會合力保衛找到的食物，不讓別的夥奪去。但是，不同的夥在岩石上睡覺過夜時大致可以相安無事。這樣聚在一起過夜的群體，叫作**隊（troop）**，如果安全的歇息處不易找到，一隊可以多達 750 隻個體。此外，無偶雄性佔族群總數約 20%，牠們會另外組成小夥。

　　妻妾群之中的成年雌狒狒數目從 1 到 10 隻不等。多數巔峰期的雄狒狒會控制 2 至 5 隻成年配偶。牠們的兩性關係是所有靈長目動物之中「性別歧視」最嚴重的。雄性會把雌性趕來趕去，不准她們走遠，不准她們和外來者接近，也禁止她們互相有激烈爭執。雄性管教雌性的方式，輕者瞪一眼、拍一巴掌，重則往脖子上猛咬一口（見圖 26-4）。被教訓的雌狒狒的反應就是乖乖跑到雄狒狒身邊。以下是庫麥記錄的三個典型的互動例子：

　　睡眠岩石上爆發了打鬥。打鬥才開始，「冒煙」就抬頭望去，迅速跑到距他最遠的雌狒狒那兒，用手在她頭上輕輕打了一下。

　　一次日常的行路途中，一隻雄狒狒回頭找他正在發情的雌狒狒。看見她從一個小土脊後面出現，他朝她衝出一個箭步，她發出斷續的咳嗽聲，便朝他跑來。

　　一隻雄狒狒剛到達睡眠岩石旁，突然轉身順著正走來的那一列狒狒往回跑了 30 米。在隊伍最後面的一隻成年雌狒狒跑到他身邊，讓他在她後頸上咬了一口。她發出尖叫，跟著雄狒狒走回其他雌狒狒都已到齊的睡眠岩石。

（Kummer, 1968）

這些情況經常出現。雌狒狒也會互鬥，但必定要雄狒狒就在近旁的時候才與對手正面衝突。因此雄狒狒勢必給其中一隻撐腰。這種「仗勢欺人」的目的

在接近雄狒狒。如果兩隻雌狒狒爭著
要幫雄狒狒梳毛，爭鬥會特別激烈。

　　由於雄狒狒嚴密隔絕雌狒狒與外
界的接觸，因此與其他單元的互動大
多是雄狒狒參與。年輕的雄性領袖會
發動狒狒夥的行動，方式是帶著自家
成員緊隨自己往外走。較年長的雄性
領袖可能跟著行動或是坐著不動，結
果整個夥動或不動，取決於年長雄性
領袖的行為。各群若要變換位置，雄
性會用特定的動作手勢彼此告知。不
同夥之間的打鬥，也是由雄性處理。
打鬥幾乎全是大動作的虛張聲勢，雙
方張大了嘴，雙手迅速地來回揮打。
從拍攝狒狒打鬥的影片可以看出，雙
方雖然氣勢兇猛，卻都是隔空動作，
極少真正碰觸彼此。如果一方轉身逃
走，才有可能在屁股上按一巴掌。只
要一方將頭轉開，以脖子側面向著對
手，打鬥便告結束。這個投降儀式可
以使對方立即停止攻擊行為。

　　雄狒狒雖然時刻防著其他雄性，
有些居霸主地位的雄性卻又容許位階
低的雄性跟隨左右。這種主從關係的
起點是亞成年雄性與妻妾群之中正在

圖 26-4：

阿拉伯狒狒的社會行為。本圖的場景是阿馬爾山脈的山腳矮坡附近的達納基爾平原上的乾燥草原，背景地平線上即是阿馬爾山脈。時間是清早，一大群狒狒從團體睡眠的岩石（左後方背景）走下來，要前往進食和飲水的地點。隊伍已分散成為基本社會單元，也就是一隻雄性與妻妾群帶著子女。爭鬥式的互動經常發生，而且表現激動。前景有兩名雄性在彼此威嚇，右邊一隻搬出敵意的瞪視表情，左邊這隻擺出更兇的張嘴炫示。這種雙方應對可能升高為儀式性的打鬥，包括快速揮掌與嘴部頂觸。兩隻雄狒狒身後的雌狒狒都採蹲姿，做出恐懼表情，發出尖叫；除此之外，雌狒狒會避免涉入衝突。右邊這隻雄狒狒的右側約 2 米遠處有一隻追隨領袖的年輕雄狒狒在旁觀。他雖然追隨著領袖，在領袖羽翼之下試圖儲備自己的妻妾群，卻不會加入領袖的打鬥。在他的後面遠處有一個小群，其中的雄性咬著妻妾的後頸項，處罰她離開得太遠。圖中最左邊背著幼兒的雌狒狒後面，有兩隻年輕的單身雄性自成一個單元尾隨著群體。

（Drawing by Sarah Landry, based on Kummer, 1968 and personal communication.）

發情的雌性開始相伴。霸主不但容忍這隻雄狒狒闖入後宮，而且允許這隻年輕的雄性與後宮裡的雌性交配。這隻亞成年雄性很快就把霸主當作領袖，他在受到威嚇時會像雌性一般跑到霸主身邊，並且跟隨群體一同出外到覓食地點。年輕的雄性在這個階段開始表露要自組妻妾群的初步傾向，他會把雌性和雄性的幼兒拐到自己身邊，拘留時間最長可達 30 分鐘。等到他漸漸成年，就不再去追逐霸主的妻妾，卻開始領養年少的雌性，像母親般照顧她們。兩性關係便是這樣開始建立，並且不時用規範行為予以加強，關係早在牠們可能有交配行為之前就穩固了。於是，老少兩隻雄性帶著各自的妻妾群結成一組。隨著年長的這隻漸漸衰老，配偶會離去，他的妻妾群會變小，可是他仍然能仰仗年輕雄性的配合與支持。兩隻雄性是否大多有親屬關係，是否父子，抑或毫無關係，我們並不確知。有些年輕的成年雄性也會獨自儲備未來的妻妾。

　　阿拉伯狒狒演化出極端的一雄多雌制，延伸了其他狒狒顯然都有的性向，卻也應該有其生態上的緣故。按庫麥的解釋，這種社會結構是為了適應衣索比亞半沙漠地帶分佈不均且不可預測的食物資源（Kummer, 1971）。覓食時結群大小不一，從多個夥匯成的大隊到單一雄性的單元都有，這是或合或分的原則，其目的在於更有效率地利用每個地方分佈不均且每天都在變的食物資源。庫麥這個概念顯然有其道理。但是，我們如果再問，為什麼妻妾群的組織是永久性的？庫麥的說法無法提供答案。我們必須回頭看第十五章討論過的基本理論。由於阿拉伯狒狒並不保衛進食領域，所以奧里安與維納的公式並不適用。雄狒狒為儲備妻妾而把雌狒狒從少年期就帶著養大，這減少了雌狒狒的選擇機會，更不適用奧維二氏的公式。然而，建立妻妾群既然需要耗費那麼多能量，那麼雌性必是影響雄性增殖的重要因素。在食物資源異常貧瘠的環境，怎會如此呢？答案也許在食物資源榮枯的模式，而不在平均量的多少。庫麥曾指出，無論東非狒狒、

社會生物學：新綜合理論

綠猴、長尾葉猴，群體中雌多雄少的最高比率，都出現在據居環境的食物資源起落最大的時候。雖然這方面的數據仍不充足，但如果能持續監控這類族群幾年，很可能會發現其成員數目增減幅度比較大。換言之，這類族群比較常發生族群暫時快速成長之後又驟降的情況。如果事實的確如此，雌性應可在資源充裕時期發揮控制族群規模的功用，而適量的繁殖努力就可以使個體的適合度大增。

東部高地大猩猩（*Gorilla gorilla beringei*）

大猩猩受到重視，因為牠在靈長目動物之中體型最大。成年的雄性身高可達兩米，體重超過 180 公斤。這「和善的素食者」（此乃夏勒之語）的社會生物性有很特別的地方，所以即便牠體型非常小，仍值得注意。大猩猩是由單一雄性統御群體的類人猿物種，在所有高等靈長目動物裡，牠的社會生活也最溫和。大猩猩群雖然很有內聚性，成員行動時密切相隨，但是，統御行為非常低調，幾乎看不出來有爭鬥行為。領域之間沒有界限，即便有也非常淺淡而不確定。性行為極少，野外觀察只看到幾次。

大猩猩的族群各自孤立散佈在赤道非洲地區。分佈範圍最東邊的一種，特徵是毛比較長，雄性的銀背也比較顯著。這即是東部高地大猩猩，出沒範圍涵蓋維龍加山脈和卡胡茲山區，包括基伍湖以北以東的山岳，以及四周的低地。東部高地大猩猩的適應力十分強，不論低地雨林、濃密竹林、苦蘇樹（*Hagenia*）草原、高山的山梗菜（*Lobelia*）與黃菀（*Senecio*）叢生處，都可以自在棲息。曾有人觀察到東部高地大猩猩登上 4,115 米高的山區森林，這種地方的夜晚氣溫會降到冰點以下。牠們所中意的棲地有共同的特色：環境潮濕，長滿青翠的低矮植物。在海拔較低的地區，大猩猩比較不愛棲息於原始森林，而是偏好次級生長的植物，因而經常會與人類有接觸。

大猩猩完全是日行性的。牠們和近親的黑猩猩一樣，會在夜晚睡覺的

樹上舖好枝葉。大猩猩也是純粹素食性，能吃多種樹木的花、葉、芽、果實、樹皮。東部高地的苦蘇樹等於是取之不盡的食物資源。到了竹子生長的季節，大猩猩也吃大量的筍。野外的大猩猩雖然常有機會遇見白蟻塚和鳥類與小羚羊的屍體，卻從未把這些當作食物。奇怪的是，圈養的大猩猩會接受肉類餵食。

研究野外東部高地大猩猩的主要著作由夏勒完成（Schaller, 1963, 1965a）。繼他之後有弗希進行更深入的長期研究（Fossey, 1972），累積了不少寶貴的資訊，但是本書撰寫時弗希的研究才剛開始，所以未能將新的資訊納入。至少我們已經確知，東部高地大猩猩結群從 2 至 30 隻成員不等。按夏勒的調查統計，銀背雄性（約十歲或十歲以上的雄性大猩猩）佔族群的13.1%，黑背（年輕雄性）佔 9.4%，雌性成年者佔 34.1%，其餘為嬰幼兒及少年。一個典型的「群隊」之中應有一隻銀背雄性，0–2 隻黑背雄性，約 6 隻成年雌性，數目相仿的幼少者。獨居的雄性相當常見，弗希曾經看過一小群全都是單身的雄性。如果把這些個體都納入計算，族群整體的兩性比率大約是 1 隻雄性比 1.5 隻雌性。有些獨居的雄性會主動跟在群隊的後面，似乎正慢慢地從一個群體轉入另一個。

大猩猩群隊的族群結構是穩定的，每個群隊佔據的活動圈在幾星期中只會有些微改變。弗希觀察的威索克山斜坡上的四個群的活動圈，兩年之中的移動幅度很大，但是兩者的相對位置一直維持不變。各隊的活動圈都有很大範圍重疊，夏勒和弗希都看不出任何保衛領域行為的跡象。不過，群體之間顯然仍有某種間隔方法，因為活動圈的中心之間的距離都有規則，不是隨意可長可短的。不同的群相遇時的反應方式不一定，難以預測。通常兩邊可以相安無事，完全在彼此的視線之內各自進食或行進，沒有明顯可見的激動表現，有時候甚至混在一起幾分鐘。但是偶爾也會有爭鬥或敵意表示。夏勒曾看見一個群的統御雄性不出聲地衝向另一個群的統御雄性，兩隻大猩猩怒目

相視，有時候眉脊幾乎碰到一起。這兩個群當天稍晚便分頭走開，比多數正面衝突結束得早。另一個明顯爭鬥行為的例子，是一名雌性帶著一隻少年猩猩和一隻幼兒，向一個正走近的群體做出要衝過去的動作。夏勒推斷，相鄰的群體彼此都認識對方群中誰是誰，群與群之間的行為反應會有很大變異，主要是根據個體以往接觸留下的記憶而來。弗希指出，統御雄猩猩的個性，對於群體的行為會有重要影響。她觀察的群體之中，有一群受銀背雄猩猩「嘶聲」統御（弗希稱他「嘶聲」是因為他有些聲音發不正確）。嘶聲死後，領導地位由第二號銀背「貝叔」接任，他把其他成員管得很嚴，「像個嚴厲的校長」。以前這一群大猩猩對於她隨隊觀察安之若素，貝叔上臺以後，他們變了，拍擊胸脯、用力打枝葉、躲起來，做出各種警戒的動作。再過沒多久，這一群就退進威索克山更高處的偏遠地方。此外，有另一群全體都是雄性的大猩猩，試圖與他們接觸，他們也避開了，這種躲避行為就足以解釋這群大猩猩的活動圈的確保持間隔距離。東部高地大猩猩的大聲吼叫，也是積極保持距離的證據，這種吼叫甚至可能是在宣示領域。叫的方式是一長串的「呼——呼——呼」，只有銀背雄性會這樣叫，而且只在與別群交鋒或附近有獨居雄性的時候叫。兩隻銀背雄猩猩互吼的距離最近約 6 米，最遠可達 1 公里以上（Fossey, 1972）。

　　東部高地大猩猩是以一隻年長雄性領導而組成群隊。群隊的核心是銀背雄猩猩、成年雌性、幼小者。額外的雄性成員，包括從屬的銀背猩猩和黑背猩猩，都居於外圍。雖然有這樣的離散度，而且大猩猩社會生活步調一般都很緩慢，但群體的內聚力還是很強。個體分散的區域直徑極少超出 70 米，群隊成員絕不會跑到統御者呼叫聲可及的範圍之外。

　　統御的關係雖然明確，表達卻很含蓄。位階高低大致與體型大小有關聯，所以壯碩的銀背通常都是位階最高者，其次是體形略小的黑背雄性，再其次是雌性與幼小。如果群中有不止一隻銀背，就會按長幼排列線性的位

階，年輕的猩猩與明顯衰老的猩猩都居於低位階。多數的統御式互動，不過就是由位階低者表示禮讓。例如兩隻大猩猩在一條很窄的路徑上相遇，低位階者會讓高位階者先走。又如高位階者若是走到低位階者面前，低位階者會讓出自己所坐的位置。有時候統御者會以瞪視威嚇從屬者，但統御者最多只是砸砸嘴，或是用手背拍從屬者的身體。群隊內部極少有更明顯的爭鬥行為。夏勒見過雌性扭抓在一起、彼此尖叫、假咬，但這些行為從未導致明顯可見的受傷。甚至對外來闖入者也只做出最輕微的爭鬥表示，頂多只是統御

圖 26-5：
大猩猩的社會比所有其他大型猿類以及舊世界的大型猴類都要隨和悠閒。圖中一群東部高地大猩猩，在烏干達的海拔 3,000 米維龍加火山的金絲桃（*Hypericum*）森林中進食。統御的銀背雄性站在靠左最前景。他的右邊有兩隻成年雌性和一對兩歲大的雙胞胎，雙胞胎在玩互推遊戲，被推下樹枝者算輸，與人類的遊戲相似。圖左後方有三隻未成年者也在玩遊戲，搭成一串前進。統御者的左邊有多隻雌性；一隻懷抱著一歲的幼兒，一隻在為三歲大的小猩猩梳毛，圖最右的一隻背著兩歲的小猩猩在進食。梳毛雌猩猩的側後方是一隻以坐姿休息的黑背雄性，一隻銀背仰臥著睡覺，後面靠近圖中央是正在進食的兩隻黑背雄性和一隻雌性。圖最右的後方，一隻獨居的雄性蹲在樹枝上遠遠旁觀著這個群。注意大猩猩的面孔長相各有不同，研究者認為群隊成員會彼此辨認面孔。金絲桃森林中生滿苦草與豬殃殃藤（*Galium*），兩者都是大猩猩的主食。（Drawing by Sarah Landry; based on Schaller, 1965a, b, and personal communication, and Fossey, 1972.）

的雄性衝到隊伍前端，向對方做一些嚇唬的動作。弗希觀察威索克山區的大猩猩三千小時，只遭受過不到 5 分鐘的敵意對待，而這些敵意行為全部都是出於防衛，也全都是虛張聲勢。

大猩猩的兩性行為甚至更為低調。夏勒只觀察到兩次交配行為，其中都有銀背。彼此梳理的情況比黑猩猩和多數其他靈長目動物都常見，主要是成年者給幼少者梳毛，或是未成年者彼此練習。成年者極少彼此梳毛；弗希曾經觀察到，夏勒卻沒見過。

大猩猩的通訊主要是藉聲音與視覺。明顯有別的發聲炫示有 16 或 17 種，其中包括銀背的遠距呼吼。表達不同意思的面部表情和姿態略少，也有十多種。我們推斷大猩猩的智能應該頗高，牠們的通訊模式卻與多數靈長目物種差不多，內容也不比一般哺乳動物和鳥類繁複多少，這是很值得注意的。我們理解了大猩猩的近親黑猩猩之後，才發現社會行為的另一個演化等級。曾有人說，大猩猩的社會生物性雖然不比其他舊世界猿猴類高等，但至少在一些重要面向上有質的差異。按夏勒與弗希累積的觀察成果看來似乎不然。大猩猩的生活的確安靜得多，步調緩慢得多，有些方面也比較細微，但是基本上並沒有與大多數舊世界物種演化趨異。

黑猩猩（*Pan troglodytes*）

按最直觀的標準看，在人類以外靈長目動物之中，黑猩猩的社會性等級最高。黑猩猩組成的社會規模稍大，其中有隨意組成、解散、再重組的團體，非常不固定。群隊雖然有內聚力，也據有穩定的活動圈，與其他群隊相遇時卻很平和，而且群隊可以任意交換成年的雌性——不像其他靈長目動物交換的是雄性。由於黑猩猩的智能高，群隊成員行為因個體而異，所以更助長了這兩個特性——彈性大與開放。黑猩猩的生命週期中，社會化的時間很長，母親與成年子女的關係不緊密卻持久。此外，雄性在捕獵動物時合作程度甚於其他靈長目動物（人類除外），捕獵後的乞討與共享食肉的行為也是獨一無二的。

黑猩猩分佈於赤道非洲各地，從獅子山、大西洋岸的幾內亞，往東一直到坦干伊卡湖與維多利亞湖，都有黑猩猩出沒。侏儒黑猩猩（*Pan paniscus*）分佈地區較小，只在剛果到盧阿拉巴河之間，也有人認為侏儒黑猩猩只是黑猩猩的亞種（即 *Pan troglodytes paniscus*）。黑猩猩生活於各種森林棲地，從雨林到小塊稀樹草原，從海平面到海拔三千米的地區都可以棲

息。牠的生活是半陸棲性，平常日子在地面上度過的時間佔 20% 到 50%，白晝覓食，夜晚到樹上睡在用枝葉舖的寢窩裡。黑猩猩是雜食動物，攝食大量果實，也吃多種植物的葉片、樹皮、種籽。此外還吃白蟻與螞蟻，並且經常獵食小狒狒與猴子。

尼森與考特藍率先投入黑猩猩社會行為的田野研究（Nissen, 1931; Kortlandt, 1962）。近年來的三組重要的研究大大加深了我們對黑猩猩的認識。一組是在烏干達愛伯特湖附近的布頓哥森林，研究者為維爾能（W. Vernon）與雷諾茲（F. Reynolds），以及伊澤紘生（K. Izawa）、伊谷純一郎（J. Itani）、西田利貞（T. Nishida）、杉山幸丸（Y. Sugiyama）、鈴木晃（A. Suzuki）等京都大學研究計劃的人員。第二組在坦尚尼亞的坦干伊卡湖東邊的卡巴哥山與馬哈利山（Mahali），研究人員是京都大學團隊。第三組在坦尚尼亞的岡貝溪國家公園，由珍古德（Jane van Lawick-Goodall）率領研究夥伴。三組研究都運用了珍古德所創的「習慣化」（habituation）技巧，即是，觀察者不必躲躲藏藏，直接走到黑猩猩群旁邊，以幾天或一、兩週時間讓黑猩猩習慣有觀察者在近旁。只要假以時日，使黑猩猩群習以為常，這樣觀察效果極好。黑猩猩群不但可以對觀察者視若無睹地照常活動，而且根本把觀察者接納為群體之中奇特的一份子。

日本方面的研究顯示，黑猩猩的基本社會單元是 30 至 80 隻成員的鬆散結伴組織，佔據一片固定而界線相當清楚的活動圈，共聚數年之久（特別參考 Izawa, 1970; Nishida and Kawanaka, 1972; Sugiyama, 1968, 1973）。活動圈算大，布頓哥的黑猩猩群佔用面積在 5 至 20 平方公里，馬哈利山一帶的約為 10 平方公里。活動圈彼此有部份重疊（見圖 26-6）。按珍古德估計，岡貝溪的族群總共有 150 隻上下的個體。然而，一九六四年至一九六五年間比較固定造訪研究站的黑猩猩只有 38 隻，可見這個地點應當將地區的差異納入考量。群體組織的延續，以及群體留駐活動圈的時間，顯然不是一代過

去就結束。由此可知黑猩猩的社會並不像以往假定，只是偶然形成（見第六章），而是有特定族群結構的。例如，不同群若在共同的進食地點相遇，往往會一同行進一會兒，在這短暫時間內不會有明顯的敵對表示。但是，杉山在布頓哥曾經兩度目睹類似其他靈長目動物的領域炫示。兩群相遇時激動地混合，用誇張的動作大嚼牠們在一般狀況下幾乎不吃的葉片和果實，在地上跑來跑去，在枝葉間來回鑽，一面又喊又吠。這樣吵鬧了大約一小時之後，兩個群才退回各自的活動圈當中排外的區域。群體每隔一段時間就會與短暫相遇的他群交流成員。西田與川中指出，布頓哥的黑猩猩群交流的成員大多為雌性，又以正處於適交配期的雌性居多（Nishida and Kawanaka, 1971）。有些帶著子女的雌性也會移入他群，但這些雌性後來都一一回到各自的本群。

　　總之，黑猩猩的族群組織似乎遵守常規。暫時與鄰近他群相混乃是特例。但是，個體與鄰居熟稔是很平常的事，其他哺乳動物以及鳥類也都有這種行徑。黑猩猩只有交流雌性的行為是獨特的，但此事對遺傳造成的影響與其他物種只交換雄性是一樣的。

　　黑猩猩群內部組織的不固定，才真正與眾不同。整個群體幾乎從不全部出現在同一個地方。群體成員會一起在活動圈內從甲處到乙處去找特定的食物吃。例如，布頓哥的一個群於九月間往北走，去找多汁的鳳果（Garcinia）。這個群行進中的大部份時候，卻有一些小團體在其中組合、拆散、重組，變動有如萬花筒一般。這些組合並沒有連貫的族群結構，唯一例外的是子女跟著母親的組合（有些子女早已斷奶了）。這種組合其實就是人類社會中的偶現群（casual group，見第六章）。圖 26-7 便是一個例子。小團體如果發現果樹，會用「嘉年華炫示」（carnival display）呼喚其他同伴前來。傳教士 T. S. Savage 在一八八四年最早描述這種炫示是「呼呼吼、尖叫、用棍子在老樹幹上連連敲擊」。其實黑猩猩是用手拍打樹幹，興奮地

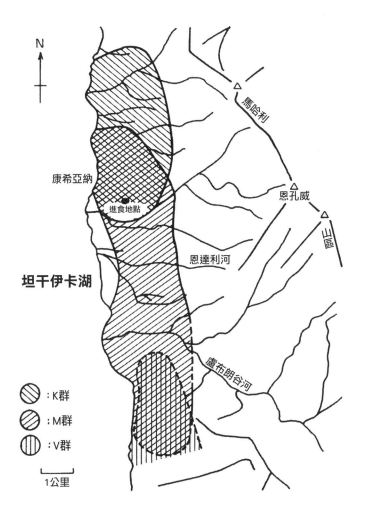

圖 26-6：馬哈利山附近三個黑猩猩群的活動圈。兩個活動圈的重疊處有共同的進食地點。
（Redrawn from Sugiyama, 1973.）

第二十六章　人類以外的靈長目動物

跑來跑去，在樹枝上蕩來蕩去，吠叫，喧嚷，大喊。這種炫示的叫聲在一公里之外都聽得見，叫聲所及距離內的小團體就會朝著聲音傳來的方向跑去。這種炫示也用於其他情況：例如，一個小團體分散，其中一個單元走遠了；一個團體休息之後或進食之後將要繼續行進；或是並沒有明顯外在刺激的時候。這種炫示可以確立與鞏固群體內部的聯繫，或許也如同吼猴和長臂猿的低吼一樣有警示他群保持距離的作用。屬於同一群的小團體相遇通常會有互相致意的儀式，成年雄性尤其常這麼做。一隻雄性如果來到已經被一個小團體佔據的果樹，會拍打樹幹底部，同時喊出聲來。先到的這些猩猩之中的雄性便會過來，和後來的這隻擁抱，然後彼此梳毛，之後才安心進食。有時候晚到的這隻直接走到先來者的面前，伸出一隻手，先來者會摸摸他的手，然後雙方擁抱再互相梳毛。

黑猩猩群體內部的合作模式和程度都與眾不同。多數時候，群體成員各自行動吃果實或葉片等。如果食品的量有限——例如觀察人員拿來的水果只有膽子夠大的雄性敢去拾——成員之間會乞討要求分食。另一種更重要的合作行為，表現在捕獵動物的時候。根據鈴木、泰勒基等人士累積的觀察結果可以看出，黑猩猩雖不常獵食狒狒等較大型的動物，這卻是常態的特化行為（Suzuki, 1971; Teleki, 1973）。有意進行追捕（必是由成年雄性發動），是用姿態、行為、面部表情的改變來傳遞。其他黑猩猩會以警覺而興奮的動作回應，結果往往大家同時開始追。按泰勒基描述，掠食的興趣與意圖是以扳緊面孔或面無表情來呈現。有意獵食的猩猩會變得異常安靜，目光盯住要捕獵的目標，體態變得緊繃，全身的毛略豎起來。通常只有成年的雄性參加，但他也觀察到一次兩隻雌性捕殺了一對小豬。追捕行為的一個重要特徵是，尚未實際行動之前完全靜默。黑猩猩好喧鬧的程度在動物之中名列前茅，竟能如此自制，實在相當異常。

泰勒基區分出三種捕獵模式。第一種是黑猩猩混入獵物群中，以猝不

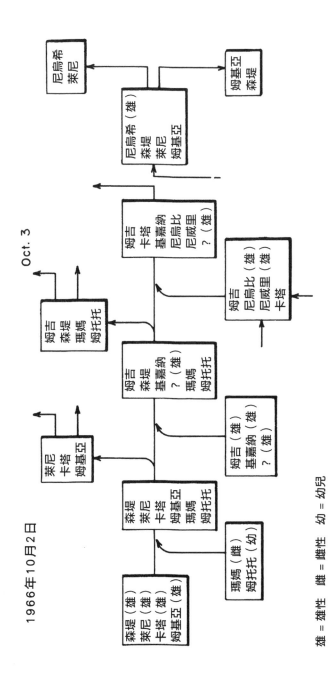

圖 26-7：布頓哥森林的一個黑猩猩群之中小團體的分分合合。這些換來換去的組合雖然都很短暫，整個群隊的組織卻可能延續幾代。（From Sugiyama, 1973.）

雄＝雄性　雌＝雌性　幼＝幼兒

及防的行動抓住一隻。第二種模式是追捕。如果捕獵目標是一隻小狒狒，可能必須與趕來營救的成年雄狒狒打鬥一場。第三種最有意思，用到追蹤的技巧，把獵物逼得爬上樹或落入陷阱。三種模式都多少需要團隊合作。

岡貝溪黑猩猩群獵食的最佳機會，是東非狒狒與黑猩猩在進食地點相混的時候。一開始有很長一段時間互動是中性的，或頂多只有輕微的爭鬥性。未成年的黑猩猩和狒狒偶爾會玩在一起。然後氣氛突然改變，預示恐怖暴力的場面就要出現：

查理與歌利亞這兩隻黑猩猩把香蕉吃完了，在幾碼之外躺下來。邁克與雨果也吃畢，兩隻同時幫阿修梳毛。又有兩隻成年狒狒和幾隻少年狒狒跑來找曼崔與席芙（兩隻成年狒狒）。於是，這相混的一群（都在直徑不過10碼的方圓之內）有了5隻成年雄黑猩猩，7隻年齡不等的狒狒。其中只有索

爾是幼兒（狒狒）。大家看來都很悠閒：幾隻黑猩猩在互相梳毛。狒狒阿鹹開始給席芙梳毛。11:02，邁克突然**哇**地大叫，又揮臂威嚇曼崔；曼崔旋轉過身子，朝著邁克眨眼皮回應，邁克在曼崔的鼻子上打了一巴掌：曼崔往後跳，迅速平靜下來。……11:07，狒狒曼崔把索爾從媽媽席芙懷中抱過來，索爾的媽媽仍繼續為曼崔梳毛。狒狒距離黑猩猩只有一碼遠，到了 11:09，幾隻雄黑猩猩（邁克、阿修、雨果、查理）突然襲擊曼崔，把索爾從他懷中奪走，立刻擠在一起要把索爾扯斷。狒狒（包括席芙）迅速一哄而散。只剩

圖26-8：岡貝溪黑猩猩群的兩個暫時休息中的小團體。左頁：左手邊是三隻成年雄性（沃佐、查理、雨果），另外兩隻是成年雌性（抱著幼兒的蘇菲、梅莉莎）。上圖的中間是兩隻在遊戲的幼兒，表情是典型的「遊戲臉」。一隻未成年者在為一隻成年者梳毛。（Photographs by Peter Marler and Richard Zigmond.）

下曼崔仍留在黑猩猩旁邊，他反覆**吠叫**，同時雙手用力推其中一隻黑猩猩的背，但一切似乎徒勞。邁克和阿修不久就把索爾分成兩半，各自爬上樹去食用，其他黑猩猩跟在他們後面。　　　　　　　　　　　　　　（Teleki, 1973）

這是猝然捕捉的一個實例。如果是在地上進行追捕，合作行為會比較明顯。至於運用到跟蹤與包圍技巧的第三種獵食模式，合作就更加顯而易見。以下是泰勒基記錄的第三模式實例：

> 菲剛本來一直閒散地坐在樹上，在午後 12:32 的時候突然跳下地，一聲不出，急忙跑過空曠的斜坡，衝著三隻狒狒（一隻成年雄性、一隻雌性、一隻小狒狒）而去。力克斯和沃佐也幾乎同時從別的樹上跳下來，跟著菲剛一起跑。三隻黑猩猩都在 5 碼之外停下，看著那三隻狒狒。站在稍前面的菲剛開始慢慢走近小狒狒，小狒狒大聲嘎叫；雄狒狒立刻過來護著他，一起站在原地盯著黑猩猩看。菲剛在距離他們 3 碼的地方再度停下。這時候，阿修、查理、邁克也迅速越過斜坡，渾身的毛豎著，跑向三隻狒狒這邊；小狒狒大聲地**哀號嘎叫**，雄狒狒箭步衝向前，眨著眼皮；查理站住揮臂，向三隻狒狒大搖大擺前進。

這次捕獵以狒狒逃離收場，之後黑猩猩們也迅速散開離去。珍古德觀察到一次雄性合作更明顯的行動，仍是菲剛主導（van Lawick-Goodall, 1968a）。他先把一隻小狒狒逼得爬上棕櫚樹，本來在一旁休息梳毛的其他雄性即刻站起來，往這棵樹走過去。有的走到這棵樹下，有的走到緊鄰的其他樹下，以防小狒狒跳到旁邊的樹上逃走。小狒狒果然從一棵樹跳上另一棵樹，守在旁邊的一隻黑猩猩立刻開始往這樹上爬。後來小狒狒從 20 呎的高空跳下地，逃回自己的群體去了。

分食肉的程序也相當複雜。按珍古德與泰勒基的觀察，黑猩猩會運用多

種不同的訊號乞食。想要肉吃的黑猩猩目不轉睛看著，把臉湊到吃肉的黑猩猩臉旁，或是湊近他正在吃的肉，甚至伸手去觸肉或是摸吃肉者的下巴和嘴唇。或者，乞肉者會把掌心朝上的一隻手伸到吃肉者下巴底下。做這些動作時往往還會發出嗚咽聲和呼呼叫。兩歲以上不分雌雄都會做出乞食行為。吃肉者有時候會帶著手中的肉挪到另一個地方，以表示不給，或是做出拒絕的動作，偶爾也會容許乞食者直接咬上一口，或自己扯下一小片肉。泰勒基曾在一年之內四次觀察到吃肉的黑猩猩撕一小塊分給乞食者。

　　黑猩猩的統御行為發展得很完全。不同位階的個體如果在樹枝上相遇，低位階的會讓高位階的先走；如果同時向前去取同一件食物，低位階者也必須禮讓。低位階者會從高位階者身旁繞道走，也會伸手去觸高位階者的嘴唇或大腿、生殖器官一帶，以表示討好。諸如此類的互動都很細微，少見公然的威嚇及退讓。杉山觀察了 360 小時，只看到 31 次這種尊卑互動。雷諾茲觀察 300 小時，只看到 17 次「爭端」。珍古德在岡貝溪國家公園停留的頭兩年中，總共記錄了 72 件爭鬥式互動。絕大多數的敵意行為都發生於成年的雄性。奇怪的是，這種統御關係並不及於與雌性交配的資格。雌性黑猩猩基本上行亂交，她們時常在短時間內連續與不同雄性交配，而待在旁邊的雄性並不會干預。珍古德曾經看見七隻雄性一個接一個與同一隻雌性交配，前五隻的交配行為相距都不到兩分鐘。有時候雌性會主動尋求機會。杉山觀察的布頓哥群隊中，一隻正在發情的雌性暫停幫統御雄性梳毛，去找附近樹枝上的一隻年輕的成年雄性，與他交配完畢後，再回來幫原先的雄猩猩梳毛。黑猩猩統御行為的另一個特徵是，位階高低與誰為誰梳毛無甚關係。黑猩猩經常互相梳毛，顯然是藉這個行為彼此安撫。母親離開很長時間之後再與子女相聚，同一個地區群之中的兩個小團體分頭覓食中相遇，這些情況大多會導致互相梳毛。統御者有時候會梳理一下前來尋求安撫的從屬者，但多數時候只以觸摸或輕拍一下表示。

狹義的領導行為是指發動群體行動而言，這在黑猩猩群之中也有充份發展。通常群體之中的統御者領導所有成員。團體在覓食的樹木間迅速行進時，領袖會跑在最前面。其他時候，領袖會待在團體的中心，或是殿後。不論領袖待在哪個位置，指揮的效果都一樣，他動了，其他成員會跟著動，他停下，大家也都停下。

　　珍古德曾經詳述黑猩猩豐富的通訊內容（van Lawick-Goodall, 1968b, 1971）。其中大部份是發聲、面部表情、體態、動作混合的訊號。觸覺訊號（包括梳毛）也經常用到，但遠不及聲音視覺訊號那麼多樣。黑猩猩似乎極少使用化學物質的訊號，這一點和人類相似。不過我們必須承認，化學訊號的研究尚未作過適當的行為測試與化學測試，所以仍有待進一步求證。

人類：從社會生物學到社會學

　　我們要按研究自然史的自由精神來探討人類，就好像我們是別的星球來的動物學家，要作一份完整的地球群居物種目錄。這樣宏觀地看，人文學科和社會科學都縮小，成為生物學的專科分枝；歷史、傳記、小說是人類行為學的研究報告；人類學與社會學合併而成為靈長目這一個物種的社會生物學。

　　智人（*Homo sapiens*）從生態上看是一個很特別的物種。在靈長目所有動物之中，這個物種分佈的地理範圍最廣，而且地區密度最高。精明的外星生態學家看見人屬只有一個物種，並不會覺得意外。現代人已經搶先佔取了所有我們想得出來的人科動物生態區位。以前的確存在不止一種人科動物，那時候南猿（*Australopithecus*）還在非洲生存，可能也有一種早期的人屬物種。可是只有一支延續到更新世晚期，發展了最高等的人類社會特性。

現代人的解剖構造獨一無二。人類的體態直立，完全以兩腳行走，而其他靈長目動物即便能直立行走也只是偶一為之，演化上與人類差得仍很遠，連大猩猩與黑猩猩亦然。人類的骨骼徹底適應了這個改變：脊柱彎曲，以便將軀幹的重量平均分佈開來；胸部變平坦，將重心往後移至脊柱；骨盆變寬，使大腿強而有力的跨走肌可以附著，並且形成可支持內臟的凹腔；尾巴退化，尾椎向內彎曲，形成骨盆腔的底部；枕髁旋轉到顱骨下面，支撐起頭部的重量；臉部縮短，以配合重力的轉移；姆指變大，使手更有力；腿變長了；腳變窄變長，以方便跨步行走。還有其他改變。身體絕大多數部位的毛沒有了。現代人為什麼會變成「裸猿」，原因至今不明。有一個說法似乎很有理：在炎熱非洲平原上追捕獵物的人類可以藉此加速散熱。人類全身有二百萬至五百萬個汗腺，遠多於其他靈長目動物，沒有毛應該是與人類特別仰賴排汗來散熱有關。

人類的生殖生理與行為也有很特殊的演化。尤其是女性的動情週期改變，影響了性行為與社會行為。改變之一是月經程度增強。其他靈長目物種的雌性只有少量出血，而人類女性在「子宮懷孕落空」後，內壁剝落，造成大量出血。改變之二是「動情」不再，人類幾乎可以持續不斷進行性活動。人類的性交行為不用一般靈長目動物的動情訊號（即雌性的性器官周圍皮膚變紅，釋出性費洛蒙）來展開，而是藉伴侶的持續前戲引發相互刺激。有形的性吸引性狀是固定的，包括兩性的陰毛、女性隆起的乳房與臀部。性活動沒有起伏差異，加上女性的外表吸引力，有益鞏固人類社會生活根本的婚姻關係。

火星來的動物學家遠遠看見人類的球形頭顱，會認為這與人類的生理大有關係。人屬動物的大腦在相對較短的演化時間之內大幅擴張（見圖27-1）。三百萬年前的成年南猿的顱內容量是 400 至 500 立方釐米，與黑猩猩和大猩猩差不多。比他們晚兩百萬年的直立人（*Homo erectus*），顱

內容量就增加到 1000 立方釐米。接下來的一百萬年裡，尼安德塔人的腦容量再增為 1400 至 1700 立方釐米。現代人的腦容量在 900 至 2000 立方釐米之間。如此擴大所造成的智能增長非常巨大，影響更難以衡量。我們可以就智能和創造力的一些基本要素來比較人與人的差異，但至今尚未設計出任何標準可以用來客觀地比較人與黑猩猩的智能，以及人與靈長目其他物種的智能。

我們已經在心智演化上大幅躍進，要自我分析越來越不可能。心智能力過度增加，已經把最基本的靈長目社會性狀扭曲得幾乎變了樣。舊世界各種猿猴類的社會組織，都有明顯可塑性；人類把這種可塑性發揮成為多不勝數的族裔文化。猿猴類會用行為程度調節爭鬥互動與兩性互動；人類行為變成

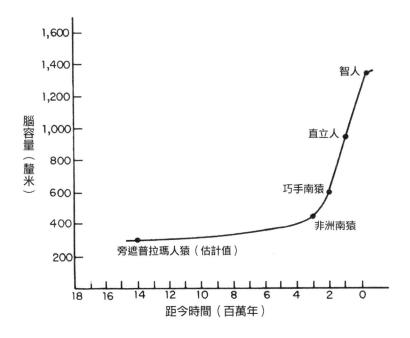

圖 27-1：人類演化過程中腦容量的增加。（Redrawn from Pilbeam, 1972）

多面向、受文化調整，也幾乎幽微到極點。其他靈長目動物的感情維繫與互惠利他，都只有初步發展；人類卻把這些擴張為巨大網絡，個體在其中有意識地時時轉換角色，就像換戴面具一般。

比較社會生物學的宗旨，就是要力求詳細且久遠地追查人類這些特質與其他性狀。除了能拓廣視野，也許啟發一些哲學思考，這項作業還有助於確認人類曾經用什麼行為與規則，藉操作社會而增進自己的適存度。簡單來說，我們要找出人類的生物程式（Count, 1958; Tiger and Fox, 1971）。有個關鍵問題，在追求真實理論的人類學家和生物學家腦中一直盤旋，即是，這個生物程式有多大程度是為了適應文化生活，又有多少是系統發生的遺跡？我們的文明是蓋在生物程式周圍的豆腐渣工程。文明如何受這個程式影響？反過來看，這個生物程式有多大彈性？在哪些參數上有彈性？根據研究其他動物的經驗可知，器官如果過度增大，那麼就很難重建系統發生的過程。這乃是研究人類行為演化的問題癥結。本章將討論人類看似共通的性狀，並且檢視我們目前對於這個生物程式演化的理解，最後再談這些知識對未來社會規劃有哪些意涵。

社會組織的可塑性

最基本、最容易核實的性狀，都是統計上的性狀。社會組織的參數，包括群體規模、社會階級的屬性、基因交換率，在人類群體之中的變異遠遠超過靈長目其他物種。甚至其他各物種之間的差異，都不如人類的不同人口群之間的差異來得大。可塑性多少會增加是可以預期的。這是根據狒狒、黑猩猩，以及其他獼猴類顯然已經有的變異性作的推斷。真正出乎預料的是，可塑性竟然會那麼強。

人類社會為什麼彈性如此之大？部份原因在於社會成員的行為與表現有極大差異。即便是最簡單的社會，成員的行為與功績也南轅北轍。例如孔

族布殊曼人（!Kung Bushmen）的一個小部落裡，有些人被視為「最好的人」，即是領袖，以及獵人與醫者之中的傑出專家。部落雖然重視共享的品行，有些人依舊特別能幹勤奮，不惹眼地賺到一些財產。孔族男子也和高度工業化社會中的男性差不多，一般都在三十五六歲的時候掙得人生成就，否則就得接受較低的地位。有的人從來不想努力，住破爛草房，不自重，也不看重自己的工作（Pfeiffer, 1969）。落入這種角色，把自己的個性變成適於這種角色，也許就是一種適應。人類社會是按智能高低組織起來，每名成員都在面臨各種挑戰時自己想辦法應對。這項最基本的變異，到了群體的層級又再擴大，因為人類社會中還有些特別突顯的特質：社會化過程漫長而緊密；通訊網絡的聯結鬆散；感情關係多種多樣；能夠跨越較長的時間與空間完成通訊，能夠使用文字的社會尤其如此；以及組合、操作、利用這些特質。每個參數都很容易被改變，每一個參數又會對最終的社會結構造成顯著影響。其結果便是我們所見的不同社會之間的變異。

　　我們假定，可能促進社會行為彈性的那些基因是在個體層級就受到強烈的選擇偏好。但是必須注意，這個過程只是可能造成社會變異，卻不必然使社會變異。必須存在多個適應高峰，才能夠促成我們觀察到的變異量。換言之，同一個物種之中的不同社會形態，存活能力必須夠相仿，才會有許多社會形態歷久不衰。由此可知，各型社會形成的統計組合可能達到均衡狀態；即便不均衡，至少它也不會朝著特定一種社會模式迅速移動。另一種可能便是像某些群居昆蟲，個體行為與階級發展上顯示出彈性，但是，如果將昆蟲群落之內所有成員綜合起來看，各類個體的統計分佈卻相當一致。例如蜜蜂與山蟻屬（*Formica*）和收穫蟻屬（*Pogonomyrmex*），即便同一個階級的個體，也有十分顯著的「個性」差異。有些個體（昆蟲學家稱之為精英）特別積極，擔起的工作量超出自己一生應做的份，而且激勵其他成員。有的個體卻一貫怠惰，牠看來雖然健康而長壽，個體平均生產量卻只有精英份子的幾

成。此外還有特化作用。某些個體留在巢內照顧幼蟲的時間比較長，另一些個體專門負責築造與覓食。然而，群落的整體行為模式仍與物種平均值趨同。如果取一個有上百或上千成員的群落，與同物種的另一個群落作比較，活動模式大致差不多。我們曉得，這種一致性有時候是負回饋造成的。假如巢中有某項需求增加，例如照顧幼蟲或修築巢窩，工蜂工蟻就會改變活動去配合，一待需求滿足了，再轉回原來的活動。實驗證明，如果擾亂這個迴路，從而導致群落偏離統計常模，可能釀成大亂。所以，回饋迴路既精準又強而有力，是意料中事。

人類社會之中，統轄力量沒這麼強，偏離常模也不會有這麼危險的後果。人類學文獻之中多的是效率不良的社會，甚至有病態缺陷，但它們依然存活。Orlando Patterson（1967）生動描述的牙買加奴隸社會，按文明生活的道德標準看，毫無疑問是病態的。「它的與眾不同在於完全罔顧、扭曲正常人類生活幾乎每一項根本先決條件。在這個社會裡，神職人員是境內『最精湛的縱慾者』；這個社會明令，婚姻制度在奴隸主之中和奴隸之中都是罪行；絕大多數人口不會想到成家，而以亂交為常模；人們認定教育是浪費時間，對教師避之唯恐不及；法律制度故意歪曲正義的所有意涵；各種形式的優雅、藝術、民風，不是蕩然無存就是支離破碎。只有壟斷了島上幾乎所有肥沃土地的少數白種人，在這個社會中能夠受惠。這些人一旦賺到財富就回母國去享福，扔下這個被他們的生財之道弄得不堪居住的島。」即便如此，這個霍布斯風格的世界還是延續了將近兩百年，經濟繁榮，人口也大增。

烏干達的伊克族（Ik）同樣值得一提（Turnbull, 1972）。他們以前靠狩獵為生，轉換到農耕生活後一敗塗地，不但時時瀕於飢餓邊緣，還眼見自己的文化步向毀滅。他們唯一確定的價值就是「恩納格」，食物；他們所說的「好」，「馬朗基克」，是指一個人肚子裡有食物；他們所謂的好人是「牙克烏‧阿納‧馬朗」，也就是「肚子飽飽的人」。伊克人仍會建起村落，但

是核心家庭的功能消失了。他們不大甘願養育小孩，孩子到了三歲左右就得自謀生路。正常而言，到了需要某些特定合作關係的時候，他們才會結婚。由於精力不足，性活動量降至最低，人們認為性行為帶來的快感程度和排便差不多。他們以寬慰與消遣的態度看待死亡，因為死去的人不會再爭「恩納格」了。由於伊克人處於最低可持續水準，我們不免會認為他們注定滅亡。然而，他們的社會保持原狀且相當穩定，已經 30 年了，可能就一直這麼存留下去。

社會結構怎耐如此的變異？原因可能是欠缺其他物種的競爭，所以導致生物學家所謂的「生態釋放」（ecological release）。一萬多年來，整體而言人類太能控制自己的環境，任何文化只要略有內在協調性，不要完全中止生產，幾乎都能有一時的興旺。螞蟻和白蟻就沒這麼幸運了。不論築造窩巢、製造嗅跡、進行婚飛，只要效率稍有不足，就可能因為被掠食、受到其他群居昆蟲的競爭，而迅速滅種。群居的食肉動物和靈長目動物也一樣，只是程度上或許稍輕。總之，動物世界的物種往往被緊緊擠入生態系統裡，沒有實驗與揮灑的空間。人類暫時擺脫了物種之間競爭的限制。雖然文化有興亡，但這過程遠不及物種間的競爭那麼確實地降低變異數。

一般多認為，幾乎所有的文化變異都是源於表現型而不是遺傳。這個觀點不無道理，因為文化的某些面向可以在一代之中輕易改變，快得不可能是演化的作用。愛爾蘭社會在馬鈴薯大疫病的頭兩年中（一八四六年至一八四八年）發生劇變，就是一個實例。另一個例子是日本在二次世界大戰後美軍佔領期間的權威結構改變。這種例子說也說不完——歷史的本質就是這些事實。同樣不可否認的是，人類的人口群彼此沒有多大遺傳上的差異。路翁廷曾經分析九種血型系統現有的資料，發現有 85% 的變異數是人口群內部的多樣性造成，只有 15% 來自不同人口群之間的差異（Lewontin, 1972b）。我們沒有理由假定這個基因樣本的分佈特別多樣化。

環境主義的極端正統觀點猶有過之，認為文化傳遞中其實沒有遺傳變異數可言。也就是說，文化習性是由單單一種人類基因型傳遞的。多布贊斯基將這個假說陳述如下：「文化不是藉基因遺傳而來，卻是向其他人學習而來。……可以說，人類基因把它在人類演化過程中的首要地位，讓給了一個全新的、非生物性的——或說超個體的（superorganic）——作用力，即是文化。但是要切記，這個作用力完全依賴著人類的基因型。」（Dobzhansky, 1963）基因雖然交出了大部份自主權，卻保留了一些影響力。有些行為特質從根本上構成不同文化之間的差異，這些特質就是受基因影響。我們已經發現某些特質的遺傳性偏高，包括內向外向的程度、個人性情緩急、精神活動與體能活動、神經質、支配性、憂鬱症、發生精神分裂症等精神疾病的傾向（Parson, 1967; Lerner, 1968）。這種變異數即便只有一小部份造成人口差異，也可能就使社會更容易產生文化差異。我們起碼應該設法計算這個量。如果只是指出某一個或某幾個社會沒有某個行為性狀，就因此說這個性狀是環境誘發，沒有遺傳傾向，那並不能令人信服。事實也許正相反。

總之，我們需要建立遺傳人類學這個學門。在建立成功之前，應該可以用兩個間接的方法來闡明人類的生物程式。第一個方法是根據人類行為最基礎的法則來建構模型。這些法則要儘量作到可以檢驗，建構生物程式的方法和動物學家確認物種「典型」行為模式的習性譜（ethogram）大致相同。而且這些法則應可合理地與其他靈長目動物的習性譜來對照比較。人類文化法則中的變異不論多麼輕微，都可能是發掘根本遺傳差異的線索。如果這些變異與已知可遺傳的行為性狀變異彼此之間有相互關聯，就更加值得深究。社會科學界的人士其實已經開始從這個方向著手，不過與這裡討論的問題無關。馬斯洛假定，人類要因應層次不同的各種需求，較低層次的需求得到滿足之後，才會關注到較高的層次（Maslow, 1954, 1972）。基本的需求是吃飽睡足。這兩者得到滿足之後，安全就變成首要考量。隨後是需要有所歸屬

與被愛，繼之是自尊，最後才是自我實現與創造。馬斯洛夢中的理想社會能夠「使人類潛能完整發展，使人性充份發揮」。當生物程式自由表達時，重力中心應該落在最高的層次。另一種說法來自社會科學家荷曼斯，他採用了史金納（B. F. Skinner）式的觀點，把人類行為簡化為聯想學習的基本過程（Homans, 1961）。荷氏假定的法則如下：

1. 假如過去某一種刺激情境發生的時候，某人的行為因而得到了獎賞，那麼現在的刺激情境與過去那一個情境越相似，就越有可能使這個人做出與過去相似的行為。

2. 在一段時間裡，某個人的活動越能經常獎賞另一個人的行為，這另一個人就越會經常做出這個行為。

3. 某個人越重視另一個人對他做的一套舉動，這個人就越會經常按照某種方式行事，以受到另一人的獎賞。

4. 某一個人最近受到另一個人獎賞的情況越頻繁，他就越不在意是否再受到那個獎賞。

馬斯洛是目光遠大的行為學家，荷曼斯是走行為學派的簡化論者，兩人似乎相去甚遠。但兩人的方法可以相容。我們可以把荷氏的法則看成某些元件，人類的生物程式乃透過這些元件表現出來。他的操作詞是**獎賞**，這其實就是腦部情緒中心想要得到的所有互動。按演化論，可欲的程度是以基因適合度為計算單位，情緒中心便據此設定指令。馬斯洛的需求層次只不過是這些法則所設定的各種目標的先後順序。

建構遺傳人類學的第二個間接方法，是從系統發生的分析切入。將人類與其他靈長目動物作比較，可能發現靈長目的基本性狀，從而研究人類較高等社會行為如何形成。勞倫茲的《攻擊的秘密》（Konrad Lorenz, *On Aggression*），阿德瑞的《社會契約》（Robert Ardrey, *The Social Contract*），莫里斯的《裸猿》（Desmond Morris, *The Naked Ape*），泰

格與福克斯的《優越的動物》（Lionel Tiger and Robin Fox, *The Imperial Animal*），這一系列暢銷之作，都漂亮地發揮了這個方法。這些著作都強調，人類乃是適應了特定環境的一個物種，這觀點頗有裨益。由於這些作品廣受注目，所以打破了極端行為學家原先的侷限；極端行為學的論點把人類心智看成幾乎等位的反應機器，既不正確，也沒有啟發性。但是，作者們處理這個問題多半欠缺效率，而且造成誤解。他們根據觀察動物物種的很小樣本，選出某種看似有理的假說，然後把假說推到極限。這樣做的缺點在前文（第二章）已經談過，此處不再贅述。

採用比較行為學的正確方法是，以許多生物性的性狀為依據，徹底探討關係密切的物種的系統發生史。然後，把社會行為當作應變數，按這個應變數推斷演化過程。假如用這個方法把握不夠（推斷人類是欠缺把握的），退而求其次的方法在第七章講過：當動物的特性在不同分類單元之間有顯著的變異，則找出它最低在哪一個分類層次開始有顯著的變異。因物種而各異的性狀，或是因不同屬而各異的性狀，變異性最大。我們不可能根據獼猴和猩猩在這類性狀上的表現來推斷人類的表現。以靈長目而言，變異的特質包括群體規模、群體的內聚力、群體對外來者接受的程度、雄性參與親代照顧的程度、群體的注意力結構、保衛領域行為的強度和形態。一個性狀如果在科或目的分類層級都保持不變，就可以算是「保守」，這樣的性狀也最有可能在人屬動物的演化過程中，保持相對不變。保守的特性包括：憑爭鬥行為產生統御系統，通常雄性統御雌性；能夠以不同的強度作反應，爭鬥式互動過程中尤其明顯；母親照顧密切而持久，明顯促使幼少者社會化；以母系為中心的社會組織。這樣將行為性狀分類，可以為假說打下恰當的基礎。各種不同行為性狀保留在智人身上的機率，可以做數量的評估。有些變異的性狀，在人類身上當然有可能仍與黑猩猩或其他動物同源。反之，有些性狀即便在所有其他靈長目動物之中都是保守的性狀，卻可能在人類起源的時候就變

了。此外，做數量的評估並不表示保守的性狀就是比較屬於遺傳性的（遺傳率比變異性狀高）。變異性也可能全然來自物種之間的遺傳差異，或同一物種的不同族群之間的遺傳差異。最後，回過頭來看文化演化的問題，我們可以嘗試推斷，若我們已確知某性狀是變異的，那麼它也最有可能因為遺傳差異，而在各社會之間顯得不同。表 27-1 所列的證據，與這個基本概念大致相符。我們也要特別注意，比較行為學的檢視方法並不能推測出人類獨有的性狀。探討演化的一條通則是，劇變的方向不容易從系統發生的推斷預卜出來。

表 27-1　人類的一般社會性狀，分為獨特的性狀、變異的性狀（在靈長目的其他物種或屬的層級有所變異）、保守的性狀（其他靈長目動物一律都有的性狀）。

演化上變異的靈長目性狀	演化上保守的靈長目性狀	人類性狀
		其他某些靈長目動物也有
群體規模…………………………………………………………		變化大
群體內聚力………………………………………………………		變化大
群體對外來者接納程度…………………………………………		變化大
雄性參與親職照顧………………………………………………		大量
注意力結構………………………………………………………		向領袖雄性集中
保衛領域的強度與模式…………………………………………		變化大，但普遍有領域性
		其他靈長目動物幾乎都有或全部都有
	爭鬥性的統御系統，雄性統御雌性	與其他靈長目動物相同，但可變
	反應有量度差別，爭鬥式互動尤其如此	與其他靈長目動物相同
	母親照顧時間拉長；幼少者顯著社會化	與其他靈長目動物相同

續：表 27-1

演化上變異的靈長目性狀	演化上保守的靈長目性狀	人類性狀
	母系組織	大多與其他靈長目動物相同
		獨特的
		真正的語言，精巧的文化
		整個月經週期中可以持續性活動
		形式化的亂倫禁忌與婚姻互換規則，認可親屬網絡
		成年男女合作分工

交易與互惠利他

　　人類以外的靈長目動物罕見利益共享。只有黑猩猩與少數舊世界猿猴類會有原始的分享行為。利益共享卻是人類最顯著的社會性狀之一，程度不輸白蟻與螞蟻的密集交哺行為。因此只有人類有經濟結構。人類憑著高智能與使用符號的能力，才可能真正進行交易。也是因為有高智能，交易才能夠在時間上拉長，變成互惠的利他行為（Trivers, 1971）。這種行為模式的常規，我們在日常生活中都常聽到：

　　「先給我一些；等會兒我就還你。」

　　「這次你幫了我，以後有我幫得上忙的地方儘管說。」

　　「我這樣幫忙沒什麼了不起；如果我自己或是我的家人陷入這種危險，我料想別人應該也會伸出援手。」

帕森斯（Talcott Parsons）很喜歡說，金錢本身並沒有價值。金錢只是小塊的金屬和一張張紙條，但是它能使人們願意付予數量不等的財物和服務；換

言之，它將互惠利他行為量化。

　　早期人類社會最初的交易形式，也許是男性用捕獵得來的肉類與女性交換採集到的植物食品。現存的狩獵採集社會如果反映了原始交易的形態，那麼這種交易應曾經是一種特別的兩性親密關係之中的一個要素。

　　福克斯曾經按李維史陀的論點，憑民族誌的證據指出，人類社會演化的一個關鍵步驟就是用女性作交易（Fox, 1972; Lévi-Strauss, 1949）。男性藉著控制女性而獲取地位，把女性當作交易物品來鞏固結盟關係與親屬網絡。尚未發明文字的社會，婚姻規則複雜，這些規則有許多可以直接解讀為操弄權勢。如果社會中有基本的婚姻禁律，不允許某些婚配，同時又有規定應該實施哪些婚姻交易，婚姻就更是權勢操弄的一種手段。澳洲原住民每個社會之中有兩個半偶族（moiety），半偶族可以相互通婚，兩個半偶族的男性都用自己的姐妹所生的女兒進行交易。男性的年齡越大，權勢也越大，因為他可以控制姐妹的女兒所生的女兒。這種社會制度再加上一夫多妻，可以確保部落中的年長男性有政治與遺傳的優勢。

　　部落之間的婚姻交易形式化的方式雖然錯綜複雜，其遺傳上的影響卻與雄猴在不同群隊隨意遊走差不多，也與黑猩猩族群之間交換年輕的成熟雌性造成的遺傳後果相近。歐洲人未移入澳洲之前，原住民結成的婚約有大約7.5% 是部落之間的婚姻。巴西的印地安部落以及其他尚未使用文字的社會，也有相同比率（N. E. Morton, 1969）。前文（第四章）說過，即便分化族群的自然壓力相當強，只要族群每一代有大約 10% 的基因流動，就足以抵消。因此，部落之間通婚，是造成不同人口群的基因高度相似的一個重要因素。異族婚配的最終適應目的不是基因流動本身，而是避免近親交配。這也是10% 的基因流動就可以達成的。

　　人類社會組織的微觀結構的基礎，是彼此精密估量之後，再訂下契約。正如高夫曼所說的，外來的生人會受到迅速但禮貌的勘查，從而確定其社經

地位、智力與教育程度、自我知覺、社會觀點、能力、可靠度、情緒穩定度。這些資訊的傳送與接收，有很大一部份我們並沒有意識到，但它有很重要的實用價值。對人的勘查必須很深入，因為被勘查的人會企圖製造對他最有優勢的印象。最起碼他也會想辦法避免洩露會損及自己地位的資訊。我們可以假定一個人呈現自我時會帶著欺瞞：

> 許多至關重要的事實，超出了互動的時空，或是隱藏在互動之中。例如，個人「真正的」或「真實的」心態、信念、情緒，只能間接地確認，只能從他的自述或他看似無意中做的行為看出來。同樣的，假如此人給別人一件產品或服務，別人往往覺得在互動過程中沒有適當的時間和地點，來立刻實際檢驗這東西的好壞。他們會被迫接受：某些狀況是某些事物慣例的符號、自然的符號，而那些事物我們無法直接憑知覺領會。

欺騙與虛偽既不是有品德的人極力避免的絕對之惡，也不是一種殘餘動物劣根性，有待進一步社會演化來消除。欺騙和虛偽都是十分人性的手段，用來應對社會生活的日常雜務。一個社會欺騙與虛偽的程度，反映了該社會的大小與複雜度。假如水平太低，其他社會就要利用這個條件佔上風。如果太高，結果會遭到排斥。解決之道並不是大家都老老實實。如果退回靈長目祖先那樣的坦白，只會毀掉人類在最親近的家族關係以外所建立的社會生活的精細結構。哈勒（Louis. J. Halle）說得不錯，禮儀已經代替了愛。

聯絡感情、兩性關係、分工

幾乎所有的人類社會的基石都是核心家庭（Reynolds, 1968; Leibowitz, 1968）。美國一個工業化都市的整個社會，和澳洲沙漠裡的一群狩獵採集者一樣，都是以核心家庭為基礎建立起來的。兩種社會裡的家庭都會在不同的地區社群之間移動，藉造訪（或打電話、寫信）與互相饋贈，維持著複雜的

往來關係。白天婦孺待在居住區域，男性出外覓食捕獵或進行意義上相等的交易及賺錢行為。男性結隊去狩獵或與鄰近的群體交易。結隊行動的男性如果不是血親，也多半會像「一夥兄弟」般行動。兩性的親密關係遵照部落習俗仔細地締結，而且打算終生不渝。多配偶的關係（無論是私下進行或習俗明確認可）絕大多數是男性為主體的一夫多妻制。月經週期裡性行為幾乎不會中斷，特色是前戲較長。莫里斯根據 Masters and Johnson（1966）等著作，列舉了與人類身體無毛的狀態相關的性行為性狀，這些都是人類獨有的，包括年輕女性的乳房圓而挺；交媾時皮膚某些部位泛紅；某些部份的血管舒張，性敏感度增強，包括唇，鼻、耳、乳頭、乳暈、生殖器官的柔軟部份；男性陰莖尺寸大——勃起時尤然（Morris, 1967a）。達爾文自己也曾在一八七一年指出，甚至女性的裸露肌膚也是引起性慾反應的一種刺激。這些改變都有助於穩固恆久的感情，而不限於排卵的時候。動情在人類身上已經退化，這使有意藉安全期避孕法來計劃生育的人士感到很困擾。人類的性行為大多已與受胎無關了，但仍有宗教界人士主張性行為必須遵循「自然法則」，以生殖為目的，否則不得進行，倒是頗諷刺。他們誤解了比較行為學，假定人類的繁殖行為基本與其他動物一樣。

　　人類社會幾乎一律有明確形式的親屬關係，網絡延伸甚廣，也是我們人類生物性的特徵。親屬關係網至少有三個明顯的長處。第一，維繫部落之間和次部落單元之間的結盟，便於年輕成員移出時不引起衝突。第二，這對以物易物的交易行為不可或缺，而有些男性藉交易行為取得統御領導地位。第三，它是穩定內部的一種力量，有助於團體渡過艱苦時期。食物不足時，部落可以期望盟友做出的利他援助，其他群居靈長目動物不可能有。阿薩巴斯卡印地安人（Athapaskan Dogrib Indians）便是一個例子。他們是加拿大西北極地的狩獵採集民族，按雙邊的原始聯繫原則形成鬆散的組織（Helm, 1968）。地區內的不同群夥在共同地盤內遊走，間或有接觸，彼此通婚而有

成員流動。一旦遭遇饑荒，處境險惡的群夥可以與境遇尚好的群夥合併。另一個例子是南美洲的亞諾瑪瑪族（Yanomamö），他們會在作物被敵人毀壞時依靠親屬生活（Chagnon, 1968）。

社會從隊夥、部落的規模演化至邦國，聯絡感情的模式也擴大到親屬網以外，納入了其他結盟方式和經濟協議。因為網絡擴大了，通訊的連線也拉長了，因此互動變得更加多樣，整個社會的制度也遠比以前繁雜，這些制度模式底下的根本道德規則，卻似乎沒有很大的改變。一般個人必須遵守的形式化法規，並不比狩獵採集的社會成員遵守的法規精細多少。

角色扮演與行為多型

超人（superman），就如同「超螞蟻」、「超狼」，不可能是一名個體。超人乃是社會，其中成員各展所長，合作創造的成果，是任何單一動物能力所不及。人類社會發展得極端複雜，是因為其中成員的智能與彈性幾乎足以扮演任何專化角色，而且能在必要時轉換。現代人是能扮多個角色的演員，竭盡所能配合不斷在變的環境。如高夫曼所說：「也許有時候人的確像個來回踏步的玩具兵，侷限在一個角色裡。但我們也看到，一個人本來穩穩駕御著一個角色，揚著頭，兩眼直視，但是下一刻便碎成好幾片，這個人化為各式各樣的人物，用雙手、用牙齒、用痛苦的表情抓緊各個不同生活領域的鈕帶。我們如果走近去看，把生活中各種關係抓在一起的人，變成模糊一團。」（Goffman, 1961）難怪現代人最嚴重的內在問題就是身份認同。

人類社會中的角色，與群居昆蟲的階級有根本差異。人類社會的成員有時候會像昆蟲般合作無間，但更多時候，人類會競爭分配給自己這類角色的有限資源。最好、最努力的演員通常可以獲得非常大的一份獎賞，最差勁的演員則被撤換，退入次一等的角色。此外，個人會藉改換角色而升上較高的社經地位。階級之間也會發生競爭。歷史上的重要時刻裡，階級之爭都是社

會變遷的決定因素。

　　人類生物學的一個關鍵問題是：遺傳是否設定某些傾向，使人進入某些階級與擔任某些角色？這種遺傳分化在什麼情況下可能發生，我們不難想像。只要智能與情緒的特性，至少有某些參數可遺傳，就足以造成中等程度的歧化選擇。達爾柏格曾證實，假如某一個基因看來會導致成功與地位上升，那麼它就會迅速集中在最高社經階級裡（Dahlberg, 1949）。例如，假定有兩個階級，一開始，向上流動基因的同型合子，在兩者之中都只有 1% 的頻率。再假定，較低的這個階級之中的這個同型合子，每一代有 50% 移入較高的階級。那麼，只要十代的時間，較高的這個階級就會有 20% 或更多的同型合子，而較低的這個階級只有 0.5% 或更少。Herrnstein（1971b）提出一個類似的論點：社會內部的後天環境越接近平等，社經階級就越受遺傳智能差異的影響。

　　只要人類的一個族群征服並奴役另一族群（此乃人類歷史中的常事），那麼心智特性的遺傳差異不論多麼小，都很可能因為階級壁壘分明、種族文化歧視、以及有形的環境隔離，而被保留下來。C. D. Darlington（1969）等許多人士都曾推斷，這個過程乃是人類社會中遺傳多樣化的首要原因。

　　這個概述雖然看來可信，卻沒有什麼證據指出遺傳因素能鞏固社會地位。印度的種姓制度已經存在兩千年，足夠發展演化趨異，但在血型和其他可衡量的解剖與生理性狀方面，只有些微差異。可能有一些很強的力量在阻止種姓差異在遺傳上固定下來。第一，文化的演化太不穩定。不過數十年或頂多百餘年的時間，原來的貧民區沒有了，被征服的民族重獲自由，征服者變成了被征服的人。即便是在相當穩定的社會裡，可供向上流動的途徑也多不勝數。較低階級的女兒可以嫁入較高階級。任何社經階層的家庭只要經商成功或政治生涯成功，就可能在一代之內躋身統治階級。而且，達爾柏格式的基因有很多，並不限於最簡單的模式所推斷的那一種。人類成就高低的受

多基因影響，包羅的基因甚多，其中只有少數幾個曾經有人衡量過。智商只是智能的諸多成份之中的一個子集。創造力、創業精神、心理驅力、堅忍，都不像智商那麼明確，卻同等重要。我們假定促成這些特質的基因分散在許多染色體裡。再假定這些特性之中有的並不相互關聯，甚至有負相關。在這種狀況下，只有最強的歧化選擇可能導致穩定的基因組合。另一種狀況發生的可能性要大得多，也就是現在顯然普遍存在的狀況：社會內部維持大量遺傳多樣性，有些得自遺傳的特性與社會成就有些微相關性。個別家庭的際遇一代代持續改變，使基因組合的雜亂程度有增無減。

即便如此，遺傳因素會影響某些**概括性的**角色之說，也不可以就當作無稽之談。例如男性的同性戀，按 A. C. Kinsey 及其團隊在一九四〇年代的調查，美國的性成熟的男性之中，大約有 10% 在受訪之前曾有至少三年時間是純粹同性戀，或以同性戀為主。大多數其他文化之中，或至少是許多其他文化之中，男同性戀比率也差不多高。Kallmann 的雙胞胎研究也顯示，男同性戀傾向可能是遺傳的。因此 Hutchinson（1959）認為，同性戀基因形成雜合狀態時可能有適存度的優勢。他的推論是按照如今族群遺傳學的標準思路走。同性戀狀態本身的遺傳適合度處於劣勢，這是因為同性戀男子結婚者當然遠比異性戀男子少，子女數目也遠比異性戀者少。造成這種情況的基因要在演化過程中被保留下來，最單純的方法，就是讓它在雜合狀態處於優勢，也就是說，含有這個基因的雜合體較能存活至發育成熟，或產生較多後代，或兩者皆是。Spieth（personal communication）曾提起另一種有意思的假說，Trivers（1974）也不約而同作了相似的申論。按這個假說，原始社會中的同性戀男子也許擔任幫手，或跟隨其他男性出外狩獵，或在棲居地點從事居家雜務。由於他們沒有一般父親要負擔的重責，因此輔助近親的效率特別好。如此一來，促成同性戀的基因可能只靠親屬選擇而維持穩定的高機率。下一步要確定的就是，如果真有這種基因，它的外顯率（penetrance）

幾乎必然不是百分之百，而且表現度（expressivity）會變，也就是說，這個基因的攜帶者之中，誰會發展此一行為特性、發展到什麼程度，端看是否有修飾基因存在，以及環境的影響。

角色可能還有其他基本類型，也許線索都已經有人觀察到了。布勒頓瓊斯研究英國托兒所孩童，分出兩種顯然是基本的行為類型（Blurton Jones, 1969）。人數極少的「擅長言詞者」，通常喜歡獨自一人，很少跑來跑去，幾乎從不參與打打鬧鬧的遊戲。這類孩童愛講話，花很多時間在看書上。另外一個類型是「實行者」，他們加入群體，常常跑來跑去，花許多時間畫畫、製作物件，不會常講話。布勒頓瓊斯推斷，這截然不同的兩個類型會從行為發展的早期趨異延續到成熟期。假如類型二分的現象是普遍的，那麼就可能從根本上促成文化內部的多樣性。究竟趨異的最終根源是遺傳，抑或全然由早年經驗引發，我們無從確知。

通訊

人類的語言在動物界中獨一無二，人類的獨特社會行為都以他使用的語言為軸心。每一種語言之中的字詞，都有各自文化之中武斷的定義，字詞要按語法排組，語法又能賦予字詞定義以外的含意。字詞的特質是以符號表徵意義，再加上語法的高度發展，使訊息內容可以千變萬化。這便是人類語言的本質。基本屬性可以拆解，再加入傳遞過程的其他屬性，總共就有 16 種設計元素（C. F. Hockett, reviewed by Thorpe, 1972a）。多數的要件在某些動物之中至少有最粗淺的呈現。人類語言的生產力與豐富的程度之高，就算黑猩猩受訓練學會使用符號組成簡單的句子，也望塵莫及。人類語言的發展乃是演化上的巨大突破，只有真核細胞的集合可以相提並論。

人類即便不用字詞，通訊內容也比任何動物都豐富。研究非語言的通訊，已成為社會科學中的一門顯學。有太多訊號可以輔助語言通訊，所以

編纂很困難。這些訊號的類別經常變來變去，各家的分類方法都不一致（例如 Renský, 1966; Crystal, 1969; Lyons, 1972）。表 27-2 是一個綜合的分類法，希望既不至於有內在矛盾，又能與現行的用法一致。不發聲的訊號，包括所有的面部表情、身體姿勢與動作、碰觸，也許有一百多個。布蘭尼根與亨福瑞斯一共列出 136 個訊號，他們認為應該是鉅細靡遺了（Brannigan and Humphries, 1972）。這個數目符合貝德惠索作的估計（Birdwhistle, 1970）。貝氏完全獨立於布、亨二位而進行研究，結果他算出人類臉上能做出來的表情雖然多達二十五萬，卻只有不到一百組表情，是有清楚含意的符號所組成。有聲的副語言（paralanguage）——真正語言聲調變異之外的聲音——並沒有這麼仔細地歸類。Grant（1969）列出 6 種明顯可區別的聲音，但若讓一位習於製作靈長目動物習性譜的動物學家來做，他能分辨出來的聲音也許是這個數目的好幾倍。總之，所有副語言的訊號加起來幾乎一定會超出 150 個，可能接近 200 個。這比多數哺乳動物和鳥類的訊號數目多了三倍以上，也比獼猴以及黑猩猩的訊號總數略多。

表 27-2：人類通訊的模式

I. **語文通訊**（語言）：說出字詞與句子

II. **非語文的通訊**

  A. **聲韻**：音調、速度、節奏、音量等特質，用於修飾說出的字句的含意

  B. **副語言**：字詞以外的訊號，用來補充或修飾語言

    1. 有聲副語言：低哼、格格笑、大笑、啜泣、哭泣等非語文的聲音

    2. 無聲副語言：身體姿態、動作、觸碰（動作通訊）；可能也包括化學物質的通訊

分析人類副語言還有一個有用的方式，即是把訊號分為真正的語言演化以前使用的，與真正的語言演化以後使用的。人類演化出語言能力以後所用

的訊號，最初的功能很可能純粹只是輔助說話。要探討這個問題，方法之一是從系統發生的角度切入，分析靈長目動物通訊的相關屬性。例如，Hooff（1972）確定了類人猿亞目的猿猴類面部表情中類似微笑與大笑的部份，再將人類的這些行為歸類到我們最原始最普遍的訊號。

Marler（1965）認為，人類的語言也許起源於量度等級繁多的發聲訊號，與獼猴、黑猩猩使用的訊號相似，而不同於一些較低等靈長目動物那種用途比較單一的聲音。人類的嬰幼兒可以發出與獼猴、狒狒、黑猩猩相似的多種不同聲音。但是，嬰兒從發展早期就改成只發出人類語文特有的那些聲音。多種爆發音、擦音、鼻音、母音等等聲音，組合成大約 40 種基本音素（phoneme）。人類的嘴與上呼吸道經過顯著的改變，才有這樣的發聲能力（見圖 27-2）。最重要的改變又與人類的直立姿勢相關，直立可能是發聲道改變之始。人類的頭部完全向前，口腔與上咽部形成 90 度角。這個結構使舌頭後端往後，形成上咽道前壁的一部份。同時，咽部的空間與會厭都大幅拉長。

舌頭位置移動以及咽道變長這兩項重要的改變，使人類可以發出各式各樣的語音。空氣向上壓過聲帶時會產生一種嗡嗡聲，這種聲音的強弱長短可以變化，卻變不出能製造各式不同音素的要素。音素變異是因為空氣經咽道和口腔傳上來，再由嘴巴送出去。這些構造形成一個空氣管，作用與所有的圓筒一樣，可以產生共鳴。位置和形狀改變後，這空氣管能強調從聲帶發出的音頻組合的差異。其結果便是產生我們能區分的不同音素，見圖 27-2。（另參考 Lenneberg, 1967; Denes and Pinson, 1973.）

然而，懂得使用語言並不是源於人類能發出很多聲音。畢竟，按理論，智能高的動物即便只能說**一個**字，也能夠迅速地通訊。只需要設計出像數位計算機一般的程式就行了。再加上音量、音長、間距的變異，更可以增加傳遞速率。讀者應記得，單單一個化學物質，如果在理想狀況下加以完全調制，

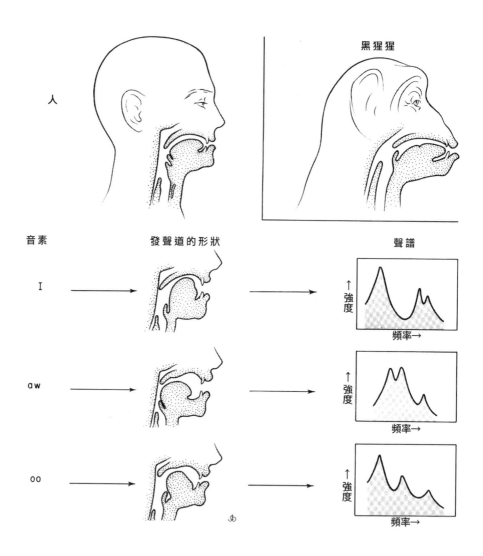

圖 27-2：人類發聲器官改變，大大增加可發出的聲音種類。人類演化出語言能力時，必然
也帶來這種發聲的彈性。圖上方是人類與黑猩猩等其他靈長目動物的差別：人類
的嘴與上呼吸道形成直角，咽部空間拉長，舌頭後半部變成聲帶上方呼吸道的前
壁。圖下方表示舌頭位置的改變，使發聲道內的空隙形狀改變，而發出不同的音。
（Modified from Howells, 1973, and Denes and Pinson, 1973.）

它可以產生的訊息多達每秒 10,000 位元，遠遠超過人類的語文。人類語言的厲害之處在於句法，也就是藉字詞的不同排列而產生不同意義。每種語言都有一套文法，語句的安排必須遵照文法規則。要想真正理解文法的本質和起源，必須先搞清楚人類頭腦的運作。在此我們可以區分三種不同的假說模型：

第一種假說：**由左至右的機率模型**（probabilistic left-to-right model）。極端行為學派的心理學家主張此一說，他們認為詞語的產生是馬可夫式的（Markovian），亦即，詞語出現的機率由前一個字詞或前面的一串字詞決定。幼兒在發展過程中學會在各種恰當的環境中該連用什麼字詞。

第二種假說：**學習來的深層結構模型**（learned deep-structure model）。字詞按照規則組合而生出各種不同的意義，這些規則的數目是有限的。小孩子多少是不知不覺中學會了自己文化的深層結構。雖然原則數目有一定，但根據這些原則可以造出來無限多的句子。動物不會說話是因為認知水準不足或智能不足，而不是因為牠們沒具備特殊的「語言官能」。

第三種假說：**固有的深層結構模型**（innate deep-structure model）。第三種假說也同意語言有某些規則，像第二種假說所指那樣，但第三種假說認為有一部份規則是遺傳來的，或全部規則都是遺傳來的。換言之，至少有某些原則是，人長大之後自然就會掌握。按這個假說可以順理成章推斷出一個結果：文法的深層結構有很大一部份是人類普遍相同的，甚至是人類一律相同的，雖然各種不同語言在表面結構和字義上有很大差異。可推斷的另一個結果是：動物不會說話是因為欠缺這固有的語言官能，這種官能乃是人類獨有的特質，而不是人類高智能的產物，這是質的差異而不是量的差異。固有深層結構模型常和語言學家喬姆斯基（Noam Chomsky）的名字連在一起，它顯然也是目前心理語言學界多數人士贊同的說法。

由左至右的機率模型已經被排除，至少這種說法推到極端是無法成立。

以英語而言，小孩子必須學會無數種轉換機率才能夠推算，童年的時間根本不夠（Miller, Galanter and Pribram, 1960）。小孩子學習文法規則其實很快，而且學習的順序可以預測，小孩子使用的文法結構是成年人所用形態的前身，雖然兩者大不相同（Brown, 1973）。這樣子的個體發生過程，常見於動物各種固有行為的成熟過程中。但是，這個相似性不足以作為決定性的證據，拿來定論說它就是人類遺傳來的程式。

布朗（Roger Brown）等諸位發展心理語言學家曾經強調，沒有把深層文法交代清楚之前，這個問題不會有最終解答。深層結構是一個比較新的研究領域，起源應不早於喬姆斯基的《句法結構》（Noam Chomsky, *Syntactic Structures*, 1957）。從一開始，這門學問的論證就相當複雜，而且一直迅速變更。Slobin（1971）與 Chomsky（1972）都將基本觀念作了一番整理，在此只說明一下新的語言學分析所確認的主要方法。圖 27-3 示範的片語結構文法（phrase structure grammar）包含了各種規則，利用這些規則人類可以一層層建構句子。我們可以把片語當作模組，等價的模組彼此可以替換，一個模組也可以直接加進句子裡，使句義改變。這些元素本身沒辦法再分割而調換，否則會導致造句困難。例如 "The boy hit the ball."（男孩打中了球。）其中 "the ball"（球），就是這種片語。"the ball" 可以替換成 "the shuttlecock"（羽毛球）或簡單的 "it"（它）。但是 "hit the" 就不能形成一個單元，這兩個字雖然位置相鄰，但如果把它當作一個模組拿掉，剩下的字就有了嚴重的結構問題。我們都下意識地掌握了某些規則，按照這些規則，就可以把句子加上適當的模組而變長，如：*After taking his position,* the *little* boy *swung twice* and *finally* hit the ball *and ran to first base.*（站上位置後，小男孩揮棒兩次，終於打中了球再跑上一壘。）

總之，片語結構文法規定了片語可以按什麼方式組成。這種文法造就了所謂的字串深層結構，這不是句子的表面結構（個別字詞出現的順序）。但

社會生物學：新綜合理論

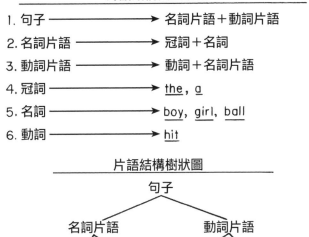

片語結構文法規則

1. 句子 ——————→ 名詞片語＋動詞片語
2. 名詞片語 ——————→ 冠詞＋名詞
3. 動詞片語 ——————→ 動詞＋名詞片語
4. 冠詞 ——————→ the, a
5. 名詞 ——————→ boy, girl, ball
6. 動詞 ——————→ hit

片語結構樹狀圖

句子
名詞片語　　　動詞片語
冠詞　名詞　動詞　名詞片語
the　boy　hit　冠詞　名詞
the　ball

圖 27-3：英語的片語結構文法規則實例。"the boy hit the ball" 這個簡單的句子包含多層片語，每一層次的片語都可以用其他對等的組合取代，但片語各單元則不能拆開調換。（Based on Slobin, 1971.）

是，片語和終端詞出現的順序，對於句義當然有關鍵影響。例如，"The boy hit the ball." 與 "What did the boy hit?"（這男孩打了什麼？）的深層（片語）結構雖然相似，意思卻很不同。將片語組合，把深層結構轉成表面結構的規則，叫作變形文法（transformational grammar）。變形過程就是把片語結構轉換。最基本的方法包括取代（把 "the ball" 改為 "what"）、移位（把 "what" 放在動詞前面）、置換（改換相關字詞的位置）。

心理語言學家闡述了英語的片語結構與變形文法。然而，證據似乎仍不足以斷定文法究竟是天生的固有官能，抑或是後天學習來的。目前已知的所有人類語言，都有基本的變形文法。但是不能單憑這一點就斷定變形的規則都一模一樣。

全世界的語言是否有共通的文法？這個問題很難回答，因為多數人試圖歸納深層文法的規則時，都以某一種語言的語義內容為基礎。研究這個題目的人士都沒有當它是個科學疑問，沒有把規則說得具體而實用。心理語言學的論著往往不在意「命題再求證」的標準原則，許多拐彎抹角的敘述令自然科學界的人莫測其高深。原因在於許多作者（包括喬姆斯基）遵循結構主義，承襲李維史陀與皮亞傑。他們看這個課題的時候，帶著一種內隱的世界觀，那就是人類思維的方法確實有結構可循，而且它是離散的，可計量的，人類思維方法在演化上獨一無二，不甚需要利用其他科學領域的公式來處理。他們所作的分析可說不成理論（nontheoretical），因為論證當中缺乏可以在經驗上測試並延伸的公設基礎。有些心理學家列舉了可測試的命題，包括布朗與其同仁，以及 Fodor and Garrett（1966），成果不一。但即便諸位實驗主義者技巧高超，仍不易找出深層文法的大道。

結構主義者就像詩意的自然主義者，頌揚風格獨到的個人想像。他們的論證從心照不宣的前提出發；大量倚重譬喻與範例，不太理會建立數個對立假說的方法。心理語言學在科學之中的重要性本來名列前茅，此時它顯然已足夠成熟，該讓嚴謹的理論和恰當的實驗派上用場。

新的語言學仍然可能答不上一個重要問題：人類的語言起源在什麼時候？是兩百多萬年前，南猿初次使用石材建築蔽身之處的時候，開始說話？抑或是等到現代智人出現的時候？甚至遲至十萬年前宗教儀式發展的時候？李伯曼認為人類到了比較晚近才開始使用語言（Lieberman, 1968）。他認為 R. Dart 修復的馬卡潘南猿（Makapan *Australopithecus*）的顎部與咽道比

較接近黑猩猩。假如他說的沒錯，那麼這個早期的人科動物可能還發不出人類說話的聲音。對於尼安德塔人的解剖構造與發聲能力，李氏也有同樣的推論（Lieberman, 1972）。這如果屬實，語言的起源又要推到人屬最晚近的物種形成時。Jane Hill（1972）與 I. G. Mattingly（1972）曾討論過人類語言起源的其他學說。Lenneberg（1971）曾經假設，數學推理的能力乃是語言能力略作變換後產生的。

文化、儀式、宗教

　　人類以外的高等靈長目動物，包括日本獼猴和黑猩猩，已有文化的雛形（見第七章），但只有人類的文化幾乎徹底滲透生活的每一個面向。遺傳很少設定民族誌的細節，所以人類的社會形態多樣。所謂遺傳的設定很少，並不是說文化已經擺脫了基因。人類演化的是文化能力，人類的確有極強的傾向，要發展出某種文化。Fox（1971）提出了以下的論點。古埃及法老布桑提克（Psammetichos）與蘇格蘭王詹姆士四世（James IV）著名的實驗如果成功了，與外界隔離養育的孩童不知怎地健康長大了，

　　我確信他們會說話。而且，理論上，只要時間足夠，他們或他們的後代會創造發展一套語言，即便從未有人教過他們任何語言。此外，這套語言雖然會與我們所知的語言完全不同，語言學家卻可以按其他語言的基本原則來分析這套語言，它也可以翻譯成所有我們已知的語言。我要更推進一步。假如這些新的亞當夏娃存活下來，繁衍了後代——仍舊與一切文化影響完全隔離——他們後來會形成一個社會，其中有處理財產的法律，有處理亂倫和婚姻的規則，有禁忌與迴避的風俗，有將殺戮降至最低的解決紛爭的方法，有涉及超自然的信仰與相關的習俗，有社會地位的系統和表明地位的方法，有少男的成年禮，有求偶習俗——其中包含打扮女性，有象徵性裝飾身體的各

種方式，有一些活動和交往關係只限男性而女性不得參與，有某種賭博，有製造工具和武器的工業，有神話和傳說，有舞蹈，有通姦，有兇殺、自殺、同性戀、精神分裂、精神病、精神官能症等，也有人乘機牟利或予以治療，端看從什麼觀點評斷他們。

文化（包括儀式、宗教等比較耀目的呈現）可以說是一套有層次的體系，其中包含各種偵測環境的元件。第七章說過，生物反應就是這樣的一套體系，其中包括快到以毫秒計算的生化反應、慢到歷經數代才完成的基因置換。當時我們把文化放在時間上比較漫長的一端。現在可以將這個概念延伸。文化的特定細節若不是遺傳而來，就可以脫離生物系統，放到它旁邊而成為一套輔助系統。純粹文化的追蹤系統的時間跨距，與生物追蹤系統的大致相等，從幾天到幾代之久都有。工業化社會裡最快速的反應是衣著和語言的流行。稍慢的有政治的意識形態，以及對待其他民族國家的態度，時間最久的包括亂倫禁忌以及對於特定崇高神祇的信仰與否。我們不妨假設文化的細節大多有助於達爾文式的適應，即便有一些細節可能透過增強群體的存活力而起間接作用（Washburn and Howell, 1960; Masters, 1970）。第二個可考慮的假設是，某一組文化行為的改變速度，其實反映了行為所對應的環境特徵的改變速率。

文化緩慢改變之處，往往包納在儀式之中。有些社會科學家將人類的典禮儀式與動物通訊所用的炫示作了類比。這樣不對。動物的炫示大多是離散訊號，傳達的意思有限。動物的炫示對應到人類的姿態、面部表情，以及副語言的聲音元素。少數的炫示行為，例如最繁雜的性炫示與鳥類的換巢，因為實在很繁複細膩，所以動物學家有時候也稱之為儀式（ceremony）。這樣與人類相比還是會造成誤解。大多數人類儀式的用意不僅僅限於訊號表面的意思。涂爾幹就曾經強調，人類的儀式不但標記了社群的道德價值，而且還

在重申並且增加道德價值的活力。

　　神聖儀式（sacred ritual）是人類最獨特的。最原始的形式涉及巫術，也就是主動嘗試操弄自然界與神祇。西歐洞穴中舊石器時代後期的繪畫顯示，獵取的動物是重要主題。許多畫中有獵物，身上中了矛與箭，也有些畫著男子假扮成動物在跳舞，或是向動物俯首。這類繪畫也許有感應巫術的功用，出於頗合邏輯的想法：畫中發生的事情，也將在現實中發生。這種預先做的行為，類似動物的意圖動作（intention movement）；在演化過程中，意圖動作往往儀式化而成為溝通用的訊號。讀者應還記得，蜜蜂的搖擺舞就是把從蜂巢到食物地點的飛行路線作一次小型預演。原始人也許輕易就能理解諸如此類的動物行為。古時候以及現在的一些社會仍沿襲的巫術，都是由薩滿、巫師、巫醫等特定人士在執行。大家相信只有這些人通曉秘法與知識，能與超自然力打交道。所以巫師的影響力有時候比部落中的首領還大。

　　正式的宗教，嚴格而論，包含了巫術的許多成份，但真正的重心放在比較深層的、更以部落為導向的信仰。宗教儀典會呈演萬物創生的神話，舉辦祭典請神息怒，重申部落道德法規的約束力。原始信仰當中的薩滿（shaman）控制有形的力量，正式宗教的祭司（priest）則與諸神溝通，獻上順從、牲祭、以及部落的端正行為，而向諸神乞求眷顧。在結構比較複雜的社會裡，政治與宗教自然合而為一。君權神授，大祭司卻往往憑更崇高的神祇之力，而凌駕君王之上。

　　我們可以合理假設，巫術與圖騰崇拜是直接針對環境的適應行為，在社會演化中它處於正式宗教出現之前的階段。人類的社會幾乎一律有傳統的神聖儀式，也幾乎一律都有解釋人類起源的神話，或至少也會闡明部落與部落以外的世界有什麼關係。但是人類並不普遍信仰至高的神（high god）。Whiting（1968）觀察 81 個狩獵採集的社會，其中只有 28% 或 35% 的神聖傳統包含至高的神。「主動行事、重道德的上帝創造了世界」這樣的概念更

不普遍。而且，這種概念通常都見於行畜牧生活的社會。社會越依賴畜牧維生，越有可能崇信猶太教、基督教模式的牧羊人般的神。非畜牧的社會出現這種信仰的，只佔 10% 或更少。此外，一神教的神必是男性。這種濃厚的父權傾向有多種文化因素（Lenski, 1970）。畜牧社會流動性大，組織緊密，而且往往好戰，這些性狀都有助於男性執掌大權。畜牧經濟主要仰仗男性，這也是重要的原因。由於希伯來人原本是畜牧民族，所以《聖經》把上帝描述成牧者，把上帝的選民描述成上帝的羊群。伊斯蘭教也是最嚴格的一神信仰，起初就是在阿拉伯半島的畜牧民族中興盛起來。牧者與羊群的親密關係形成的小世界，促使信徒深入探討人與控制人的力量之間有何關係。

　　人類學的研究越精密，越證明韋伯所言不差。也就是說，比較初級的宗教信仰是為了長壽、大量土地食物、免除災害、打敗敵人等世俗欲求，而崇拜超自然力量。不同信仰派別之間的競爭，也含有群體選擇的作用。能招募到追隨者的教派會存活下來；招募不到信徒的就會消失。所以，宗教和人類的其他制度習俗一樣，其演化是為了促進按制度習俗行事的人們的福祉。因為益處由整個群體蒙受，有時候利他行為與剝削行為能夠增加獲益，使某一類成員受益，而其他成員被犧牲。或者，群體福祉提高也可以源於個別成員的適存度普遍增高。從社會的角度看，這兩種狀況的差別，即是比較嚴厲的宗教與比較仁厚的宗教之別。也許所有的宗教都有些許程度的高壓，而部落酋長或國家政府推行的宗教就更不在話下。不同的社會之間如果有競爭，宗教更易傾向高壓，因為利用宗教可以很有效地達到戰爭和經濟剝削的目的。

　　宗教恆久不變的弔詭是：宗教的實質有一大部份顯然是不真實的，它卻始終是所有社會之中的一股驅力。人們寧願相信而不求真正知道，正如尼采所說，寧以虛無為目的，也不願虛空而無目的。涂爾幹在世紀之交時曾經駁斥這是妄想，從「幻覺織的一層紗」不可能得到驅力。從那時候開始，社會科學界就在尋覓線索，想要找出宗教思考的深層真相。拉帕波特曾就這個

問題提出透徹的剖析，認為幾乎所有的神聖儀式都有通訊的功用（Rappaport, 1971）。各種儀典除了能將社群的道德價值制度化，還可以提供有關部落及各家族的勢力及財產的資訊。紐幾內亞的麻林族（Maring）沒有酋長或其他領袖來指揮戰時的效忠行動。一群人會先辦起一場儀式舞蹈，個人以參加或不參加來表示是否支持作戰的意願。於是，可以按參加人數計算確切的作戰實力。在發展比較成熟的社會裡，閱兵大典加上國教的全套儀仗和典禮，也具有相同的作用。美國西北岸印地安人名聞遐邇的誇富宴（potlatch）儀式中，與會者以自己能餽贈的禮物多寡來宣示財富。儀式也可以把本來含糊不明、造成無謂困擾的人際關係規範清楚。最典型的例子就是成年禮。男性從童年發育至成年，在生理上與心理上的成熟都是漸進的過程。這個期間會有言行該像成人卻仍然做出孩童反應的時候，也會有該像小孩子卻又做出成人舉止的時候。社會為了排除這種歸類上的困擾，就用成年禮來作武斷的劃分，把本來連續的梯度一分為二。這樣不但可以釐清身份，也可以確立正式宣告成年的年輕人的地位，讓他更容易被成人群體接納。

聖化（sanctify）一種程序或一種說法，就是正式認定它是不容異議的，也暗示膽敢違抗者必受懲罰。神聖之事與日常生活的俗務有天淵之別，哪怕只在不當的場合重複神聖行為，也是踰越道德規範之舉。這樣極端的認可形式（此乃一切宗教信仰的核心），只有最符合群體利益的常規和教條才能享有。神聖的儀式可以教個人準備好作出最大努力與自我犧牲。準確按一個人的情緒中樞定調的詞令、特殊服裝、神聖舞蹈、音樂，使他受到強大衝擊，他有了「宗教體驗」。他甘願再度宣示，對部落和家族效忠、實踐善行、奉獻生命、出發狩獵、參加作戰、為上帝與邦國而死。第一次十字軍東征的口號便是「上帝所願」（Deus vult）。上帝所願，不過真正受益的是整個部族的達爾文式總適存度，雖然踏上征途的人也許不知道。

導致道德與宗教形式化的另一股力量，由柏格森（Henri Bergson）最先

指出。人類的社會行為有極高可塑性，這是很大的優勢，但也很危險。如果每個家庭都制定自己的一套行為規則，結果將會有大量的傳統漂變、越來越嚴重的混亂。每個社會必須編出一套法則，以抵制自私行為和高等智能帶來的「溶解力」。就一般限度而言，只要有常規約束，幾乎都比沒有好。由於無論哪種規定都能發揮作用，因此組織往往會被不必要的不公平絆手絆腳。拉帕波特說得很對：「一經聖化，武斷的規則就變成必要的規則。武斷的管制方法，仍有可能被聖化。」這個過程會招致批評，在知識程度較高、自覺較高的社會裡，有見識的人和革命家就會著手去改變既有制度。改革會遭到壓制，因為，制度規則已經神聖化、神話化了，多數人會當它們是不容質疑的，任何異議都成為褻瀆。

於是就連接到另一個基本上屬於生物性的問題：人為什麼演化出「容易被灌輸信念」的特性（Campbell, 1972）。人類這麼容易被灌輸信念，實在荒謬——根本就是**主動追求**有人來灌輸他一些信念。我們如果假定此一特性是演化來的，那麼，天擇在什麼層次發生？最極端的一個可能性是在群體選擇的層級。因為，群體成員如果太不遵循共同的規範，遲早滅亡。在成員各行其是的社會裡，自私的、個人主義的成員會佔上風，只顧自己繁衍，不顧群體福祉。但是，這種人的興旺會使社會更脆弱而加速滅亡。遵守規範的基因頻率高的那些社會，會取代消失的那些社會，因此而提高社會超族群之中整體的基因頻率。假如超族群（例如許多部落的綜合體）同時也漸漸擴大其範圍，則這種基因的散播率會更快。第五章講到這種過程的方程式模型，按模型可知，如果社會滅亡速率夠快，足以抵消反方向的個體選擇，那麼，利他基因的頻率會變得相當高。這些基因可能就會促使個人接受信念灌輸，即便需要犧牲小我。例如，願意在戰場上冒死作戰可能對群體的存活有利，而因此犧牲了破壞軍紀的基因。群體選擇的假說，足以解釋人類為何演化成容易被灌輸信念。

與此相對的個體選擇假說也一樣有理。按此，能夠遵循規範的個人，就能夠在花費能量最少、風險最小的情況下，享有做社會一員的福利。自私而不遵循規範的人雖然能獲取一時的優勢，久而久之還是會受排斥與禁止，而喪失那些優勢。遵循規範者的行為利他，可能甚至為了利他而冒生命危險，但這不是群體選擇使得自我犧牲的基因演化出來，而是因為容易受信念灌輸的特性有時候對個人有利，群體只是有時候正好利用了這個特性。

　　以上兩種假說並不互斥。群體選擇和個體選擇可能發揮補強作用。戰爭要求勇敢無畏而犧牲了一部份戰士，但勝利帶來的土地、勢力、繁殖機會，可使存活者獲得的比損失的還多。普通的個體會在總適合度的賭博中成為贏家，因為整體的付出帶給所有成員的補償，比付出的總量更大。

倫理學

　　科學家與人文學家應當一起考慮，現在是否應該把倫理學暫時從哲學家手中拿過來，把它生物學化？眼前這個題目包含幾個切割得很奇怪的概念。第一個是**道德直覺主義（ethical intuitionism）**，即是相信人的頭腦能憑直覺分辨真正的是非，頭腦能用邏輯將這種直覺形式化，再轉化成社會行動的規則。教會以外的西方思想最純正的指導原則，乃是社會契約理論，由洛克、盧梭、康德所擬。如今這些原則又被羅爾斯重新整理成為具體的哲學系統（Rawls, 1971）。他的令式（imperative）是：正義不但應該是政府系統不可缺的一部份，而且它還是原始社會契約的宗旨。羅爾斯認為，如果自由而理性的人，要從處境平等的情況下開始發起結社，界定結社的根本規則，那麼這些人會選擇他稱為「正義即公平」的一種原則。以後的法律與行為，必須符合此一不容質疑的原始立場。

　　直覺主義的致命弱點在於它倚賴大腦的情緒判斷，把頭腦當作黑盒子處理。正義即公平是脫離軀體的心靈的一個理想狀態，這點很少人會不同

意，但是這樣的概念完全不能解釋或預測人類行為，所以，它沒有考慮到若嚴格執行其結論，最終會造成哪些生態及遺傳上的影響。也許千年之內我們根本無需作解釋和預測，但這不大可能——人類的基因型與其演化的生態背景，都是在極端不公平當中形成。徹底釐清道德判斷究竟是用什麼神經機制，有助於理解這兩者，而且這項工作已經在進行中了。其中一種研究就是我們要談的第二種概念，可以稱為**道德行為主義（ethical behaviorism）**。其基本命題已由 J. F. Scott（1971）作了完整闡述，即是認為承擔道德義務完全是後天學習得來，其主要機制是操作制約。換言之，小孩子只不過是把社會的行為常模內化了。與這個理論相反的是**道德行為的發展遺傳概念（developmental-genetic conception of ethical behavior）**，以柯爾柏格的陳述最為完備（Kohlberg, 1969）。柯氏的觀點屬結構主義當中的皮亞傑派，所以尚未與生物學其他部門關聯起來。皮亞傑將整套概念稱為「發展認識論」（genetic epistemology），柯爾柏格的用語是「認知發展」（cognitive-developmental）。不過，其結果終將被納入一種更為廣泛的發展生物學與遺傳學。柯爾柏格的方法是把兒童面對道德難題時的語文反應記錄下來加以分類。他描述了循序發生的六種道德推理階段，個人心智逐漸成熟時會一一經歷。小孩子起初仰賴外在控制與獎懲，慢慢改成依據一套越來越精密的內化標準（表 27-3）。這種分析方法尚未直接用於解釋基本規則的可塑性。文化內部的變異數也尚未計量，所以遺傳率也未作評估。道德行為主義與現行的遺傳分析法之間的差別是：前者推斷出道德機制（操作制約）而沒有提出證據，後者提出證據卻沒推論機制。這種不一致並不包含多大的基本概念差異。道德發展的研究，只是遺傳變異數問題當中比較複雜而不易駕御的一個（見第二章與第七章）。數據資料增多以後，兩種思路應可合併，形成行為遺傳學之中的一個值得肯定的作為。

表 27-3：道德判斷的不同層次及發展階段。（Based on Kohlberg, 1969.）

層次	道德判斷的依據	發展階段
I	道德價值標準由賞與罰界定	1. 服從規則與權威以避免受罰 2. 遵從規範以獲得獎賞並博取善待
II	道德價值存在於擔起正確的角色，維持秩序安定，符合他人期望	3. 乖孩子取向：遵循規範以免受到他人厭惡與排斥 4. 義務取向：遵循規範以免被權威責備，避免擾亂安定而導致內疚
III	道德價值在於遵循共同的標準、權利、義務	5. 守法取向：認同契約的價值，為維持共同利益，規則形成時有些武斷之處 6. 良知或原則取向：主要忠於自己認定的原則為主，如果法律造成的害多於益，原則可以超越法律

　　然而，即使上述問題明天就解決，仍將欠缺一個重要部份，即是**道德準則的遺傳演化**。我在本書第一章裡說過，倫理學家憑直覺斷定道德的義務法則，而要這麼做，他們必須諮詢自己腦中下視丘邊緣系統的情緒中樞。發展論者也是如此，甚至最嚴格要求客觀的時候也不例外。我們必須把情緒中樞的活動解讀為生物的適應作用，才可能譯解道德準則的含意。有些活動很可能是部落組織最原始適應方法的遺跡，已經過時。有些活動則可能剛萌芽，這種適應是為了農耕生活和都市生活，近期才發生、仍然迅速變化。還有其他作用因子，會使新舊不分的混亂更加嚴重。單方面利他的基因越是受到群體選擇而保留在族群裡，越會遭到個體選擇偏好的等位基因反對。族群之內可能普遍都有各種不同控制力量造成的行為衝突，因為現行的理論預測，基因充其量也只能維持在平衡的多型狀態（第五章）。此外，隨年齡性別改變道德標準，比起所有年齡性別都採用單一道德律，可以有更高的遺傳適合度，因此道德觀會更加搖擺不定。這個論據來自賈包二氏的分佈模型，它具

體說明了社會互動對於存活和繁殖時程的影響（見第四章）。柯爾柏格的發展階段之中的一些差異，可以按這個方式解釋。例如，小孩子自我中心、比較不願做利他行為，這應該有選擇優勢。同理，青少年應該與同性同儕的牽絆較深，對於同儕贊同與否特別在意。原因是，在這個年齡集群結黨帶來的優勢以及提升地位的效果比較大。等年紀再長一點，影響適存度的最重要決定因素變成兩性與親子之間的倫理，同性同儕的影響就不那麼大了。崔佛斯的模型（見第十五、十六章）預測說遺傳已經設定好兩性衝突與親子衝突，這也可能使不同年齡的人所承擔道德義務的種類和程度有更大差異。最後一點，群落發展早期的個人道德標準，與人口統計平衡時期或人口爆炸期間的個人道德標準，應該會有許多細節上的差異。如果超族群承受高度的 r 型滅絕壓力，它應該會在道德行為上與其他人口群遺傳趨異（第五章）。

這個固有道德多元主義的理論如果屬實，我們當然就必須從演化的觀點來看道德觀念的問題了。同樣顯而易見，世上並沒有一套道德標準適用於所有人類族群，遑論一套標準適用每個族群的所有性別年齡層。所以，硬性施加一套統一的規範，就會搞出複雜而棘手的道德矛盾——這當然也正是現今人類的處境。

美學

藝術衝動並不只限人類才有。一九六二年間莫里斯在《藝術的生物學》（Desmond Morris, *The Biology of Art*）之中討論這個題目的時候，有 32 隻人類以外的靈長目動物已經在圈養環境中畫出了圖畫作品。其中包括 23 隻黑猩猩，2 隻大猩猩，3 隻紅毛猩猩，4 隻捲尾猴。其中沒有一隻受過特別的訓練，都只是有人供應了畫具而已。事實上，也有人曾經試圖引導動物模仿人類的行為來畫畫，但是全都失敗了。猩猩和猴子想要使用畫具的慾望非常強，根本不需要一旁的人類觀察者來強化。牠們不分老少，一畫就上癮，專

注得連食物也不感興趣，如果被迫中止還會發脾氣。兩隻被密集觀察的黑猩猩十分多產。「阿法」畫了兩百多幅，最著名的「剛果」——堪稱大猿界的畢卡索——畫成將近四百幅。雖然多數的畫都是潦草的塗抹，但絕不是亂塗一通的東西。線條和色塊都是從畫面中央的圖形開始向外擴散。如果畫紙的一側已經有人畫了東西，剛果通常會轉到對面的一側再畫，使其平衡。慢慢地，筆觸從簡單的粗線條漸漸變成繁複的細線條。剛果的繪畫發展大致和人類幼童相似，牠能畫出扇形，甚至畫成完整的圓圈。其他黑猩猩會畫叉叉。

　　黑猩猩的美術活動很可能是一種特殊的使用工具行為。黑猩猩總共約有十種技能，全都需要手部操作技巧。也許全部十種都可藉練習而改進，而起碼有少數幾種是代代相傳的傳統。黑猩猩發明新方法的能力也相當強，例如用棍子伸入鐵條籠子去搆東西，以及用棍子撬開箱蓋。由此可見，操弄物件並探索其用途，顯然是可以讓黑猩猩更有適應優勢的一種性向。

　　人類藝術的起源更可以用這個道理解釋。華士朋（1970）曾指出，人類歷史的 99% 是在狩獵採集的生活中渡過，在這段期間，每個人都自製自己需要的工具。工具做得好，運用得巧妙，是存活的要件，可能也讓他在社會中獲得稱許。兩方面的成功都可以增進遺傳適合度。既然黑猩猩剛果能畫出簡單的圖樣，我們不難想像原始人會進步到能夠畫出具體的圖形。一旦到達這個階段，當然就可以迅速發展到在感應式巫術和儀式中運用藝術了。爾後，藝術可能激勵文化發展與腦力發揮，同時也從文化發展、腦力發展中受惠。再後來書寫出現，是因為要用特殊的標記來代表語言。

　　有些動物也能製造類似音樂的聲音。人類認為鳥兒多采多姿的求偶、領域宣示鳴叫聲聽起來很悅耳，而鳥兒用鳴叫來宣示的最終原因可能也是在於這種聲音很悅耳。清楚而精確的鳥鳴可以表明牠是什麼鳥種、生理狀況如何、鳴唱者的用意是什麼。含意豐富、傳遞確切的心境，也是人類判斷上乘音樂的標準。歌唱和舞蹈能夠聚集群眾、導引情緒、激勵團體行動。前文說

過的黑猩猩的嘉年華炫示，很像人類的歌舞歡慶。猩猩作這種炫示時會又跑又跳、擊鼓般地拍打樹幹、彼此高聲呼喊。這種舉動多少能夠教群體在共同進食地點集合。早期人類的儀式典禮可能與此類似，不過後來人類的演化就出現徹底趨異。人類的音樂不再是具象的表徵，一如語言不再只是動物通訊所用的基本儀式化炫示。音樂可以有無限多的、武斷的象徵意涵。音樂使用的句法和次序規則，和語言中句法有相同的功用。

領土權與部落主義

人類學家常常把領域行為當作是人類共通的屬性。最狹義的領域行為概念是借自動物學的「刺魚模式」（stickleback model），也就是據守領域者在彼此地盤交疊的邊界上互相威嚇，設法把對方趕走。我在第十二章裡曾經說明，領域的定義應該放寬，泛指一隻或一群動物明白地保衛或宣示牠佔用的地方，或多或少不允許外來者涉入。趕走外來者的方式可能是猛烈的全力攻擊，但也可能是含蓄地在標示氣味的地點留下分泌物。另外一項要點是，動物回應鄰居的方式有很大差異。每個物種各有其特定的行為量度。極端的狀況是公開表示敵意（例如正值繁殖季或族群密度高的時候），或是隱晦的宣示，甚至完全沒有領域行為。我們必須確認物種的行為量表，並且找出哪些參數使得個別動物的表現量度不一。

如果這些先決條件能確立，就有充份理由推斷領域性是狩獵採集的社會的一個共通性狀。Wilmsen（1973）曾作過深入總分析，發現比較原始的社會佔用土地的策略基本上與許多哺乳動物無異。少數狩獵採集的社會經常有公開的爭鬥行為，例如北美洲的契波瓦族（Chippewa）、蘇族（Sioux）、瓦碩族（Washo），澳洲的孟根族（Murngin）、蒂威族（Tiwi）。他們出動劫掠隊伍、殺害行為、以巫術恐嚇，來隔絕外族並抵消外族的人口優勢。美國內華達州的瓦碩族會積極保衛活動圈的核心範圍，他們的冬季居所就在裡

面。不這麼直接的互動也可以收到相同的效果。例如奈伊奈伊地區（Nyae Nyae）的孔族布殊曼人稱自己為「完美者」或「潔淨者」，把其他的孔族人指為使用致命毒藥的「怪異」兇手。

人類領域行為有時候會特化，這些特化顯然有其功用。例如非洲西南部的多貝地區（Dobe）布殊曼人於一九三〇年確立了溼季各家族獨佔土地原則。權利只及於採集蔬果；其他家族仍可以出入捕獵動物（R. B. Lee in Wilmsen, 1973）。其他的狩獵採集社會似乎也按同樣的雙重原則行事：部落或家族大致可以獨佔最豐富的植物類食物資源，但是狩獵範圍彼此大幅重疊的。由此可見，Bartholomew and Birdsell（1953）當初說南猿和原始人類有領域性，這假說的確可能成立。此外，按照生態效率的規則，活動圈與領域也許很大，人口密度相對較低。讀者應記得，這個規則指出：攝食內容如果包含動物性的食物，所需的地盤面積大約是只攝食植物類的十倍，才能夠獲取同等能量。現代的狩獵採集群體如果成員在 25 人左右，通常會佔用 1,000 至 3,000 平方公里。這個面積與狼群的活動圈差不多，卻比完全素食的大猩猩群隊佔用的面積大了一百倍。

Kummer（1971）就人類領域行為的假說提出一項重要的觀察。群體與群體之間保持距離，這件事的本質較為基礎性，用比較少的一些簡單的爭鬥方法就可以達到目的。而在一個群體之內劃分距離與統御關係卻複雜得多，需要用到其他所有的社會行為。人類的困境有一部份就在於群體之間的互動仍舊粗糙而原始，不敷文明帶來的領域延伸所需。結果便是 Hardin（1972）界定的現代部落主義（tribalism in the modern sense）：

任何群體只要自認與其他群體可以區分開來，同時外界也認為它與其他群體可以區分開來，那麼這個群體就可稱為一個部落。它可能是我們通常所說的種族，但不必然是；它也說不定是一個教派、一個政治團體，或是一個

職業團體。部落的基本特徵就是在道德上遵循雙重標準，團體內的互動有一套標準，團體外的互動有另一套標準。

　　不幸的是，部落主義免不了會引發一個結果，即是反部落主義（換一個方式來講，就是使社會「極化」）。

「部落」害怕周圍的敵意團體，所以不肯為共同利益而讓步。部落比較不可能自願抑制人口成長。像錫蘭的僧伽羅人（Sinhalese）與坦米爾人（Tamils），甚至競相繁殖人口。資源被隔絕。公義與自由衰微。真實的與想像的外來威脅增加，凝聚了群體認同，使部落成員動員起來。仇外心理變成政治美德。對待群體內的異議者越來越嚴厲。人類歷史充斥著這種例子，此一過程終使社會崩潰或走向戰爭。沒有一個民族能完全倖免。

早期社會演化

　　現代人可以說是兩階段心智演化加速所造就的成果。第一階段是從體型較大的樹棲靈長目動物過渡至最初的人猿（南猿）。假如原始人科動物拉瑪人猿（*Ramapithecus*）確實如目前認定，是他的直系遠祖，這一變大概需要一千萬年之久。南猿（*Australopithecus*）活在五百萬年前的世界，距今三百萬年的時候演化成多個物種，其中之一可能就是最初的原始人屬動物（Tobias, 1973）。如圖27-1所示，這些人科動物的特色是腦容量逐漸增大。同時，直立體態與兩腳跨步的行動方式逐漸發展完善，雙手也能夠精準地抓握。早期人類使用工具的程度當然遠遠超過現在的黑猩猩。他們將石頭削或鑿製成簡陋的工具，把石塊堆在一起形成遮蔽所。

　　第二個演化加速期發展迅速得多，大約從十萬年前開始。其中主要包括文化演化，其本質必然大多屬於表現型，它的基礎是過往數百萬年人腦所累積的遺傳潛能。腦的發展達到一個門檻，其後心智演化便依靠一種全新的、

速度遠比原先快的形式。這個第二階段絕非事前規劃的，其潛能之大，近年來才漸漸展現。

人類起源之研究可以歸入兩個問題，與心智演化的兩個階段相應：

——環境之中的哪些特徵導致人科動物適應的方式不同於其他靈長目，從而走上獨一無二的演化路徑？

——人科動物走上這條路之後，為什麼走得那麼遠？

探索早期人類演化原動力的研究，已經進行了幾十年。投入的人士包括 Dart（1949, 1956）、Bartholomew and Birdsell（1953）、Etkin（1954）、Washburn and Avis（1958）、Washburn et al.（1961）、Rabb et al.（1967）、Reynolds（1968）、Schaller and Lowther（1969）、C. J. Jolly（1970）、Kortlandt（1972）。以上諸位的論述重心都放在南猿和早期人類兩項重要的生物學事實。第一，已有充份證據顯示，最可能是人類直系祖先的物種，即非洲南猿（*Australopithecus africanus*），生活在開闊的稀樹草原上。按史德克方頓（Sterkfontein）出土化石的沙粒磨損度，可以看出當時氣候是乾燥的。與人類化石一同發現的豬、羚羊等哺乳動物化石，屬於通常為適應草原生活而特化的種類。南猿的生活方式可能是大舉轉換棲地所造成。拉瑪人猿或更早之前那些棲居森林的人猿，適應了用手抓住樹枝擺盪行進的方式。只有極少數軀幹大的其他靈長目動物和人類一樣離開了森林，在空曠的地上棲居，渡過一生中大部份時間（見圖 27-4）。這並不是說非洲南猿一生都在空曠的地上跑來跑去。其中有一些南猿會把獵物帶入洞穴，甚至以洞穴為固定居所，不過這方面證據仍不夠充份（Kurtén, 1972）。有些南猿群夜晚時會躲進樹叢，與現今狒狒的情況一樣。重點是，覓食活動大部份或全部在稀樹草原上進行。

早期人類生態的第二個特性是：他們攝取的動物性食物比例，遠遠超過現今所有猿猴類。南猿獵食的小型動物無所不包。發現南猿化石的地點同時

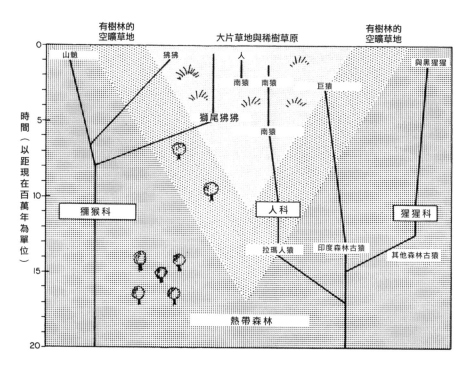

圖 27-4：舊世界高等靈長目動物系統發生簡圖。其中僅有三個現存種類從森林遷移至稀樹草原，即狒狒（*Papio*）、獅尾狒狒（*Theropithecus gelada*）、人類。（Based on Napier and Napier, 1967, and Simons and Ettel, 1970.）

也找到陸龜、蜥蜴、蛇、鼠、兔、豪豬以及其他小動物的骨骸，這些應該是稀樹草原上到處都有的獵物。人猿也用棒子狩獵狒狒。達特根據 58 具狒狒頭骨的分析，推測這些狒狒都是被擊中頭部而倒下，其中 50 隻從正面被打中，其餘是從背面被打中。南猿顯然也捕殺體型比較大的動物，包括溼婆獸（長巨角的長頸鹿）與恐獸（與大象相似，長牙從下顎往下彎）。在阿舍利文化（Acheulean；舊石器時代早期）的早期，直立人（*Homo erectus*）開始使用石斧，有些大型非洲哺乳類物種絕跡了，可能就是因為人類捕獵本領越

來越高，過度掠食所致（Martin, 1966）。

我們根據這些事實可以作出什麼推斷？回答之前，我們應該切記，將早期人類與現存的其他靈長目動物作比較，並不能直接作什麼推斷。只有狒狒和獅尾狒狒在空曠棲地生活，而這兩種動物基本上是素食性。黑猩猩是人類以外智能最高、社會發展最精細的靈長目動物，但黑猩猩棲居森林，而且以素食為主。只有牠們偶爾掠食的時候表現的行為，可以與人類演化有直接的生態上的關聯。黑猩猩社會組織的其他特色，包括小集團成員分分合合快速，群隊之間互換雌性，以及社會化過程繁雜又漫長（見第二十六章），原始人類可能有，也可能沒有。我們不能以生態的相互關聯為依據而下定論。通俗著述中常說，我們可以藉觀察黑猩猩理解人類的起源。這未必正確。黑猩猩有某些與人類相似的特性，但這可能是演化趨同的結果，用這些特性作演化重建將會誤入歧途。

最可行的方法，我想也是多數演化研究者採用的方法，是根據現存的狩獵採集社會往回推。表 27-4 說明了這種方法。我根據 Lee and DeVore（1968; see especially J. W. M. Whiting, pp. 336–339）擬定的綜合法，列舉了狩獵採集社會一些最普遍的性狀，並且指出各項目在人類以外的靈長目動物中有多大變異，從而評估每類行為的變異性。變異越小，我們越有把握說現今狩獵採集社會的某行為，早期人類也有的。

表 27-4：現今狩獵採集社會的性狀，以及早期人類亦有相同性狀之可能性。

現今狩獵採集社會普遍有的性狀	人類以外靈長目動物此性狀的變異程度	評估早期人類已有此性狀的可靠度
地區群體大小：		
大多不超過 100 人	高度變異極大，在 3–100 個體之間	很可能 100 人之內，但除此之外可靠度低
家庭為核心單元	高度變異	可靠度低

續：表 27-2

現今狩獵採集社會普遍有的性狀	人類以外靈長目動物此性狀的變異程度	評估早期人類已有此性狀的可靠度
兩性分工：		
女性採集，男性狩獵	僅人類如此	可靠度低
男性統御女性	普遍，但並非完全如此	可靠
幾乎一律建立長期的兩性親密關係（婚姻）；普遍一夫多妻制	高度變異	可靠度低
一律外婚，婚姻規則支持這樣做	僅人類有之	可靠度低
小集團成員變換頻繁（熔合—分裂社會）	高度變異	可靠度低
普遍有領域性，資源豐富的採集區格外明顯	普遍有領域性，但模式高度變異	可能有領域性；模式不明
玩遊戲，特別運用體能而非謀略的遊戲	普遍都有，至少都有簡單的遊戲形式	可靠度相當高
母職照顧時間拉長；幼少者社會化過程明確；母親與子女關係延續，母女關係尤其持久	較高等獼猴類普遍有	可靠度相當高

　　我們大概可以有把握地說，原始人類以小群體佔據領域的方式生活，群體之內男性統御女性。至於爭鬥行為的強度與量表性質，仍然不明。母職的照顧時期很長，母系關係的影響多少存在著。社會生活的其他面向就很難推斷了，因為可靠的數據並不支持。早期人類以團體行動覓食，倒是很有可能。按狒狒與獅尾狒狒的行為看，集體覓食可以預防大型掠食者。到了南猿和早期人類開始獵食大型哺乳動物的時候，集體狩獵成為當然的優勢，甚至成為必然的原則，情況正如現在的非洲野犬。但是我們不能因此就說必是男人出去狩獵，女人留在家裡。現今的狩獵採集社會是有這種情形，但如果與

社會生物學：新綜合理論

其他靈長目動物比較，看不出這種性狀**什麼時候**開始出現。我們當然也不必認定男性都屬於特化的獵人階級。黑猩猩由雄性來狩獵，這或許引發一些想法。但我們也別忘了，供應獅群食物的是母獅，母獅合作狩獵，往往帶著小獅，公獅卻常坐享其成。在非洲野犬群中，兩性都會參與狩獵。這並不表示早期人類性狀當中不包含男性集體狩獵，但是也沒有充份證據來支持這個假說。

　　接著我們就要談到對於人類社會性起源，目前盛行的理論。這套理論包含一串連鎖的模型，它的基礎包括零星化石證物、從現有狩獵採集社會回溯推斷、與其他靈長目動物做比較。理論的核心可以說是一種**自催化模型**，即是：最早的人科動物為了適應地上生活而變成兩腳走路，雙手既不用來走路，就更能輕鬆製作物件與操作東西，使用工具的習慣改進時，智能也增長了。由於心智能力和使用自製物件的傾向能夠彼此強化，整個物質文明於是擴展。狩獵時的合作變得純熟了，成為刺激智能演化的新動力，智能演化又使工具的使用更精密，兩者便這樣互為因果而循環作用。在某個時間點（也許是南猿晚期或是從南猿到人屬的過渡期），這個自催化作用把演化中的族群帶至一個能力的門檻，人科動物便能利用充斥於非洲平原上的羚羊、象，以及其他草食性大型哺乳動物。這個過程的開端，可能是人科動物學會把大貓、鬣狗等肉食動物趕走，奪佔其捕殺的獵物（見圖27-5）。再過不久，人類成為主要的狩獵者，必須提防自己的獵物被其他掠食動物和食腐動物奪去。自催化作用的模型通常還包含這樣的命題：人類捕獵目標改成大型動物一事也加速了心智演化的過程。這種目標轉變，甚至可能導致兩百萬年前的南猿變成最早的人屬。另一命題是：男性特化為便於進行狩獵。男性與女性之間建立親密社會關係可有利於照顧小孩，男性離家去狩獵，女性照顧小孩並負責採集大部份的植物類食品。人類兩性行為與居家生活的許多特殊細節，都是從這種基本的分工自然而然產生。但這些細節並不是自催化模型的

圖 27-5：

兩百萬年前的自催化社會演化抵達門檻時，一夥早期人類在非洲稀樹草原中覓食。圖中的人正在把其他掠食者趕開，要獨佔剛才倒下的恐獸。地上的狀似大象的恐獸可能是因疲累或生病倒下，圍攻的其他動物繼而結束了牠的生命。人類是最後到場的，有些人吼叫、揮手、提起棍子、扔石塊，要把掠獸趕走。最左邊有落隊的人，正要前來加入。右邊有一頭雌的似劍齒虎（*Homotherium*）帶著兩隻長成了的幼虎，暫時被這一群人嚇得後退了。三隻都作出威嚇狀，顯示其特殊的口形。左邊前景有三隻斑點鬣狗（*Crocuta*）也在後退，

社會生物學：新綜合理論

但準備伺機再衝回去。這些人並不高，都不滿 1.5 米，獨個兒都敵不過這些大型肉食動物。按現行的理論，人類必須密切合作才能捕到這樣的獵物；合作行為與高智能、使用工具的技巧一同演化。背景是遠古時期的坦尚尼亞的奧杜瓦伊地區，地形多山丘，往東有火山高地。草食動物族群稠密而多樣，與現今差不多。左邊背景裡有三趾馬（*Hipparion*），右邊背景裡有牛羚和長著巨角像長頸鹿的動物，叫涅婆獸。（Drawing by Sarah Landry; prepared in consultation with F. Clark Howell. The reconstruction of *Homotherium* was based in part on an Aurignacian sculpture; see Rousseau, 1971.）

根本，模型中加入這些細節是因為現今的狩獵採集社會有如此表現。

　　自催化的模型本身雖然連貫，卻不知為何獨漏了啟動裝置。這個過程一旦開始了，不難看出它能持續自給的道理。可是，它是怎麼開始的？最早的人科動物為什麼不像狒狒和獅尾狒狒一樣手腳並用地跑，卻變成了只用兩腳走？克里弗・喬利（C. J. Jolly, 1970）認為主要刺激力是攝食草籽的特化作用。因為早期的猿人（也許早在拉瑪人猿的時期）是以草本植物籽為食物的最大型靈長目動物，因此能操縱比手小得多的東西是一項優勢。簡而言之，人類變成兩腳走，是為了撿拾草籽。這個假說並不是無憑無據的幻想。喬利指出，人類的頭骨與牙齒構造，與攝食種籽、昆蟲等小東西的獅尾狒狒有一些趨同性狀。此外，獅尾狒狒和人類都有以下的誘惑性性狀：雄性的臉與頸周圍有毛髮，雌性胸部有耀目的肉質裝飾，而舊世界地區其他猿猴類並不如此。按喬利的模型，早期人科動物把雙手空出來是一種前適應，容許演化出工具的使用，也為自催化的兩個並存現象——心智演化與掠食行為——預作準備。

晚近的社會演化

　　活體系統的自催化反應絕不會無限擴大。生物參數一般會受速率影響而改變，使成長減緩，最終停止成長。奇的是，人類的演化尚未出現這種情況。腦體積增大，石器工藝變得精良，證明了人類的心智能力在更新世裡從頭到尾都在進步。大約七萬五千年前尼安德塔人（*Homo sapiens neanderthalensis*）的莫斯特工具文化（Mousterian tool culture）出現後，進步的力道更強，大約四萬年前在歐洲產生了現代智人（*Homo s. sapien*）的舊石器時代後期文化。大約從距今一萬年的時候起，農業發明而後普及，人口密度大增，原始的狩獵採集群隊讓出地方，不斷成長的部落、酋長轄地、邦國取而代之。最後，公元十四世紀歐洲文明調整方向以後，知識與工藝不但

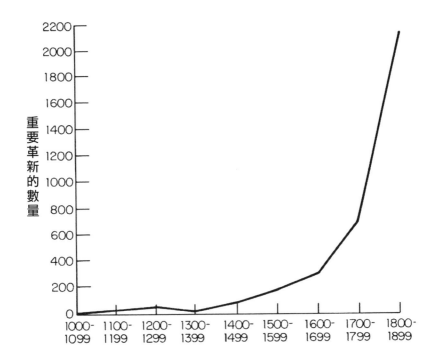

圖 27-6：公元 1000 年至 1900 年的重要發明及發現的數量，按世紀計算。（From Lenski, 1970; after Ogburn and Nimkoff, 1958. Compiled from L. Darmstaedter and R. DuBois Reymond, *4000 Jahre-Pionier-Arbeit in den Exakten Wissenschaften*, Berlin, J. A. Stargart, 1904.）

以指數成長，而且是超指數成長（見圖 27-6）。

　　這最後衝刺的時段裡，沒有任何證據顯示心智能力或特定社會行為導向的演化曾經停頓。族群遺傳學的理論，以及用其他動物作的實驗，都證明生物在不到一百代的時間之內就可能發生重大改變。如果以人類來計算，那就只是上溯至羅馬帝國的時候而已。兩千代的時間（從典型智人入侵歐洲的時候算起）足夠產生一個新物種，並且模造其形態的大要。我們雖然不知道心智演化的程度究竟多大，卻不可以假定近代文明完全是靠更新世那一大段時間累積的資本所建立起來。

既然遺傳與文化追蹤系統雙軌並行，我們可以暫時擱下兩者區別，先回頭來談廣義的晚近社會演化的原動力。以攝食草籽解釋人科動物移居稀樹草原的發展，似乎有道理。狩獵目標換成大型動物，也可能是演化為直立人的原因。但是，適應集體掠食是否就足以把演化過程一路帶到智人的層次，甚至再演化到農業與文明？人類學家和生物學家都不認為這個推動力能有那麼強。他們主張考慮以下的這一系列因子，這些因子可能單獨作用，也可能結合作用。

性擇

Fox（1972）繼 Chance（1962）之後，主張性擇是一種輔助力量，把人類演化一路推到人屬的層級。他的推論如下：狩獵採集為生的群體普遍有一夫多妻的性狀，這可能也是早期人科動物的社會常態。如果的確如此，那麼性擇應該特別重要，包括針對女性的誘惑炫示、男性之間的競爭。女性的可性交狀態幾乎不會中斷，這會持續挑動交配意願，強化了性擇的作用。南猿本來已經適應群體之內高度合作的生活方式，所以性擇往往與狩獵本領、領導能力、製作工具的技術等等有益家庭與男性隊伍成功的條件相關。爭鬥行為受到克制，靈長目慣有的明顯統御形態也沒有了，取而代之的是複雜的社會互動技巧。年輕男性發覺，加入團體、控制自己的性慾和爭鬥性、等待輪到自己躍上領導地位，這些行為都對自己有利。所以，人科動物社會裡的統御男性所具備的各式各樣特質，極有可能反映妥協的必要：「有節制、狡猾、合作、討女人喜歡、有孩子緣、自在、堅忍、口才好、技術好、見多識廣、精於自衛與狩獵。」由於這些精緻的社會性狀與繁育成功之間互有正回饋，因此社會演化不需要其他環境選擇壓力，也能無止境地向前。

文化革新、網絡擴張的乘數效應

文化能力的演化不論是以什麼為原動力，都得靠越來越強的學習力和學

智意願來完成。個體與群隊之間的聯絡網一定也會擴張。我們可以推斷，文化容量和網絡大小有一個臨界質量，到了這個量，若群隊主動擴大兩者，就取得優勢。換言之，正回饋出現了。這個機制不需要社會行為以外的東西輸入，情況與性擇類似。和性擇不一樣的是，它也許在人類史前史很晚期才達到自催化的門檻。

人口密度增高與農業

　　討論文明發展的傳統觀點一向認為農業革新導致人口成長、閒暇較多、有閒階級興起，使人類設計了文明而無立即功用的事情來做。自從發現孔族人（!Kung）和其他狩獵採集為生的人群，工作時間比多數農人短，閒暇比多數農人多，這個假說就不大站得住腳了。原始農業社會一般不會生產過剩，除非受了政治或宗教權威強迫（Carneiro, 1970）。Boserup（1965）甚至認為因果正好相反，是人口成長引發社會往農業專精的路上走。但這個說法沒有解釋人口為什麼會成長。狩獵採集的社會本來數十萬年間都保持差不多的人口平衡，必有什麼因素導致其中少數人轉為務農。關鍵很可能只是智能達到了一定的水平，並且幸運地遇上了野外生長的可食植物。農業經濟一旦啟動，就可能使人口密度增高，從而助長社會接觸網拓寬、工技進步，更加倚賴農耕。再加上一些革新，諸如灌溉和輪子的發明，更把農業發展推上只能向前不會後退之路。

戰爭

　　從古到今的歷史中，部落戰爭是常事，幾乎所有邦國也一律都打過仗。社會學家索羅金（P. A. Sorokin）曾經分析十一個歐洲國家從公元 275 年至1025 年的歷史，發現這些國家有 47% 的時間在從事某種軍事行動，也就是大約每兩年中就有一年在打仗，從德國的 28% 到西班牙的 67% 不等。古代的酋長轄地和中古歐洲的邦國更替非常快，而且許多征服之戰是滅族屠殺。

散播基因向來是最重要的事。例如，摩西在征服米甸人之後下的指令，與雄葉猴的爭鬥行為與篡奪遺傳率造成的後果相同：

> 你們要把一切的男孩和所有已嫁的女子都殺了。但女孩子中，凡沒有出嫁的，你們都可以為自己存留他的活命。 （民數記 31）

多少世紀以後的克勞塞維茨（Carl von Clausewitz）告訴他自己的學生，也就是當時的普魯士王儲，什麼是戰爭的真正生物性的樂趣：

> 您的計劃要大膽而狡詐，執行時要堅定且鍥而不捨，下定決心達到光榮的終點，命運之神就會在你青春的額頭加上光輝的榮耀──那也是王者的點綴，並且把你的形影刻在世世代代子孫的心中。

普遍存在戰爭與遺傳率的篡奪，可能是群體選擇過程中的一個有效力量，這一點達爾文早已確認。他在《人類的起源》之中提出一個重要模型，預示了後來群體選擇論的許多元素：

> 假定一個部落中有這麼一個人，思想比別人敏銳，他發明了一種新的陷阱或武器，或是發明了別種攻擊或防衛的方法，那麼最直截了當的利己就會激勵部落的其他成員模仿，這不需要多少推理能力；大家也都因而獲益。習慣性的採用每一種新的技藝，也會有些許提高智能的作用。假如某個新發明很重要，則部落的人口會增加，向外散佈，將其他部落取而代之。因新發明而人口增加的部落，總有較高的機率再生出其他人才與發明家。這種人生下的孩子如果遺傳了他們的聰明，有更多聰明成員出生的機率就會更大一些，在很小的部落裡機率絕對會更大。即便聰明的人沒有留下子女，部落裡仍會有他們的血親。農業工作者已經證實，如果宰殺牲畜後發現牠具有某些優點，只要用這頭牲畜的家族育種，就可以取得這些優點。

達爾文知道，群體選擇不但可以加強個體選擇，也能與個體選擇對抗——有時候群體選擇壓過個體選擇，如果繁殖的單元很小，親屬關係也比較近，群體選擇的優勢就更大。Keith（1949）、Bigelow（1969）、Alexander（1971）分別就這個主題作了越來越深入的探討。他們認為人類某些「最崇高」的特性是戰爭造成的遺傳，包括團隊合作精神、利他行為、愛國心、戰場上的英勇表現等等。

如果加入門檻效應的公設，就可能說明為什麼這個作用只限於人類的演化（Wilson, 1972a）。假如某種群居的掠食性哺乳動物達到較高的智能水準（如早期人科動物，因為是大型靈長目動物，特別可能演化高智能），一個群就會有意識地忖度緊鄰的其他群體的份量，以聰明的、有條理的方式應對。一個群可能把另一個群除掉，佔用另一個群的地盤，增加自己在關聯族群之中的遺傳比率，使部落銘記這次成功事例，重演成功事例，再擴大成功事例發生的地理範圍，並且加速擴散自己在關聯族群之中的影響力。這種原始的文化能力，應該是因為具備某些基因才有的。文化能力也會驅使基因在關聯族群的基因庫當中散佈。這種彼此強化的作用一旦開始，就可能無法逆轉。什麼樣的基因組合可以帶來較高的適合度，從而抵擋意圖滅族的侵略者？應該是能夠產生更有效爭鬥方法的基因組合，或是使人有能力用某種和解策略，防患於未然。兩種結果也許都少不了心智與文化的增長。這樣的演化除了是一種自催化，它還有個很有意思的屬性，即是只需要偶爾有一次選擇，它的速度就能與個體選擇一樣快。按目前的理論，對侵略者顯著有利的滅族屠殺或族群吸納，只需要每幾代發生一次，就能導引演化。單憑這一點就可以把群體之中真正的利他基因頻率提得很高（見第五章）。按早期歐洲與中東的歷史地圖集（例如 McEvedy, 1967）估計部落與酋邦的更替，顯示群體各自的適合度必須差異夠大，才會達到這個效果。此外，有些與外界隔

絕的文化應該會一連幾代逃過更替，也就是回復到民族誌所謂的平靜無戰爭狀態。

多因子系統

我們可以想像，上述每一種機制都足以單獨成為社會演化的原動力。不過，這些機制更可能全部都發揮了作用，強弱程度不一，而且交互作用產生複雜的後果。因此，最符合實際的模型也許完全是模控式（cybernetic），次級循環彼此有高度連結性，因與果的效應在其中往返作用。Adams（1966）提出來的模型說明邦國與城市社會之興起，但目前尚沒有簡明陳述的方程式和其他類似模型，更不可能猜測其係數的大小了。

社會演化的多因子與單因子模型一樣，都認定控制因子漸漸內化。這種轉變應該是前文說的兩階段加速的基礎。按此，人科動物演化之始，原動力是外在環境的壓力，與其他動物的演化差不多。目前看來，似乎理應假定人科動物連續經歷兩種適應上的轉變：第一，轉變為在開闊野外生活與攝食穀物，第二，先有攝食穀物連帶的生理及心智改變這樣的前適應，之後再轉變為捕獵大型哺乳動物。捕獵大型動物再誘發智能與社會組織更進一步發展，使人科動物跨過臨界點，進入自催化的、更近乎內化的演化階段。走入第二階段，人類開始表現與其他動物最為不同的特質。我雖然強調這個演化階段與眾不同，卻無意表示社會演化就此脫離環境影響。族群結構的鐵律仍然壓制著散佈中的人科動物，而最耀眼的文化進步也是被控制環境的新方法推動。人類所發生的事情是：心智的改變與社會的改變多由內部重組造成，而非直接回應週遭環境的特徵。簡言之，社會演化了得到自己的動力。

前瞻未來

人類一旦達致生態穩定狀態──也許是在二十一世紀結束的時候──

社會演化的內化過程就差不多完全了。大約在這個時候，生物學應該正在巔峰，社會科學正迅速發展成熟。有些研究科學史的人會表示異議，說這些學門中越來越快速的發現，應會造成更迅速的發展。歷史上卻已有過誤導我們的先例了：我們現在談的這些題目的困難度，比物理或化學至少高出兩個數量級。

且看社會學的前景。這門科學現在正處於其發展的自然史階段。有人努力要建立系統，但情況正如心理學界，都欠成熟，結果也乏善可陳。現今社會學中被拿來充當理論的，有很多其實只是標記出現象和概念，這些都是自然史的方法。分析現象和概念背後的過程很困難，因為基本元件難掌握，也許根本不存在。綜合論的內容通常免不了都是沉悶地來回參照多組不同的定義，以及想像力豐富的人所舉的一些隱喻（例如 Inkeles, 1964; Friedrichs, 1970）。這也是自然史階段的典型方法。

社會學的描述與實驗都越來越豐富，它正一天比一天更接近文化人類學、社會心理學、經濟學，而且不久之後就會與這些學門融合。這些學門是廣義的社會學不可或缺的，社會學的首批現象定律極可能是從這些學門而來。其實可能已經有了一些質性定律。這包括針對以下關係的已經檢驗過的陳述：敵意與壓力如何影響種族中心主義與仇外心理（Levine and Campbell, 1972）；戰爭文化與競爭性的運動之間與之內的正相關，排除了攻擊驅力的水壓模型（Sipes, 1973）；預測同業公會裡的晉升與機會的模型，雖然相當精確，但仍過於專化（White, 1970）；以及重要性不遜於前幾項的，經濟學最通用的模型。

要使純粹現象學的東西轉為社會學的基礎理論，必須先等到人腦的神經功能徹底清楚。唯有把這個裝置在紙上拆卸開來，分析到細胞的層次，而且能重新裝回原狀，才可能完全理解人類的情緒與道德判斷有些什麼屬性。然後便可以用模擬的方法來估算行為反應共有多少種，以及其自體調節的精確

度。至於緊張壓力，可以按神經生理上擾動與放鬆的時間來評估。認知過程可以轉換成電路系統。學習與創意也可以界定為認知裝置特定部份的變動，而認知系統由來自情緒中樞的輸入所調節。吃掉心理學之後，新的神經生物學將可提出一套長久耐用的社會學原理。

演化論的社會生物學，在這個大建設計劃之中要發揮雙重的作用。一是重建大腦裝置的歷史，以及辨識其每一種功能的適應意義。有些功能是針對更新世的迫切需求，例如狩獵、採集、部落之間交戰，現在當然早已過時。也有一些功能現在從個人與家庭的層次看是有適應性的，按群體層次看卻是適應不良的；另一些功能恰恰相反。假如我們決定要把文化塑造成為適合生態穩定狀態，那麼有些行為可以憑經驗更改，而不致造成情緒受傷或導致創造力損害。有些行為卻不然。這件事上的不確定也證實，史金納夢想中那種為了幸福而設計的文化，當然要等待新的神經生物學到來才會出現。精準掌握遺傳學（而且因此絕對公平）的道德律，也一樣得等。

演化論的社會生物學的第二個要務是監測社會行為的遺傳依據。最佳化的社會經濟制度永遠不可能十全十美，這是基於亞羅（K. J. Arrow）的不可能定理，也許也因為道德標準本來就是多元的。此外，建立這種規範系統所依據的遺傳基礎，可想而知也持續在變動。人類演化從未停止過，人類的族群卻可以說是在漂變的。短短幾代時間的作用，可能改變人所認定的最佳社經地位。尤其，全世界的基因流動率大增，而且速度越來越快，地方社群之內的血緣係數的平均值也隨之逐漸變小。結果可能是，適應不良、群體選擇的基因流失，使利他行為越來越少（J. B. S. Haldane, 1932; I. Eshel, 1972）。前文講過，行為特性如果被抑制，或是原有的功能在適應意義上變成中性，就很可能遭到代謝保守原則的淘汰。這些特性只需要十代時間，就會大致在族群中消失，以人類的狀況計算，也就是兩、三個世紀。由於我們目前對人腦的理解不足，所以不會知道有多少最受重視的特質，在遺傳上與比較退化

的、有害無益的特質連結在一起。例如，與同群夥伴合作的特質可能連帶著對外人有攻擊性，創意可能連結佔有慾與統轄慾，熱愛體育可能連結暴力反應的傾向，等等。在極端的例子中，這種特性並行的現象可能源於基因多效性，也就是同一組基因控制著不只一種表現型。按計劃組成的社會（這在進入二十一世紀後似乎會成為必然）如果刻意導引成員，使他們避開種種壓力與衝突（也就是曾經帶給破壞性表現型演化優勢的壓力與衝突），那麼其他的表現型可能也跟著一起退化了。這樣看來，就遺傳的終極意義而言，社會控制會使人喪失人性。

我們的自催化社會演化，似乎把我們套牢在特定的路徑上了，而我們內在仍隱含的早期人科動物可能不喜歡這條路徑。我們為了要永遠延續人類存活，就不得不努力追求完整的知識，徹底理解每一條神經和每個基因。等到我們能夠從構造上把自己解釋清楚，社會科學也都登峰造極了，結果恐怕是我們難以接受的。因此，本書的結尾似乎也該和開頭一樣，引用一段卡繆的不祥預感：

> 可以解釋明白的世界，哪怕這解釋不合理，還是一個熟悉的世界。但是，另一方面看，在卸除了幻想與光輝的世界裡，人會覺得是個異類，是個異鄉人。他如此流放異鄉是沒有救藥的，因為他被剝奪了失去家園的記憶，也不能寄望找到樂土。

很不幸，這是實話。不過我們還有一百年。

社會生物學：新綜合理論

參考文獻

Ables, E. D. 1969. Homerange studies of red foxes (*Vulpes vulpes*). *Journal of Mammalogy*, 50(1): 108–120.

Ackerman, R., and P. D. Weigl. 1970. Dominance relations of red and grey squirrels. *Ecology*, 51(2): 332–334.

Adams, R. McC. 1966. *The evolution of urban society: early Mesopotamia and prehispanic Mexico.* Aldine Publishing Co., Chicago. xii + 191 pp.

Ader, R., and P. M. Conklin. 1963. Handling of pregnant rats: effects on emotionality of their offspring. *Science*, 142: 411–412.

Adler, N. T. 1969. Effects of the male's copulatory behavior on successful pregnancy of the female rat. *Journal of Comparative and Physiological Psychology*, 69(4): 613–622.

Adler, N. T., J. A. Resko, and R. W. Goy. 1970. The effect of copulatory behavior on hormonal change in the female rat prior to implantation, *Physiology and Behavior*, 5(9): 1003–1007.

Adler, N. T., and S. R. Zoloth. 1970. Copulatory behavior can inhibit pregnancy in female rats. *Science*, 168: 1480–1482.

Albignac, R. 1973. *Mammifères Carnivores*. Faune de Madagascar, no. 36. Centre National de Recherche Scientifique, Paris. 206 pp.

Alcock, J. 1969. Observational learning in three species of birds. *Ibis*, 111(3): 308–321.

—— 1972. The evolution of the use of tools by feeding animals. *Evolution,*. 26(3):

464–473.

Aldrich-Blake, F. P. G. 1970. Problems of social structure in forest monkeys. In J. H. Crook, ed. (*q.v.*), *Social behaviour in birds and mammals: essays on the social ethology of animals and man*, pp. 79–101.

Alexander, B. K., and Jennifer Hughes. 1971. Canine teeth and rank in Japanese monkeys (*Macaca fuscata*). *Primates*, 12(1): 91–93.

Alexander, R. D. 1961. Aggressiveness, territoriality, and sexual behavior in field crickets (Orthoptera: Gryllidae). *Behaviour*, 17(2,3):130–223.

—— 1962. Evolutionary change in cricket acoustical communication. *Evolution*, 16(4): 443–467.

—— 1968. Arthropods. In T. A. Sebeok, ed. (*q.v.*), *Animal communication: techniques of study and results of research*, pp. 167–216.

—— 1971. The search for an evolutionary philosophy of man. *Proceedings of the Royal Society of Victoria*, 84(1): 99–120.

——1974. The evolution of social behavior. *Annual Review of Ecology and Systematics*, 5: 325–383.

Alexander, R. D., and T. E. Moore. 1962. The evolutionary relationships of 17-year and 13-year cicadas, and three new species (Homoptera, Cicadidae, *Magicicada*). *Miscellaneous Publications, Museum of Zoology, University of Michigan, Ann Arbor*, 21: 1–57.

Alexander, T. R. 1964. Observations on the feeding behavior of *Bufo marinus* (Linné). *Herpetologica*, 20(4): 255–259.

Alexopoulos, C. J. 1963. The Myxomycetes II. *Botanical Review*, 29(1): 1–78.

Alibert, J. 1968. Influence de la société et de l'individu sur la trophallaxie chez *Calotermes flavicollis* Fabr. et *Cubitermes fungifaber* (Isoptera). In R. Chauvin and C. Noirot, eds. (*q.v.*), *L'effet de groupe chez les animaux*, pp. 237–288.

Allee, W. C. 1926. Studies in animal aggregations: causes and effects of bunching in land isopods. *Journal of Experimental Zoology*, 45: 255–277.

—— 1931. *Animal aggregations: a study in general sociology*. University of Chicago Press, Chicago. ix + 431 pp.

—— 1938. *The social life of animals*. W. W. Norton, New York. 293 pp.

—— 1942. Group organization among vertebrates. *Science*, 95: 289–293.

Allee, W. C., N. E. Collias, and Catherine Z. Lutherman. 1939. Modification of the social order in flocks of hens by the injection of testosterone propionate. *Physiological Zoology*, 12(4): 412–440.

Allee, W. C., and J. C. Dickinson, Jr. 1954. Dominance and subordination in the smooth dogfish *Mustelus canis* (Mitchill). *Physiological Zoology*, 27(4): 356–364.

Allee, W. C., A. E. Emerson, O. Park, T. Park, and K. P. Schmidt. 1949. *Principles of Animal Ecology*. W. B. Saunders Co., Philadelphia. xii + 837 pp.

Allee, W. C., and A. M. Guhl. 1942. Concerning the group survival value of the social peck order. *Anatomical Record*, 84(4): 497–498.

Alpert, G. D., and R. D. Akre. 1973. Distribution, abundance, and behavior of the inquiline ant *Leptothorax diversipilosus*. *Annals of the Entomological Society of America*, 66(4): 753–760.

Altmann, Margaret. 1956. Patterns of herd behavior in free-ranging elk of Wyoming, *Cervus canadensis nelsoni*. *Zoologica, New York*, 41(2): 65–71.

—— 1958. Social integration of the moose calf. *Animal Behaviour*, 6(3,4): 155–159.

—— 1960. The role of juvenile elk and moose in the social dynamics of their species. *Zoologica, New York*, 45(1): 35–39.

—— 1963. Naturalistic studies of maternal care in moose and elk. In Harriet L. Rheingold, ed. (*q.v.*), *Maternal behavior in mammals*, pp. 233–253.

Altmann, S. A. 1956. Avian mobbing behavior and predator recognition. *Condor*.

58(4): 241–253.

—— 1959. Field observations on a howling monkey society. *Journal of Mammalogy*, 40(3): 317–330.

—— 1962a. A field study of the sociobiology of rhesus monkeys, *Macaca mulatta. Annals of the New York Academy of Sciences*, 102(2): 338–435.

—— 1962b. Social behavior of anthropoid primates: analysis of recent concepts. In E. L. Bliss, ed., *Roots of behavior*, pp. 277–285. Harper and Brothers, New York. xi + 339 pp.

——1965a. Sociobiology of rhesus monkeys: II, stochastics of social communication. *Journal of Theoretical Biology*, 8(3): 490–522.

—— ed. 1965b. *Japanese monkeys, a collection of translations*, selected by K. Imanishi. The Editor, Edmonton. v + 151 pp.

—— ed. 1967a. *Social communication among primates*. University of Chicago Press, Chicago. xiv + 392 pp.

—— 1967b. Preface. In S. A. Altmann, ed. (*q.v.*), *Social communication among primates*, pp. ix–xii.

—— 1967c. *The structure of primate social communication*. In S. A. Altmann, ed. (*q.v.*), *Social communication among primates*, pp. 325–362.

—— 1969. Review of *Social organization of hamadryas baboons: a field study*, by H. Kummer. *American Anthropologist*, 71(4): 781–783.

Altmann, S. A., and Jeanne Altmann. 1970. *Baboon ecology: African field research*. University of Chicago Press, Chicago. viii + 220 pp.

Alverdes, F. 1927. *Social life in the animal world*. Harcourt, Brace, London. ix + 216 pp.

Amadon, D. 1964. The evolution of low reproductive rates in birds. *Evolution*, 18(1): 105–110.

Anderson, P. K. 1961. Density, social structure, and nonsocial environment in house-mouse populations and the implications for regulation of numbers. *Transactions of the New York Academy of Sciences*, 2d ser., 23(5): 447–451.

—— 1970. Ecological structure and gene flow in small mammals. *Symposia of the Zoological Society of London*, 26: 299–325.

Anderson, S., and J. K. Jones, Jr., eds. 1967. *Recent mammals of the world: a synopsis of families*. Ronald Press Co., New York. viii + 453 pp.

Anderson, W. W., and C. E. King. 1970. Age-specific selection. *Proceedings of the National Academy of Sciences, U.S.A.*, 66(3): 780–786.

Andrew, R. J. 1956. Intention movements of flight in certain passerines, and their uses in systematics. *Behaviour*, 10(1,2): 179–204.

—— 1961a. The motivational organisation controlling the mobbing calls of the blackbird (*Turdus merula*): I, effects of flight on mobbing calls. *Behaviour*, 17(2,3): 224–246.

—— 1961b. The motivational organisation controlling the mobbing calls of the blackbird (*Turdus merula*): II, the quantitative analysis of changes in the motivation of calling. *Behaviour*, 17(4): 288–321.

—— 1961c. The motivational organisation controlling the mobbing calls of the blackbird (*Turdus merula*): III, changes in the intensity of mobbing due to changes in the effect of the owl or to the progressive waning of mobbing. *Behaviour*, 18(1,2): 25–43.

—— 1961d. The motivational organisation controlling the mobbing calls of the blackbird (*Turdus merula*): IV, a general discussion of the calls of the blackbird and certain other passerines. *Behaviour*, 18(3): 161–176.

—— 1962. Evolution of intelligence and vocal mimicking. *Science*, 137: 585–589.

—— 1963a. Trends apparent in the evolution of vocalization in the Old World monkeys and apes. *Symposia of the Zoological Society of London*, 10: 89–107.

—— 1963b. The origin and evolution of the calls and facial expressions of the primates. *Behaviour*, 20(1,2): 1–109.

—— 1969. The effects of testosterone on avian vocalizations. In R. A. Hinde, ed. (*q.v.*), *Bird vocalizations: their relations to current problems in biology and psychology. Essays presented to W. H. Thorpe*, pp. 97–130.

—— 1972. The information potentially available in mammal displays. In R. A. Hinde, ed. (*q.v.*), *Non-verbal communication*, pp. 179–206.

Anthoney, T. R. 1968. The ontogeny of greeting, grooming, and sexual motor patterns in captive baboons (superspecies *Papio cynocephalus*). *Behaviour*, 31(4): 358–372.

Anthony, H. E. 1916. Habits of Aplodontia. *Bulletin of the American Museum of Natural History*, 35: 53–63.

Arata, A. A. 1967. Muroid, glirid, and dipodoid rodents. In S. Anderson and J. K. Jones, Jr., eds. (*q.v.*), *Recent mammals of the world: a synopsis of families*, pp. 226–253.

Araujo, R. L. 1970. Termites of the Neotropical region. In K. Krishna and Frances M. Weesner, eds. (*q.v.*), *Biology of termites*, vol. 2, pp. 527–576.

Archer, J. 1970. Effects of population density on behaviour in rodents. In J. H. Crook, ed. (*q.v.*), *Social behaviour in birds and mammals: essays on the social ethology of animals and man*, pp. 169–210.

Armstrong, E. A. 1947. *Bird display and behaviour: an introduction to the study of bird psychology*, 2d ed. Lindsay Drummond, London. 431 pp. (Reprinted by Dover, New York, 1965, 431 pp.)

—— 1955. *The wren.* Collins, London. viii + 312 pp.

—— 1971. Social signalling and white plumage. *Ibis*, 113(4): 534.

Arnoldi, K. V. 1932. Biologische Beobachtungen an der neuen paläarktischen Sklavenhalterameise *Rossomyrmex proformicarum* K. Arn., nebst einigen Bemerkungen über die Beförderungsweise der Ameisen. *Zeitschrift für Morphologie und Ökologie der Tiere*, 24(2): 319–326.

Aronson, L. R., Ethel Tobach, D. S. Lehrman, and J. S. Rosenblatt, eds. 1970. *Development and evolution of behavior: essays in memory of T. C. Schneirla.* W. H. Freeman, San Francisco. xviii + 656 pp.

Ashmole, N. P. 1963. The regulation of numbers of tropical oceanic birds. *Ibis,* 103b(3): 458–473.

Ashmole, N. P., and H. Tovar S. 1968. Prolonged parental care in royal terns and other birds. *Auk,* 85(1): 90–100.

Assem, J. van den. 1967. Territory in the three-spined stickleback (*Gasterosteus aculeatus*). *Behaviour,* supplement 16. 164 pp.

——— 1971. Some experiments on sex ratio and sex regulation in the pteromalid *Lariophagus distinguendus. Netherlands Journal of Zoology,* 21(4): 373–402.

Auclair, J. L. 1963. Aphid feeding and nutrition. *Annual Review of Entomology,* 8: 439–490.

Ayala, F. J. 1968. Evolution of fitness: II, correlated effects of natural selection on the productivity and size of experimental populations of *Drosophila serrata. Evolution,* 22(1): 55–65.

Baerends, G. P., and J. M. Baerends-van Roon. 1950. An introduction to the study of the ethology of cichlid fishes. *Behaviour,* supplement 1. viii + 242 pp.

Baikov, N. 1925. *The Manchurian tiger.* [Cited by G. B. Schaller, 1967 (*q.v.*).]

Baker, A. N. 1971. *Pyrosoma spinosum* Herdman, a giant pelagic tunicate new to New Zealand waters. *Records of the Dominion Museum, Wellington, New Zealand,* 7(12): 107–117.

Baker, E. C. S. 1929. *The fauna of British India,* vol. 6, *Birds,* 2d ed. Taylor and Francis, London. xxxv + 499 pp.

Baker, H. G., and G. L. Stebbins, eds. 1965. *The genetics of colonizing species.* Academic Press, New York. xv + 588 pp.

Baker, R. H. 1971. Nutritional strategies of myomorph rodents in North American grasslands. *Journal of Mammalogy*, 52: 800–805.

Bakker, R. T. 1968. The superiority of dinosaurs. *Discovery*, 3(2): 11–22.

——— 1971. Ecology of the brontosaurs. *Nature, London*, 229: 172–174.

Bakko, E. B., and L. N. Brown. 1967. Breeding biology of the white-tailed prairie dog, *Cynomys leucurus*, in Wyoming. *Journal of Mammalogy*, 48(1): 100–112.

Baldwin, J. D. 1969. The ontogeny of social behaviour of squirrel monkeys (*Saimiri sciureus*) in a semi-natural environment. *Folia Primatologica*, 11(1,2): 35–79.

——— 1971. The social organization of a semifree-ranging troop of squirrel monkeys (*Saimiri sciureus*). *Folia Primatologica*, 14(1,2): 23–50.

Banks, E. M., D. H. Pimlott, and B. E. Ginsburg, eds. 1967. *Ecology and behavior of the wolf*. Symposium of the Animal Behavior Society. *American Zoologist*, 7(2): 220–381.

Banta, W. C. 1973. Evolution of avicularia in cheilostome Bryozoa. In R. S. Boardman, A. H. Cheetham, and W. A. Oliver, Jr., eds. (*q.v.*), *Animal colonies: development and function through time*, pp. 295–303.

Barash, D. P. 1973. The social biology of the Olympic marmot. *Animal Behaviour Monographs*, 6(3): 172–245.

——— 1974a. The evolution of marmot societies: a general theory. *Science*, 185: 415–420.

——— 1974b. Neighbor recognition in two "solitary" carnivores: the raccoon (*Procyon lotor*) and the red fox (*Vulpes fulva*). *Science*, 185:794–796.

Bardach, J. E., and J. H. Todd. 1970. Chemical communication in fish. In J. W. Johnston, Jr., D. G. Moulton, and A. Turk, eds. (*q.v.*), *Advances in chemoreception*, vol. 1, *Communication by chemical signals*, pp. 205–240.

Barksdale, A. W. 1969. Sexual hormones of *Achlya* and other fungi. *Science*, 166:

831–837.

Barlow, G. W. 1967. Social behavior of a South American leaf fish, *Polycentrus schomburgkii*, with an account of recurring pseudofemale behavior. *American Midland Naturalist*, 78(1): 215–234.

—— 1968. Ethological units of behavior. In D. Ingle, ed., *The central nervous system and fish behavior*, pp. 217–232. University of Chicago Press, Chicago. viii + 272 pp.

—— 1974a. Contrasts in social behavior between Central American cichlid fishes and coral-reef surgeon fishes. *American Zoologist*, 14(1): 9–34.

—— 1974b. Hexagonal territories. *Ecology*. (In press.)

Barlow, G. W., and R. F. Green. 1969. Effect of relative size of mate on color patterns in mouthbreeding cichlid fish, *Tilapia melanotheron*. *Communications in Behavioral Biology*, ser. A, 4(1–3): 71–78.

Barlow, J. C. 1967. Edentates and pholidotes. In S. Anderson and J. K. Jones, Jr., eds. (*q.v.*), *Recent mammals of the world: a synopsis of families*, pp. 178–191.

Barnes, H. 1962. So-called anecdysis in *Balanus balanoides* and the effect of breeding upon the growth of the calcareous shell of some common barnacles. *Limnology and Oceanography*, 7(4): 462–473.

Barnes, R. D. 1969. *Invertebrate zoology*, 2d ed. W. B. Saunders Co., Philadelphia. x + 743 pp.

Barnett, S. A. 1958. An analysis of social behaviour in wild rats. *Proceedings of the Zoological Society of London*, 130(1): 107–152.

—— 1962. *A study in behaviour: principles of ethology and behavioural physiology, displayed mainly in the rat*. Methuen, London. xiii + 288 pp.

Barrai, I., L. L. Cavalli-Sforza, and M. Mainardi. 1964. Testing a model of dominant inheritance for metric traits in man. *Heredity*, 19(4): 651–668.

Barrington, E. 1965. *The biology of Hemichordata and Protochordata*. Oliver and Boyd, Edinburgh. 176 pp.

Barth, R. H., Jr. 1970. Pheromone-endocrine interactions in insects. In G. K. Benson and J. G. Phillips, eds., *Hormones and the environment*, pp. 373–404. Memoirs of the Society for Endocrinology no. 18. Cambridge University Press, Cambridge. xvi + 629 pp.

Bartholomew, G. A. 1952. Reproductive and social behavior of the northern elephant seal. *University of California Publications in Zoology*, 47(15): 369–472.

—— 1959. Mother-young relations and the maturation of pup behaviour in the Alaskan fur seal. *Animal Behaviour*, 7(3,4): 163–171.

—— 1970. A model for the evolution of pinniped polygyny. *Evolution*, 24(3): 546–559.

Bartholomew, G. A., and J. B. Birdsell. 1953. Ecology and the proto-hominids. *American Anthropologist*, 55: 481–498.

Bartholomew, G. A., and N. E. Collias. 1962. The role of vocalization in the social behaviour of the northern elephant seal. *Animal Behaviour*, 10(1,2): 7–14.

Bartholomew, G. A., and V. A. Tucker. 1964. Size, body temperature, thermal conductance, oxygen consumption, and heart rate in Australian varanid lizards. *Physiological Zoology*, 37(4): 341–354.

Bartlett, D., and J. Bartlett. 1974. Beavers—master mechanics of pond and stream. *National Geographic*, 145(5) (May): 716–732.

Bartlett, D. P., and G. W. Meier. 1971. Dominance status and certain operants in a communal colony of rhesus monkeys. *Primates*, 12(3,4): 209–219.

Bartlett, P. N., and D. M. Gates. 1967. The energy budget of a lizard on a tree trunk. *Ecology*, 48(2): 315–322.

Bastock, Margaret. 1956. A gene mutation which changes a behavior pattern. *Evolution*, 10(4): 421–439.

Bastock, Margaret, and A. Manning. 1955. The courtship of *Drosophila melanogaster*. *Behaviour*, 8(2,3): 85–111.

Bateman, A. J. 1948. Intra-sexual selection in *Drosophila. Heredity*, 2(3): 349–368.

Bates, B. C. 1970. Territorial behavior in primates: a review of recent field studies. *Primates*, 11(3): 271–284.

Bateson, G. 1955. A theory of play and fantasy. *Psychiatric Research Reports* (American Psychiatric Association), 2: 39–51.

—— 1963. The role of somatic change in evolution. *Evolution*, 17(4): 529–539.

Bateson, P. P. G. 1966. The characteristics and context of imprinting. *Biological Reviews, Cambridge Philosophical Society*, 41: 177–220.

Batra, Suzanne W. T. 1964. Behavior of the social bee, *Lasioglossum zephyrum*, within the nest (Hymenoptera: Halictidae). *Insectes Sociaux*, 11(2): 159–185.

—— 1966. The life cycle and behavior of the primitively social bee, *Lasioglossum zephyrum* (Halictidae). *Kansas University Science Bulletin* (Lawrence), 46(10): 359–422.

—— 1968. Behavior of some social and solitary halictine bees within their nests: a comparative study (Hymenoptera: Halictidae). *Journal of the Kansas Entomological Society*, 41(1): 120–133.

Batzli, G. O., and F. A. Pitelka. 1971. Condition and diet of cycling populations of the California vole, *Microtus californicus. Journal of Mammalogy*, 52(1): 141–163.

Bayer, F. M. 1973. Colonial organization in octocorals. In R. S. Boardman, A. H. Cheetham, and W. A. Oliver, Jr., eds. (*q.v.*), *Animal colonies: development and function through time*, pp. 69–93.

Beach, F. A. 1940. Effects of cortical lesions upon the copulatory behavior of male rats. *Journal of Comparative Psychology*, 29(2): 193–244.

—— 1945. Current concepts of play in animals. *American Naturalist*, 79: 523–541.

—— 1964. Biological bases for reproductive behavior. In W. Etkin, ed. (*q.v.*), *Social behavior and organization among vertebrates*, pp. 117–142.

Beatty, H. 1951. A note on the behavior of the chimpanzee. *Journal of Mammalogy*, 32(1): 118.

Beaumont, J. de. 1958. Le parasitisme social chez les guêpes et les bourdons. *Mitteilungen der Schweizerischen Entomologischen Gesellschaft*, 31(2): 168–176.

Beebe, W. 1922. *A monograph of the pheasants*, vol. 4. Witherby, London. xv + 242 pp.

—— 1926. The three-toed sloth *Bradypus cuculliger cuculliger* Wagler. *Zoologica, New York*, 7(1): 1–67.

—— 1947. Notes on the hercules beetle, *Dynastes hercules* (Linn.), at Rancho Grande, Venezuela, with special reference to combat behavior. *Zoologica, New York*, 32(2): 109–116.

Beilharz, R. G., and P. J. Mylrea. 1963. Social position and movement orders of dairy heifers. *Animal Behaviour*, 11(4): 529–533.

Beklemishev, W. N. 1969. *Principles of comparative anatomy of invertebrates*, vol. 1, *Promorphology*, trans. by J. M. MacLennan, ed. by Z. Kabata. University of Chicago Press, Chicago. xxx + 490 pp.

Bekoff, M. 1972. The development of social interaction, play, and metacommunication in mammals: an ethological perspective. *Quarterly Review of Biology*, 47(4): 412–434.

Bell, P. R., ed. 1959. *Darwin's biological work: some aspects reconsidered.* Cambridge University Press, Cambridge. xiii + 342 pp.

Bell, R. H. V. 1971. A grazing ecosystem in the Serengeti. *Scientific American*, 255(1) (July): 86–93.

Belt, T. 1874. *The naturalist in Nicaragua.* John Murray, London. xiv + 403 pp.

Bendell, J. F., and P. W. Elliot. 1967, *Behaviour and the regulation of numbers of the blue grouse.* Canadian Wildlife Report Series no. 4. Dept. of Indian Affairs and Northern Development, Ottawa. 76 pp.

Benois, A. 1972. Étude écologique de *Camponotus vagus* Scop. (= *pubescens* Fab.) (Hymenoptera, Formicidae) dans la région d'Antibes: nidification et architecture des nids. *Insectes Sociaux*, 19(2): 111–129.

—— 1973. Incidence des facteurs écologiques sur le cycle annuel et l'activité saisonnière de la fourmi d'Argentine *Iridomyrmex humilis* Mayr (Hymenoptera, Formicidae) dans la région d'Antibes. *Insectes Sociaux*. 20(3): 267–296.

Benson, W. W. 1971. Evidence for the evolution of unpalatability through kin selection in the Heliconiinae (Lepidoptera). *American Naturalist*, 105(943): 213–226.

Benson, W. W., and T. C. Emmel. 1973. Demography of gregariously roosting populations of the nymphaline butterfly *Marpesia berania* in Costa Rica. *Ecology*, 54(2): 326–335.

Bequaert, J. C. 1935. Presocial behavior among the Hemiptera. *Bulletin of the Brooklyn Entomological Society*, 30(5): 177–191.

Bergson, H. 1935. *The two sources of morality and religion*, trans. by R. A. Audra, C. Brereton, and W. H. Carter. Henry Holt, New York. viii + 308 pp.

Berkson, G., B. A. Ross, and S. Jatinandana. 1971. The social behavior of gibbons in relation to a conservation program. In L. A. Rosenblum, ed. (*q.v.*), *Primate behavior: developments in field and laboratory research*, vol. 2, pp. 225–255.

Berkson, G., and R. J. Schusterman. 1964. Reciprocal food sharing of gibbons. *Primates*, 5(1,2): 1–10.

Berndt, R., and H. Sternberg. 1969. Alters- und Geschlechtsunterschiede in der Dispersion des Trauerschnäppers (*Ficedula hypoleuca*). *Journal für Ornithologie*, 110(1): 22–26.

Bernstein, I. S. 1964a. A comparison of New and Old World money social organizations and behavior. *American Journal of Physical Anthropology*, 22(2): 233–238.

—— 1964b. A field study of the activities of howler monkeys. *Animal Behaviour*, 12(1): 92–97.

—— 1965. Activity patterns in a cebus monkey group. *Folia Primatologica*, 3(2,3): 211–224.

—— 1966. Analysis of a key role in a capuchin (*Cebus albifrons*) group. *Tulane Studies in Zoology*, 13(2): 49–54.

—— 1967. Intertaxa interactions in a Malayan primate community. *Folia Primatologica*, 7(3,4): 198–207.

—— 1968. The lutong of Kuala Selangor. *Behaviour*, 32(1–3): 1–16.

—— 1969a. Introductory techniques in the formation of pigtail monkey troops. *Folia Primatologica*, 10(1,2): 1–19.

—— 1969b. Spontaneous reorganization of a pigtail monkey group. *Proceedings of the Second International Congress of Primatology, Atlanta, Georgia*, 1: 48–51.

Bernstein, I. S., and R. J. Schusterman. 1964. The activities of gibbons in a social group. *Folia Primatologica*, 2(3): 161–170.

Bernstein, I. S., and L. G. Sharpe. 1966. Social roles in a rhesus monkey group. *Behaviour*, 26(1,2): 91–104.

Beroza, M., ed. 1970. *Chemicals controlling insect behavior*. Academic Press, New York. xii + 170 pp.

Berry, Kristin H. 1971. Social behavior of the chuckwalla, *Sauromalus obesus*. Herpetological Abstracts of the American Society of Ichthyologists and Herpetologists, 51st Annual Meeting, Los Angeles, pp. 2–3.

Bertram, B. C. R. 1970. The vocal behaviour of the Indian hill mynah, *Gracula religiosa*. *Animal Behaviour Monographs*, 3(2): 79–192.

—— 1973. Lion population regulation. *East African Wildlife Journal*, 11(3,4): 215–225.

Bertram, G. C. L., and C. K. R. Bertram. 1964. Manatees in the Guianas. *Zoologica, New York*, 49(2): 115–120.

Bertrand, Mireille. 1969. *The behavioral repertoire of the stumptail macaque: a descriptive and comparative study*. Bibliotheca Primatologica, no. 11. S. Karger, Basel. xii + 273 pp.

Bess, H. A. 1970. Termites of Hawaii and the Oceanic islands. In K. Krishna and Frances M. Weesner, eds. (*q.v.*), *Biology of termites*, vol. 2, pp. 449–476.

Best, J. B., A. B. Goodman, and A. Pigon. 1969. Fissioning in planarians: control by the brain. *Science*, 164: 565–566.

Betz, Barbara J. 1932. The population of a nest of the hornet *Vespa maculata*. *Quarterly Review of Biology*, 7(2): 197–209.

Bick, G. H., and Juanda C. Bick. 1965. Demography and behavior of the damselfly, *Argia apicalis* (Say), (Odonata: Coenagriidae). *Ecology*, 46(4): 461–472.

Bider, J. R., P. Thibault, and R. Sarrazin. 1968. Schèmes dynamiques spatio-temporels de l'activité de *Procyon lotor* en relation avec le comportement. *Mammalia*, 32(2): 137–163.

Bieg, D. 1972. The production of males in queenright colonies of *Trigona* (*Scaptotrigona*) *postica*. *Journal of Apicultural Research*, 11(1): 33–39.

Bierens de Haan, J. A. 1940. *Die tierischen Instinkte und ihr Umbau durch Erfahrung: eine Einführung in die allgemeine Tierpsychologie*. E. J. Brill, Leyden. xi + 478 pp.

Bigelow, R. 1969. *The dawn warriors: man's evolution toward peace*. Atlantic Monthly Press, Little, Brown, Boston. xi + 277 pp.

Birch, H. G., and G. Clark. 1946. Hormonal modification of social behavior: II, the effects of sex-hormone administration on the social dominance status of the female-castrate chimpanzee. *Psychosomatic Medicine*, 8(5): 320–321.

Birdwhistle, R. L. 1970. *Kinesics and contest: essays on body motion and communication*. University of Pennsylvania Press, Philadelphia. xiv + 338 pp.

Bishop, J. W., and L. M. Bahr. 1973. Effects of colony size on feeding by *Lophopodella carteri* (Hyatt). In R. S. Boardman, A. H. Cheetham, and W. A. Oliver, Jr., eds. (*q.v.*), *Animal colonies: development and function through time*, pp. 433–437.

Black-Cleworth, Patricia. 1970. The role of electrical discharges in the non-reproductive social behaviour of *Gymnotus carapo* (Gymnotidae, Pisces). *Animal Behaviour Monographs*, 3(1): 1–77.

Blackwell, K. F., and J. I. Menzies. 1968. Observations on the biology of the potto (*Perodicticus potto*, Miller). *Mammalia*, 32(3): 447–451.

Blair, W. F. 1968. Amphibians and reptiles. In T. A. Sebeok, ed. (*q.v.*), *Animal communication: techniques of study and results of research*, pp. 289–310.

Blair, W. F., and W. E. Howard. 1944. Experimental evidence of sexual isolation between three forms of mice of the cenospecies *Peromyscus maniculatus*. *Contributions from the Laboratory of Vertebrate Biology, University of Michigan, Ann Arbor*, 26: 1–19.

Blest, A. D. 1963. Longevity, palatability and natural selection in five species of New World saturniid moth. *Nature, London*, 197(4873): 1183–1186.

Blum, M. S. 1966. Chemical releasers of social behavior: VIII, citral in the mandibular gland secretion of *Lestrimelitta limao* (Hymenoptera: Apoidea: Melittidae). *Annals of the Entomological Society of America*, 59(5): 962–964.

Blum M. S., and E. O. Wilson. 1964. The anatomical source of trail substances in formicine ants. *Psyche, Cambridge*, 71(1): 28–31.

Blurton Jones, N. G. 1969. An ethological study of some aspects of social behaviour of children in nursery school. In D. Morris, ed. (*q.v.*), *Primate ethology: essays on the socio-sexual behavior of apes and monkeys*, pp. 437–463.

—— ed. 1972. *Ethological studies of child behaviour*. Cambridge University

社會生物學：新綜合理論

Press, Cambridge. x + 400 pp.

Blurton Jones, N. G., and J. Trollope. 1968. Social behavior of stump-tailed macaques in captivity. *Primates*, 9(4): 365–394.

Boardman, R. S., and A. H. Cheetham. 1973. Degrees of colony dominance in stenolaemate and gymnolaemate Bryozoa. In R. S. Boardman, A. H. Cheetham, and W. A. Oliver, Jr., eds. (*q.v.*), *Animal colonies: development and function through time*, pp. 121–220.

Boardman, R. S., A. H. Cheetham, and W. A. Oliver, Jr., eds. 1973. *Animal colonies: development and function through time*. Dowden, Hutchinson, and Ross, Stroudsburg, Pa. xiii + 603 pp.

Bodot, Paulette. 1969. Composition des colonies de termites: ses fluctuations au cours du temps. *Insectes Sociaux*, 16(1): 39–53.

Boice, R., and D. W. Witter. 1969. Hierarchical feeding behaviour in the leopard frog (*Rana pipiens*). *Animal Behaviour*, 17(3): 474–479.

Bolton, B. 1974. A revision of the palaeotropical arboreal ant genus *Cataulacus* F. Smith (Hymenoptera: Formicidae). *Bulletin of the British Museum of Natural History, Entomology*, 30(1): 1–105.

Bolwig, N. 1958. A study of the behaviour of the chacma baboon, *Papio ursinus. Behaviour*, 14(1,2): 136–163.

Bonner, J. T. 1955. *Cells and societies*. Princeton University Press, Princeton, N. J. iv + 234 pp.

—— 1958. *The evolution of development*. Cambridge University Press, Cambridge. 102 pp.

—— 1965. *Size and cycle: an essay on the structure of biology*. Princeton University Press, Princeton, N. J. viii + 219 pp.

—— 1967. *The cellular slime molds*, 2d ed. Princeton University Press, Princeton, N. J. xii + 205 pp.

—— 1970. The chemical ecology of cells in the soil. In E. Sondheimer and J. B.

Simeone, eds. (*q.v.*), *Chemical ecology*, pp. 1–19.

—— 1974. *On development: the biology of form*. Harvard University Press, Cambridge. viii + 282 pp.

Boorman, S. A., and P. R. Levitt. 1972. Group selection on the boundary of a stable population. *Proceedings of the National Academy of Sciences, U.S.A*, 69(9): 2711–2713.

—— 1973a. Group selection on the boundary of a stable population. *Theoretical Population Biology*, 4(1): 85–128.

—— 1973b. A frequency-dependent natural selection model for the evolution of social cooperation networks. *Proceedings of the National Academy of Sciences, U.S.A.*, 70(1): 187–189.

Booth, A. H. 1957. Observations on the natural history of the olive colobus monkey, *Procolobus verus* (van Beneden). *Proceedings of the Zoological Society of London*, 129(3): 421–430

—— 1960. *Small mammals of West Africa*. Longmans, Green, London. 68 pp. [Cited by Bradbury, 1975 (*q.v.*).]

Booth, Cynthia. 1962. Some observations on behavior of Cercopithecus monkeys. *Annals of the New York Academy of Sciences*, 102(2): 477–487.

Borgmeier, T. 1955. *Die Wanderameisen der Neotropischen Region* (*Hym. Formicidae*). Studia Entomologica, no. 3. Editora Vozes, Petrópolis, Rio de Janeiro. 716 pp.

Boserup, Ester. 1965. *The conditions of agricultural growth*. Aldine Publishing Co., Chicago. 124 pp.

Bossert, W. H. 1967. Mathematical optimization: are there abstract limits on natural selection? In P. S. Moorhead and M. M. Kaplan, eds. (*q.v.*), *Mathematical challenges to the Neo- Darwinian interpretation of evolution*, pp. 35–46.

—— 1968. Temporal patterning in olfactory communication. *Journal of Theoretical Biology*, 18(2): 157–170.

Bossert, W. H., and E. O. Wilson. 1963. The analysis of olfactory communication among animals. *Journal of Theoretical Biology*, 5(3): 443–469.

Bouillon, A. 1970. Termites of the Ethiopian region. In K. Krishna and Frances M. Weesner, eds. (*q.v.*), *Biology of termites*, vol. 2, pp. 153–280.

Bourlière, F. 1955. *The natural history of mammals*. G. G. Harrap, London. xxii + 363 pp. + xi.

—— 1963. Specific feeding habits of African carnivores. *African Wildlife*, 17(1): 21–27.

Bourlière, F., C. Hunkeler, and M. Bertrand. 1970. Ecology and behavior of Lowe's guenon (*Cercopithecus campbelli lowei*) in the Ivory Coast. In J. R. Napier and P. H. Napier, eds. (*q.v.*), *Old World monkeys: evolution, systematics, and behavior*, pp. 297–350.

Bovbjerg, R. V. 1956. Some factors affecting aggressive behavior in crayfish. *Physiological Zoology*, 29(2): 127–136.

—— 1960. Behavioral ecology of the crab, *Pachygrapsus crassipes. Ecology*, 41(4): 688–672.

—— 1970. Ecological isolation and competitive exclusion in two crayfish (*Orconectes virilis and Orconectes immunis*). *Ecology*, 51(2): 225–236.

Bovbjerg, R. V., and Sandra L. Stephen. 1971. Behavioral changes in crayfish with increased population density. *Bulletin of the Ecological Society of America*, 52(4): 37–38.

Bowden, D. 1966. Primate behavioral research in the USSR: the Sukhumi Medico-Biological Station. *Folia Primatologica*, 4(4): 346–360.

Boyd, H. 1953. On encounters between wild white-fronted geese in winter flocks. *Behaviour*, 5(1): 85–129.

Bradbury, J. 1975. Social organization and communication. In W. Wimsatt, ed. *Biology of bats*, vol. 3. Academic Press, New York. (In press.)

Bragg, A. N. 1955–56. In quest of the spadefoots. *New Mexico Quarterly*, 25(4):

345–358.

Brandon, R. A., and J. E. Huhey. 1971. Movements and interactions of two species of *Desmognathus* (Amphibia: Plethodontidae). *American Midland Naturalist*, 86(1): 86–92.

Brannigan, C. R., and D. A. Humphries. 1972. Human non-verbal behaviour, a means of communication. In N. Blurton Jones, ed. (*q.v.*), *Ethological studies of child behaviour*, pp. 37–64.

Brattstrom, B. H. 1962. Call order and social behavior in the foam-building frog, *Engystomops pustulosus*. *American Zoologist*, 2(3): 394.

—— 1973. Social and maintenance behavior of the echidna, *Tachyglossus aculeatus*. *Journal of Mammalogy*, 54(1): 50–70.

—— 1974. The evolution of reptilian social behavior. *American Zoologist*, 14(1): 35–49.

Braun, R. 1958. Das Sexualverhalten der Krabbenspinne *Diaea dorsata* (F.) und der Zartspinne *Anyphaena accentuata* (Walck.) als Hinweis auf ihre systematische Eingliederung. *Zoologischer Anzeiger*, 160(7,8): 119–134.

Brauns, H. 1026. A contribution to the knowledge of the genus *Allodape*, St. Farg. & Serv. Order Hymenoptera; section Apidae (Anthophila). *Annals of the South African Museum*, 23(3): 417–434.

Breder, C. M., Jr. 1959. Studies on social groupings in fishes. *Bulletin of the American Museum of Natural History*, 117(6): 393–482.

—— 1965. Vortices and fish schools. *Zoologica, New York*, 50(2): 97–114.

Breder, C. M., Jr., and C. W. Coates. 1932. A preliminary study of population stability and sex ratio of *Lebistes*. *Copeia*, 1932(3): 147–155.

Brémond, J.-C. 1968. Recherches sur la sémantique et les éléments vecteurs d'information dans les signaux acoustiques du Rouge-gorge (*Erithacus rubecula* L.). *La Terre et la Vie*, 115(2): 109–220.

Brereton, J. L. G. 1962. Evolved regulatory mechanisms of population control. In G.

W. Leeper, ed. (*q.v.*), *The evolution of living organisms*, pp. 81–93.

—— 1971. Inter-animal control of space. In A. H. Esser, ed. (*q.v.*), *Behavior and environment: the use of space by animals and men*, pp. 69–91.

Brian, M. V. 1952a. Interaction between ant colonies at an artificial nest-site. *Entomologist's Monthly Magazine*, 88: 84–88.

—— 1952b. The structure of a dense natural ant population. *Journal of Animal Ecology*, 21(1): 12–24.

—— 1955. Food collection by a Scottish ant community. *Journal of Animal Ecology*, 24(2): 336–351.

—— 1956a. The natural density of *Myrmica rubra* and associated ants in West Scotland. *Insectes Sociaux*, 3(4): 473–487.

—— 1956b. Segregation of species of the ant genus *Myrmica*. *Journal of Animal Ecology*, 25(2): 319–337.

—— 1965. Caste differentiation in social insects. *Symposia of the Zoological Society of London*, 14: 13–38.

—— 1968. Regulation of sexual production in an ant society. In R. Chauvin and C. Noirot, eds. (*q.v.*), *L'effet de groupe chez les animaux*, pp. 61–67.

Brian, M. V., G. Elmes, and A. F. Kelly. 1976. Populations of the ant *Tetramorium caespitum* Latreille. *Journal of Animal Ecology*, 36(2): 337–342.

Brien, P. 1953. Étude sur les Phylactolemates. *Annales de la Société Royale Zoologique de Belgique*, 84(2): 301–444.

Broadbooks, H. E. 1965. Ecology and distribution of the pikas of Washington and Alaska. *American Midland Naturalist*, 73(2): 299–335.

—— 1970. Home ranges and territorial behavior of the yellow-pine chipmunk, *Eutamias amoenus*. *Journal of Mammalogy*, 51(2): 310–326.

Brock, V. E., and R. H. Riffenburgh. 1960. Fish schooling: a possible factor in reducing predation. *Journal du Conseil, Conseil Permanent International pour l'Exploration de la Mer*, 25: 307–317.

Bro Larsen, Ellinor. 1952. On Sub-social beetles from the salt-marsh, their care of progeny and adaptation to salt and tide. *Transactions of the Ninth International Congress of Entomology, Amsterdam*, 1951, 1: 502–506.

Bromley, P. T. 1969. Territoriality in pronghorn bucks on the National Bison Range, Moiese, Montana. *Journal of Mammalogy*, 50(1): 81–89.

Bronson, F. H. 1963. Some correlates of interaction rate in natural populations of woodchucks. *Ecology*, 44(4): 637–643.

—— 1967. Effects of social stimulation on adrenal and reproductive physiology of rodents. In M. L. Conalty, ed., *Husbandry of laboratory animals*, pp. 513–542. Academic Press, New York.

—— 1969. Pheromonal influences on mammalian reproduction. In M. Diamond, ed., *Perspectives in reproduction and sexual behavior*, pp. 341–361. Indiana University Press, Bloomington. x + 532 pp.

—— 1971. Rodent pheromones. *Biology of Reproduction*, 4(3): 344–357.

Bronson, F. H., and B. E. Eleftheriou. 1963. Adrenal responses to crowding in *Peromyscus* and C57BL/10J mice. *Physiological Zoology*, 36(2): 161–166.

Brooks, R. J., and E. M. Banks. 1973. Behavioural biology of the collared lemming (*Dicrostonyx groenlandicus* [Traill]): an analysis of acoustic communication. *Animal Behaviour*, 6(1): 1–83.

Brothers, D. J., and C. D. Michener. 1974. Interactions in colonies of primitively social bees: III, ethometry of division of labor in *Lasioglossum zephyrum* (Hymenoptera: Halictidae). *Journal of Comparative Physiology*, 90(2): 129–168.

Brower, L. P. 1969. Ecological chemistry. *Scientific American*, 220(2) (February): 22–29.

Brown, B. A., Jr. 1974. Social organization in male groups of white-tailed deer. In V. Geist and F. Walther, eds. (*q.v.*), *The behaviour of ungulates and its relation to management*, vol. 1, pp. 436–446.

Brown, D. H., D. K. Caldwell, and Melba C. Caldwell. 1966. Observations on the behavior of wild and captive false killer whales, with notes on associated behavior of other genera of captive delphinids. *Contributions in Science, Los Angeles County Museum*, 95: 1–32.

Brown, D. H., and K. S. Norris. 1956. Observations of captive and wild cetaceans. *Journal of Mammalogy*, 37(3): 311–326.

Brown, E. S. 1959. Immature nutfall of coconuts in the Solomon Islands: II, changes in ant populations, and their relation to vegetation. *Bulletin of Entomological Research*, 50(3): 523–558.

Brown, J. C. 1964. Observations on the elephant shrews (Macroscelididae) of equatorial Africa. *Proceedings of the Zoological Society of London*, 143(1): 103–119.

Brown, J. H. 1971. Mechanisms of competitive exclusion between two species of chipmunks. *Ecology*, 52(2): 305–311.

Brown, J. L. 1963. Aggressiveness, dominance and social organization in the Steller jay. *Condor*, 65(6): 460–484.

—— 1964. The evolution of diversity in avian territorial systems. *Wilson Bulletin*, 76(2): 160–169.

—— 1966. Types of group selection. *Nature, London*, 211(5051): 870.

—— 1969. Territorial behavior and population regulation in birds: a review and re-evaluation. *Wilson Bulletin*, 81(3): 293–329.

—— 1970a. Cooperative breeding and altruistic behaviour in the Mexican jay, *Aphelocoma ultramarina. Animal behaviour*, 18(2): 366–378.

—— 1970b. The neural control of aggression. In C. H. Southwick, ed. (*q.v.*), *Animal aggression: selected readings*, pp. 164–186.

—— 1972. Communal feeding of nestlings in the Mexican jay (*Aphelocoma ultramarina*): interflock comparisons. *Animal Behaviour*, 20(2): 395–403.

—— 1974. Alternate-routes to sociality in jays—with a theory for the evolution of altruism and communal breeding. *American Zoologist*, 14(1): 63–80.

Brown, J. L., R. W. Hunsperger, and H. E. Rosvold. 1969. Interaction of defence and flight reactions produced by simultaneous simulation at two points in the hypothalamus of the cat. *Experimental Brain Research*, 8: 130–149.

Brown, L. H. 1966. Observations on some Kenya eagles. *Ibis*, 108(4): 531–572.

Brown, R. 1973. *A first language: the early stages*. Harvard University Press, Cambridge. xxii + 437 pp.

Brown, R. G. B. 1962. The aggressive and distraction behaviour of the western sandpiper *Ereunetes mauri*. *Ibis*, 104(1): 1–12.

Brown, W. L. 1952a. Contributions toward a reclassification of the Formicidae: I, tribe Platythyreini. *Breviora, Cambridge, Mass.*, 6: 1–6.

—— 1952b. Revision of the ant genus *Serrastruma*. *Bulletin of the Museum of Comparative Zoology, Harvard*, 107(2): 67–86.

—— 1955. A revision of the Australian ant genus Notoncus Emery, with notes on the other genera of Melophorini. *Bulletin of the Museum of Comparative Zoology, Harvard*, 113(6): 471–494.

—— 1957. Predation of arthropod eggs by the ant genera *Proceratium* and *Discothyrea. Psyche, Cambridge*, 64(3): 115.

—— 1958. General adaptation and evolution. *Systematic Zoology*, 7(4): 157–168.

—— 1960. Contributions toward a reclassification of the Formicidae: III, tribe Amblyoponini (Hymenoptera). *Bulletin of the Museum of Comparative Zoology, Harvard*, 122(4): 145–230.

—— 1964. Revision of Rhoptromyrmex. *Pilot Register of Zoology*, cards nos. 11–19.

—— 1965. Contributions to a reclassification of the Formicidae: IV, tribe Typhlomyrmecini (Hymenoptera). *Psyche, Cambridge*, 72(1): 65–78.

—— 1968. An hypothesis concerning the function of the metapleural glands in ants. *American Naturalist*, 102(924): 188–191.

—— 1973. A comparison of the Hylean and Congo-West African rain forest ant faunas. In Betty J. Meggers, E. S. Ayensu, and W. D. Duckworth, eds., *Tropical forest ecosystems in Africa and South America: a comparative review*, pp. 161–185. Smithsonian Institution Press, Washington, D.C. viii + 350 pp.

—— 1975. Contributions toward a reclassification of the Formicidae: V, Ponerinae, tribes Platythyreini, Cerapachyini, Cylindromyrmecini, Acanthostichini, and Aenictogitini. *Search, Ithaca, Entomology*. (In press.)

Brown, W. L., T. Eisner, and R. H. Whittaker. 1970. Allomones and kairomones: transspecific chemical messengers. *BioScience*, 20(1): 21–22.

Brown, W. L., W. H. Gotwald, and J. Lévieux. 1970. A new genus of ponerine ants from West Africa (Hymenoptera: Formicidae) with ecological notes. *Psyche, Cambridge*, 77(3): 259–275.

Brown, W. L., and W. W. Kempf. 1960. A world revision of the ant tribe Basicerotini. *Studia Entomologica*, n.s. 3(1–4): 161–250.

—— 1969. A revision of the Neotropical dacetine ant genus *Acanthognathus* (Hymenoptera: Formicidae). *Psyche, Cambridge*, 76(2): 87–109.

Brown, W. L., and E. O. Wilson. 1959. The evolution of the dacetine ants. *Quarterly Review of Biology*, 34: 278–294.

Bruce, H. M. 1966. Smell as an exteroceptive factor. *Journal of Animal Science*, supplement 25: 83–89.

Brun, R. 1952. Das Zentralnervensystem von *Teleutomyrmex schneideri* Kutt. ♀ (Hym. Formicid.). *Mitteilungen der Schweizerischen Entomologischen Gesellschaft*, 25(2): 73–86.

Bruner, J. S. 1968. *Processes of cognitive growth: infancy*. Clark University Press, with Barre Publishers, Barre, Mass. vii + 75 pp.

Buck, J. B. 1938. Synchronous rhythmic flashing of fireflies. *Quarterly Review of Biology*, 13(3): 301–314.

Buckley, Francine G. 1967. Some notes on flock behaviour in the blue-crowned hanging parrot *Loriculus galgulus* in captivity. *Pavo* (Indian Journal of Ornithology), 5(1,2): 97–99.

Buckley, Francine G., and P. A. Buckley. 1972. The breeding ecology of royal terns *Sterna* (Thalasseus) *maxima maxima*. *Ibis*, 114:344–359.

Buckley, P. A., and Francine G. Buckley. 1972. Individual egg and chick recognition by adult royal terns (*Sterna maxima maxima*). *Animal Behaviour*, 20(3): 457–462.

Buechner, H. K. 1950. Life history, ecology, and range use of the pronghorn antelope in Trans-Pecos, Texas. *American Midland Naturalist*, 43(2): 257–354.

—— 1961. Territorial behavior in Uganda kob. *Science*, 133: 698–699.

—— 1963. Territoriality as a behavioral adaptation to environment in Uganda kob. *Proceedings of the Sixteenth International Congress of Zoology, Washington, D.C.*, 3: 59–63.

Buechner, H. K., and H. D. Roth. 1974. The lek system in Uganda kob antelope. *American Zoologist*, 14(1): 145–162.

Buettner-Janusch, J., and R. J. Andrew. 1962. The use of the incisors by primates in grooming. *American Journal of Physical Anthropology*, 20(1): 127–129.

Bullis, H. R., Jr. 1961. Observations on the feeding behavior of white-tip sharks on schooling fishes. *Ecology*, 42(1): 194–195.

Bullock, T. H. 1973. Seeing the world through a new sense: electroreception in fish. *American Scientist*, 61(3): 316–325.

Bunnell, P. 1973. Vocalizations in the territorial behavior of the frog *Dendrobates pumilio*. *Copeia*, 1973, no. 2: pp. 277–284.

Bünzli, G. H. 1935. Untersuchungen über coccidophile Ameisen aus den

Kaffeefeldern von Surinam. *Mitteilungen der Schweizerischen Entomologischen Gesellschaft*, 16(6,7): 453–593.

Burchard, J. E., Jr. 1965. Family structure in the dwarf cichlid *Apistogramma trifasciatum* Eigenmann and Kennedy. *Zeitschrift für Tierpsychologie*, 22(2): 150–162.

Buren, W. F. 1968. A review of the species of *Crematogaster*, sensu stricto, in North America (Hymenoptera, Formicidae): II, descriptions of new species. *Journal of the Georgia Entomological Society*, 3(3): 91–121.

Burghardt, G. M. 1970. Chemical perception in reptiles. In J. W. Johnston, Jr., D. G. Moulton, and A. Turk, eds. (*q.v.*) *Advances in chemoreception*, vol. 1, *Communication by chemical signals*, pp. 241–308.

Burnet, F. M. 1971. "Self-recognition" in colonial marine forms and flowering plants in relation to the evolution of immunity. *Nature, London*, 232(5308): 230–235.

Burt, W. H. 1943. Territoriality and home range concepts as applied to mammals. *Journal of Mammalogy*, 24(3): 346–352.

Burton, Frances D. 1972. The integration of biology and behavior in the socialization of *Macaca sylvana* of Gibraltar. In F. E. Poirier, ed. (*q.v.*), *Primate socialization*, pp. 29–62.

Busnel, R.-G., and A. Dziedzic. 1966. Acoustic signals of the pilot whale *Globicephala melaena* and of the porpoises *Delphinus delphis* and *Phocoena phocoena*. In K. S. Norris, ed. (*q.v.*), *Whales, dolphins, and porpoises*, pp. 607–646.

Bustard, H. R. 1970. The role of behavior in the natural regulation of numbers in the gekkonid lizard *Gehyra variegata*. *Ecology*, 51(4): 724–728.

Butler, Charles. 1609. *The feminine monarchie: on a treatise concerning bees, and the due ordering of them*. Joseph Barnes, Oxford.

Butler, C. G. 1954a. *The world of the honeybee*. Collins, London. xiv + 226 pp.

—— 1954b. The method and importance of the recognition by a colony of honeybees (*A. mellifera*) of the presence of its queen. *Transactions of the Royal Entomological Society of London*, 105(2): 11–29.

—— 1967. Insect pheromones. *Biological Reviews, Cambridge Philosophical Society*, 42(1): 42–87.

—— 1969. Some pheromones controlling honeybee behaviour. *Proceedings of the Seventh Congress of the International Union for the Study of Social Insects, Bern*, pp. 19–32.

Butler, C. G., and D. H. Calam. 1969. Pheromones of the honey bee—the secretion of the Nassanoff gland of the worker. *Journal of Insect Physiology*, 15(2): 237–244.

Butler, C. G., R. K. Callow, and J. R. Chapman. 1964. 9-Hydroxydec-*trans*-2-enoic acid, a pheromone stabilizing honeybee swarms. *Nature, London*, 201(4920): 733.

Butler, C. G., D. J. C. Fletcher, and Doreen Watler. 1969. Nest-entrance marking with pheromones by the honeybee, *Apis mellifera* L., and by a wasp, *Vespula vulgaris* L. *Animal Behaviour*, 17(1): 142–147.

Butler, C. G., and J. B. Free. 1952. The behaviour of worker honeybees at the hive entrance. *Behaviour*, 4(4): 262–292.

Butler, C. G., and J. Simpson. 1967. Pheromones of the queen honeybee (*Apis mellifera* L.) which enable her workers to follow her when swarming. *Proceedings of the Royal Entomological Society of London*, ser. A, 42(10–12): 149–154.

Butler, R. A. 1954. Incentive conditions which influence visual exploration. *Journal of Experimental Psychology*, 48: 17–23.

—— 1965. Investigative behavior. In A. M. Schrier, H. F. Harlow, and F. Stollnitz, eds., *Behavior of non-human primates: modern research trends*, vol. 2, pp. 463–493. Academic Press, New York. xv + pp. 287–595.

Cairns, J., Jr, M. L. Dahlberg, K. L. Dickson, Nancy Smith, and W. T. Waller. 1969. The relationship of fresh-water protozoan communities to the MacArthur-Wilson equilibrium model. *American Naturalist*, 103(933): 439–454.

Calaby, J. H. 1956. The distribution and biology of the genus *Ahamitermes* (Isoptera). *Australian Journal of Zoology*, 4(2): 111–124.

—— 1960. Observations on the banded ant-eater *Myrmecobius f. fasciatus* Waterhouse (Marsupialia), with particular reference to its food habits. *Proceedings of the Zoological Society of London*, 135(2): 183–207.

Caldwell, D. K., Melba C. Caldwell, and D. W. Rice. 1966. Behavior of the sperm whale, *Physeter catodon* L. In K. S. Norris, ed. (*q.v.*) *Whales, dolphins, and porpoises*, pp. 679–716.

Caldwell, L. D., and J. B. Gentry. 1965. Interactions of *Peromyscus* and *Mus* in a one-acre field enclosure. *Ecology*, 46(1,2): 189–192.

Caldwell, Melba C., and D. K. Caldwell. 1966. Epimeletic (care-giving) behavior in Cetacea. In K. S. Norris, ed. (*q.v.*) *Whales, dolphins, and porpoises*, pp. 755–788.

—— 1972. Behavior of marine mammals: sense and communication. In S. H. Ridgway, ed. (*q.v.*), *Mammals of the sea: biology and medicine*, pp. 419–502.

Calhoun, J. B. 1962a. *The ecology and sociology of the Norway rat*. U.S. Department of Health, Education, and Welfare, Public Health Service Document no. 1008. Superintendent of Documents, U.S. Government printing Office, Washington, D.C. viii + 288 pp.

—— 1962b. Population density and social pathology. *Scientific American*, 206(2): (February): 139–148.

—— 1971. Space and the strategy of life. In A. H. Esser, ed. (*q.v.*), *Behavior and environment: the use of space by animals and men*, pp. 329–387.

Callow, R. K., J. R. Chapman, and Patricia N. Paton. 1964. Pheromones of the honeybee: chemical studies of the mandibular gland secretion of the queen. *Journal of Apicultural Research*, 3(2): 77–89.

Campbell, B. G., ed. 1972. *Sexual selection and the descent of man 1871–1971*, Aldine Publishing Co., Chicago. x + 378 pp.

Campbell, D. T. 1972. On the genetics of altruism and the counter-hedonic components in human culture. *Journal of Social Issues*, 28(3): 21–37.

Camus, A. 1955. *The myth of Sisyphus*. Vintage Books, Alfred A. Knopf, New York. viii + 151 pp.

Candland, D. K., and A. I. Leshner. 1971. Formation of squirrel monkey dominance order is correlated with endocrine output. *Bulletin of the Ecological Society of America*, 52(4): 54.

Capranica, R. R. 1968. The vocal repertoire of the bullfrog (*Rana catesbeiana*). *Behaviour*, 31(3): 302–325.

Carl, E. A. 1971. Population control in arctic ground squirrels. *Ecology*, 52(3): 395–413.

Carne, P. B. 1966. Primitive forms of social behaviour, and their significance in the ecology of gregarious insects. *Proceedings of the Ecological Society of Australia*, 1: 75–78.

Carneiro, R. L. 1970. A theory of the origin of the state. *Science*, 169: 733–738.

Carpenter, C. C. 1971. Discussion of Session I: Territoriality and dominance. In A. H. Esser, ed. (*q.v.*), *Behavior and environment: the use of space by animals and men*, pp. 46–47.

Carpenter, C. R. 1934. A field study of the behavior and social relations of howling monkeys. *Comparative Psychology Monographs*, 10(2): 1–168.

—— 1935. Behavior of red spider monkeys in Panama. *Journal of Mammalogy*, 16(3): 171–180.

—— 1940. A field study in Siam of the behavior and social relations of the gibbon (*Hylobates lar*). *Comparative Psychology Monographs*, 16(5): 1–212.

—— 1942a. Sexual behavior of free-ranging rhesus monkeys (Macaca mulatta): II, periodicity of estrus, homosexual, autoerotic and nonconformist behavior. Journal of Comparative Psychology, 33(1): 143–162.

—— 1942b. Characteristics of social behavior in non-human primates. *Transactions of the New York Academy of Sciences*, 2d ser., 4(8): 248–258.

—— 1952. Social behavior of non-human primates. In P. P. Grassé, ed. (*q.v.*), *Structure et physiologie des sociétés animales*, pp. 227–246.

—— 1954. Tentative generalizations on the grouping behavior of non-human primates. *Human Biology*, 26(3): 269–276.

—— 1965. The howlers of Barro Colorado Island. In I. DeVore, ed. (*q.v.*), *Primate behavior: field studies of monkeys and apes,* pp. 250–291.

—— ed. 1973. *Behavioral regulators of behavior in primates*. Bucknell University Press, Lewisburg, Pa. 303 pp.

Carr, A., and H. Hirth. 1961. Social facilitation in green turtle siblings. *Animal Behaviour*, 9(1,2): 68–70.

Carr, A., and L. Ogren. 1960. The ecology and migrations of sea turtles: 4, the green turtle in the Caribbean Sea. *Bulletin of the American Museum of Natural History*, 121(1): 1–48.

Carr, W. J., R. D. Martorano, and L. Krames. 1970. Responses of mice to odors associated with stress. *Journal of Comparative and Physiological Psychology*, 71(2): 223–228.

Carrick, R. 1963. Ecological significance of territory in the Australian magpie, *Gymnorhina tibicen*. *Proceedings of the Thirteenth International Ornithological Congress*, 2: 740–753.

Carrick, R., S. E. Csordas, Susan E. Ingham, and K. Keith. 1962. Studies on the southern elephant seal, *Mirounga leonina* (L.), III, IV. *C.S.I.R.O. Wildlife Research, Canberra, Australia*, 7(2): 119–197.

Cartmill, M. 1974. Rethinking primate origins. *Science*, 184: 436–443.

Castle, G. B. 1934. The damp-wood termites of western United States, genus *Zootermopsis* (formerly, *Termopsis*). In C. A. Kofoid et al., eds. (*q.v.*), *Termites and termite control*, pp. 273–310.

Castoro, P. L., and A. M. Guhl. 1958. Pairing behavior related to aggressiveness and territory. *Wilson Bulletin*, 70(1): 57–69.

Caughley, G. 1964. Social organization and daily activity of the red kangaroo and the grey kangaroo. *Journal of Mammalogy*, 45(3): 429–436.

Cavalli-Sforza, L. L. 1971. Similarities and dissimilarities of sociocultural and biological evolution. In F. R. Hodson, D. G. Kendall, and P. Tautu, eds., *Mathematics in the archaeological and historical sciences*, pp. 535–541. Edinburgh University Press, Edinburgh. vii + 565 pp.

Cavalli-Sforza, L. L., and W. F. Bodmer. 1971. *The genetics of human populations.* W. H. Freeman, San Francisco. xvi + 965 pp.

Cavalli-Sforza, L. L., and M. W. Feldman. 1973. Models for cultural inheritance: I, group mean and within group variation. *Theoretical Population Biology*, 4(1): 42–55.

Chagnon, N. A. 1968. *Yanomamö: the fierce people.* Holt, Rinehart and Winston, New York. xviii + 142 pp.

Chalmers, N. R. 1968. The social behaviour of free living mangabeys in Uganda. *Folia Primatologica*, 8(3,4): 263–281.

—— 1972. Comparative aspects of early infant development in some captive cercopithecines. In F. E. Poirier, ed. (*q.v.*), *Primate socialization*, pp. 63–82.

Chalmers, N. R., and Thelma E. Rowell. 1971. Behaviour and female reproductive cycles in a captive group of mangabeys. *Folia Primatologica*, 14(1): 1–14.

Chance, M. R. A. 1955. The sociability of monkeys. *Man*, 55(176): 162–165.

—— 1961. The nature and special features of the instinctive social bond of primates. In S. L. Washburn, ed. (*q.v.*), *Social life of early man*, pp. 17–33.

—— 1962. Social behaviour and primate evolution. In M. F. Ashley Montagu, ed.,

Culture and the evolution of man, pp. 84–130. Oxford University Press, New York. xiii + 376 pp.

—— 1967. Attention structure as the basis of primate rank orders. *Man*, 2(4): 503–518.

Chance, M. R. A., and C. J. Jolly. 1970. *Social groups of monkeys, apes and men*. E. P. Dutton, New York. 224 pp.

Charles-Dominique, P. 1971. Eco-ethologie des prosimiens du Gabon. *Biologia Gabonica*, 7(2): 121–228.

—— 1972. Ecologie et vie social de *Galago demidovii* (Fischer 1808, Prosimii). *Zeitschrift für Tierpsychologie*, supplement 9: 7–42.

Charles-Dominique, P., and C. M. Hladik. 1971. Le *Lepilemur* du Sud de Madagascar: écologie, alimentation et vie social. *La Terre et la Vie*, 118(1): 3–66.

Charles-Dominique, P., and R. D. Martin. 1970. Evolution of lorises and lemurs. *Nature, London*, 227 (5255): 257–260.

—— 1972. Behaviour and ecology of nocturnal prosimians. *Zeitschrift für Tierpsychologie*, supplement 9. 91 pp.

Chase, I. D. 1973. A working paper on explanations of hierarchy in animal societies. (Unpublished manuscript, cited by permission of the author.)

—— 1974. Models of hierarchy formation in animal societies. *Behavioral Science*. (In press.)

Chauvin, R. 1960. Les substances actives sur le comportement à l'intérieur de la ruche. *Annales de l'Abeille*, 3(2): 185–197.

—— ed. 1968. *Traité de biologie de l'abeille*, 5 vols. Vol. 1, *Biologie et physiologie générales*. xvi + 547 pp. Vol. 2, *Système nerveux, comportement et régulations sociales*. viii + 566 pp. Vol. 3, *Les produits de la ruche*. viii + 400 pp. Vol. 4, *Biologie appliquée*. viii + 434 pp. Vol. 5, *Histoire, ethnographie et folklore*. viii + 152 pp. Masson et Cie, Paris.

Chauvin, R., and C. Noirot, eds. 1968. *L'effet de groupe chez les animaux*. Colloques Internationaux no. 173. Centre National de la Recherche Scientifique, Paris. 390 pp.

Cheetham, A. H. 1973. Study of cheilostome polymorphism using principal components analysis. In G. P. Larwood, ed. (*q.v.*), *Living and fossil Bryozoa: recent advances in research*, pp. 385–409.

Chepko, Bonita Diane. 1971. A preliminary study of the effects of play deprivation on young goats. *Zeitschrift für Tierpsychologie*, 28(5): 517–526.

Cherrett, J. M. 1972. Some factors involved in the selection of vegetable substrate by *Atta cephalotes* (L.) (Hymenoptera: Formicidae) in tropical rain forest. *Journal of animal Ecology*, 41: 647–660.

Cherry, C. 1957. *On human communication*. John Wiley & Sons, New York. xiv + 333 pp.

Chiang, H. C., and O. Stenroos. 1963. Ecology of insect swarms: II, occurrence of swarms of *Anarete* sp. under different field conditions (Cecidomyiidae, Diptera). *Ecology*, 44(3): 598–600.

Chitty, D. 1967a. The natural selection of self-regulatory behaviour in animal populations. *Proceedings of the Ecological Society of Australia*, 2: 51–78.

—— 1967b. What regulates bird populations? *Ecology*, 48(4): 698–701.

Chivers, D. J. 1969. On the daily behaviour and spacing of free-ranging howler monkey groups. *Folia Primatologica*, 10(1): 48–102.

—— 1973. An introduction to the socio-ecology of Malayan forest primates. In R. P. Michael and J. H. Crook, eds. (*q.v.*), *Comparative ecology and behaviour of primates*, pp. 101–146.

Chomsky, N. 1957. *Syntactic structures*. Mouton, The Hague. 118 pp.

—— 1972. *Language and mind*, enlarged ed. Harcourt, Brace, Jovanovich, New York. xii + 194 pp.

Christen, Anita. 1974. Fortpflanzungsbiologie und Verhalten bei *Cebuella pygmaea* und *Tamarin tamarin* (Primates, Platyrrhina, Callithricidae). *Zeitschrift für Tierpsychologie*, supplement 14. 79 pp.

Christian, J. J. 1955. Effect of population size on the adrenal glands and reproductive organs of male mice. *American Journal of Physiology*, 182(2): 292–300.

—— 1961. Phenomena associated with population density. *Proceedings of the National Academy of Sciences, U.S.A.*, 47(4): 428–449.

—— 1968. Endocrine-behavioral negative feed-back responses to increased population density. In R. Chauvin and C. Noirot, eds. (*q.v.*), *L'effet de groupe chez les animaux*, pp. 289–322.

—— 1970. Social subordination, population density, and mammalian evolution. *Science*, 168: 84–90.

Christian, J. J., and D. E. Davis. 1964. Endocrines, behavior, and population. *Science*, 146: 1550–1560.

Clark, Eugenie. 1972. The Red Sea's garden of eels. *National Geographic*, 142(5) (November): 724–735.

Clark, L. R., P. W. Geier, R. D. Hughes, and R. F. Morris. 1967. *The ecology of insect populations in theory and practice.* Methuen, London. xiv + 232 pp.

Clarke, T. A. 1970. Territorial behavior and population dynamics of a pomacentrid fish, the garibaldi, *Hypsypops rubicunda*. *Ecological Monographs*, 40(2): 189–212.

Clausen, C. P. 1940. *Entomophagous insects.* McGraw-Hill Book Co., New York. x + 688 pp.

Clausen, J. A., ed. 1968. *Socialization and society.* Little, Brown, Boston. xvi + 400 pp.

Clausewitz, C. von. 1960. *Principles of war*, trans. by H. W. Gatzke from the Appendix of *Vom Kriege*, 1832. Stackpole Co., Harrisburg, Pa. iv + 82 pp.

Clemente, Carmine D., and D. B. Lindsley, eds. 1967. *Brain function*, vol. 5,

Aggression and defense: neural mechanisms and social patterns. University of California Press, Berkeley. xv + 361 pp.

Cleveland, L. R., S. R. Hall, Elizabeth P. Sanders, and Jane Collier. 1934. The wood- feeding roach *Cryptocercus*, its Protozoa, and the symbiosis between Protozoa and roach. *Memoirs of American Academy of Arts and Sciences*, 17(2): 185–342.

Clough, G. C. 1971. Behavioral responses of Norwegian lemmings to crowding. *Bulletin of the Ecological Society of America*, 52(4): 38.

—— 1972. Biology of the Bahaman hutia, *Geocapromys ingrahami*. *Journal of Mammalogy*, 53(4): 807–823.

Coates, A. G., and W. A. Oliver, Jr. 1973. Coloniality in zoantharian corals. In R. S. Boardman, A. H. Cheetham, and W. A. Oliver, Jr., eds. (*q.v.*), *Animal colonies: development and function through time*, pp. 3–27.

Cody, M. L. 1966. A general theory of clutch size. *Evolution*, 20(2): 174–184.

—— 1969. Convergent characteristics in sympatric species: a possible relation to interspecific competition and aggression. *Condor*, 71(3): 223–239.

—— 1971. Finch flocks in the Mohave Desert. *Theoretical Population Biology*, 2(2): 142–158.

—— 1974. *Competition and the structure of bird communities.* Princeton University Press, Princeton, N.J. x + 318 pp.

Cody, M. L., and J. H. Brown. 1970. Character convergence in Mexican finches. *Evolution*, 24(2): 304–310.

Coe, M. J. 1962. Notes on the habits of the Mount Kenya hyrax (*Procavia johnstoni mackinderi* Thomas). *Proceedings of the Zoological Society of London*, 138(4): 639–644.

—— 1967. Co-operation of three males in nest construction by *Chiromantis rufescens* Gunther (Amphibia: Rhacophoridae). *Nature, London*, 214(5083): 112–113.

Cohen, D. 1967. Optimization of seasonal migratory behaviour. *American Naturalist*, 101(917): 1–17.

Cohen, J. E. 1969a. Grouping in a vervet monkey troop. *Proceedings of the Second International Congress of Primatology, Atlanta, Georgia (U.S.A)*, 1968, 1: 274–278.

—— 1969b. Natural primate troops and a stochastic population model. *American Naturalist*, 103(933): 455–477.

—— 1971. *Casual groups of monkeys and men: stochastic models of elemental social systems*. Harvard University Press, Cambridge. xiii + 175 pp.

Cole, A. C. 1968. *Pogonomyrmex harvester ants: a study of the genus in North America*. University of Tennessee Press, Knoxville. x + 222 pp.

Cole, L. C. 1954. The population consequences of life history phenomena. *Quarterly Review of Biology*, 29(2): 103–137.

Collias, N. E. 1943. Statistical analysis of factors which make for success in initial encounters between hens. *American Naturalist*, 77(773): 519–538.

—— 1950. Social life and the individual among vertebrate animals. *Annals of the New York Academy of Sciences*, 51(6): 1076–1092.

Collias, N. E., and Elsie C. Collias. 1967. A field study of the red jungle fowl in north- central India. *Condor*, 69(4): 360–386.

—— 1969. Size of breeding colony related to attraction of mates in a tropical passerine bird. *Ecology*, 50(3): 481–488.

Collias, N. E., Elsie C. Collias, D. Hunsaker, and Lory Minning. 1966. Locality fixation, mobility and social organization within an unconfined population of red jungle fowl. *Animal Behaviour*, 14(4): 550–559.

Collias, N. E., and L. R. Jahn. 1959. Social behavior and breeding success in Canada geese (*Branta canadensis*) confined under semi-natural conditions. *Auk*, 76(4): 478–509.

Collias, N. E., and C. H. Southwick. 1952. A field study of population density and social organization in howling monkeys. *Proceedings of the American Philosophical Society, Philadelphia*, 96(2):143–156.

Collias, N. E., J. K. Victoria, and R. J. Shallenberger. 1971. Social facilitation in weaver-birds: importance of colony size. *Ecology*, 52(2): 823–828.

Colombel, P. 1970a. Recherches sur la biologie et l'éthologie d'*Odontomachus haematodes* L. (Hym. Formicoïdea Poneridae): étude des populations dans leur milieu naturel. *Insectes Sociaux* 17(3): 183–198.

—— 1970b. Recherches sur la biologie et l'éthologie d'*Odontomachus haematodes* L. (Hym. Formicoïdea Poneridae): biologie des reines. *Insectes Sociaux* 17(3): 199–204.

Comfort, A. 1971. Likelihood of human pheromones. *Nature, London*, 230(5294): 432–433, 479.

Conder, P. J. 1949. Individual distance. *Ibis*, 91(4): 649–655.

Connell, J. H. 1961. The influence of interspecific competition and other factors on the distribution of the barnacle *Chthamalus stellatus. Ecology*, 42(4): 710–723.

—— 1963. Territorial behavior and dispersion in some marine invertebrates. *Researches on Population Ecology*, 5(2): 87–101.

Cook, S. F., and K. G. Scott. 1933. The nutritional requirements of *Zootermopsis (Termopsis) angusticollis. Journal of Cellular and Comparative Physiology*, 4(1): 95–110.

Cooper, K. W. 1957. Biology of eumenine wasps: V, digital communication in wasps. *Journal of Experimental Zoology*, 134(3): 469–509.

Corliss, J. O. 1961. *The ciliated Protozoa: characterization, classification, and guide to the literature*. Pergamon, New York. 310 pp.

Corning, W. C., J. A. Dyal, and A. O. D. Willows, eds. 1973. *Invertebrate learning*, 2 vols. Vol. 1, *Protozoans through annelids*. xvii + 296 pp. Vol. 2, Arthropods and gastropod mollusks. xiii + 284 pp. Plenum Press, New York.

Cott, H. B. 1957. *Adaptive coloration in animals*, Methuen, London. xxxii + 580 pp.

Coulson, J. C. 1966. The influence of the pair-bond and age on the breeding biology of the kittiwake gull *Rissa tridactyla*. *Journal of Animal Ecology*, 35(2): 269–279.

Coulson, J. C., and E. White. 1956. A study of colonies of the kittiwake *Rissa tridactyla* (L.). Ibis, 98(1): 63–79.

—— 1960. The effect of age and density of breeding birds on the time of breeding of the kittiwake *Rissa tridactyla*. *Ibis*, 102(1): 71–86.

Count, E. W. 1958. The biological basis of human sociality. *American Anthropologist*, 60(6): 1049–1085.

Cousteau, J.-Y., and P. Diolé. 1972. Killer whales have fearsome teeth and a strange gentleness to man. *Smithsonian*, 3(3) (June): 66–73. (Reprinted in modified from from J.-Y. Cousteau, *The whale: mighty monarch of the sea*, Doubleday, Garden City, N.Y., 1972.)

Cowdry, E. V., ed. 1930. *Human biology and racial welfare*. Hoeber, New York. 612 pp.

Craig, G. B. 1967. Mosquitoes: female monogamy induced by male accessory gland substance. *Science*, 156: 1499–1501.

Craig, J. V., and A. M. Guhl. 1969. Territorial behavior and social interactions of pullets kept in large flocks. *Poultry Science*, 48(5): 1622–1628.

Craig, J. V., L. L. Ortman, and A. M. Guhl. 1965. Genetic selection for social dominance ability in chickens. *Animal Behaviour*, 13(1): 114–131.

Crane, Jocelyn. 1949. Comparative biology of salticid spiders at Rancho Grande, Venezuela: IV, an analysis of display. *Zoologica, New York*, 34(4): 159–214.

—— 1957. Imaginal behaviour in butterflies of the family Heliconiidae: changing social patterns and irrelevant action. *Zoologica, New York*, 42(4): 135–145.

Creighton, W. S. 1953. New data on the habits of *Camponotus* (*Myrmaphaenus*) *ulcerosus* Wheeler. *Psyche, Cambridge*, 60(2): 82–84.

Creighton, W. S., and R. H. Crandall. 1954. New data on the habits of *Myrmecocystus melliger* Forel. *Biological Review, City College of New York*, 16(1): 2–6.

Creighton, W. S., and R. E. Gregg. 1954. Studies on the habits and distribution of *Cryptocerus texanus* Santschi (Hymenoptera: Formicidae). *Psyche, Cambridge*, 61(2): 41–57.

Crisler, Lois. 1956. Observation of wolves hunting caribou. *Journal of Mammalogy*, 37(3): 337–346.

Crisp, D. J., and P. S. Meadows. 1962. The chemical basis of gregariousness in cirripedes. *Proceedings of the Royal Society*, ser. B, 156: 500–520.

Crook, J. H. 1961. The basis of flock organisation in birds. In W. H. Thorpe and O. L. Zangwill, eds. (*q.v.*), *Current problems in animal behaviour*, pp. 125–149.

—— 1964. The evolution of social organization and visual communication in the weaver birds (Ploceinae). *Behaviour*, supplement 10. 178 pp.

—— 1965. The adaptive significance of avian social organizations. *Symposia of the Zoological Society of London*, 14: 181–218.

—— 1966. Gelada baboon herd structure and movement: a comparative report. *Symposia of the Zoological Society of London*, 18: 237–258.

—— 1970a. Introduction—social behaviour and ethology. In J. H. Crook, ed. (*q.v.*), *Social behaviour in birds and mammals: essays on the social ethology of animals and man*, pp. xxi–xl.

—— 1970b. The socio-ecology of primates. In J. H. Crook, ed. (*q.v.*), *Social behaviour in birds and mammals: essays on the social ethology of animal and man*, pp. 103–166.

—— ed. 1970c. *Social behaviour in birds and mammals: essays on the social ethology of animals and man*. Academic Press, New York. xl + 492 pp.

—— 1971. Sources of cooperation in animals and man. In J. F. Eisenberg and

W. S. Dillon, eds. (*q.v.*), *Man and beast: comparative social behaviour*, pp. 237–272.

—— 1972. Sexual selection, dimorphism, and social organization in the primates. In B. G. Campbell, ed. (*q.v.*), *Sexual selection and the descent of man, 1871–1971*, pp. 231–281.

Crook, J. H., and P. Aldrich-Blake. 1968. Ecological and behavioural contrasts between sympatric ground dwelling primates in Ethiopia. *Folia Primatologica*, 8(3,4): 192–227.

Crook, J. H., and P. A. Butterfield. 1970. Gender role in the social system of quelea. In. J. H. Crook, ed. (*q.v.*), *Social behaviour in birds and mammals: essays on the social ethology of animals and man*, pp. 211–248.

Crook, J. H., and J. S. Gartlan. 1966. Evolution of primate societies. *Nature, London*, 210(5042): 1200–1203.

Crovello, T. J., and C. S. Hacker. 1972. Evolutionary strategies in life table characteristics among feral and urban strains of *Aedes aegypti* (L.). *Evolution*, 26(2): 185–196.

Crow, J. F., and M. Kimura. 1965. Evolution in sexual and asexual populations. *American Naturalist*, 99(909): 439–450.

—— 1970. *An introduction to population genetics theory*. Harper & Row, New York. xiv + 591 pp.

Crow, J. F., and A. P. Mange. 1965. Measurement of inbreeding from the frequency of marriages between persons of the same surname. *Eugenics Quarterly*, 12: 199–203.

Crowcroft, P. 1957. *The life of the shrew*. Max Reinhardt, London. viii + 166 pp.

Crystal, D. 1969. *Prosodic systems and intonation in English*. Cambridge University Press, London. viii + 381 pp.

Cullen, Esther. 1957. Adaptations in the kittiwake to cliff-nesting. *Ibis*, 99(2): 275–302.

Cullen, J. M. 1960. Some adaptations in the nesting behaviour of terns. *Proceedings of the Twelfth International Ornithological Congress, Helsinki*, 1: 153–157.

Curio, E. 1963. Probleme des Feinderkennens bei Vögeln. *Proceedings of the Thirteenth International Ornithological Congress, Ithaca, New York*, 1: 206–239.

Curtis, Helena. 1968a. *Biology*. Worth Publishers, New York. 854 pp.

—— 1968b. *The marvelous animals: an introduction to the Protozoa*. Natural History Press, Garden City, N.Y. xvi + 189 pp.

Curtis, H. J. 1971. Genetic factors in aging. *Advances in Genetics*, 16: 305–325.

Curtis, R. F., J. A. Ballantine, E. B. Keverne, R. W. Bonsall, and R. P. Michael. 1971. Identification of primate sexual pheromones and the properties of synthetic attractants. *Nature, London*, 232(5310): 396–398.

Daanje, A. 1950. On locomotory movements in birds and the intention movements derived from them. *Behaviour*, 3(1): 48–98.

Dagg, Anne I., and D. E. Windsor. 1971. Olfactory discrimination limits in gerbils. *Canadian Journal of Zoology*, 49(3): 283–285.

Dahl, E., H. Emanuelsson, and C. von Mecklenburg. 1970. Pheromone transport and reception in an amphipod. *Science*, 170: 739–740.

Dahlberg, G. 1947. *Mathematical methods for population genetics*. S. Karger, New York. 182 pp.

Dalke, P. D., D. B. Pyrah, D. C. Stanton, J. E. Crawford, and E. Schlatterer. 1963. Ecology, productivity, and management of sage grouse in Idaho. *Journal of Wildlife Management*, 27(4): 810–841.

Dambach, M. 1963. Vergleichende Untersuchungen über das Schwarmverhalten von *Tilapia-Jungfischen* (Cichlidae, Teleostei). *Zeitschrift für Tierpsychologie*, 20(3): 267–296.

Dane, B., and W. G. Van der Kloot. 1964. An analysis of the display of the goldeneye duck (*Bucephala clangula* [L.]). *Behaviour*, 22(3,4): 282–328.

Dane, B., C. Walcott, and W. H. Drury. 1959. The form and duration of the display actions of the goldeneye (*Bucephala clangula*). *Behaviour*, 14(4): 265–281.

Darling, F. F. 1937. *A herd of red deer*. Oxford University Press, London. x + 215 pp. (Reprinted as a paperback, Doubleday, Garden City, N. Y., 1964. xiv + 226 pp.)

—— 1938. *Bird flocks and the breeding cycle: a contribution to the study of avian sociality*. Cambridge University Press, Cambridge. x + 124 pp.

Darlington, C. D. 1969. *The evolution of man and society*. Simon and Schuster, New York. 753 pp.

Darlington, P. J. 1971. Interconnected patterns of biogeography and evolution. *Proceedings of the National Academy of Sciences, U.S.A.*, 68(6): 1254–1258.

Dart, R. A. 1949. The predatory implemental technique of *Australopithecus*. *American Journal of Physical Anthropology*, n.s. 7: 1–38.

—— 1953. The predatory transition from ape to man. *International Anthropological and Linguistic Review*, 1(4): 201–213.

—— 1956. Cultural status of the South African man-apes. *Report of the Smithsonian Institution, Washington, D. C.*, 1955, pp. 317–388.

Darwin, C. 1871. *The descent of man, and selection in relation to sex*, 2 vols. Appleton, New York. Vol. 1: vi + 409 pp.; vol. 2: viii + 436 pp.

Dasmann, R. F., and R. D. Taber. 1956. Behavior of Columbian black-tailed deer with reference to population ecology. *Journal of Mammalogy*, 37(2): 143–164.

Davenport, R. K. 1967. The orang-utan in Sabah. *Folia Primatologica*, 5(4): 247–263.

Davis, D. E. 1942. The phylogeny of social nesting habits in the Crotophaginae. *Quarterly Review of Biology*, 17(2): 115–134.

—— 1946. A seasonal analysis of mixed flocks of birds in Brazil. *Ecology*, 27(2): 168–181.

—— 1957. Aggressive behavior in castrated starlings. *Science*, 126: 253.

—— 1958. The role of density in aggressive behaviour of house mice. *Animal Behaviour*, 6(3,4): 207–210.

—— 1964. The physiological analysis of aggressive behavior. In W. Etkin, ed. (*q.v.*), *Social behavior and organization among vertebrates*, pp. 53–74.

Davis, J. A., Jr. 1965. A preliminary report of the reproductive behavior of the small Malayan chevrotain, *Tragulus javanicus*, at New York Zoo. *International Zoo Yearbook*, 5: 42–48.

Davis, R. B., C. F. Herreid, and H. L. Short. 1962. Mexican free-tailed bat in Texas. *Ecological Monographs*, 32(4): 311–346.

Davis, R. M. 1972. Behavior of the Vlei rat, *Otomys irroratus*. *Zoologica Africana*, 7: 119–140.

Davis, R. T., R. W. Leary, Mary D. C. Smith, and R. F. Thompson. 1968. Species differences in the gross behaviour of non-human primates. *Behaviour*, 31(3,4): 326–338.

Davis, W. H., R. W. Barbour, and M. D. Hassell. 1968. Colonial behavior of *Eptesicus fuscus*. *Journal of Mammalogy*, 49(1): 44–50.

Deag, J. M. 1973. Intergroup encounters in the wild Barbary macaque *Macaca sylvanus* L. In R. P. Michael and J. H. Crook, eds. (*q.v.*), *Comparative ecology and behaviour of primates*, pp. 315–373.

Deag, J. M., and J. H. Crook. 1971. Social behaviour and "agonistic buffering" in the wild Barbary macaque *Macaca sylvana* L. *Folia Primatologica*, 15(3,4): 183–200.

Deegener, P. 1918. *Die Formen der Vergesellschaftung im Tierreiche: ein systematisch-soziologischer Versuch*. Veit, Leipzig. 420 pp.

DeFries, J. C., and G. E. McClearn. 1970. Social dominance and Darwinian fitness

社會生物學：新綜合理論

in the laboratory mouse. *American Naturalist*, 104(938): 408–411.

Delage-Darchen, Bernadette. 1972. Une fourmi de Côte-d'Ivoire: *Melissotarsus titubans* Del., n. sp. *Insectes Sociaux*, 19(3): 213–226.

Deleurance, É.-P. 1948. Le comportement reproducteur est indépendant de la présence des ovaires chez *Polistes* (Hyménoptères Vespides). *Compte Rendu de l'Académie des Sciences, Paris*, 227(17): 866–867.

—— 1952. Le polymorphisme social et son déterminisme chez les Guêpes. In P.-P. Grassé, ed. (*q.v.*), *Structure et physiologie des sociétés animales*, pp. 141–151.

—— 1957. Contribution à l'étude biologique des *Polistes* (Hyménoptères Vespoides): I, l'activité de construction. *Annales des Sciences Naturelles, Zoologie*, 11th ser., 19(1,2): 91–222.

Deligne, J. 1965. Morphologie et fonctionnement des mandibules chez les soldats des termites. *Biologia Gabonica*, 1(2): 179–186.

Denenberg, V. H., ed. 1972. *The development of behavior*. Sinauer Associates, Sunderland, Mass. ix + 483 pp.

Denenberg, V. H., and K. M. Rosenberg. 1967. Nongenetic transmission of information. *Nature, London*, 216(5115): 549–550.

Denes, P. B., and E. N. Pinson. 1973. *The speech chain: the physics and biology of spoken language*, rev. ed. Anchor Press, Doubleday, Garden City, N.Y. xviii + 217 pp.

Denham, W. W. 1971. Energy relations and some basic properties of primate social organization. *American anthropologist*, 73: 77–95.

Deutsch, J. A. 1957. Nest building behaviour of domestic rabbits under semi-natural conditions. *British Jounral of Animal Behaviour*, 5(2): 53–54.

DeVore, B. I. 1963a. Mother-infant relations in free-ranging baboons. In Harriet L. Rheingold, ed. (*q.v.*), *Maternal behavior in mammals*, pp. 305–335.

—— 1963b. A comparison of the ecology and behavior of monkeys and apes. In S.

L. Washburn, ed. (*q.v.*), *Classification and human evolution*, pp. 301–319.

—— ed. 1965. *Primate behavior: field studies of monkeys and apes*. Holt, Rinehart and Winston, New York. xiv +654 pp.

—— 1971. The evolution of human society. In J. F. Eisenberg and W. S. Dillon, eds. (*q.v.*), *Man and beast: comparative social behavior*, pp. 297–311.

—— 1972. Quest for the roots of society. In P. R. Marler, ed. (*q.v.*), *The marvels of animal behavior*, pp. 393–408.

DeVore, B. I., and S. L. Washburn. 1960. Baboon behavior. 16-mm sound color film. University Extension, University of California, Berkeley. 30 min.

Diamond, J. M., and J. W. Terborgh. 1968. Dual singing in New Guinea birds. *Auk*, 85(1): 62–82.

Dingle, H. 1972a. Migration strategies of insects. *Science*, 175: 1327–1335.

—— 1972b. Aggressive behavior in stomatopods and the use of information theory in the analysis of animal communication. In H. E. Winn and B. L. Olla, eds., *Behavior of marine animals: current perspectives in research*, vol. 1, *Invertebrates*, pp. 126–156. Plenum Press, New York. xxix + 244 pp.

Dingle, H., and R. L. Caldwell. 1969. The aggressive and territorial behaviour of the mantis shrimp *Gonodactylus bredini* Manning (Crustacea: Stomatopoda). *Behaviour*, 33(1,2): 115–136.

Dixon, K. L. 1956. Territoriality and survival in the plain titmouse. *Condor*, 58(3): 169–182.

Dobrzański, J. 1961. Sur l'éthologie guerrière de *Formica sanguinea* Latr. (Hyménoptère, Formicidae). *Acta Biologiae Experimentalis, Warsaw*, 21: 53–73.

—— 1965. Genesis of social parasitism among ants. *Acta Biologiae Experimentalis, Warsaw*, 25(1): 59–71.

—— 1966. Contribution to the ethology of *Leptothorax acervorum* (Hymenoptera: Formicidae). *Acta Biologiae Experimentalis, Warsaw*, 26(1): 71–78.

Dobzhansky, T. 1963. Anthropology and the natural sciences—the problem of human evolution. *Current Anthropology*, 4: 138, 146–148.

Dobzhansky, T., H. Levene, and B. Spassky. 1972. Effects of selection and migration on geotactic and phototactic behaviour of *Drosophila*, III. *Proceedings of the Royal Society*, ser. B, 180: 21–41.

Dobzhansky, T., R. C. Lewontin, and Olga Pavlovsky. 1964. The capacity for increase in chromosomally polymorphic and monomorphic populations of *Drosophila pseudoobscura. Heredity*, 19(4): 597–614.

Dobzhansky, T., and Olga Pavlovsky. 1971. Experimentally created incipient species of *Drosophila. Nature, London*, 230(5292): 289–292.

Dobzhansky, T., and B. Spassky. 1962. Selection for geotaxis in monomorphic and polymorphic populations of *Drosophila pseudoobscura. Proceedings of the National Academy of Sciences, U.S.A*,48(10): 1704–1712.

Dodson, C. H. 1966. Ethology of some bees of the tribe Euglossini (Hymenoptera: Apidae). *Journal of the Kansas Entomological Society*, 39(4): 607–629.

Doetsch, R. N., and T. M. Cook. 1973. *Introduction to bacteria and their ecobiology*. University Park Press, Baltimore, Md. xii + 371 pp.

Donisthorpe, H. St. J. K. 1915. *British ants, their life-history and classification*. William Brendon and Son, Plymouth, England. xv + 379 pp.

Dorst, J. 1970. *A field guide to the larger mammals of Africa*. Houghton Mifflin Co., Boston. 287 pp.

Douglas-Hamilton, I. 1972. On the ecology and behaviour of the African elephant: the elephants of Lake Manyara. Ph.D. Thesis, Oriel College, Oxford University, Oxford. xiv + 268 pp.

—— 1973. On the ecology and behaviour of the Lake Manyara elephants. *East African Wildlife Journal*, 11(3,4): 401–403.

Downes, J. A. 1958. Assembly and mating in the biting Nematocera. *Proceedings of the Tenth International Congress of Entomology, Montreal*, 1956, 2: 425–

434.

Downhower, J. F., and K. B. Armitage. 1971. The yellow-bellied marmot and the evolution of polygamy. *American Naturalist*, 105(944): 355–370.

Doyle, G. A., Annette Anderson, and S. K. Bearder. 1969. Maternal behaviour in the lesser bush-baby (*Galago senegalensis moholi*) under semi-natural conditions. *Folia Primatologica*, 11(3): 215–238.

Doyle, G. A., Annette Pelletier, and T. Bekker. 1967. Courtship, mating and parturition in the lesser bush-baby (*Galago senegalensis moholi*) under semi-natural conditions. *Folia Primatologica*, 7(2): 169–197.

Drabek, C. M. 1973. Home range and daily activity of the round-tailed ground squirrel, *Spermophilus tereticaudus neglectus*. *American Midland Naturalist*, 89(2): 287–293.

Dreher, J. J., and W. E. Evans. 1964. Cetacean communication. In W. N. Tavolga, ed. (*q.v.*), *Marine bio-acoustics*, pp. 373–393.

Drury, W. H., Jr. 1962. Breeding activities, especially nest building, of the yellowtail (*Ostinops decumanus*) in Trinidad, West Indies. *Zoologica, New York*, 47(1): 39–58.

Dubost, G. 1965a. Quelques renseignements biologiques sur *Potamogale velox*. *Biologia Gabonica*, 1(3): 257–272.

—— 1965b. Quelques traits remarquables du comportement de *Hyaemoschus aquaticus* (Tragulidae, Ruminantia, Artiodactyla). *Biologia Gabonica*, 1(3): 282–287.

—— 1970. L'organisation spatiale et social de *Muntiacus reevesi* Ogilby 1839 en semi-liberté. *Mammalia*, 34(3): 331–335.

Ducke, A. 1910. Révision des guêpes sociales polygames d'Amérique. *Annales Historico- Naturales Musei Nationalis Hungarici*, 8(2): 449–544.

—— 1914. Über Phylogenie und Klassifikation der sozialen Vespiden. *Zoologische Jahrbücher, Abteilungen Systematik, Ökologie und Geographie der Tiere*,

社會生物學：新綜合理論

36(2,3): 303–330.

Duellman, W. E. 1966. Aggressive behavior in dendrobatid frogs. *Herpetologica*, 22(3): 217–221.

——— 1967. Social organization in the mating calls of some Neotropical anurans. *American Midland Naturalist*, 77(1): 156–163.

Dumas, P. C. 1956. The ecological relations of symparty in *Plethodon dunni* and *Plethodon vehiculum. Ecology*, 37(3): 484–495.

DuMond, F. V. 1968. The squirrel monkey in a semi-natural environment. In L. A. Rosenblum and R. W. Cooper, eds. (*q.v.*), *The squirrel monkey*, pp. 87–146.

Dunaway, P. B. 1968. Life history and populational aspects of the eastern harvest mouse. *American Midland Naturalist*, 79(1): 48–67.

Dunbar, M. J. 1960. The evolution of stability in marine environments: natural selection at the level of the ecosystem. *American Naturalist*, 95(875): 129–136.

——— 1972. The ecosystem as a unit of natural selection. In E. S. Deevey, ed., *Growth by intussusception: ecological essays in honor of G. Evelyn Hutchinson*, pp. 114–130. Transactions of the Academy, vol. 44. Connecticut Academy of Arts and Sciences, New Haven. 442 pp.

Dunbar, R. I. M., and M. F. Nathan. 1972. Social organization of the Guinea baboon, *Papio papio. Folia Primatologica*, 17(5,6): 321–334.

Dunford, C. 1970. Behavioral aspects of spatial organization in the chipmunk, *Tamias striatus. Behaviour*, 36(3): 215–231.

Dunn, E. R. 1941. Notes on *Dendrobates auratus. Copeia*, 1941, no. 2, pp. 88–93.

Eaton, R. L. 1969. Cooperative hunting by cheetahs and jackals and a theory of domestication of the dog. *Mammalia*, 33(1): 87–92.

———1970. Group interactions, spacing and territoriality in cheetahs. *Zeitschrift für*

Tierpsychologie, 27(4): 481–491.

—— ed. 1973. *The world's cats*, vol. 1. World Wildlife safari, Winston, Oreg.

Eberhard, A. 1972. Inhibition and activation of bacterial luciferase synthesis. *Journal of Bacteriology*, 109(3): 1101–1105.

Eberhard, Mary Jane West. 1969. The social biology of polistine wasps. *Miscellaneous Publications, Museum of Zoology, University of Michigan, Ann Arbor*, 140: 1–101.

Eberhard, W. G. 1972. Altruistic behavior in a sphecid wasp: support for kin-selection theory. *Science*, 172: 1390–1391.

Edmondson, W. T. 1945. Ecological studies of sessile Rotatoria: II, dynamics of populations and social structures. *Ecological Monographs*, 15(2): 141–172.

Ehrlich, P. R., and Anne H. Ehrlich. 1973. Coevolution: heterotypic schooling in Caribbean reef fishes. *American Naturalist*, 107(953): 157–160.

Ehrlich, S. 1966. Ecological aspects of reproduction in nutria *Myocastor coypus* Mol. *Mammalia*, 30(1): 142–152.

Ehrman, Lee. 1964. Genetic divergence in M. Vetukhiv's experimental populations of *Drosophila pseudoobscura*: 1, rudiments of sexual isolation. *Genetical Research, Cambridge*, 5(1): 150–157.

—— 1966. Mating success and genotype frequency in *Drosophila*. *Animal Behaviour*, 14(2,3): 332–339.

Eibl-Eibesfeldt, I. 1950. Über die Jugendentwicklung des Verhaltens eines männlichen Dachses (*Meles meles* L.) unter besonderer Berücksichtigung des Spieles. *Zeitschrift für Tierpsychologie*, 7(3): 327–355.

—— 1953. Zur Ethologie des Hamsters (*Cricetus cricetus* L.). *Zeitschrift für Tierpsychologie*, 10(2): 204–254.

—— 1955. Über Symbiosen, Parasitismus und andere besondere zwischenartliche Beziehungen tropischer Meeresfische. *Zeitschrift für Tierpsychologie*, 12(2): 203–219.

—— 1962. Freiwasserbeobachtungen zur Deutung des Schwarmverhaltens verschiedener Fische. *Zeitschrift für Tierpsychologie*, 19(2): 163–182.

—— 1966. Das Verteidigen der Eiablageplätze bei der Hood-Meerechse (*Amblyrhynchus cristatus venustissimus*). *Zeitschrift für Tierpsychologie*, 23(5): 627–631.

—— 1970. *Ethology: the biology of behavior*. Holt, Rinehart and Winston, New York. xiv + 530 pp.

Eickwort, G. C., and Kathleen R. Eickwort. 1971. Aspects of the biology of Costa Rican Halictine bees: II, *Dialictus umbripennis* and adaptations of its caste structure to different climates. *Journal of the Kansas Entomological Society*, 44(3): 343–373.

—— 1972. Aspects of the biology of Costa Rican halictine bees: IV, *Augochlora* (*Oxystoglossella*). *Journal of the Kansas Entomological Society*, 45(1): 18–45.

—— 1973a. Aspects of the biology of Costa Rican halictine bees: V, *Augochlorella edentata* (Hymenoptera: Halictidae). *Journal of the Kansas Entomological Society*, 46(1): 3–16.

—— 1973b. Notes on the nests of three wood-dwelling species of *Augochlora from Costa Rica* (Hymenoptera: Halictidae). *Journal of the Kansas Entomological Society*, 46(1): 17–22.

Eimerl, S., and I. DeVore. 1965. *The primates*. Time-Life Books, Chicago. 200 pp.

Eisenberg, J. F. 1962. Studies on the behavior of *Peromyscus maniculatus gambelii* and *Peromyscus californicus parasiticus*. *Behaviour*, 19(3): 177–207.

—— 1963. The behavior of heteromyid rodents. *University of California Publications in Zoology*, 69. iv + 100 pp.

—— 1966. The social organization of mammals. *Handbuch der Zoologie*, 10(7): 1–92.

—— 1967. A comparative study in rodent ethology with emphasis on evolution of social behavior, I. *Proceedings of the United States National Museum, Washington, D. C.*, 122(3597): 1–51.

—— 1968. Behavior patterns. In J. A. King, ed. (*q.v.*), *Biology of Peromyscus* (*Rodentia*), pp. 451–495.

—— 1972. The elephant: life at the top. In P. R. Marler, ed. (*q.v.*), *The marvels of animal behavior*, pp. 191–207.

Eisenberg, J. F., and W. Dillon, eds. 1971. *Man and beast: comparative social behavior*. Smithsonian Institution Press, Washington, D. C. 401 pp.

Eisenberg, J. F., and E. Gould. 1966. The behavior of *Solenodon paradoxus* in captivity with comments on the behavior of other Insectivora. *Zoologica, New York*, 51(1): 49–58.

—— 1970. *The tenrecs: a study in mammalian behavior and evolution.* Smithsonian Institution Press, Washington, D.C. vi + 138 pp.

Eisenberg, J. F., and Devra G. Kleiman. 1972. Olfactory communication in mammals. *Annual Review of Ecology and Systematics*, 3: 1–32.

Eisenberg, J. F., and R. E. Kuehn. 1966. The behavior of *Ateles geoffroyi* and related species. *Smithsonian Miscellaneous Collections*, 151(8). iv + 63 pp.

Eisenberg, J. F., and M. Lockhart. 1972. An ecological reconnaissance of Wilpattu National Park, Ceylon. *Smithsonian Contributions to Zoology*, 101. vi + 118 pp.

Eisenberg, J. F., N. A. Muckenhirn, and R. Rudran. 1972. The relation between ecology and social structure in primates. *Science*, 176: 863–874.

Eisenberg, R. M. 1966. The regulation of density in a natural population of the pond snail *Lymnaea elodes*. *Ecology*, 47(6): 889–906.

Eisner, T. 1957. A comparative morphological study of the proventriculus of ants (Hymenoptera: Formicidae). *Bulletin of the Museum of Comparative Zoology, Harvard*, 116(8): 439–490.

—— 1970. Chemical defense against predation in arthropods. In E. Sondheimer and J. B. Simeone, eds. (*q.v.*), *Chemical ecology*, pp. 157–217.

Eisner, T., and J. Meinwald. 1966. Defensive secretions of arthropods. *Science*, 153: 1341–1350.

Elder, W. H., and Nina L. Elder. 1970. Social groupings and primate associations of the bushbuck (*Tragelaphus scriptus*). *Mammalia*, 34(3): 356–362.

Ellefson, J. O. 1968. Territorial behavior in the common white-handed gibbon, *Hylobates lar* Linn. In Phyllis C. Jay, ed. (*q.v.*), *Primates: studies in adaptation and variability*, pp. 180–199.

Ellis, Peggy E. 1959. Learning and social aggregation in locust hoppers. *Animal Behaviour*, 7(1,2): 91–106.

Ellison, L. N. 1971. Territoriality in Alaskan spruce grouse. *Auk*, 88(3): 652–664.

Eloff, F. 1973. Ecology and behavior of the Kalahari lion. In R. L. Eaton, ed., (*q.v.*) *The world's cats*, vol. 1, pp. 90–126.

Emerson, A. E. 1938. Termite nests—a study of the phylogeny of behavior. *Ecological Monographs*, 8(2): 247–284.

—— 1956a. Regenerative behavior and social homeostasis in termites. *Ecology*, 37(2): 248–258.

—— 1956b. Ethospecies, ethotypes, taxonomy, and evolution of *Apicotermes* and *Allognathotermes* (Isoptera, Termitidae). *American Museum Novitates*, no. 1771. 31 pp.

—— 1967. Cretaceous insects from Labrador: 3, a new genus and species of termite (Isoptera: Hodotermitidae). *Psyche, Cambridge*, 74(4): 276–289.

—— 1969. A revision of the Tertiary fossil species of the Kalotermitidae (Isoptera). *American Museum Novitates*, no 2359. 57 pp.

—— 1971. Tertiary fossil species of the Rhinotermitidae (Isoptera), phylogeny of genera, and reciprocal phylogeny of associated Flagellata (Protozoa) and the Staphylinidae (Coleoptera). *Bulletin of the American Museum of Natural History*, 146(3): 243–303.

Emery, C. 1909. Über den Ursprung der dulotischen, parasitischen und myrmekophilen Ameisen. *Biologisches Centralblatt*, 29(11): 352–362.

Emlen, J. M. 1970. Age specificity and ecological theory. *Ecology*, 51(4): 588–601.

Emlen, J. T. 1938. Midwinter distribution of the American crow in New York State. *Ecology*, 19(2): 264–275.

—— 1940. The midwinter distribution of the crow in California. *Condor*, 42(6): 287–294.

Emlen, J. T., and G. B. Schaller. 1960. Distribution and status of the mountain gorilla (*Gorilla gorilla beringei*). *Zoologica, New York*, 45(5): 41–52.

Emlen, S. T. 1968. Territoriality in the bullfrog, *Rana catesbeiana. Copeia*, 1968, no. 2, pp. 240–243.

—— 1971. The role of song in individual recognition in the indigo bunting. *Zeitschrift für Tierpsychologie*, 28(3): 241–246.

—— 1972. An experimental analysis of the parameters of bird song eliciting species recognition. *Behaviour*, 41(1,2): 130–171.

Enders, R. K. 1935. Mammalian life histories from Barro Colorado Island, Panama. *Bulletin of the Museum of Comparative Zoology, Harvard*, 78(4): 385–502.

Erickson, J. G. 1967. Social hierarchy, territoriality, and stress reactions in sunfish. *Physiological Zoology*, 40(1): 40–48.

Erlinge, S. 1968. Territoriality of the otter *Lutra lutra* L. *Oikos*, 19(1): 81–98.

Ernst, E. 1959. Beobachtungen beim Spritzakt der *Nasutitermes*-Soldate. *Revue Suisse de Zoologie*, 66(2): 289–295.

—— 1960. Fremde Termitenkolonien in *Cubitermes*-Nestern. *Revue Suisse de Zoologie*, 67(2): 201–206.

Errington, P. L. 1963. *Muskrat populations*. Iowa State University Press, Ames, Iowa. x + 665 pp.

Esch, H. 1967a. The evolution of bee language. *Scientific American*, 216(4) (April):

96–104.

——— 1976b. Die Bedeutung der Lauterzeugung für die Verständigung der stachellosen Bienen. *Zeitschrift für Vergleichende Physiologie*, 56(2): 199–220.

——— 1967c. The sounds produced by swarming honey bees. *Zeitschrift für Vergleichende Physiologie*, 56(4): 408–411.

Esch, H., Ilse Esch, and W. E. Kerr. 1965. Sound: an element common to communication of stingless bees and to dances of the honey bee. *Science*, 149: 320–321.

Eshel, I. 1972. On the neighbor effect and the evolution of altruistic traits. *Theoretical Population Biology*, 3(3): 258–277.

Espinas, A. 1878. *Des sociétés animales: étude de psychologie comparée*. Librairie Germer Ballière, Paris. (Reprinted by Stechert, Hafner, New York, 1924). 389 pp.

Espmark, Y. 1971. Mother-young relationship and ontogeny of behaviour in reindeer (*Rangifer tarandus* L.). *Zeitschrift für Tierpsychologie*, 29(1): 42–81.

Esser, A. H., ed. 1971. *Behavior and environment: the use of space by animals and men*. Proceedings of international symposium held at the 1968 meeting of the American Association for the Advancement of Science in Dallas, Texas. Plenum Press, New York. xvii + 411 pp.

Estes, R. D. 1966. Behaviour and life history of the wildebeest (*Connochaetes taurinus* Burchell). *Nature, London*, 212(5066): 999–1000.

——— 1967. The comparative behavior of Grant's and Thomson's gazelles. Journal of Mammalogy, 48(2): 189–209.

——— 1969. Territorial behavior of the wildebeest (*Connochaetes taurinus* Burchell, 1823). *Zeitschrift für Tierpsychologie*, 26(3): 284–370.

——— 1974. Social organization of the African Bovidae. In V. Geist and F. Walther, eds. (*q.v.*), *The behaviour of ungulates and its relation to management*, pp. 166–205.

—— 1975a. *The behavior of African mammals*, vol. 1, *Ungulates*. (In preparation.)

—— 1975b. *The behavior of African mammals*, vol. 2, *Carnivores*. (In preparation.)

Estes, R. D., and J. Goddard. 1967. Prey selection and hunting behavior of the African wild dog. *Journal of Wildlife Management*, 31(1): 52–70.

Etkin, W. 1954. Social behavior and the evolution of man's mental faculties. *American Naturalist*, 88(840): 129–142.

—— ed. 1964. *Social behavior and organization among vertebrates*. University of Chicago Press, Chicago. xii + 307 pp.

Ettershank, G. 1966. A generic revision of the world Myrmicinae related to *Solenopsis and Pheidologeton* (Hymenoptera: Formicidae). *Australian Journal of Zoology*, 14: 73–171.

Evans, H. E. 1958. The evolution of social life in wasps. *Proceedings of the Tenth International Congress of Entomology, Montreal*, 1956, 2: 449–457.

—— 1964. Observations on the nesting behavior of *Moniaecera asperata* (Fox) (Hymenoptera, Sphecidae, Crabroninae) with comments on communal nesting in solitary wasps. *Insectes Sociaux*, 11(1): 71–78.

—— 1966. *The comparative ethology and evolution of the sand wasps*. Harvard University Press, Cambridge. xvi + 526 pp.

Evans, H. E., and Mary Jane West Eberhard. 1970. *The wasps*. University of Michigan Press, Ann Arbor. vi + 265 pp.

Evans, L. T. 1951. Field study of the social behavior of the black lizard, *Ctenosaura pectinata*. *American Museum Novitates*, 1493. 26 pp.

—— 1953. Tail display in an iguanid lizard, *Liocephalus carinatus coryi*. *Copeia*, 1953. no. 1, pp. 50–54.

Evans, Mary Alice, and H. E. Evans. 1970. *William Morton Wheeler, biologist.* Harvard University Press, Cambridge. xii + 363 pp.

Evans, S. M. 1973. A study of fighting reactions in some nereid polychaetes. *Animal Behaviour*, 21(1): 138–146.

Evans, W. E., and J. Bastian. 1969. Marine mammal communication: social and ecological factors. In H. T. Andersen, ed., *The biology of marine mammals*, pp. 425–475. Academic Press, New York. 511 pp.

Ewer, Rosalie F. 1959. Suckling behaviour in kittens. *Behaviour*, 15(1,2): 146–162.

—— 1963a. The behaviour of the meerkat, *Suricata suricatta* (Schreber). *Zeitschrift für Tierpsychologie*, 20(5): 570–607.

—— 1963b. A note on the suckling behaviour of the viverrid, *Suricata suricatta* (Schreber). *Animal Behaviour*, 11(4): 599–601.

—— 1967.The behaviour of the African giant rat (*Cricetomys gambianus* Waterhouse). *Zeitschrift für Tierpsychologie*, 24(1): 6–79.

—— 1968. *Ethology of mammals.* Plenum Press, New York. xiv + 418 pp.

—— 1971. The biology and behaviour of a free-living population of black rats (*Rattus rattus*). *Animal Behaviour Monographs*, 4(3): 125–174.

—— 1973. *The carnivores.* Cornell University Press, Ithaca, N.Y. xvi + 494 pp.

Ewing, L. S. 1967. Fighting and death from stress in a cockroach. *Science*, 155: 1035–1036.

Faber, W. 1967. Beiträge zur Kenntnis sozialparasitischer Ameisen: 1, *Lasius* (*Austrolasius* n.sg.) *reginae* n.sp., eine neue temporär sozialparasitische Erdameise aus Österreich (Hym. Formicidae). *Pflanzenschutz-Berichte*, 36(5–7): 73–107.

Fabricius, E., and K. Gustafson. 1953. Further aquarium observations on the spawning behaviour of the char, *Salmo alpinus* L. *Reports of the Institute of*

Fresh-water Research, Drottningholm, 35: 58–104.

Fady, J.-C. 1969. Les jeux sociaux: le compagnon de jeux chez les jeunes. Observations chez *Macaca irus*. *Folia Primatologica*, 11(1,2): 134–143.

Fagen, R. M. 1972. An optimal life-history strategy in which reproductive effort decreases with age. *American Naturalist*, 106(948): 258–261.

—— 1973. The paradox of play. (Unpublished manuscript.)

—— 1974. Selective and evolutionary aspects of animal play. *American Naturalist*, 108(964): 850–858.

Falconer, D. S. 1960. *Introduction to quantitative genetics*. Ronald Press, New York. x + 365 pp.

Falls, J. B. 1969. Functions of territorial song in the white-throated sparrow. In R. A. Hinde, ed. (*q.v.*), *Bird vocalizations: their relations to current problems in biology and psychology: essays presented to W. H. Thorpe*, pp. 207–232.

Fara, J. W., and R. H. Catlett. 1971. Cardiac response and social behaviour in the guinea-pig (*Cavia porcellus*). *Animal Behaviour*, 19(3): 514–523.

Farentinos, R. C. 1971. Some observations on the play behavior of the Steller sea lion (*Eumetopias jubata*). *Zeitschrift für Tierpsychologie*, 28(4): 428–438.

Fedigan, Linda M. 1972. Roles and activities of male geladas (*Theropithecus gelada*). *Behaviour*, 41(1,2): 82–90.

Fenner, F. 1965. Myxoma virus and *Oryctolagus cuniculus*: two colonizing species. In H. G. Baker and G. L. Stebbins, eds. (*q.v.*), *The genetics of colonizing species*, pp. 485–499.

Fiedler, K. 1954. Vergleichende Verhaltensstudien an Seenadeln, Schlangennadeln und Seepferdchen (Syngnathidae). *Zeitschrift für Tierpsychologie*, 11(3): 358–416.

Fielder, D. R. 1965. A dominance order for shelter in the spiny lobster *Jasus lalandei* (H. Milne-Edwards). *Behaviour*, 24(3,4): 236–245.

Findley, J. S. 1967. Insectivores and dermopterans. In S. Anderson and J. K. Jones, Jr., eds. (*q.v.*), *Recent mammals of the world: a synopsis of families*, pp. 87–108.

Fiscus, C. H., and K. Niggol. 1965. Observations of cetaceans off California, Oregon, and Washington. *Special Scientific Report, U.S. Department of the Interior, Fish and Wildlife Service*, 498. 27 pp.

Fishelson, L. 1964. Observations on the biology and behaviour of Red Sea coral fishes. *Bulletin of the Sea Fisheries Research Station, Haifa, Israel*, 37: 11–26.

Fishelson, L., D. Popper, and N. Gunderman. 1971. Diurnal cyclic behaviour of *Pempheris oualensis* Cuv. & Val. (Pempheridae, Teleostei). *Journal of Natural History*, 5: 503–506.

Fisher, A. E. 1964. Chemical stimulation of the brain. *Scientific American*, 210(6) (June): 60–68.

Fisher, J. 1954. Evolution and bird sociality. In J. Huxley, A. C. Hardy, and E. B. Ford, eds., *Evolution as a process*, pp. 71–83. George Allen & Unwin, London. 376 pp. (Reprinted as a paperback, Collier Books, New York, 1963. 416 pp.)

Fisher, R. A. 1930. *The genetical theory of natural selection*. Clarendon Press, Oxford. xiv + 272 pp.

Flanders, S. E. 1956. The mechanisms of sex-ratio regulation in the (parasitic) Hymenoptera. *Insectes Sociaux*, 3(2): 325–334.

Flannery, K. V. 1972. The cultural evolution of civilizations. *Annual Review of Ecology and Systematics*, 3: 399–426.

Fleay, D. H. 1935. Breeding of *Dasyurus viverrinus* and general observations on the species. *Journal of Mammalogy*, 16(1): 10–16.

Floody, O. R., and D. W. Pfaff. 1974. Steroid hormones and aggressive behavior: approaches to the study of hormone-sensitive brain mechanisms for behavior.

In S. H. Frazier, ed., *Aggression*. Research Publications, Association for Research in Nervous and Mental Disease, vol. 52 (1972 Symposium on Aggression). Waverly Press, Boston. (In press.)

Fodor, J., and M. Garrett. 1966. Some reflections on competence and performance. In J. Lyons and R. J. Wales, eds., *Psycholinguistic papers*, pp. 133–163. Edinburgh University Press, Edinburgh. 243 pp.

Forbes, S. A. 1906. The corn-root aphis and its attendant ant. *Bulletin, U.S. Department of Agriculture, Division of Entomology*, 60: 29–39.

Ford, E. B. 1971. *Ecological genetics*, 3d ed. Chapman & Hall, London. xx + 410 pp.

Forel A. 1874. *Les fourmis de la Suisse*. Société Helvétique des Sciences Naturelles, Zurich. iv + 452 pp.

—— 1898. La parabiose chez les fourmis. *Bulletin de la Société Vaudoise des Sciences Naturelles* (Lausanne), 34(130): 380–384.

Fossey, Dian. 1972. Living with mountain gorillas. In P. R. Marler, ed. (*q.v.*), *The marvels of animal behavior*, pp. 209–229.

Foster, J. B., and A. I. Dagg. 1972. Notes on the biology of the giraffe. *East African Wildlife Journal*, 10(1): 1–16.

Fox, M. W. 1969. The anatomy of aggression and its ritualization in Canidae: a developmental and comparative study. *Behaviour*, 35(3,4): 242–258.

—— 1971. *Behaviour of wolves, dogs and related canids*. Jonathan Cape, London. 214 pp.

—— 1972. Socio-ecological implications of individual differences in wolf litters: a developmental and evolutionary perspective. *Behaviour*, 46(3,4): 298–313.

Fox, R. 1971. The cultural animal. In J. F. Eisenberg and W. S. Dillon, eds. (*q.v.*), *Man and beast: comparative social behavior*, pp. 263–296.

—— 1972. Alliance and constraint: sexual selection in the evolution of human kinship systems. In B. G. Campbell, ed. (*q.v.*), *Sexual selection and the*

社會生物學：新綜合理論

descent of man 1871–1971, pp. 282–331.

Frädrich, H. 1965. Zur Biologie und Ethologie des Warzenschweines (*Phacochoerus aethiopicus* Pallas), unter Berücksichtigung des Verhaltens anderer Suiden. *Zeitschrift für Tierpsychologie*, 22(3): 328–374, 22(4): 375–393.

—— 1974. A comparison of behaviour in the Suidae. In V. Geist and F. Walther, eds. (*q.v.*), *The behaviour of ungulates and its relation to management*, vol. 1, pp. 133–143.

Francoeur, A. 1973. Révision taxonomique des espèces nearctiques du groupe *fusca*, genre *Formica* (Formicidae, Hymenoptera). *Mémoires de la Société Entomologique du Québec*, 3: 1–316.

Frank, F. 1957. The causality of microtine cycles in Germany. *Journal of Wildlife Management*, 21(2): 113–121.

Franklin, I., and R. C. Lewontin. 1970. Is the gene the unit of selection? *Genetics*, 65(4): 707–734.

Franklin, W. L. 1973. High, wild world of the vicuña. *National Geographic*, 143(1) (January): 76–91.

—— 1974. The social behaviour of the vicuña. In V. Geist and F. Walther, eds. (*q.v.*), *The behaviour of ungulates and its relation to management*, vol. 1, pp. 477–487.

Franzisket, L. 1960. Experimentelle Untersuchung über die optische Wirkung der Streifung beim Preussenfisch (*Dascyllus aruanus*). *Behaviour*, 15(1,2): 77–81.

Fraser, A. F. 1968. *Reproductive behaviour in ungulates*. Academic Press, New York. x + 202 pp.

Free, J. B. 1955a. The behaviour of egg-laying workers of bumblebee colonies. *British Journal of Animal Behaviour*, 3(4): 147–153.

—— 1955b. The division of labour within bumblebee colonies. *Insectes Sociaux*, 2(3): 195–212.

——1956. A study of the stimuli which release the food begging and offering responses of worker honeybees. *British Journal of Animal Behaviour*, 4(3): 94–101.

—— 1959. The transfer of food between the adult members of a honeybee community. *Bee World*, 40(8): 193–201.

—— 1961a. The social organization of the bumble-bee colony. A lecture given to The Central Association of Bee-keepers on 18th January 1961. North Hants Printing and Publishing Co., Fleet, Hants, England. 11 pp.

—— 1961b. Hypopharyngeal gland development and division of labour in honey-bee (*Apis mellifera* L.) colonies. *Proceedings of the Royal Entomological Society of London*, ser. A, 36(1–3): 5–8.

—— 1969. Influence of the odour of a honeybee colony's food stores on the behaviour of its foragers. *Nature, London*, 222(5195): 778.

Free, J. B., and C. G. Butler. 1959. *Bumblebees*. New Naturalist, Collins, London. xiv + 208 pp.

Freeland, J. 1958. Biological and social patterns in the Australian bulldog ants of the genus *Myrmecia. Australian Journal of Zoology*, 6(1): 1–18.

Fretwell, S. D. 1972. *Populations in a seasonal environment*. Princeton University Press, Princeton, N.J. xxiii + 217 pp.

Friedlaender. J. S. 1971. Isolation by distance in Bougainville. *Proceedings of the National Academy of Sciences, U.S.A.*, 68(4): 704–707.

Friedlander, C. P. 1965. Aggregation in *Oniscus asellus* Linn. *Animal Behaviour*, 13(2,3): 342–346.

Friedrichs, R. W. 1970. *A sociology of sociology*. Free Press, Collier-Macmillan, New York. xxxiv + 429 pp.

Frisch, K. von. 1954. *The dancing bees: an account of the life and senses of the honey bee*, trans. by Dora Ilse. Methuen, London. xiv + 183 pp.

—— 1965. *Tanzsprache und Orientierung der Bienen*. Springer-Verlag, Berlin. vii

+ 578 pp.

—— 1967. *The dance language and orientation of bees*, trans. by L. E. Chadwick. Belknap Press of Harvard University Press, Cambridge. xiv + 566 pp.

Frisch, K. von, and R. Jander, 1957. Über den Schwänzeltanz der Bienen. *Zeitschrift für Vergleichende Physiologie*, 40(3): 239–263.

Frisch, K. von, and G. A. Rösch. 1926. Neue Versuche über die Bedeutung von Duftorgan und Pollenduft für die Verständigung im Bienenvolk. *Zeitschrift für Vergleichende Physiologie*, 4(1): 1–21.

Frisch, O. von. 1966a. Versuche über die Herzfrequenzänderung von Jungvögeln bei Fütterungs- und Schreckreizen. *Zeitschrift für Tierpsychologie*, 23(1): 52–55.

—— 1966b. Herzfrequenzänderung bei Drückreaktionen junger Nestflüchter. *Zeitschrift für Tierpsychologie*, 23(4): 497–500.

Fry C. H. 1972a. The biology of African bee-eaters. *Living Bird*, 11: 75–112.

—— 1972b. The social organization of bee-eaters (Meropidae) and co-operative breeding in hot-climate birds. *Ibis*, 114(1): 1–14.

Fry, W. G., ed. 1970. *The biology of the Porifera*. Symposia of the Zoological Society of London no. 25. Academic Press, New York. xxviii + 512 pp.

Furuya, Y. 1963. On the Gagyusan troop of Japanese monkeys after the first separation. *Primates*, 4(1): 116–118.

—— 1965. Social organization of the crabeating monkey. *Folia Primatologica*, 6(3,4): 285–336.

—— 1969. On the fission of troops of Japanese monkeys: II, general view of the troop fission of Japanese monkey. *Primates*, 10(1): 47–70.

Gadgil, M. 1971. Dispersal: population consequences and evolution. *Ecology*, 52(2): 253–261.

Gadgil, M., and W. H. Bossert. 1970. Life history consequences of natural selection. *American Naturalist*, 104(935): 1–24.

Galton, F. 1871. Gregariousness in cattle and men. *Macmillan's Magazine, London*, 23: 353.

Gander, F. F. 1929. Experiences with wood rats, *Neotoma fuscipes macrotis*. *Journal of Mammalogy*, 10(1): 52–58.

Garattini, S., and E. B. Sigg, eds. 1969. *Aggressive behaviour*. Proceedings of the Symposium on the Biology of Aggressive Behaviour, Milan, May 1968. Excerpta Medica, Amsterdam. 369 pp.

Garcia, J., B. K. McGowan, F. R. Ervin, and R. A. Koelling. 1968. Cues: their relative effectiveness as a function of the reinforcer. *Science*, 160: 794–795.

Garstang, W. 1946. The morphology and relations of the Siphonophora. *Quarterly Journal of Microscopical Science*, n.s. 87(2): 103–193.

Gartlan, J. S. 1968. Structure and function in primate society. *Folia Primatologica*, 8(2): 89–120.

—— 1969. Sexual and maternal behavior of the vervet monkey, *Cercopithecus aethiops*. *Journal of Reproduction and Fertility*, supplement 6: 137–150.

—— 1970. Preliminary notes on the ecology and behavior of the drill, *Mandrillus leucophaeus* Ritgen, 1824. In J. R. Napier and P. H. Napier, eds. (q.v.), *Old World monkeys: evolution, systematics, and behavior*, pp. 445–480.

Gartlan, J. S., and C. K. Brain. 1968. Ecology and social variability in *Cercopithecus aethiops* and *C. mitis*. In Phyllis C. Jay, ed. (q.v.), *Primates: studies in adaptation and variability*, pp. 253–292.

Gaston, A. J. 1973. The ecology and behaviour of the long-tailed tit. *Ibis*, 115(3): 330–351.

Gates, D. M. 1970. Animal climates (where animals must live). *Environmental Research*, 3(2): 132–144.

Gauss, C. H. 1961. Ein Beitrag zur Kenntnis des Balzverhaltens einheimischer

社會生物學：新綜合理論

Molche. *Zeitschrift für Tierpsychologie*, 18(1) : 60–66.

Gauthier-Pilters, Hilde. 1959. Einige Beobachtungen zum Droh-, Angriffs- und Kampverhalten des Dromedarhengstes, sowie über Geburt und Verhaltensentwicklung des Jungtiers, in der nordwestlichen Sahara. *Zeitschrift für Tierpsychologie*, 16(5): 593–604.

—— 1967. The fennec. *African Wildlife*, 21(2): 117–125.

—— 1974. The behaviour and ecology of camels in the Sahara, with special reference to nomadism and water management. In V. Geist and F. Walther, eds. (*q.v.*), *The behaviour of ungulates and its relation to management*, vol. 2, pp. 542–551.

Gautier-Hion, A, 1970. L'organisation sociale d'une bande de talapoins (*Miopithecus talapoin*) dans le nord-est du Gabon. *Folia Primatologica*, 12(2): 116–141.

—— 1973. Social and ecological features of talapoin monkey—comparisons with sympatric cercopithecines. In R. P. Michael and J. H. Crook, eds. (*q.v.*), *Comparative ecology and behaviour of primates*, pp. 147–170.

Gay, F. J. 1966. A new genus of termites (Isoptera) from Australia. *Journal of the Entomological Society of Queensland*, 5: 40–43.

Gay, F, J., and J. H. Calaby. 1970. Termites of the Australian region. In K. Krishna and Frances M. Weesner, eds. (*q.v.*), *Biology of termites*, vol. 2, pp. 393–448.

Gehlbach, F. 1971. Discussion. In A. H. Esser, ed. (*q.v.*), *Behavior and environment: the use of space by animals and men*, p. 211.

Geist, V. 1963. On the behaviour of the North American moose (*Alces alces andersoni* Peterson 1950) in British Columbia. *Behaviour*, 20(3,4): 344–416.

—— 1971a. *Mountain sheep: a study in behavior and evolution.* University of Chicago Press, Chicago. xvi + 383 pp.

—— 1971b. The relation of social evolution and dispersal in ungulates during the Pleistocene, with emphasis on the Old World deer and the genus *Bison*.

參考文獻

Quaternary Research, 1(3): 283–315.

—— 1974. On the relationship of social evolution and ecology in ungulates. *American Zoologist*, 14(1): 205–220.

Geist, V., and F. Walther, eds. 1974. *The behaviour of ungulates and its relation to management*, 2 vols. IUCN Publications, n.s., no. 24. International Union for the Conservation of Nature and Natural Resources, Morges, Switzerland. Vol. 1, pp. 1–511; vol. 2, pp. 512–940.

Gerking, S. D. 1953. Evidence for the concepts of home range and territory in stream fishes. *Ecology*, 34(2): 347–365.

Gersdorf, E. 1966. Bobachtungen über das Verhalten von Vogelschwärmen. *Zeitschrift für Tierpsychologie*, 23(1): 37–43.

Gervet, J. 1956. L'action des températures différentielles sur la monogynie fonctionnelle chez les *Polistes* (Hyménoptères Vespides). *Insectes Sociaux*, 3(1): 159–176.

—— 1962. Étude de l'effet de groupe sur la ponte dans la société polygyne de *Polistes gallicus. Insectes Sociaux*, 9(3): 231–263.

Getz, L. L. 1972. Social structure and aggressive behavior in a population of *Microtus pennsylvanicus. Journal of Mammalogy*, 53(2): 310–317.

Ghent, A. W. 1960. A study of the group-feeding behaviour of larvae of the jack pine sawfly, *Neodiprion pratti banksianae* Roh. *Behaviour*, 16(1,2): 110–148.

Ghent, R. L., and N. E. Gary. 1962. A chemical alarm releaser in honey bee stings (*Apis mellifera* L.). *Psyche, Cambridge*, 69(1): 1–6.

Ghiselin, M. T. 1969. The evolution of hermaphroditism among animals. *Quarterly Review of Biology*, 44(2): 189–208.

Gibb, J. A. 1966. Tit predation and the abundance of *Ernarmonia conicolana* (Heyl.) on Weeting Heath, Norfolk, 1962–63. *Journal of Animal Ecology*, 35(1): 43–53.

Gibson, J. B., and J. M. Thoday. 1962. Effects of disruptive selection: VI, a second chromosome polymorphism. *Heredity*, 17(1): 1–26.

Giesel, J. T. 1971. The relations between population structure and rate of inbreeding. *Evolution*, 25(3): 491–496.

Gilbert, J. J. 1963. Contact chemoreception, mating behaviour, and sexual isolation in the rotifer genus *Brachionus*. *Journal of Experimental Biology*, 40(4): 625–641.

—— 1966. Rotifer ecology and embryological induction. *Science*, 151: 1234–1237.

—— 1973. Induction and ecological significance of gigantism in the rotifer *Asplancha sieboldi*. *Science*, 181: 63–66.

Gilbert, L. E., and M. C. Singer. 1973. Dispersal and gene flow in a butterfly species. *American Naturalist*, 107(953): 58–72.

Gill, J. C., and W. Thomson. 1956. Observations on the behaviour of suckling pigs. *British Journal of Animal Behaviour*, 4(2): 46–51.

Gilliard, E. T. 1962. On the breeding behavior of the cock-of-the-rock (Aves, *Rupicola rupicola*). *Bulletin of the American Museum of Natural History*, 124(2): 31–68.

Ginsburg, B., and W. C. Allee. 1942. Some effects of conditioning on social dominance and subordination in inbred strains of mice. *Physiological Zoology*, 15(4): 485–506.

Glancey, B. M., C. E. Stringer, C. H. Craig, P. M. Bishop, and B. B. Martin. 1970. Pheromone may induce brood tending in the fire ant. *Solenopsis saevissima*. *Nature, London*, 226(5248): 863–864.

Glass, Lynn W., and R. V. Bovbjerg. 1969. Density and dispersion in laboratory populations of caddisfly larvae (*Cheumatopsyche*, Hydropsychidae). *Ecology*, 50(6): 1082–1084.

Goddard, J. 1967. Home range, behaviour, and recruitment rates of two black rhinoceros populations. *East African Wildlife Journal*, 5: 133–150.

—— 1973. The black rhinoceros. *Natural History*, 82(4): 58–67.

Godfrey, J. 1958. Social behaviour in four bank vole races. *Animal Behaviour*, 6(1,2): 117.

Goffman, E. 1959. *The presentation of self in everyday life*. Doubleday Anchor Books, Doubleday, Garden City, N.Y. xvi + 259 pp.

—— 1961. *Encounters: two studies in the sociology of interaction*. Bobbs-Merrill, Indianapolis. 152 pp.

—— 1969. *Strategic interaction*. University of Pennsylvania Press, Philadelphia. x + 145 pp.

Goin, C. J. 1949. The peep order in peepers: a swamp water serenade. *Quarterly Journal of the Florida Academy of Sciences* (Gainesville), 11(2,3): 59–61.

Goin, C. J., and Olive B. Goin. 1962. *Introduction to herpetology*. W. H. Freeman, San Francisco. 341 pp.

Goin, Olive B., and C. J. Goin. 1962. Amphibian eggs and the montane environment. *Evolution*, 16(3): 364–371.

Gompertz, T. 1961. The vocabulary of the great tit. *British Birds*, 54(10): 369–394; 54(11,12): 409–418.

Goodall, Jane, 1965. Chimpanzees of the Gombe Stream Reserve. In I. DeVore, ed. (*q.v.*), *Primate behavior: field studies of monkeys and apes*, pp. 425–481.

Gosling, L. M. 1974. The social behaviour of Coke's hartebeest (*Alcelaphus buselaphus cokei*). In V. Geist and F. Walther, eds. (*q.v.*), *The behaviour of ungulates and its relation to management*, vol. 1, pp. 488–511.

Goss-Custard, J. D. 1970. Feeding dispersion in some overwintering wading birds. In J. H. Crook, ed. (*q.v.*), *Social behaviour in birds and mammals: essays on the social ethology of animals and man*, pp. 3–35.

Gösswald, K. 1933. Weitere Untersuchungen über die Biologie von *Epimyrma gösswaldi* Men. und Bemerkungen über andere parasitische Ameisen. *Zeitschrift für Wissenschaftliche Zoologie*, 144(2): 262–288.

——— 1953. Histologische Untersuchungen an der arbeiterlosen Ameise *Teleutomyrmex schneideri* Kutter (Hym. Formicidae). *Mitteilungen der Schweizerischen Entomologischen Gesellschaft*, 26(2): 81–128.

Gösswald, K., and W. Kloft. 1960. Neuere Untersuchungen über die sozialen Wechselbeziehungen im Ameisenvolk, durchgeführt mit Radio-Isotopen. *Zoologische Beiträge*, 5(2,3): 519–556.

Gottesman, I. I. 1968. A sampler of human behavioral genetics. *Evolutionary Biology*, 2: 276–320.

Gottschalk, L. A., S. M. Kaplan, Goldine C. Gleser, and Carolyn Winget. 1961. Variations in the magnitude of anxiety and hostility with phases of the menstrual cycle. *Psychosomatic Medicine*, 23(5): 448.

Gotwald, W. H. 1971. Phylogenetic affinity of the ant genus *Cheliomyrmex* (Hymenoptera: Formicidae). *Journal of the New York Entomological Society*, 79(3): 161–173.

Gotwald, W. H., and W. L. Brown. 1966. The ant genus *Simopelta* (Hymenoptera: Formicidae). *Psyche, Cambridge*, 73(4): 261–277.

Gotwald, W. H., and J. Lévieux. 1972. Taxonomy and biology of a new West African ant belonging to the genus *Amblyopone* (Hymenoptera: Formicidae). *Annals of the Entomological Society of America*, 65(2): 383–396.

Gramza, A. F. 1967. Responses of brooding nighthawks to a disturbance stimulus. *Auk*, 84(1): 72–86.

Grandi, G. 1961. Studi di un entomologo sugli imenotteri superiori. *Bollettino dell'Istituto di Entomologia della Università degli studi di Bologna*, 25. 659 pp.

Grant, E. C. 1969. Human facial expression. *Man*, 4(4): 525–536.

Grant, P. R. 1966. The coexistence of two wren species of the genus *Thryothorus*. *Wilson Bulletin*, 78(3): 266–278.

——— 1968. Polyhedral territories of animals. *American Naturalist*, 102(923): 75–

80.

—— 1970. Experimental studies of competitive interaction in a two-species system: II, the behaviour of *Microtus, Peromyscus* and *Clethrionomys* species. *Animal Behaviour*, 18(3): 411–426.

—— 1972. Convergent and divergent character displacement. *Biological Journal of the Linnaean Society*, 4(1): 39–68.

Grant, T. R. 1973. Dominance and association among members of a captive and a free-ranging group of grey kangaroos (*Macropus giganteus*). *Animal Behaviour*, 21(3): 449–456.

Grant, W. C., Jr. 1955. Territorialism in two species of salamanders. *Science*, 121: 137–138.

Grassé, P.-P. 1952a. *Traité de zoologie*, vol. 1, pt. 1, *Phylogenie; protozoaires: généralités, flagellés*. Masson et Cie, Paris.

—— ed. 1952b. *Structure et physiologie des sociétés animales*. Colloques Internationaux no. 34. Centre National de la Recherche Scientifique, Paris. 359 pp.

—— 1959. La reconstruction du nid et les coordinations interindividuelles chez *Bellicositermes natalensis* et *Cubitermes* sp. La théorie de la stigmergie: essai d'interprétation du comportement des termites constructeurs. *Insectes Sociaux*, 6(1): 41–83.

—— 1967. Nouvelles expériences sur le termite de Müller (*Macrotermes mülleri*) et considérations sur la théorie de la stigmergie. *Insectes Sociaux*, 14(1): 73–102.

Grassé, P.-P., and C. Noirot. 1958. Construction et architecture chez les termites champignonnistes (Macrotermitinae). *Proceedings of the Tenth International Congress of Entomology, Montreal*, 1956, 2: 515–520.

Gray, B. 1971a. Notes on the biology of the ant species *Myrmecia dispar* (Clark) (Hymenoptera: Formicidae). *Insectes Sociaux*, 18(2): 71–80.

—— 1971b. Notes on the field behaviour of two ant species *Myrmecia desertorum* Wheeler and *Myrmecia dispar* (Clark) (Hymenoptera: Formicidae). *Insectes Sociaux*, 18(2): 81–94.

Greaves, T. 1962. Studies of foraging galleries and the invasion of living trees by *Coptotermes acinaciformis* and *C. brunneus* (Isoptera). *Australian Journal of Zoology*, 10(4): 630–651.

Green, R. G., C. L. Larson, and J. F. Bell. 1939. Shock disease as the cause of the periodic decimation of the snowshoe here. *American Journal of Hygiene*, ser. B, 30: 83–102.

Greenberg, B. 1946. The relation between territory and social hierarchy in the green sunfish. *Anatomical Record*, 94(3): 395.

—— 1947. Some relations between territory, social hierarchy, and leadership in the green sunfish (*Lepomis cyanellus*). *Physiological Zoology*, 20(3): 267–299.

Greer, A. E., Jr. 1971. Crocodilian nesting habits and evolution. *Fauna*, 2: 20–28.

Griffin, D. J. G., and J. C. Yaldwyn. 1970. Giant colonies of pelagic tunicates (*Pyrosoma spinosum*) from SE Australia and New Zealand. *Nature, London*, 226(5244): 464–465.

Groos, K. 1896. *Die Spiele der Thiere*. Gustav Fischer, Jena. xvi + 359 pp. (Translated as *The play of animals*, Appleton, New York, 1898.)

Groot, A. P. de. 1953. Protein and amino acid requirements of the honeybee (*Apis mellifera* L.). *Physiologia Comparata et Oecologia*, 3(2,3): 197–285.

Grubb, P., and P. A. Jewell. 1966. Social grouping and home range in feral Soay sheep. *Symposia of the Zoological Society of London*, 18: 179–210.

Guhl, A. M. 1950. Social dominance and receptivity in the domestic fowl. *Physiological Zoology*, 23(4): 361–366.

—— 1958. The development of social organization in the domestic chick. *Animal Behaviour*, 6(1,2): 92–111.

—— 1964. Psychophysiological interrelations in the social behavior of chickens.

Psychological Bulletin, 61(4): 277–285.

—— 1968. Social inertia and social stability in chickens. *Animal Behaviour*, 16(2,3): 219–232.

Guhl, A. M., N. E. Collias, and W. C. Allee. 1945. Mating behavior and the social hierarchy in small flocks of white leghorns. *Physiological Zoology*, 18(4): 365–390.

Guhl, A. M., and Gloria J. Fischer. 1969. The behaviour of chickens. In E. S. E. Hafez, ed. (*q.v.*), *The behaviour of domestic animals*, pp. 515–553.

Guiglia, Delfa. 1972. *Les guêpes sociales (Hymenoptera Vespidae) d'Europe occidentale et septentrionale*. Masson et Cie, Paris. viii + 181 pp.

Guiler, E. R. 1970. Observations on the Tasmanian devil, *Sarcophilus harrisii* (Marsupalia: Dasyuridae), I, II. *Australian Journal of Zoology*, 18(1): 49–70.

Guiton, P. 1959. Socialisation and imprinting in brown leghorn chicks. *Animal Behaviour*, 7(1,2): 26–41.

Gundlach, H. 1968. Brutfürsorge, Brutpflege, Verhaltensontogenese und Tagesperiodik beim europäischen Wildschwein (*Sus scrofa* L.). *Zeitschrift für Tierpsychologie*, 25(8): 955–995.

Gurney, J. H. 1913. *The Gannet: a bird with a history*. Witherby, London. li + 567 pp.

Guthrie, R. D. 1971. A new theory of mammalian rump patch evolution. *Behaviour*, 38(1,2): 132–145.

Guthrie-Smith, H. 1925. *Bird life on island and shore*. Blackwood, Edinburgh. xix + 195 pp.

Gwinner, E. 1966. Über einige Bewegungsspiele des Kolkraben (*Corvus corax* L.). *Zeitschrift für Tierpsychologie*, 23(1): 28–36.

Haartman, L. von. 1954. Die Trauerfliegenschnäpper: III, die Nahrungsbiologie.

Acta Zoologica Fennica, 83: 1–96.

—— 1956. Territory in the pied flycatcher *Muscicapa hypoleuca. Ibis*, 98(3): 460–475.

—— 1969. Nest-site and evolution of polygamy in European passerine birds. *Ornis Fennica*, 46(1): 1–12.

Haas, A. 1960. Vergleichende Verhaltensstudien zum Paarungsschwarm solitärer Apiden. *Zeitschrift für Tierpsychologie*, 17(4): 402–416.

Haddow, A. J. 1952. Field and laboratory studies on an African monkey, *Cercopithecus ascanius schmidti* Matschie. *Proceedings of the Zoological Society of London*, 122(2): 297–394.

Haeckel, E. 1888. *Report on the Siphonophorae collected by H.M.S. Challenger during the years 1873–76.* Scientific Results of the Voyage of H.M.S. Challenger, Zoology, vol. 28. Eyre and Spottiswoode, London. xii + 380 pp.

Hafez, E. S. E., ed. 1969. *The behaviour of domestic animals*, 2d ed. Williams & Wilkins Co., Baltimore. xii + 647 pp.

Haga, R. 1960. Observations on the ecology of the Japanese pika. *Journal of Mammalogy*, 41(2): 200–212.

Hahn, M. E., and P. Tumolo. 1971. Individual recognition in mice: how is it mediated? *Bulletin of the Ecological Society of America*, 52(4): 53–54.

Hailman, J. P. 1960. Hostile dancing and fall territory of a color-banded mockingbird. *Condor*, 62(6): 464–468.

Haldane, J. B. S. 1932. *The causes of evolution*, Longmans, Green, London. vii + 234 pp. (Reprinted as a paperback, Cornell University Press, Ithaca, N.Y., 1966. vi + 235 pp.)

—— 1955. Animal communication and the origin of human language. *Science Progress, London*, 43(171): 385–401.

Haldane, J. B. S., and H. Spurway. 1954. A statistical analysis of communication in "Apis mellifera" and a comparison with communication in other animals.

Insectes Sociaux. 1(3): 247–283.

Hall, E. T. 1966. *The hidden dimension.* Doubleday, Garden City, N.Y. (Reprinted as a paperback, Anchor Books, Doubleday, Garden City, N.Y., 1969. xii + 217 pp.)

Hall, J. R. 1970. Synchrony and social stimulation in colonies of the black-headed weaver *Ploceus cucullatus* and Vieillot's black weaver *Melanopteryx nigerrimus. Ibis,* 112(1): 93–104.

Hall, K. R. L. 1960. Social vigilance behaviour of the chacma baboon, *Papio ursinus. Behaviour,* 16(3,4): 261–294.

—— 1963a. Variations in the ecology of the chacma baboon (*P. ursinus*). *Symposia of the Zoological Society of London,* 10: 1–28.

—— 1963b. Tool-using performances as indicators of behavioral adaptability. *Current Anthropology,* 4(5): 479–487.

—— 1965. Social organization of the old-world monkeys and apes. *Symposia of the Zoological Society of London,* 14: 265–289.

—— 1967. Social interactions of the adult male and adult females of a patas monkey group. In S. A. Altmann, ed. (*q.v.*), *Social communication among primates,* pp. 261–280.

—— 1968a. Behaviour and ecology of the wild patas monkey, *Erythrocebus patas,* in Uganda. In Phyllis C. Jay, ed. (*q.v.*), *Primates: studies in adaptation and variability,* pp. 32–119.

—— 1968b. Experiment and quantification in the study of baboon behavior in its natural habitat. In Phyllis C. Jay, ed. (*q.v.*), *Primates: studies in adaptation and variability,* pp. 120–130.

Hall, K. R. L., and I. DeVore. 1965. Baboon social behavior. In I. DeVore, ed. (*q.v.*), *Primate behavior: field studies of monkeys and apes,* pp. 53–110.

Hall, K. R. L., and Barbara Mayer. 1967. Social interactions in a group of captive patas monkeys (*Erythrocebus patas*). *Folia Primatologica,* 5(3): 213–236.

Halle, L. J. 1971. International behavior and the prospects for human survival. In J. F. Eisenberg and W. S. Dillon, eds. (*q.v.*), *Man and beast: comparative social behavior*, pp. 353–368.

Hamilton, T. H. 1962. Species relationships and adaptations for sympatry in the avian genus *Vireo*. *Condor*, 64(1): 40–68.

Hamilton, T. H., and R. H. Barth, Jr. 1962. The biological significance of season change in male plumage appearance in some New World migratory bird species. *American Naturalist*, 96(888): 129–144.

Hamilton, W. D. 1964. The genetical evolution of social behaviour, I, II. *Journal of Theoretical Biology*, 7(1): 1–52.

—— 1966. The moulding of senescence by natural selection. *Journal of Theoretical Biology*, 12(1): 12–45.

—— 1967. Extraordinary sex ratios. *Science*, 156: 477–488.

—— 1970. Selfish and spiteful behaviour in an evolutionary model. *Nature, London*, 228(5277): 1218–1220.

—— 1971a. Geometry for the selfish herd. *Journal of Theoretical Biology*, 31(2): 295–311.

—— 1971b. Selection of selfish and altruistic behavior in some extreme models. In J. F. Eisenberg and W. S. Dillon, eds. (*q.v.*), *Man and beast: comparative social behavior*, pp. 57–91.

—— 1972. Altruism and related phenomena, mainly in social insects. *Annual Review of Ecology and Systematics*, 3: 193–232.

Hamilton, W. J., III, and W. M. Gilbert. 1969. Starling dispersal from a winter roost. *Ecology*, 50(5): 886–898.

Hangartner, W. 1969a. Structure and variability of the individual odor trail in *Solenopsis geminata* Fabr. (Hymenoptera, Formicidae). *Zeitschrift für Vergleichende Physiologie*, 62(1): 111–120.

—— 1969b. Carbon dioxide, a releaser for digging behavior in *Solenopsis* geminata (Hymenoptera : Formicidae). *Psyche, Cambridge*, 76(1): 58–67.

Hangartner, W., J. M. Reichson, and E. O. Wilson. 1970. Orientation to nest material by the ant, *Pogonomyrmex badius* (Latreille). *Animal Behaviour*, 18(2): 331–334.

Hanks, J., M. S. Price, and R. W. Wrangham. 1969. Some aspects of the ecology and behaviour of the defassa waterbuck (*Kobus defassa*) in Zambia. *Mammalia*, 33(3): 471–494.

Hansen, E. W. 1966. The development of maternal and infant behavior in the rhesus monkey. *Behaviour*, 27(1,2): 107–149.

Hardin, G. 1956. Meaninglessness of the word protoplasm. *Scientific Monthly*, 82(3): 112–120.

—— 1972. Population skeletons in the environmental closet. *Bulletin of the Atomic Scientists*, 28(6) (June): 37–41.

Hardy, A. C. 1960. Was man more aquatic in the past? *New Scientist*, 7: 642–645.

Harlow, H. F. 1959. The development of learning in the rhesus monkey. *American Scientist*, 47(4): 459–479.

Harlow, H. F., M. K. Harlow, R. O. Dodsworth, and G. L. Arling. 1966. Maternal behavior of rhesus monkeys deprived of mothering and peer associations in infancy. *Proceedings of the American Philosophical Society*, 110(1): 58–66.

Harlow, H. F., and R. R. Zimmerman. 1959. Affectional responses in the infant monkey. *Science*, 130: 421–432.

Harrington, J. R. 1971. Olfactory communication in *Lemur fuscus*. Ph.D. thesis, Duke University, Durham, N.C. [Cited by Thelma Rowell, 1972 (*q.v.*).]

Harris, G. W., and R. P. Michael. 1964. The activation of sexual behaviour by hypothalamic implants of oestrogen. *Journal of Physiology*, 171(2): 275–301.

Harris, M. P. 1970. Territory limiting the size of the breeding population of the oystercatcher (*Haematopus ostralegus*)—a removal experiment. *Journal of Applied Ecology*, 39(3): 707–713.

Harris, V. T. 1952. An experimental study of habitat selection by prairie and forest races of the deermouse, *Peromyscus maniculatus*. Contributions from the Laboratory of Vertebrate Biology, *University of Michigan, Ann Arbor*, no. 56. 53 pp.

Harris, W. V. 1970. Termites of the Palearctic region. In K. Krishna and Frances M. Weesner, eds. (*q.v.*), *Biology of termites*, vol. 2, pp. 295–313.

Harrison, C. J. O. 1965. Allopreening as agonistic behaviour. *Behaviour*, 34(3,4): 161–209.

Harrison, G. A., and A. J. Boyce, eds. 1972. *The structure of human populations*. Clarendon Press, Oxford University Press, Oxford. xvi + 447 pp.

Hartley, P. H. T. 1949. Biology of the mourning chat in winter quarters. *Ibis*, 91(3): 393–413.

—— 1950. An experimental analysis of interspecific recognition. *Symposia of the Society for Experimental Biology*, 4: 313–336.

Hartman, W. D., and H. M. Reiswig. 1971. The individuality of sponges. *Abstracts with Programs, Geological Society of America*, 3(7): 593.

—— 1973. The individuality of sponges. In R. S. Boardman, A. H. Cheetham, and W. A. Oliver, Jr. eds. (*q.v.*), *Animal colonies: development and function through time*, pp. 567–584.

Hartshorne, C. 1958. Some biological principles applicable to song-behavior. *Wilson Bulletin*, 70(1): 41–56.

Harvey, P. A. 1934. Life history of *Kalotermes minor*. In C. A. Kofoid et al., eds. (*q.v.*), *Termites and termite control*, pp. 217–233.

Haskell, P. T. 1970. The hungry locust. *Science Journal* (January), pp. 61–67.

Haskins, C. P. 1939. *Of ants and men*. Prentice-Hall, New York. vii + 244 pp.

—— 1970. Researches in the biology and social behavior of primitive ants. In L. R. Aronson et al., eds. (*q.v.*), *Development and evolution of behavior: essays in memory of T. C. Schneirla*, pp. 355–388.

Haskins, C. P., and Edna F. Haskins. 1950. Notes on the biology and social behavior of the archaic ponerine ants of the genera *Myrmecia* and *Promyrmecia*. *Annals of the Entomological Society of America*, 43(4): 461–491.

—— 1951. Note on the method of colony foundation of the ponerine ant *Amblyopone australis* Erichson. *American Midland Naturalist*, 45(2): 432–445.

—— 1965. *Pheidole megacephala* and *Iridomyrmex humilis* in Bermuda—equilibrium or slow replacement? *Ecology*, 46(5): 736–740.

Haskins, C. P., and R. M. Whelden. 1954. Note on the exchange of ingluvial food in the genus *Myrmecia*. *Insectes Sociaux*, 1(1): 33–37.

Haskins, C. P., and P. A. Zahl. 1971. The reproductive pattern of *Dinoponera grandis* Roger (Hymenoptera, Ponerinae) with notes on the ethology of the species. *Psyche, Cambridge*, 78(1,2): 1–11.

Hasler, A. D. 1966. *Underwater guideposts: homing of salmon*. University of Wisconsin Press, Madison. xii + 155 pp.

—— 1971. Orientation and fish migration. *Fish Physiology*, 6: 429–510.

Hassell, M. P. 1966. Evaluation of parasite or predator responses. *Journal of Animal Ecology*, 35(1): 65–75.

Haubrich, R. 1961. Hierarchical behaviour in the South African clawed frog, *Xenopus laevis* Daudin. *Animal Behaviour*, 9(1,2): 71–76.

Hay, D. A. 1972. Recognition by *Drosophila melanogaster* of individuals from other strains or cultures: support for the role of olfactory cues in selective mating. *Evolution*, 26(2): 171–176.

Haydak, M. H. 1935. Brood rearing by honeybees confined to a pure carbohydrate diet. *Journal of Economic Entomology*, 28(4): 657–660.

——1945. The language of the honeybee. *American Bee Journal*, 85: 316–317.

Hazlett, B. A. 1966. Social behavior of the Paguridae and Diogenidae of Curacao. *Studies on the Fauna of Curacao and Other Caribbean Islands* (The Hague),

23: 1–143.

—— 1970. The effect of shell size and weight on the agonistic behavior of a hermit crab. *Zeitschrift für Tierpsychologie*, 27(3): 369–374.

Hazlett, B. A., and W. H. Bossert. 1965. A statistical analysis of the aggressive communications systems of some hermit crabs. *Animal Behaviour*. 13(2,3): 357–373.

Healey, M. C. 1967. Aggression and self-regulation of population size in deermice. *Ecology*, 48(3): 377–392.

Heatwole, H. 1965. Some aspects of the association of cattle egrets with cattle. *Animal Behaviour*, 13(1): 79–83.

Hediger, H. 1941. Biologische Gesetzmässigkeiten im Verhalten von Wirbeltieren. *Mitteilungen der Naturforschenden Gesellschaft in Bern*, 1940, pp. 37–55.

—— 1950. *Wildtiere in Gefangenschaft—ein Grundriss der Tiergartenbiologie.* Benno Schwabe, Basle. (Reprinted as *Wild animals in captivity: an outline of the biology of zoological gardens*, trans. by G. Sircom, Butterworth Scientific Publications, London. 207 pp.)

—— 1955. *Studies of the psychology and behaviour of captive animals in zoos and circuses*, trans. by G. Sircom. Criterion Books, New York. vii + 166 pp. (Reprinted as *The psychology and behaviour of animals in zoos and circuses*, Dover, New York, 1968. vii + 166 pp.)

Heimburger, N. 1959. Das Markierungsverhalten einiger Caniden. *Zeitschrift für Tierpsychologie*, 16(1): 104–113.

Heinroth, O., and Magdalena Heinroth. 1928. *Die Vögel Mitteleuropas*, vol. 3. Hugo Bermühler Verlag, Berlin-Lichterfelde. x + 286 pp.

Heldmann, G. 1936a. Ueber die Entwicklung der polygynen Wabe von *Polistes gallica* L. *Arbeiten über Physiologische und Angewandte Entomologie aus Berlin-Dahlem*, 3: 257–259.

—— 1936b. Über das Leben auf Waben mit mehreren überwinterten Weibchen von *Polistes gallica* L. *Biologisches Zentralblatt*, 56(7,8): 389–401.

Heller, H. C. 1971. Altitudinal zonation of chipmunks (*Eutamias*): interspecific aggression. *Ecology*, 52(2): 312–329.

Helm, June. 1968. The nature of Dogrib socioterritorial groups. In R. B. Lee and I. DeVore, eds. (*q.v.*), *Man the hunter*, pp. 118–125.

Helversen, D. von, and W. Wickler. 1971. Über den Duettgesang des afrikanischen Drongo *Dicrurus adsimilis* Bechstein. *Zeitschrift für Tierpsychologie*, 29(3): 301–321.

Hendrichs, H., and Ursula Hendrichs. 1971. *Dikdik und Elefanten*. R. Piper, Munich. 173 pp.

Hendrickson, J. R. 1958. The green sea turtle, *Chelonia mydas* (Linn.) in Malaya and Sarawak. *Proceedings of the Zoological Society of London*, 130(4): 455–534.

Henry, C. S. 1972. Eggs and repagula of *Ululodes* and *Ascaloptynx* (Neuroptera: Ascalaphidae): a comparative study. *Psyche, Cambridge*, 79(1,2): 1–22.

Hensley, M. M., and J. B. Cope. 1951. Further data on removal and repopulation of the breeding birds in a spruce-fir forest community. *Auk*, 68(4): 483–493.

Hergenrader, G. L., and A. D. Hasler. 1967. Seasonal changes in swimming rates of yellow perch in Lake Mendota as measured by sonar. *Transactions of the American Fisheries Association*, 96(4): 373–382.

Herrnstein, R. J. 1971a. Quantitative hedonism. *Journal of Psychiatric Research*, 8: 399–412.

—— 1971b. I.Q. *Atlantic Monthly*, 228(3) (September): 43–64.

Hess, E. H. 1958. "Imprinting" in animals. *Scientific American*, 198(3) (March): 81–90.

Highton, R., and T. Savage. 1961. Functions of the brooding behavior in the female red-backed salamander, *Plethodon cinereus*. *Copeia*, 1961, no. 1, pp. 95–98.

Hildén, O., and S. Vuolanto. 1972. Breeding biology of the red-necked phalarope *Phalaropus lobatus* in Finland. *Ornis Fennica*, 49(3,4): 57–85.

Hill, C. 1946. Playtime at the zoo. *Zoo life* (Zoological Society of London), 1(1): 24–26.

Hill, Jane H. 1972. On the evolutionary foundations of language. *American Anthropologist*, 74(3): 308–317.

Hill, W. C. O. 1972. *Evolutionary biology of the primates*. Academic Press, New York. x + 233 pp.

Hinde, R. A. 1952. The behaviour of the great tit (*Parus major*) and some other related species. *Behaviour*, supplement 2. x + 201 pp.

—— 1954. Factors governing the changes in strength of a partially inborn response, as shown by the mobbing behaviour of the chaffinch (*Fringilla coelebs*): I, the nature of the response, and an examination of its course. *Proceedings of the Royal Society*, ser. B, 142: 306–331.

—— 1956. The biological significance of the territories of birds. *Ibis*, 98(3): 340–369.

—— 1958. Alternative motor patterns in chaffinch song. *Animal Behaviour*, 6(3,4): 211–218.

—— ed. 1969. *Bird vocalizations: their relations to current problems in biology and psychology: essays presented to W. H. Thorpe*. Cambridge University Press, Cambridge. xvi + 394 pp.

—— 1970. *Animal behaviour: a synthesis of ethology and comparative psychology*, 2d ed. McGraw-Hill Book Co., New York. xvi + 876 pp.

—— ed. 1972. *Non-verbal communication*. Cambridge University Press, Cambridge. xiii + 423 pp.

—— 1974. *Biological bases of human social behaviour*. McGraw-Hill Book Co., New York. xvi + 462 pp.

Hinde, R. A., and Lynda M. Davies. 1972a. Changes in Mother-infant relationship after separation in *Rhesus* monkey. *Nature, London*, 239(5366): 41–42.

—— 1972b. Removing infant rhesus from mother for 13 days compared with removing mother from infant. *Journal of Child Psychology and Psychiatry*, 13: 227–237.

Hinde, R. A., and Yvette Spencer-Booth. 1967. The behaviour of socially living rhesus monkeys in their first two and a half years. *Animal Behaviour*, 15(1): 169–196.

1969. The effect of social companions on Mother-infant relations in rhesus monkeys. In D. Morris, ed. (*q.v.*), *Primate ethology: essays on the socio-sexual behavior of apes and monkeys*, pp. 343–364.

—— 1971. Effects of brief separation from mother on rhesus monkeys. *Science*, 173: 111–118.

Hingston, R. W. G. 1929. *Instinct and intelligence*. Macmillan Co., New York. xv + 296 pp.

Hirsch, J. 1963. Behavior genetics and individuality understood. *Science*, 142: 1436–1442.

Hjorth, I. 1970. Reproductive behaviour in Tetraonidae with special references to males. *Viltrevy*, 7(4): 183–596.

Hochbaum, H. A. 1955. *Travels and traditions of waterfowl*. University of Minnesota Press, Minneapolis. xii + 301 pp.

Hockett, C. F. 1960. Logical considerations in the study of animal communication. In W. E. Lanyon and W. N. Tavolga, eds. (*q.v.*), *Animal sounds and communication*, pp. 392–430.

Hockett, C. F., and S. A. Altmann. 1968. A note on design features. In T. A. Sebeok, ed. (*q.v.*), *Animal communication: techniques of study and results of research*, pp. 61–72.

Hocking, B. 1970. Insect associations with the swollen thorn acacias. *Transactions of the Royal Entomological Society of London*, 122(7): 211–255.

Hodjat, S. H. 1970. Effects of crowding on colour, size and larval activity of *Spodoptera littoralis* (Lepidoptera: Noctuidae). *Entomologia Experimentalis et Applicata*, 13: 97–106.

Hoesch, W. 1960. Zum Brutverhalten des Laufhühnchens *Turnix sylvatica lepurana. Journal für Ornithologie*, 101(3): 265–295.

Hoese, H. D. 1971. Dolphin feeding out of water in a salt marsh. *Journal of Mammalogy*, 52(1): 222–223.

Hoffer, E. 1882–83. *Die Hummeln Steiermarks: Lebensgeschichte und Beschreibung Derselben*, two parts. Leuschner and Lubensky, Graz. Part 1: 92 pp; part 2: 98 pp. (Behavioral descriptions are in the first part, published in 1882.)

Hoffmeister, D. F. 1967. Tubulidentates, proboscideans, and hyracoideans. In S. Anderson and J. K. Jones, Jr., eds. (*q.v.*), *Recent mammals of the world: a synopsis of families*, pp. 355–365.

Hogan-Warburg, A. J. 1966. Social behavior of the ruff, *Philomachus pugnax* (L.). *Ardea*, 54(3,4): 109–229.

Höhn, E. O. 1969. The phalarope. *Scientific American*, 220(6) (June): 104–111.

Holgate, P. 1967. Population survival and life history phenomena. *Journal of Theoretical Biology*, 14(1): 1–10.

Hölldobler, B. 1962. Zur Frage der Oligogynie bei *Camponotus ligniperda* Latr. und *Camponotus herculeanus* L. (Hym. Formicidae). *Zeitschrift für Angewandte Entomologie*, 49(4): 337–352.

—— 1967a. Verhaltensphysiologische Untersuchugen zur Myrmecophilie einiger Staphylinidenlarven. *Verhandlungen der Deutschen Zoologischen Gesellschaft, Heidelberg*, 1967, pp. 428–434.

—— 1976b. Zur Physiologie der Gast-Wirt-Beziehungen (Myrmecophilie) bei Ameisen: I, das Gastverhältnis der *Atemeles*- und *Lomechusa*-Larven (Col. Staphylinidae) zu *Formica* (Hym. Formicidae). *Zeitschrift für Vergleichende*

Physiologie, 56(1): 1–21.

——— 1969a. Host finding by odor in the myrmecophilic beetle *Atemeles pubicollis* Bris. (Staphylinidae). *Science*, 166: 757–758.

——— 1969b. Orientierungsmechanismen des Ameisengastes *Atemeles* (Coleoptera, Staphylinidae) bei der Wirtssuche. *Verhandlungen der Deutschen Zoologischen Gesellschaft, Würzburg*, 1969, pp. 580–585.

——— 1970. Zur Physiologie der Gast-Wirt-Beziehungen (Myrmecophilie) bei Ameisen: II, das Gastverhältnis des imaginalen *Atemeles pubicollis* Bris. (Col. Staphylinidae) zu *Myrmica* und *Formica* (Hym. Formicidae). *Zeitschrift für Vergleichende Physiologie*, 66(2): 215–250.

——— 1971a. Recruitment behavior in *Camponotus socius* (Hym. Formicidae). *Zeitschrift für Vergleichende Physiologie*, 75(2): 123–142.

——— 1971b. Sex pheromone in the ant *Xenomyrmex floridanus*. *Journal of Insect Physiology*, 17(8): 1497–1499.

——— 1971c. Communication between ants and their guests. *Scientific American*, 224(3) (March): 86–93.

——— 1973. Chemische Strategie beim Nahrungserwerb der Diebsameise (*Solenopsis fugax* Latr.) und der Pharaoameise (*Monomorium pharaonis* L.). *Oecologia, Berlin*, 11: 371–380.

Hölldobler, B., M. Möglich, and U. Maschwitz. 1974. Communication by tandem running in the ant *Camponotus sericeus*. *Journal of Comparative Physiology*, 90(2): 105–127.

Hölldobler, K. 1953. Beobachtungen über die Koloniengründung von *Lasius umbratus umbratus* Nyl. *Zeitschrift für Angewandte Entomologie*, 34(4): 598–606.

Holling, C. S. 1959. Some characteristics of simple types of predation and parasitism. *Canadian Entomologist*, 91(7): 385–398.

Holmes, R. T. 1966. Breeding ecology and annual cycle adaptations of the redbacked sandpiper (*Calidris alpina*) in northern Alaska. *Condor*, 68(1): 3–46.

—— 1970. Differences in population density, territoriality, and food supply of dunlin on arctic and subarctic tundra. In A. Watson, ed. (*q.v.*), *Animal populations in relation to their food resources*, pp. 303–319.

Holst, D. von. 1969. Sozialer Stress bei Tupajas (*Tupaia belangeri*) *Zeitschrift für Vergleichende Physiologie*, 63(1): 1–58.

—— 1972a. Renal failure as the cause of death in *Tupaia belangeri* exposed to persistent social stress. *Journal of Comparative Physiology*, 78(3): 236–273.

—— 1972b. Die Funktion der Nebennieren männlicher *Tupaia belangeri. Journal of Comparative Physiology*, 78(3): 289–306.

Homans, G. C. 1961. *Social behavior: its elementary forms*. Harcourt, Brace & World, New York. xii + 404 pp.

Hooff, J. A. R. A. M. van. 1972. A comparative approach to the phylogeny of laughter and smiling. In R. A. Hinde, ed. (*q.v.*), *Non-verbal communication*, pp. 209–241.

Hooker, Barbara I. 1968. Birds. In T. A. Sebeok, ed. (*q.v.*), *Animal communication: techniques of study and results of research*, pp. 311–337.

Hooker, T., and Barbara I. Hooker. 1969. Duetting. In R. A. Hinde, ed. (*q.v.*), *Bird vocalizations: their relations to current problems in biology and psychology*, pp. 185–205.

Horn, E. G. 1971. Food competition among the cellular slime molds (Acrasieae). *Ecology*. 52(3): 475–484.

Horn, H. S. 1968. The adaptive significance of colonial nesting in the Brewer's blackbird (*Euphagus cyanocephalus*). *Ecology*, 49(4): 682–694.

Horwich, R. H. 1972. The ontogeny of social behaviour in the gray squirrel (*Sciurus carolinensis*). *Zeitschrift für Tierpsychologie*, supplement 8. 103 pp.

Houlihan, R. T. 1963. The relationship of population density to endocrine and metabolic changes in the California vole (*Microtus californicus*). *University of California Publications in Zoology*, 65: 327–362.

Housse, R. P. R. 1949. Las zorros de Chile o chacales americanos. *Anales de la Academia Chilena de Ciencias Naturales, Santiago*, 34(1): 33–56.

Houston, D. B. 1974. Aspects of the social organization of moose. In V. Geist and F. Walther, eds. (*q.v.*), *The behaviour of ungulates and its relation to management*, vol. 2, pp. 690–696.

Howard, H. E. 1920. *Territory in bird life*. John Murray, London. xiii + 308 pp. (Reprinted with an introduction by J. Huxley and J. Fisher, Collins, London. 1948. 224 pp.)

—— 1940. *A waterhen's worlds*. Cambridge University Press, Cambridge. ix + 84 pp.

Howard, W. E. 1960. Innate and environmental dispersal of individual vertebrates. *American Midland Naturalist*, 63(1): 152–161.

Howells, W. W. 1973. *Evolution of the genus Homo*. Addison-Wesley, Reading, Mass. 188 pp.

Howse, P. E. 1964. The significance of the sound produced by the termite *Zootermopsis angusticollis* (Hagen). *Animal Behaviour*, 12(2,3): 284–300.

—— 1970. *Termites: a study in social behaviour*. Hutchinson University Library, London. 150 pp.

Hoyt, C. P., G. O. Osborne, and A. P. Mulcock. 1971. Production of an insect sex attractant by symbiotic bacteria. *Nature, London*, 230(5294): 472–473.

Hrdy, Sarah Blaffer. 1974. The care and exploitation of non-human primate infants by conspecifics other than the mother. *Advances in the Study of Behavior*. (In press.)

Hubbard, H. G. 1897. The ambrosia beetles of the United States. *Bulletin of the United States Department of Agriculture*, n.s. 7: 9–30.

Hubbard, J. A. E. B. 1973. Sediment-shifting experiments: a guide to functional

社會生物學：新綜合理論

behavior in colonial corals. In R. S. Boardman, A. H. Cheetham, and W. A. Oliver, Jr., eds. (*q.v.*), *Animal colonies: development and function through time*, pp. 31–42.

Huber, P. 1802. Observations on several species of the genus *Apis*, Known by the name of humble-bees, and called Bombinatrices by Linnaeus. *Transactions of the Linnean Society of London*, 6: 214–298.

—— 1810. *Recherches sur les moeurs des fourmis indigènes.* J. J. Paschoud, Paris. xvi + 328 pp.

Hughes, R. L. 1962. Reproduction of the macropod marsupial *Potorous tridacylus* (Kerr). *Australian Journal of Zoology*, 10(2): 193–224.

Hunkeler, C., F. Bourlière, and M. Bertrand. 1972. Le comportement social de la mone de Lowe (*Cercopithecus campbelli lowei*). *Folia Primatologica*, 17(3): 218–236.

Hunsaker, D. 1962. Ethological isolating mechanisms in the *Sceloporus torquatus* group of lizards. *Evolution*, 16(1): 62–74.

Hunsaker, D., and T. C. Hahn. 1965. Vocalization of the South American tapir, *Tapirus terrestris. Animal Behaviour*, 13(1): 69–78.

Hunter, J. R. 1969. Communication of velocity changes in jack mackerel (*Trachurus symmetricus*) schools. *Animal Behaviour*, 17(3): 507–514.

Hutchinson, G. E. 1948. Circular causal systems in ecology. *Annals of the New York Academy of Sciences*, 50(4): 221–246.

—— 1951. Copepodology for the ornithologist. *Ecology*, 32(3): 571–577.

—— 1959. A speculative consideration of certain possible forms of sexual selection in man. *American Naturalist*, 93(869): 81–91.

—— 1961. The paradox of the plankton. *American Naturalist*, 95(882): 137–145.

Hutchinson, G. E., and S. D. Ripley. 1954. Gene dispersal and the ethology of the Rhinocerotidae. *Evolution*, 8(2): 178–179.

Hutt, Corinne. 1966. Exploration and play in children. *Symposia of the Zoological Society of London*, 18: 61–81.

Huxley, J. S. 1914. The courtship-habits of the great crested grebe (*Podiceps cristatus*); with an addition to the theory of sexual selection. *Proceedings of the Zoological Society of London*, 35: 491–562. (Reprinted as *The courtship of the great crested grebe*, with a foreword by Desmond Morris, Cape Editions, Grossman, London, 1968.)

—— 1923. Courtship activities in the red-throated diver (*Colymbus stellatus* Pontopp.); together with a discussion of the evolution of courtship in birds. *Journal of the Linnean Society of London, Zoology*, 35(253–292).

——1934. A natural experiment on the territorial instinct. *British Birds*, 27(10): 270–277.

—— 1938. The present standing of the theory of sexual selection. In G. R. de Beer, ed., *Evolution: essays on aspects of evolutionary biology presented to Professor E. S. Goodrich on his seventieth birthday*, pp. 11–42. Clarendon Press, Oxford. viii + 350 pp.

—— 1966. Introduction. In J. S. Huxley, ed., A discussion on ritualization of behaviour in animals and man, pp. 249–271. *Philosophical Transactions of the Royal Society of London*, ser. B, 251(772): 247–526.

Hyman, Libbie H. 1940. *The invertebrates: Protozoa through Ctenophora.* McGraw-Hill Book Co., New York. xii + 726 pp.

—— 1951a. *The invertebrates*, vol. 2, *Platyhelminthes and Rhynchocoela: the acoelomate Bilateria.* McGraw-Hill Book Co., New York. viii + 550 pp.

—— 1951b. *The invertebrates*, vol. 3, Acanthocephala, Aschelminthes, and Entoprocta: the pseudocoelomate Bilateria. McGraw-Hill Book Co., New York. vii + 572 pp.

—— 1959. *The invertebrates*, vol. 5, *Smaller coelomate groups: Chaetognatha, Hemichordata, Pogonophora, Phoronida, Ectoprocta, Brachiopoda, Sipunculida, the coelomate Bilateria.* McGraw-Hill Book Co., New York. viii

+ 783 pp.

Ihering, H. von. 1896. Zur Biologie der socialen Wespen Brasiliens. *Zoologischer Anzeiger*, 19(516): 449–453.

Imaizumi, Y., and N. E. Morton. 1969. Isolation by distance in Japan and Sweden compared with other countries. *Human Heredity*, 19: 433–443.

Imaizumi, Y., N. E. Morton, and D. E. Harris. 1970. Isolation by distance in artificial populations. *Genetics*, 66(3): 369–382.

Imanishi, K. 1958. Identification: a process of enculturation in the sub-human society of *Macaca fuscata*. *Primates*, 1(1): 1–29. (In Japanese with English introduction.)

—— 1960. Social organization of sub-human primates in their natural habitat. *Current Anthropology*, 1(5,6): 393–407.

—— 1963. Social behavior in Japanese monkeys, *Macaca fuscata*. In C. H. Southwick, ed. (*q.v.*), *Primate social behaviour: an enduring problem*, pp. 68–81. (Originally published in Japanese in *Psychologia*, 1[1]: 47–54. 1957.)

Immelmann, K. 1966. Beobachtungen an Schwalbenstaren. *Journal für Ornithologie*. 107(1): 37–69.

—— 1972. Sexual and other long-term aspects of imprinting in birds and other species. *Advances in the Study of Behavior*, 4: 147–174.

Inhelder, E. 1955. Zur Psychologie einiger Verhaltensweisen—besonders des Spiels—von Zootieren. *Zeitschrift für Tierpsychologie*, 12(1): 88–144.

Inkeles, A. 1964. *What is sociology? An introduction to the discipline and profession*. Prentice-Hall, Englewood Cliffs, N.J. viii + 120 pp.

Innis, Anne C. 1958. The behaviour of the giraffe, *Giraffa camelopardalis*, in the eastern Transvaal. *Proceedings of the Zoological Society of London*, 131(2): 245–278.

Ishay, J., H. Bytinski-Salz, and A. Shulov. 1967. Contributions to the bionomics of the Oriental hornet (*Vespa orientalis* Feb.). *Israel Journal of Entomology*, 2: 45–106.

Ishay, J., and R. Ikan. 1969. Gluconeogenesis in the Oriental hornet *Vespa orientalis* F. *Ecology*, 49(1): 169–171.

Ishay, J., and E. M. Landau. 1972. *Vespa* larvae send out rhythmic hunger signals. *Nature, London*, 237(5353): 286–287.

Istock, C. A. 1967. The evolution of complex life cycle phenomena: an ecological perspective. *Evolution*, 21(3): 592–605.

Itani, J. 1958. On the acquisition and propagation of a new habit in the natural group of the Japanese monkey at Takasaki-Yama. *Primates*, 1(2): 84–98. (In Japanese with English summary.)

—— 1959. Paternal care in the wild Japanese monkey, *Macaca fuscata fuscata*. *Primates*, 2(1): 61–93.

—— 1966. Social organization of chimpanzees. *Shizen*, 21(8): 17–30. [Cited by K. Izawa, 1970 (*q.v.*).]

—— 1972. A preliminary essay on the relationship between social organization and incest avoidance in non-human primates. In F. E. Poirier, ed. (*q.v.*), *Primate socialization*, pp. 165–171.

Itani, J., and A. Suzuki. 1967. The social unit of chimpanzees. *Primates*, 8(4): 355–381.

Itoigawa, N. 1973. Group organization of a natural troop of Japanese monkeys and Mother-infant interactions. In C. R. Carpenter, ed. (*q.v.*), *Behavioral regulators behavior in primates*. 229–250.

Ivey, M. E., and Judith M. Bardwick. 1968. Patterns of affective fluctuation in the menstrual cycle. *Psychosomatic Medicine*, 30(3): 336–345.

Iwata, K. 1967. Report of the fundamental research on the biological control of insect pests in Thailand: II, the report on the bionomics of subsocial wasps of Stenogastrinae (Hymenoptera, Vespidae). *Nature and Life in South-east Asia*, 5: 259–293.

——— 1969. On the nidification of *Ropalidia* (*Anthreneida*) *taiwana koshunensis* Sonan in Formosa (Hymenoptera, Vespidae). *Kontyû*, 37: 367–372.

Izawa, K. 1970. Unit groups of chimpanzees and their nomadism in the savanna woodland. *Primates*, 11(1): 1–46.

Izawa, K., and J. Itani. 1966. Chimpanzees in Kasakati Basin, Tanganyika: I, ecological study in the rainy season 1963–1964. *Kyoto University African Studies*, 1: 73–156.

Izawa, K., and T. Nishida. 1963. Monkeys living in the northern limit of their distribution. *Primates*, 4(2): 67–88.

Jackson, J. A. 1970. A quantitative study of the foraging ecology of downy woodpeckers. *Ecology*, 51(2): 318–323.

Jackson, L. A., and J. N. Farmer. 1970. Effects of host fighting behavior on the course of infection of *Trypanosoma duttoni* in mice. *Ecology*, 51(4): 672–679.

Jacobson, M. 1972. *Insect sex pheromones*. Academic Press, New York. xii + 382 pp.

Jameson, D. L. 1954. Social patterns in the leptodactylid frogs *Syrrhophus* and *Eleutherodactylus*. *Copeia*, 1954, no. 1, pp. 36–38.

——— 1957. Life history and phylogeny in the salientians. *Systematic Zoology*, 6(2): 75–78.

Janzen, D. H. 1967. Interaction of the bull's-horn acacia (*Acacia cornigera* L.) with an ant inhabitant (*Pseudomyrmex ferruginea* F. Smith) in eastern Mexico. *Kansas University Science Bulletin*, 47(6): 315–558.

——— 1969. Allelopathy by myrmecophytes: the ant *Azteca* as an allelopathic agent of *Cecropia, Ecology*, 50(1): 147–153.

—— 1970. Altruism by coatis in the face of predation by *Boa constrictor*. *Journal of Mammalogy*, 51(2): 387–389.

—— 1972. Protection of *Barteria* (Passifloraceae) by *Pachysima* ants (Pseudomyrmecinae) in a Nigerian rain forest. *Ecology*, 53(5): 884–892.

Jardine, N., and R. Sibson. 1971. *Mathematical taxonomy*. John Wiley & Sons, New York. xviii + 286 pp.

Jarman, P. J. 1974. The social organisation of antelope in relation to their ecology. *Behaviour*, 58(3,4): 215–267.

Jarman, P. J., and M. V. Jarman. 1973. Social behaviour, population structure and reproductive potential in impala. *East African Wildlife Journal*, 11(3,4): 329–338.

Jay, Phyllis C. 1963. Mother-infant relations in langurs. In Harriet L. Rheingold, ed. (*q.v.*), *Maternal behavior in mammals*, pp. 282–304.

—— 1965. The common langur of North India. In I. DeVore, ed. (*q.v.*), *Primate behavior: field studies of monkeys and apes*, pp. 197–249.

—— ed. 1968. *Primates: studies in adaptation and variability*. Holt, Rinehart and Winston, New York. xiv + 529 pp.

Jeanne, R. L. 1972. Social biology of the Neotropical wasp *Mischocyttarus drewseni*. *Bulletin of the Museum of Comparative Zoology, Harvard*, 144(3): 63–150.

—— 1975. The adaptiveness of social wasp nest architecture. *Quarterly Review of Biology*. (In press.)

Jehl, J. R. 1970. Sexual selection for size differences in two species of sandpipers. *Evolution*, 24(2): 311–319.

Jenkins, D. 1961. Social behaviour in the partridge *Perdix perdix*. *Ibis*, 103a(2): 155–188.

Jenkins, D., A. Watson, and G. R. Miller. 1963. Population studies on red grouse, *Lagopus lagopus scoticus* (Lath.) in north-east Scotland. *Journal of Animal*

Ecology, 32: 317–376.

Jenkins, T. M., Jr. 1969. Social structure, position choice and micro-distribution of two trout species (*Salmo trutta and Salmo gairdneri*) resident in mountain streams. *Animal Behaviour Monographs*, 2(2): 55–123.

Jennings, H. S. 1906. *Behavior of the lower organisms*. Columbia University Press, New York. xvi + 366 pp.

Jennrich, R. I., and F. B. Turner. 1969. Measurement of non-circular home range. *Journal of Theoretical Biology*, 22(2): 227–237.

Jewell, P. A. 1966. The concept of home range in mammals. In P. A. Jewell and Caroline Loizos, eds. (*q.v.*), *Play, exploration and territory in mammals*, pp. 85–109.

Jewell, P. A., and Caroline Loizos, eds. 1966. *Play, exploration and territory in mammals*. Symposia of the Zoological Society of London no. 18. Academic Press, New York. xiii + 280 pp.

Johnsgard, P. A. 1967. Dawn rendezvous on the lek. *Natural History*, 76(3) (March): 16–21.

Johnson, C. 1964. The evolution of territoriality in the Odonata. *Evolution*, 18(1): 89–92.

Johnson, C. G. 1969. *Migration and dispersal of insects by flight*. Methuen, London. xxii + 766 pp.

Johnson, N. K. 1963. Biosystematics of sibling species of flycatchers in the *Empidonax hammondii-oberholseri-wrightii* complex. *University of California Publications in Zoology*, 66(2): 79–238.

Johnston, J. W., Jr., D. G. Moulton, and A. Turk, eds. 1970. *Advances in chemoreception*, vol. 1, *Communication by chemical signals*. Appleton-Century-Crofts, New York. x + 412 pp.

Johnston, Norah C., J. H. Law, and N. Weaver. 1965. Metabolism of 9-ketodec-2-enoic acid by worker honeybees (*Apis mellifera* L.). *Biochemistry*, 4: 1615–

1621.

Jolicoeur, P. 1959. Multivariate geographical variation in the wolf *Canis lupus* L. *Evolution*, 13(3): 283–299.

Jolly, Alison. 1966. *Lemur behavior: a Madagascar field study*. University of Chicago Press, Chicago. xiv + 187 pp.

—— 1972a. *The evolution of primate behavior*. Macmillan Co., New York. xiii + 397 pp.

—— 1972b. Troop continuity and troop spacing in *Propithecus verreauxi* and *Lemur catta* at Berenty (Madagascar). *Folia Primatologica*, 17(5,6): 335–362.

Jolly, C. J. 1970. The seed-eaters: a new model of hominid differentiation based on a baboon analogy. *Man*, 5(1): 5–26.

Jones, J. K., Jr., and R. R. Johnson. 1967. Sirenians. In S. Anderson and J. K. Jones, Jr., eds. (*q.v.*), *Recent mammals of the world: a synopsis of families*, pp. 366–373.

Jones, T. B., and A. C. Kamil. 1973. Tool-making and Tool-using in the northern blue jay. *Science*, 180: 1076–1078.

Jonkel, C. J., and I. McT. Cowan. 1971. The black bear in the spruce-fir forest. *Wildlife Monographs*, 27: 1–57.

Joubert, S. C. J. 1974. The social organization of the roan antelope *Hippotragus equinus* and its influence on the spatial distribution of herds in the Kruger National Park. In V. Geist and F. Walther, eds. (*q.v.*), *The behaviour of ungulates and its relation to management*, vol. 2, pp. 661–675.

Jullien, J. 1885. Monographie des bryozoaires d'eau douce. *Bulletin de la Société Zoologique de France*, 10: 91–207.

Kahl, M. P. 1971. Social behavior and taxonomic relationships of the storks. *Living Bird*, 10: 151–170.

Kaiser, P. 1954. Über die Funktion der Mandibeln bei den Soldaten von *Neocapritermes opacus* (Hagen). *Zoologischer Anzeiger*, 152(9,10): 228–234.

Kalela, O. 1954. Über den Revierbesitz bei Vögeln und Säugetieren als populationsökologischer Faktor. *Annales Zoologici Societatis Zoologicae Botanicae Fennicae "Vanamo"* (Helsinki), 16(2): 1–48.

—— 1957. Regulation of reproductive rate in subarctic populations of the vole *Clethrionomys rufocanus* (Sund.). *Annales Academiae Scientiarum Fennicae* (Suomalaisen Tiedeakatemian Toimituksia), ser. A (IV, Biologica), 34: 1–60.

Kalleberg, H. 1958. Observations in a stream tank of territoriality and competition in juvenile salmon and trout (*Salmo salar* L. and *S. trutta* L.). *Reports of the Institute of Fresh-water Research, Drottninghole*, 39: 55–98.

Kallmann, F. J. 1952. Twin and sibship study of overt male homosexuality. *American Journal of Human Genetics*, 4(2): 136–146.

Kalmijn, A. J. 1971. The electric sense of sharks and rays. *Journal of Experimental Biology*, 55(2): 371–383.

Kalmus, H. 1941. Defence of source of food by bees. *Nature, London*, 148(3747): 228.

Karlin, S. 1969. *Equilibrium Behavior of population genetic models with non-random mating*. Gordon and Breach, New York. 163 pp.

Karlin, S., and J. McGregor. 1972. Polymorphisms for genetic and ecological systems with weak coupling. *Theoretical Population Biology*, 3(2): 210–238.

Karlson, P., and A. Butenandt. 1959. Pheromones (ectohormones) in insects. *Annual Review of Entomology*, 4: 39–58.

Kästle, W. 1963. Zur Ethologie des Grasanolis (*Norops auratus*) (Daudin). *Zeitschrift für Tierpsychologie*, 20(1): 16–33.

—— 1967. Soziale Verhaltensweisen von Chamäleonen aus der *pumilis*- und *bitaeniatus*-Gruppe. *Zeitschrift für Tierpsychologie*, 24(3): 313–341.

Kaston, B. J. 1936. The senses involved in the courtship of some vagabond spiders. *Entomologica Americana*, n.s. 16(2): 97–167.

—— 1965. Some little known aspects of spider behavior. *American Midland Naturalist*, 73(2): 336–356.

Kaufman, I. C., and L. A. Rosenblum. 1967. Depression in infant monkeys separated from their mothers. *Science*, 155: 1030–1031.

Kaufmann, J. H. 1962. Ecology and social behavior of the coati, *Nasua narica*, on Barro Colorado Island, Panama. *University of California Publications in Zoology*, 60(3): 95–222.

—— 1966. Behavior of infant rhesus monkeys and their mothers in a free-ranging band. *Zoologica, New York*, 51(1): 17–27.

—— 1967. Social relations of adult males in a free-ranging band of rhesus monkeys. In S. A. Altmann, ed. (*q.v.*), *Social communication among primates*, pp. 73–98.

—— 1974a. Social ethology of the whiptail wallaby, *Macropus parryi*, in north eastern New South Wales. *Animal Behaviour*, 22(3): 281–369.

—— 1974b. The ecology and evolution of social organization in the kangaroo family (Macropodidae). *American Zoologist*, 14(1): 51–62.

—— 1974c. Habitat use and social organization of nine sympatric species of macropodid marsupials. *Journal of Mammalogy*, 55(1): 66–80.

Kaufmann, J. H., and Arleen B. Kaufmann. 1971. Social organization of whiptail wallabies, *Macropus parryi*. *Bulletin of the Ecological Society of American*, 52(4): 54–55.

Kaufmann, K. W. 1970. A model for predicting the influence of colony morphology on reproductive potential in the phylum Ectoprocta. *Biological Bulletin, Marine Biological Laboratory, Woods Hole*, 139(2): 426.

—— 1971. The form and function on the avicularia of *Bugula* (phylum Ectoprocta). *Postilla*, 151: 1–26.

—— 1973. The effect of colony morphology on the life-history parameters of colonial animals. In R. S. Boardman, A. H. Cheetham, and W. A. Oliver, Jr., eds. (*q.v.*), *Animal colonies: development and function through time*, pp. 221–222.

Kaufmann, T. 1965. Ecological and biological studies on the West African firefly *Luciola discicollis* (Coleoptera: Lampyridae). *Annals of the Entomological Society of America*, 58(4): 414–426.

Kawai, M. 1958. On the system of social ranks in a natural troop of Japanese monkeys: I, basic rank and dependent rank. *Primates*, 1–2: 111–130. (in Japanese; translated in S. A. Altmann, ed., 1965b [*q.v.*].)

—— 1965a. Newly acquired pre-cultural behavior of the natural troop of Japanese monkeys on Koshima Islet. *Primates*, 6(1): 1–30.

—— 1965b. On the system of social ranks in a natural troop of Japanese monkeys: I, basic rank and dependent rank. In S. A. Altmann, ed. (*q.v.*), *Japanese monkeys*, pp. 66–85.

Kawamura, S. 1954. A new type of action expressed in the feeding behavior of the Japanese monkey in its wild habitat. *Organic Evolution*, 2(1): 10–13. (In Japanese; cited by K. Imanishi, 1963 [*q.v.*].)

—— 1958. Matriarchal social ranks in the Minoo-B troop: a study of the rank system of Japanese monkeys. *Primates*, 1–2: 149–156. (In Japanese; translated in S. A. Altmann, ed., 1965b [*q.v.*].)

—— 1963. The process of sub-culture propagation among. Japanese macaques. In C. H. Southwick, ed. (*q.v.*), *Primate social behavior: an enduring problem*, pp. 82–90. (Originally published in Japanese in *Journal of Primatology*, 1959, 2[1]: 43–60.)

—— 1967. Aggression as studied in troops of Japanese monkeys. In Carmine D. Clemente and D. B. Lindsley, eds., (*q.v.*), *Brain function*, vol. 5, *Aggression and defense, neural mechanisms and social patterns*, pp. 195–223.

Kawanabe, H. 1958. On the significance of the social structure for the mode of density effect in a salmon-like fish, "*Ayu.*" *Plecoglossus altivelis* Temminck et Schlegel. *Memoirs of the College of Science, University of Kyoto*, ser. B, 25(3): 171–180.

Keenleyside, M. H. A. 1955. Some aspects of the schooling behaviour of fish. *Behaviour*, 8(2,3): 183–248.

—— 1972. The behaviour of *Abudefduf zonatus* (Pisces, Pomacentridae). *Animal Behaviour*, 20(4): 763–774.

Keith, A. 1949. *A new theory of human evolution*. Philosophical Library, New York. x + 451 pp.

Keller, R. 1973. Einige Beobachtungen zum Verhalten des Dekkan-Rothundes (*Cuon alpinus dukhunensis* Sykes) im Kanha-National-park. *Vierteliahrsschrift der Naturforschenden Gesellschaft in Zürich*, 118(1): 129–135.

Kelsall, J. P. 1968. *The migratory barren-ground caribou of Canada*. Department of Indian Affairs and Northern Development, Ottawa. 340 pp.

Kemp, G. A., and L. B. Keith. 1970. Dynamics and regulation of red squirrel (*Tamiasciurus hudsonicus*) populations. *Ecology*, 51(5): 763–779.

Kemper, H., and Edith Döhring. 1967. *Die sozialen Faltenwespen Mitteleuropas*. Paul Parey, Berlin. 180 pp.

Kempf, W. W. 1951. A taxonomic study on the ant tribe Cephalotini (Hymenoptera: Formicidae). *Revista de Entomologia, Rio de Janeiro*, 22(1–3): 1–244.

—— 1958. New studies of the ant tribe Cephalotini (Hym. Formicidae). *Studia Entomologica*, 1(1,2): 1–168.

—— 1959. A revision of the Neotropical ant genus *Monacis* Roger (Hym., Formicidae). *Studia Entomologica*, 2(1–4): 225–270.

Kendeigh, S. C. 1952. *Parental care and its evolution in birds*. Illinois Biological Monographs, 22(1–3). x + 356 pp.

Kennedy, J. M., and K. Brown. 1970. Effects of male odor during infancy on

社會生物學：新綜合理論

the maturation, behavior and reproduction of female mice. *Developmental Psychobiology*, 3(3): 179–189.

Kenyon, K. W. 1969. *The sea otter in the eastern Pacific Ocean*. North American Fauna no. 68. U.S. Bureau of Sport Fisheries and Wildlife, Washington, D.C. xiii + 352 pp.

Kern. J. A. 1964. Observations on the habits of the proboscis monkey, *Nasalis larvatus* (Wurmb), made in the Brunei Bay area, Borneo. *Zoologica, New York*, 49(3): 183–192.

Kerr, W. E., A. Ferreira, and N. Simões de Mattos. 1963. Communication among stingless bees—additional data (Hymenoptera: Apidae). *Journal of the New York Entomological Society*, 71: 80–90.

Kerr, W. E., S. F. Sakagami, R. Zucchi, V. de Portugal-Araújo, and J. M. F. de Camargo. 1967. Observacões sôbre a arquitetura dos ninhos e comportamento de algumas espécies de abelhas sem ferrão das vizinhancas de Manaus, Amazonas (Hymenoptera, Apoidea). *Atas do Simpósio sôbre a Biota Amazônica, Conselho Nacional de Pesquisas, Rio de Janeiro*, 5 (Zoology): 255–309.

Kessel, E. L. 1955. The mating activities of balloon flies. *Systematic Zoology*, 4(3): 97–104.

Kessler, S. 1966. Selection for and against ethological isolation between *Drosophila pseudoobscura* and *Drosophila persimilis*. *Evolution*, 20(4): 634–645.

Keyfitz, N. 1968. *Introduction to the mathematics of population*. Addison-Wesley Publishing Co., Reading, Mass. xiv + 450 pp.

Kiley, Marthe. 1972. The vocalizations of ungulates, their causation and function. *Zeitschrift für Tierpsychologie*, 31(2): 171–222.

Kiley-Worthington, Marthe. 1965. The waterbuck (*Kobus defassa* Ruppell 1835 and *K. ellipsiprymnus* Ogilby 1833) in East Africa: spatial distribution: a study of the sexual behaviour. *Mammalia*, 29(2): 176–204.

Kilgore, D. L. 1969. An ecological study of the swift fox (*Vulpes velox*) in the Oklahoma Panhandle. *American Midland Naturalist*, 81(2): 512–534.

Kilham, L. 1970. Feeding behavior of downy woodpeckers: I, preference for paper birches and sexual differences. *Auk*, 87(3): 544–556.

King, C. E. 1964. Relative abundance of species and MacArthur's model. *Ecology*, 45(4): 716–727.

King, C. E., and W. W. Anderson. 1971. Age-specific selection: II, the interaction between *r* and *K* during population growth. *American Naturalist*, 105(942): 137–156.

King, J. A. 1955. Social behavior, social organization, and population dynamics in a black-tailed prairie dog town in the Black Hills of South Dakota. *Contributions from the Laboratory of Vertebrate Biology, University of Michigan, Ann Arbor*, no. 67. 123 pp.

—— 1956. Social relations of the domestic guinea pig living under semi-natural conditions. *Ecology*, 37(2): 221–228.

—— 1957. Relationships between early social experience and adult aggressive behavior in inbred mice. *Journal of Genetic Psychology*, 90: 151–166.

—— 1968. Psychology. In J. A. King, ed. (*q.v.*), *Biology of Peromyscus (Rodentia)*, pp. 496–542.

—— ed. 1968. *Biology of Peromyscus (Rodentia)*. Special Publication no. 2. American Society of Mammalogists, Stillwater, Oklahoma. xiii + 593 pp.

King, J. L. 1976. Continuously distributed factors affecting fitness. *Genetics*, 55(3): 483–492.

Kinsey, K. P. 1971. Social organization in a laboratory colony of wood rats, *Neotoma fuscipes*. In A. H. Esser, ed. (*q.v.*), *Behavior and environment: the use of space by animals and men*, pp. 40–45.

Kislak, J. W., and F. A. Beach. 1955. Inhibition of aggressiveness by ovarian hormones. *Endocrinology*, 56(6): 684–692.

Kitchener, D. J. 1972. The importance of shelter to the quokka, *Setonix brachyurus* (Marsupialia), on Rottnest Island. *Australian Journal of Zoology*, 20(3): 281–299.

Kittredge, J. S., Michelle Terry, and F. T. Takahashi. 1971. Sex pheromone activity of the molting hormone, crustecdysone, on male crabs. *Fishery Bulletin*, 69(2): 337–343.

Kleiber, M. 1961. *The fire of life: an introduction to animal energetics*. John Wiley & Sons, New York. 454 pp.

Kleiman, Devra G. 1967. Some aspects of social behavior in the Canidae. *American Zoologist* , 7(2): 365–372.

—— 1971. The courtship and copulatory behaviour of the green acouchi, *Myoprocta pratti. Zeitschrift für Tierpsychologie*, 29(3): 259–278.

—— 1972a. Maternal behaviour of the green acouchi (*Myoprocta pratti* Pocock), a South American caviomorph rodent. *Behaviour*, 43(3,4): 48–84.

—— 1972b. Social behavior of the maned wolf (*Chrysocyon brachyurus*) and bush dog (*Speothos venaticus*): a study in contrast. *Journal of Mammalogy*, 53(4): 791–806.

Kleiman, Devra G., and J. F. Eisenberg. 1973. Comparisons of canid and felid social systems from an evolutionary perspective. *Animal Behaviour*, 21(4): 637–659.

Klingel, H. 1965. Notes on the biology of the plains zebra *Equus quagga boehmi* Matschie. *East African Wildlife Journal*, 3: 86–88.

—— 1967. Soziale Organisation und Verhalten Freilebender Steppenzebras. *Zeitschrift für Tierpsychologie*, 24(5): 580–624.

—— 1968. Soziale Organisation und Verhaltensweisen vom Hartmann- und Bergzebras (*Equus zebra hartmannae* und *E. z. zebra*). *Zeitschrift für Tierpsychologie*, 25(1): 76–88.

—— 1972. Social behaviour of African Equidae. *Zoologica Africana*, 7: 175–186.

Klopfer, P. H. 1957. An experiment on empathic learning in ducks. *American Naturalist*, 91(856): 61–63.

—— 1961. Observational learning in birds: the establishment of behavioral modes. Behaviour, 17(1): 71–80.

—— 1970. Sensory physiology and esthetics. *American Scientist*, 58(4): 399–403.

—— 1972. Patterns of maternal care in lemurs: II, effects of group size and early separation. *Zeitschrift für Tierpsychologie*, 30(3): 277–296.

Klopfer, P. H., and Alison Jolly. 1970. The stability of territorial boundaries in a lemur troop. *Folia Primatologica*, 12(3): 199–208.

Klopman, R. B. 1968. The agonistic behavior of the Canada goose (*Branta canadensis canadensis*): I, attack behavior. *Behaviour*, 30(4): 287–319.

Kluijver, H. N., and L. Tinbergen. 1953. Territory and the regulation of density in titmice. *Archives Néerlandaises de Zoologie, Leydig*, 10(3): 265–289.

Kneitz, G. 1964. Saisonales Trageverhalten bei *Formica polyctena* Foerst. (Formicidae, Gen. *Formica*). *Insectes Sociaux*, 11(2): 105–129.

Knerer, G., and C. E. Atwood. 1966. Nest architecture as an aid in halictine taxonomy (Hymenoptera: Halictidae). *Canadian Entomologist*, 98(12): 1337–1339.

Knerer, G., and Cécile Plateaux-Quénu. 1967a. Sur la production continue ou périodique de couvain chez les Halictinae (Insectes Hyménoptères). *Compte Rendu de l'Académie des Sciences, Paris*, 264(4): 651–653.

—— 1967b. Sur la production de mâles chez les Halictinae (Insectes Hyménoptères) sociaux. *Compte Rendu de l'Académie des Sciences, Paris*, 264(8): 1096–1099.

—— 1967c. Usurpation de nids étrangers et parasitisme facultatif chez *Halictus scabiosae* (Rossi) (Insecte Hyménoptères). *Insectes Sociaux*, 14(1): 47–50.

Koenig, Lilli. 1960. Das Aktionssystem des Siebenschläfers (*Glis glis* L.). *Zeitschrift für Tierpsychologie*, 17(4): 427–505.

Koenig, O. 1962. *Kif-Kif*. Wollzeilen-Verlag, Vienna. [Cited by W. Wickler, 1972a (*q.v.*).]

Kofoid, C. A., S. F. Light, A. C. Horner, M. Randall, W. B. Herms, and E. E. Bowe, eds. 1934. *Termites and termite control*, 2d ed., rev. University of California Press, Berkeley. xxvii + 759 pp.

Koford, C. B. 1957. The vicuña and the puna. *Ecological Monographs*, 27(2): 153–219.

—— 1963. Rank of mothers and sons in bands of rhesus monkeys. *Science*, 141: 356–357.

—— 1965. Population dynamics of rhesus monkeys on Cayo Santiago. In I. DeVore, ed. (*q.v.*), *Primate behavior: field studies of monkeys and apes*, pp. 160–174.

—— 1967. Population changes in rhesus monkeys: Cayo Santiago 1960–1964. *Tulane Studies in Zoology, New Orleans*, 13(1): 1–7.

Kohlberg, L. 1969. Stage and sequence: the cognitive-developmental approach to socialization. In D. A. Goslin, ed., *Handbook of socialization theory and research*, pp. 347–480. Rand McNally Co., Chicago. xiii + 1182 pp.

Köhler, W. 1927. *The mentality of apes*, trans. by Ella Winter, 2d ed. Kegan Paul, Trench, and Trubner, London. viii + 336 pp.

Konijn, T. M., J. G. C. van de Meene, J. T. Bonner, and D. S. Barkley. 1967. The acrasin activity of adenosine-3',5'-cyclic phosphate. *Proceedings of the National Academy of Sciences, U.S.A.*, 58(3): 1152–1154.

Konishi, M. 1965. The role of auditory feedback in the control of vocalization in the white-crowned sparrow. *Zeitschrift für Tierpsychologie*, 22(7): 770–783.

Koopman, K. F., and E. L. Cockrum. 1967. Bats. In S. Anderson and J. K. Jones, Jr., eds. (*q.v.*), *Recent mammals of the world: a synopsis of families*, pp. 109–150.

Kortlandt, A. 1940. Eine Übersicht der angeboren Verhaltungsweisen des Mittel-

Europäischen Kormorans (*Phalacrocorax carbo sinensis* [Shaw & Nodd.]), ihre Funktion, ontogenetische Entwicklung und phylogenetische Herkunft. *Archives Néerlandaises de Zoologie, Leydig,* 4(4): 401–442.

—— 1962. Chimpanzees in the wild. *Scientific American,* 206(5) (May): 128–138.

—— 1972. *New perspectives on ape and human evolution.* Stichting voor Psychobiologie, Universiteit van Amsterdam, The Netherlands. 100 pp.

Kortlandt, A., and M. Kooij. 1963. Protohominid behaviour in primates (preliminary communication). *Symposia of the Zoological Society of London,* 10: 61–88.

Krames, L., W. J. Carr, and B. Bergman. 1969. A pheromone associated with social dominance among male rats. *Psychonomic Science,* 16(1): 11–12.

Krebs, C. J. 1964. The lemming cycle at Baker Lake, Northwest Territories, during 1959–62. Arctic Institute of North America, Technical Paper no. 15. [Cited by D. Chitty, 1967a (*q.v.*).]

—— 1972. *Ecology: the experimental analysis of distribution and abundance.* Harper & Row, New York. x + 694 pp.

Krebs, C. J., M. S. Gaines, B. L. Keller, Judith H. Myers, and R. H. Tamarin. 1973. Population cycles in small rodents. *Science,* 179: 35–44.

Krebs, C. J., B. L. Keller, and R. H. Tamarin. 1969. *Microtus* Population biology: demographic changes in fluctuating populations of *M. ochrogaster* and *M. pennsylvanicus* in southern Indiana. *Ecology,* 50(4): 587–607.

Krebs, J. R. 1971. Territory and breeding density in the great tit, *Parus major* L. *Ecology,* 52(1): 2–22.

Krieg, H. 1939. Begegnungen mit Ameisenbären und Faultieren in freier Wildbahn. *Zeitschrift für Tierpsychologie,* 2(3): 282–292.

Krishna, K. 1970. Taxonomy, phylogeny, and distribution of termites. In K. Krishna and Frances M. Weesner, eds. (*q.v.*), *Biology of termites,* vol. 2, pp. 127–152.

Krishna, K., and Frances M. Weesner, eds. 1969. *Biology of termites,* vol. 1. Academic Press, New York. xiii + 598 pp.

—— 1970. *Biology of termites*, vol. 2. Academic Press, New York. xiv + 643 pp.

Krott, P., and Gertraud Krott. 1963. Zum Verhalten des Braunbären (*Ursus arctos* L. 1758) in den Alpen.*Zeitschrift für Tierpsychologie*, 20(2): 160–206.

Kruuk, H. 1964. Predators and anti-predator behaviour of the black-headed gull (*Larus ridibundus*). *Behaviour*, supplement 11. 129 pp.

—— 1972. *The spotted hyena: a study of predation and social behavior*. University of Chicago Press, Chicago. xvi + 335 pp.

Kruuk, H., and W. A. Sands. 1972. The aardwolf (*Proteles cristatus* Sparrman) 1783 as predator of termites. *East African Wildlife Journal*, 10(3): 211–227.

Kühlmann, D. H. H., and H. Karst. 1967. Freiwasserbeobachtungen zum Verhalten von Tobiasfischschwärmen (Ammodytidae) in der westlichen Ostsee. *Zeitschrift für Tierpsychologie*, 24(3): 282–297.

Kühme, W. 1963. Ergänzende Beobachtungen an afrikanischen Elefanten (Loxodonta *africana* Blumenbach 1797) in Freigehege. *Zeitschrift für Tierpsychologie*, 20(1): 66–79.

—— 1965a. Freilandstudien zur Soziologie des Hyänenhundes (*Lycaon pictus lupinus* Thomas 1902). *Zeitschrift für Tierpsychologie*, 22(5): 495–541.

—— 1965b. Communal food distribution and division of labour in African hunting dogs. *Nature, London*, 205(4970): 443–444.

Kullenberg, B. 1956. Field experiments with chemical sexual attractants on aculeate Hymenoptera males. *Zoologiska Bidrag från Uppsala*, 31: 253–354.

Kullmann, E. 1968. Soziale Phaenomene bei Spinnen. *Insectes Sociaux*, 15(3): 289–297.

Kummer, H. 1967. Tripartite relations in hamadryas baboons. In S. A. Altmann, ed. (*q.v.*), *Social communication among primates*, pp. 63–71.

—— 1968. *Social organization of hamadryas baboons: a field study*. University of Chicago Press, Chicago. viii + 189 pp.

—— 1971. *Primate societies: group techniques of ecological adaptation*. AldineAtherton, Chicago. 160 pp.

Kunkel, P., and Irene Kunkel. 1964. Beiträge zur Ethologie des Hausmeerschweinchens *Cavia aperea f. porcellus* (L.). *Zeitschrift für Tierpsychologie*, 21(5): 602–641.

Kurtén, B. 1972. *Not from the apes*. Vintage Books, Random House, New York. viii + 183 pp.

Kutter, H. 1923. Die Sklavenräuber *Strongylognathus huberi* For. ssp. *alpinus* Wheeler. *Revue Suisse de Zoologie*, 30(15): 387–424.

—— 1950. Über eine neue, extrem parasitische Ameise, 1. *Mitteilungen der Schweizerischen Entomologischen Gesellschaft*, 23(2): 81–94.

—— 1956. Beiträge zur Biologie palaearktischer *Coptoformica* (Hym. Form.). *Mitteilungen der Schweizerischen Entomologischen Gesellschaft*, 29(1): 1–18.

—— 1957. Zur Kenntnis schweizerischer Coptoformicaarten (Hym. Form.), 2. *Mitteilungen der Schweizerischen Entomologischen Gesellschaft*, 30(1): 1–24.

—— 1969. *Die sozialparasitischen Ameisen der Schweiz*. Naturforschenden Gesellschaft in Zürich, Neujahrsblatt, 1969. 62 pp.

Lack, D. 1954. *The natural regulation of animal numbers*. Oxford University Press, *Oxford*. viii + 343 pp.

—— 1966. *Population studies of birds*. Oxford University Press, Oxford. v + 341 pp.

—— 1968. *Ecological adaptations for breeding in birds*. Methuen, London. xii + 409 pp.

La Follette, R. M. 1971. Agonistic behaviour and dominance in confined wallabies, *Wallabia rufogrisea frutica*. *Animal Behaviour*, 19(1): 93–101.

Lamprecht, J. 1970. Duettgesang beim Siamang, *Symphalangus syndactylus* (Hominoidea, Hylobatinae). *Zeitschrift für Tierpsychologie*, 27(2): 186–204.

Lancaster, D. A. 1964. Life history of the Boucard tinamou in British Honduras: II, breeding biology. *Condor*, 66(4): 253–276.

Lancaster, Jane B. 1971. Play-mothering: the relations between juvenile females and young infants among free-ranging vervet monkeys (*Cercopithecus aethiops*). *Folia Primatologica*. 15(3,4): 161–182.

Lancaster, Jane B., and R. B. Lee. 1965. The annual reproductive cycle in monkeys and apes. In I. DeVore, ed. (*q.v.*), *Primate behavior: field studies of monkeys and apes*, pp. 486–513.

Landau, H. G. 1951. On dominance relations and the structure of animal societies: I, effect of inherent characteristics; II, some effects of possible social factors. *Bulletin of Mathematical Biophysics*, 13(1): 1–19; 13(4): 245–262.

—— 1953. On dominance relations and the structure of animal societies: III, the condition for a score structure. *Bulletin of Mathematical Biophysics*, 15(2): 143–148.

—— 1965. Development of structure in a society with a dominance relation when new members are added successively. *Bulletin of Mathematical Biophysics*, special issue 27: 151–160.

Lang, E. M. 1961. Beobachtungen am indischen Panzernashorn (*Rhinoceros unicornis*). *Zoologischer Garten, Leipzig*, n.s. 25: 369–409.

Lange, R. 1960. Über die Futterweitergabe zwischen Angehörigen verschiedener Waldameisenstaaten. *Zeitschrift für Tierpsychologie*, 17(4): 389–401.

—— 1967. Die Nahrungsverteilung unter den Arbeiterinnen des Waldameisenstaates. *Zeitschrift für Tierpsychologie*, 24(5): 513–545.

Langguth, A. 1969. Die südamerikanischen Canidae unter besonderer Berücksichtigung des Mähnenwolfes, *Chrysocyon brachyurus* (Illiger). *Zeitschrift für Wissenschaftlichen Zoologie*, 179(1): 1–187.

Langlois, T. H. 1936. A study of the smallmouth bass, *Micropterus dolomieu* (Lacepede) in rearing ponds in Ohio. *Bulletin of the Ohio Biological Survey*, 6: 189–225.

Lanyon, W. E. 1956. Territory in the meadowlarks, genus *Sturnella*. *Ibis*, 98(3): 485–489.

Lanyon, W. E., and W. N. Tavolga, eds. 1960. *Animal sounds and communication*. Publication no. 7. American Institute of Biological Sciences, Washington, D.C. ix + 443 pp.

Larwood, G. P., ed. 1973. *Living and fossil Bryozoa: recent advances in research*. Academic Press, New York. xviii + 634 pp.

Lasiewski, R. C., and W. R. Dawson. 1967. A re-examination of the relation between standard metabolic rate and body weight in birds. *Condor*, 69(1): 13–23.

La Val, R. K. 1973. Observations o the biology of *Tadarida brasiliensis cynocephala* in south-eastern Louisiana. *American Midland Naturalist*, 89(1): 112–120.

Law, J. H., E. O. Wilson, and J. A. McCloskey. 1965. Biochemical polymorphism in ants. *Science*, 149: 544–546.

Lawick, H. van. 1974. *Solo: the story of an African wild dog*. Houghton Mifflin Co., Boston. 159 pp.

Lawick, H. van, and Jane van Lawick-Goodall. 1971. *Innocent killers*. Houghton Mifflin Co., Boston. 222 pp.

Lawick-Goodall, Jane van. 1967. *My friends the wild chimpanzees*. National Geographic Society, Washington, D.C. 204 pp.

—— 1968a. The behaviour of free-living chimpanzees in the Gombe Stream Reserve. *Animal Behaviour Monographs*, 1(3): 161–311.

—— 1968b. A preliminary report on expressive movements and communication in the Gombe Stream chimpanzees. In Phyllis C. Jay, ed. (*q.v.*), *Primates:*

studies in adaptation and variability, pp. 313–374.

—— 1969. Mother-offspring relationships in free-ranging chimpanzees. In D. Morris, ed. (*q.v.*), *Primate ethology: essays on the socio-sexual behavior of apes and monkeys*, pp. 364–436.

—— 1970. Tool-using in primates and other vertebrates. *Advances in the Study of Behavior*, 3: 195–249.

—— 1971. *In the shadow of man*. Houghton Mifflin Co., Boston. xx + 297 pp.

Laws, R. M. 1974. Behaviour, dynamics and management of elephant populations. In V. Geist and F. Walther, eds. (*q.v.*), *The behaviour of ungulates and its relation to management*, vol. 2, pp. 513–529.

Laws, R. M., and I. S. C. Parker. 1968. Recent studies on elephant populations in East Africa. *Symposia of the Zoological Society of London*, 21: 319–359.

Layne, J. N. 1954. The biology of the red squirrel, *Tamiasciurus hudsonicus loquax* (Bangs), in central New York. *Ecological Monographs*, 24(3): 227–267.

—— 1958. Observations on fresh-water dolphins in upper Amazon. *Journal of Mammalogy*, 39(1): 1–22.

—— 1967. Lagomorphs. In S. Anderson and J. K. Jones, Jr., eds. (*q.v.*), *Recent mammals of the world: a synopsis of families*, pp. 192–205.

Layne, J. N., and D. K. Caldwell. 1964. Behavior of the Amazon dolphin. *Inia geoffrensis* (Blainville), in captivity. *Zoologica, New York*, 49(2): 81–108.

Le Boeuf, B. J. 1972. Sexual behavior in the northern elephant seal *Mirounga angustirostris*. *Behaviour*, 41(1,2): 1–26.

—— 1974. Male-male competition and reproductive success in elephant seals. *American Zoologist*, 14(1): 163–176.

Le Boeuf, B. J., and R. S. Peterson. 1969a. Social status and mating activity in elephant seals. *Science*, 163: 91–93.

—— 1969b. Dialects in elephant seals. *Science*, 166: 1654–1656.

Le Boeuf, B. J., R. J. Whiting, and R. F. Gantt. 1972. Perinatal behavior of northern elephant seal females and their young. *Behaviour*, 43(1–4): 121–156.

Lechleitner, R. R. 1958. Certain aspects of behavior of the black-tailed jack rabbit. *American Midland Naturalist*, 60(1): 145–155.

Lecomte, J. 1956. Über die Bildung von "Strassen" durch Sammelbienen, deren Stock um 180° gedreht wurde. *Zeitschrift für Bienenforschung*, 3: 128–133.

Le Cren, E. D., and M. W. Holdgate, eds. 1962. *The exploitation of natural animal populations*. John Wiley & Sons, New York. xiv + 399 pp.

Lederer, E. 1950. Odeurs et parfums des animaux. *Fortschritte der Chemie Organischer Naturstoffe*, 6: 87–153.

Ledoux, A. 1950. Recherche sur la biologie de la fourmi fileuse (*Oecophylla longinoda* Latr.). *Annales des Sciences Naturelles*, 11th ser., 12(3,4): 313–461.

Lee, K. E., and T. G. Wood. 1971. *Termites and soils*. Academic Press, New York. x + 251 pp.

Lee, R. B. 1968. What hunters do for a living, or how to make out on scarce resources. In R. B. Lee and I. DeVore, eds. (*q.v.*), *Man the hunter*, pp. 30–48.

Lee, R. B., and I. DeVore, eds. 1968. *Man the hunter*, Aldine Publishing Co., Chicago. xvi + 415 pp.

Leeper, G. W., ed. 1962. *The evolution of living organisms*. Melbourne University Press, Parksville, Victoria. x + 459 pp.

Lees, A. D. 1966. The control of polymorphism in aphids. *Advances in Insect Physiology*, 2: 207–277.

Lehrman, D. S. 1964. The reproductive behavior of ring doves. *Scientific American*, 211(5) (November): 45–54.

—— 1965. Interaction between internal and external environments in the regulation of the reproductive cycle of the ring dove. In F. A. Beach, ed., *Sex and behavior*, pp. 355–380. John Wiley & Sons, New York. xvi + 592 pp.

Lehrman, D. S., and J. S. Rosenblatt. 1971. The study of behavioral development. In H. Moltz, ed. (*q.v.*), *The ontogeny of vertebrate behavior*, pp. 1–27.

Leibowitz, Lila. 1968. Founding families. *Journal of Theoretical Biology*, 21(2): 153–169.

Leigh, E. G. 1970. Sex ratio and differential mortality between the sexes. *American Naturalist*, 104(954): 205–210.

——— 1971. *Adaptation and diversity: natural history and the mathematics of evolution*. Freeman, Cooper, San Francisco. 288 pp.

Lein, M. R. 1972. Territorial and courtship songs of birds. *Nature, London*, 237(5349): 48–49.

——— 1973. The biological significance of some communication patterns of wood warblers (Parulidae). Ph.D. thesis, Harvard University, Cambridge. 252 pp.

Le Masne, G. 1953. Observations sur les relations entre le couvain et les adultes chez les fourmis. *Annales des Sciences Naturelles*, 11th ser., 15(1): 1–56.

——— 1956a. Recherches sur les fourmis parasites *Plagiolepis grassei* et l'évolution des *Plagiolepis* parasites. *Compte Rendu de l'Académie Sciences, Paris*, 243(7): 673–675.

——— 1956b. La signification des reproducteurs aptères chez la fourmi *Ponera eduardi* Forel. *Insectes Sociaux*, 3(2): 239–259.

——— 1965. Les transports mutuels autour des nids de *Neomyrma rubida* Latr.: un nouveau type de relations inter-spécifiques chez les fourmis? *Comptes Rendus du Cinquième Congrès de l'Union Internationale pour l'Étude des Insectes Sociaux, Toulouse, 1965*, pp. 303–322.

Lemon, R. E. 1967. The response of cardinals to songs of different dialects. *Animal Behaviour*, 15(4): 538–545.

——— 1968. The relation between organization and function of song in cardinals. *Behaviour*, 32(1–3): 158–178.

——— 1971a. Differentiation of song dialects in cardinals. *Ibis*, 113(3): 373–377.

—— 1971b. Vocal communication by the frog *Eleutherodactylus martinicensis.* *Canadian Journal of Zoology*, 49(2): 211–217.

Lemon, R. E., and A. Herzog. 1969. The vocal behavior of cardinals and pyrrhuloxias in Texas. *Condor*, 71(1): 1–15.

Lengerken, H. von. 1954. *Die Brutfürsorge- und Brutpflegeinstinkte der Käfer*, 2d ed. Akademische Verlagsgessellschaft M.B.H., Leipzig. 383 pp.

Lenneberg, E. H. 1967. *Biological foundations of language.* John Wiley & Sons, New York. xviii + 489 pp.

—— 1971. Of language knowledge, apes, and brains. *Journal of Psycholinguistic Research*, 1(1): 1–29.

Lenski, G. 1970. *Human societies: a macrolevel introduction to sociology.* McGraw-Hill Book Co., New York. xvi + 525 pp.

Lent, P. C. 1966. Calving and related social behavior in the barren-ground caribou. *Zeitschrift für Tierpsychologie*, 23(6): 701–756.

Leopold, A. S. 1944. The nature of heritable wildness in turkeys. *Condor*, 46(4): 133–197.

Lerner, I. M. 1954. *Genetic Homeostasis.* Oliver and Boyd, London. vii + 134 pp.

—— 1958. *The genetic basis of selection.* John Wiley & Sons, New York. xvi + 298 pp.

—— 1968. *Heredity, evolution, and society.* W. H. Freeman, San Francisco. xviii + 307 pp.

Leshner, A. I., and D. K. Candland. 1971. Adrenal determinants of squirrel monkey dominance orders. *Bulletin of the Ecological Society of America*, 52(4): 54.

Leuthold, R. H. 1968a. A tibial gland scent-trail and trail-laying behavior in the ant *Crematogaster ashmeadi* Mayr. *Psyche, Cambridge*, 75(3): 233–248.

—— 1968b. Recruitment to food in the ant *Crematogaster ashmeadi. Psyche, Cambridge*, 75(4): 334–350.

Leuthold, W. 1966. Variations in territorial behavior of Uganda kob *Adenota kob thomasi* (Neumann 1896). *Behaviour*, 27(3,4): 215–258.

—— 1970. Observations on the social organization of impala (*Aepyceros melampus*). *Zeitschrift für Tierpsychologie*, 27(6): 693–721.

—— 1974. Observations on home range and social organization of lesser kudu, *Tragelaphus imberbis* (Blyth, 1869). In V. Geist and F. Walther, eds. (*q.v.*), *The behaviour of ungulates and its relation to management*, vol. 1, pp. 206–234.

Lévieux, J. 1966. Note préliminaire sur les colonnes de chasse de *Megaponera foetens* F. (Hyménoptère Formicidae). *Insectes Sociaux*, 13(2): 117–126.

—— 1971. Mise en évidence de la structure des nids et de l'implantation des zones de chasse de deux espèces de *Camponotus* (Hym. Form.) à l'aide de radio-isotopes. *Insectes Sociaux*, 18(1): 29–48.

—— 1972. Le des fourmis dans les réseaux trophiques d'une savane préforestière de Côte- d'Ivoire. *Annales de l'Université d'Abidjan*, 5(1): 143–240.

Levin, B. R., and W. L. Kilmer, 1974. Interdemic selection and the evolution of altruism: a computer simulation study. *Evolution*. (In press.)

Levin, B. R., M. L. Petras, and D. I. Rasmussen. 1969. The effect of migration on the maintenance of a lethal polymorphism in the house mouse. *American Naturalist*, 103(934): 647–661.

Levin, M. D., and S. Glowska-Konopacka. 1963. Responses of foraging honeybees in alfalfa to increasing competition from other colonies. *Journal of Apicultural Research*, 2(1): 33–42.

LeVine, R. A., and D. T. Campbell. 1972. *Ethnocentrism: theories of conflict, ethnic attitudes, and group behavior*. John Wiley & Sons, New York. x + 310 pp.

Levins, R. 1965. The theory of fitness in a heterogeneous environment: IV, the adaptive significance of gene flow. *Evolution*, 18(4): 635–638.

—— 1968. *Evolution in changing environments: some theoretical explorations*. Princeton University Press, Princeton, N.J. ix + 120 pp.

—— 1970. Extinction. In M. Gerstenhaber, ed., *Some mathematical questions in biology*, pp. 77–107. Lectures on Mathematics in the Life Sciences, vol. 2. American Mathematical Society, Providence, R.I. vii + 156 pp.

Lévi-Strauss, C. 1949. *Les structures élémentaires de la parenté*. Presses Universitaires de France, Paris. xiv + 639 pp. (*The elementary structures of kinship*, rev. ed., trans. by J. H. Bell and J. R. von Sturmer and ed. by R. Needham, Beacon Press, Boston, 1969. xlii + 541 pp.)

Lewontin, R. C. 1965. Selection for colonizing ability. In H. G. Baker and G. L. Stebbins, eds. (*q.v.*), *The genetics of colonizing species*, pp. 77–94.

—— 1972a. Testing the theory of natural selection. (Review of R. Creed, ed., *Ecological genetics and evolution*, Blackwell Scientific Publications, Oxford, 1971.) *Nature, London*, 236(5343): 181–182.

—— 1972b. The apportionment of human diversity. *Evolutionary Biology*, 6: 381–398.

Lewontin, R. C., and L. C. Dunn. 1960. The evolutionary dynamics of a polymorphism in the house mouse. *Genetics*, 45(6): 705–722.

Lewontin, R. C., and J. L. Hubby. 1966. A molecular approach to the study of genic heterozygosity in natural populations: II, amount of variation and degree of heterozygosity in natural populations of *Drosophila pseudoobscura*. *Genetics*, 54(2): 565–609.

Leyhausen, P. 1956. Verhaltensstudien an Katzen. *Zeitschrift für Tierpsychologie*, supplement 2. vi + 120 pp.

—— 1965. The communal organization of solitary mammals. *Symposia of the Zoological Society of London*, 14: 249–263.

—— 1971. Dominance and territoriality as complemented in mammalian social structure. In A. H. Esser, ed. (*q.v.*), *Behavior and environment: the use of space by animals and men*, pp. 22–33.

Lidicker, W. Z., Jr. 1962. Emigration as a possible mechanism permitting the regulation of population density below carrying capacity. *American Naturalist*, 96(886): 29–33.

—— 1965. Comparative study of density regulation in confined populations of four species of rodents. *Researches on Population Ecology*, 7(2): 57–72.

Lidicker, W. Z., Jr., and B. J. Marlow. 1970. A review of the dasyurid marsupial genus *Antechinomys* Krefft. *Mammalia*, 34(2): 212–227.

Lieberman, P. 1968. Primate vocalizations and human linguistic ability. *Journal of the Acoustic Society of America*, 44: 1574–1584.

Lieberman, P., E. S. Crelin, and D. H. Klatt. 1972. Phonetic ability and related anatomy of the newborn and adult human, Neanderthal man, and the chimpanzee. *American Anthropologist*, 74(3): 287–307.

Ligon, J. D. 1968. Sexual differences in foraging behavior in two species of *Dendrocopos* woodpeckers. *Auk*, 85(2): 203–215.

Lill, A. 1968. An analysis of sexual isolation in the domestic fowl: I, the basis of homogamy in males; II, the basis of homogamy in females. *Behaviour*, 30(2,3): 107–145.

Lilly, J. C. 1961. *Man and dolphin*. Doubleday, New York. (Reprinted as a paperback, Pyramid Books, New York, 1969. 191 pp.)

—— 1967. *The mind of the dolphin: a non-human intelligence*. Doubleday, New York. (Reprinted as a paperback, Avon Books, Hearst Corporation, New York, 1969. 286 pp.)

Lin, N. 1963: Territorial behavior in the cicada killer wasp, *Sphecius speciosus* (Drury) (Hymenoptera: Sphecidae), I. *Behaviour*, 20(1,2): 115–133.

—— 1964. Increased parasitic pressure as a major factor in the evolution of social behavior in halictine bees. *Insectes Sociaux*, 11(2): 187–192.

Lin, N., and C. D. Michener. 1972. Evolution of sociality in insects. *Quarterly*

Review of Biology, 47(2): 131–159.

Lindauer, M. 1952. Ein Beitrag zur Frage der Arbeitsteilung im Bienenstaat. *Zeitschrift für Vergleichende Physiologie*, 34(4): 299–345.

—— 1954. Temperaturregulierung und Wasserhaushalt im Bienenstaat. *Zeitschrift für Vergleichende Physiologie*, 36(4): 391–432.

—— 1955. Schwarmbienen auf Wohnungssuche. *Zeitschrift für Vergleichende Physiologie*, 37(4): 263–324.

—— 1961. *Communication among social bees*. Harvard University Press, Cambridge. ix + 143 pp.

—— 1970. Lernen und Gedächtnis-Versuche an der Honigbiene. *Naturwissenschaften*, 57: 463–467.

Lindauer, M., and W. E. Kerr. 1958. Die gegenseitige Verständigung bei den stachellosen Bienen. *Zeitschrift für Vergleichende Physiologie*, 41(4): 405–434.

—— 1960. Communication between the workers of stingless bees. *Bee World*, 41: 29–41, 65–71.

Lindburg, D. G. 1971. The rhesus monkey in North India: an ecological and behavioral study. In L. A. Rosenblum, ed. (*q.v.*), *Primate behavior: developments in field and laboratory research*, vol. 2, pp. 1–106.

Lindhard, E. 1912. Humlebien som Husdyr. Spredte Traek af nogle danske Humlebiarters Biologi. *Tidsskrift for Landbrukets Planteavl* (Copenhagen), 19: 335–352.

Linsdale, J. M., and L. P. Tevis, Jr. 1951. *The dusky-footed wood rat*. University of California Press, Berkeley. vii + 664 pp.

Linsdale, J. M., and P. Q. Tomich. 1953. *A herd of mule deer*. University of California Press, Berkeley. xiii + 567 pp.

Linsenmair, K. E. 1967. Konstruktion und Signalfunktion der Sandpyramide der Reiterkrabbe *Ocypode saratan* Forsk. (Decapoda Brachyura Ocypodidae).

Zeitschrift für Tierpsychologie, 24(4): 403–456.

—— 1972. Die Bedeutung familienspezifischer "Abzeichen" für den Familienzusammenhalt bei der sozialen Wüstenassel *Hemilepistus reaumuri* Audouin u. Savigny (Crustacea, Isopoda, Oniscoidea). *Zeitschrift für Tierpsychologie*, 31(2): 131–162.

Linsenmair, K. E., and Christa Linsenmair. 1971. Paarbildung und Paarzusammenhalt bei der monogamen Wüstenassel *Hemilepistus reaumuri* (Crustacea, Isopoda, Oniscoidea). *Zeitschrift für Tierpsychologie*, 29(2): 134–155.

Linzey, D. W. 1968. An ecological study of the golden mouse, *Ochrotomys nuttalli*, in the Great Smoky Mountains National Park. *American Midland Naturalist*, 79(2): 320–345.

Lipton, J. 1968. *An exaltation of larks or, the venereal game*. Grossman, New York. 118 pp.

Lissmann, H. W. 1958. On the function and evolution of electric organs in fish. *Journal of Experimental Biology*, 35(1): 156–191.

Littlejohn, M. J., and J. J. Loftus-Hills. 1968. An experimental evaluation of premating isolation in the *Hyla ewingi* complex (Anura: Hylidae). *Evolution*, 22(4): 659–663.

Llewellyn, L. M., and F. H. Dale. 1964. Notes on the ecology of the opossum in Maryland. *Journal of Mammalogy*, 45(1): 113–122.

Lloyd, J. A., J. J. Christian, D. E. Davis, and F. H. Bronson. 1964. Effects of altered social structure on adrenal weights and morphology in populations of woodchucks (*Marmota monax*). *General and Comparative Endocrinology*, 4(3): 271–276.

Lloyd, J. E. 1966. *Studies on the flash communication system in* Photinus *fireflies*. Miscellaneous Publications, Museum of Zoology, University of Michigan, Ann Arbor, 130. 95 pp.

—— 1973. Fireflies of Melanesia: bioluminescence, mating behavior, and synchronous flashing (Coleoptera: Lampyridae). *Annals of the Entomological Society of America*, 2(6): 991–1008.

Lloyd, M., and H. S. Dybas. 1966a. The periodical cicada problem: I, population ecology. *Evolution*, 20(2): 133–149.

—— 1966b. The periodical cicada problem: II, evolution. *Evolution*, 20(4): 466–505.

Lockie, J. D. 1966. Territory in small carnivores. In P. A. Jewell and Caroline Loizos, eds. (*q.v.*), *Play, exploration and territory in mammals*, pp. 143–165.

Loconti, J. D., and L. M. Roth. 1953. Composition of the odorous secretion of *Tribolium castaneum. Annals of the Entomological Society of America*, 46(2): 281–289.

Loizos, Caroline. 1966. Play in mammals. In P. A. Jewell and Caroline Loizos, eds. (*q.v.*), *Play, exploration and territory in mammals*, pp. 1–9.

—— 1967. Play behaviour in higher primates: a review. In D. Morris, ed. (*q.v.*), *Primate ethology: essays on the socio-sexual behavior of apes and monkeys*, pp. 226–282.

Łomnicki, A., and L. B. Slobodkin. 1966. Floating in *Hydra littoralis. Ecology*, 47(6): 881–889.

Lord, R. D., Jr. 1961. A population study of the gray fox. *American Midland Naturalist*, 66(1): 81–709.

Lorenz, K. Z. 1935. Der Kumpan in der Umwelt des Vogels. *Journal für Ornithologie*, 83(2): 137–213.

——1950. The comparative method in studying innate behaviour patterns. *Symposia of the Society for Experimental Biology*, 4: 221–268.

—— 1952. *King Solomon's ring, new light on animal ways*. Methuen, London. xxii + 202 pp.

—— 1956. Plays and vacuum activities. In M. Autuori et al., *L'instinct dans le comportement des animaux et de l'homme*, pp. 633–645. Masson et Cie, Paris. 796 pp.

—— 1970. *Studies in animal and human behaviour*, vol. 1, trans. by R. Martin. Harvard University Press, Cambridge. xx + 403 pp.

—— 1971. *Studies in animal and human behaviour*, vol. 2, trans. by R. Martin. Harvard University Press, Cambridge. xxiv + 366 pp.

Low, R. M. 1971. Interspecific territoriality in a pomacentrid reef fish, *Pomacentrus flavicauda* Whitley. *Ecology*, 52(4): 648–654.

Lowe, Mildred E. 1956. Dominance-subordinance relationships in the crawfish *Cambarellus shufeldtii*. *Tulane Studies in Zoology, New Orleans*, 4(5): 139–170.

Lowe, V. P. W. 1966. Observations on the dispersal of red deer on Rhum. In P. A. Jewell and Caroline Loizos, eds. (*q.v.*), *Play, exploration and territory in mammals*, pp. 211–228.

Lowe, V. T. 1963. Observations on the painted snipe. *Emu*, 62(4): 221–237.

Loy, J. 1970. Behavioral responses of free-ranging rhesus monkeys to food shortage. *American Journal of Physical Anthropology*, 33(2): 263–271.

—— 1971. On the primate biogram. (Review of M. R. A. Chance and C. J. Jolly, *Social groups of monkeys, apes and men*, Dutton, New York, 1970.) *Science*, 172: 680–681.

Lüscher, M. 1952. Die Produktion und Elimination von Ersatzgeschlechtstieren bei der Termite *Kalotermes flavicollis* Fabr. *Zeitschrift für Vergleichende Physiologie*, 34(2): 123–141.

—— 1961a. Air-conditioned termite nests. *Scientific American*, 205(1) (July): 138–145.

—— 1961b. Social control of polymorphism in termites. In J. S. Kennedy, ed., *Insect polymorphism*, pp. 57–67. Symposium of the Royal Entomological Society of London, no. 1. Royal Entomological Society, London. 115 pp.

Lüscher, M., and B. Müller. 1960. Ein spurbildendes Sekret bei Termiten. *Naturwissenschaften*, 47(21): 503.

Lush, J. L. 1947. Family merit and individual merit as bases for selection, I, II. *American Naturalist*, 81(799): 241–261; 81(800): 362–379.

Lyons, J. 1972. Human language. In R. A. Hinde, ed. (*q.v.*), *Non-verbal communication*, pp. 49–85.

MacArthur, R. H. 1962. Some generalized theorems of natural selection *Proceedings of the National Academy of Sciences, U.S.A.*, 48(11): 1893–1897.

—— 1965. Ecological consequences of natural selection. In T. H. Waterman and H. J. Morowitz, eds., *Theoretical and mathematical biology*, pp. 388–397. Blaisdell Publishing Co., New York. xvii + 426 pp.

—— 1971. Patterns of terrestrial bird communities. In D. S. Farner, J. R. King, and K. C. Parkes, eds., *Avian biology*, vol. 1, pp. 189–221. Academic Press, New York. xix + 586 pp.

—— 1972. *Geographical ecology: Patterns in the distribution of species*. Harper & Row, New York. xviii + 269 pp.

MacArthur, R. H., and E. O. Wilson. 1967. *The theory of island biogeography*. Princeton University Press, Princeton, N.J. xi + 203 pp.

MacCluer, Jean W., J. Van Neel, and N. A. Chagnon. 1971. Demographic structure of a primitive population: a simulation. *American Journal of Physical Anthropology*, 35(2): 193–207.

MacFarland, C. 1972. Goliaths of the Galapagos. *National Geographic*, 142(5): (November): 633–649.

Machlis, L., W. H. Nutting, and H. Rapoport. 1968. The structure of sirenin. *Journal of the American Chemical Society*, 90: 1674–1676.

MacKay, D. M. 1972. Formal analysis of communicative processes. In R. A. Hinde, ed. (*q.v.*), *Non-verbal communication*, pp. 3–25.

Mackerras, M. Josephine, and Ruth H. Smith. 1960. Breeding the short-nosed marsupial bandicoot, *Isoodon macrourus* (Gould) in captivity. *Australian Journal of Zoology*, 8(3): 371–382.

Mackie, G. O. 1963. Siphonophores, bud colonies, and superorganisms. In E. C. Dougherty, ed. *The lower Metazoa: comparative biology and phylogeny*, pp. 329–337. University of California Press, Berkeley. xi + 478 pp.

——— 1964. Analysis of locomotion in a siphonophore colony. *Proceedings of the Royal Society*, ser. B, 159: 366–391.

——— 1973. Coordinated behavior in hydrozoan colonies. In R. S. Boardman, A. H. Cheetham, and W. A. Oliver, Jr., eds. (*q.v.*), *Animal colonies: development and function through time*, pp. 95–106.

MacKinnon, J. 1970. Indications of territoriality in mantids. *Zeitschrift für Tierpsychologie*, 27(2): 150–155.

——— 1974. The behaviour and ecology of wild orang-utans (*Pongo pygmaeus*). *Animal Behaviour*, 22(1): 3–74.

MacMillan, R. E. 1964. Population ecology, water relations, and social behavior of a southern California semidesert rodent fauna. *University of California Publications in Zoology*, 71. 59 pp.

MacPherson, A. H. 1969. *The dynamics of Canadian arctic fox populations*. Canadian Wildlife Report Series no. 8. Dept. of Indian Affairs and Northern Development, Ottawa. 52 pp.

Mainardi, D. 1964. Interzione tra preferenze sessuali delle femmine e predominanza sociale dei maschi nel determinismo della selezione sessuale nel topo (*Mus musculus*). *Rendiconti Accademia Nazionale Lincei, Roma*, 37: 484–490.

Mainardi, D., M. Marsan, and A. Pasquali. 1965. Causation of sexual preferences of the house mouse. The behaviour of mice reared by parents whose odour was artificially altered. *Atti Societa Italiana Scienze Naturale Museo Civico Storia Naturale, Milano*, 54: 325–338.

Malécot, G. 1948. *Les mathématiques de l'hérédité*. Masson et Cie, Paris. vi + 63 pp.

Mann, T. 1964. *The biochemistry of semen and of the male reproductive tract*. Methuen, London. xxiii + 493 pp.

Manning, A. 1967. *An introduction to animal behavior*. Addison-Wesley Publishing Co., Reading, Mass. viii + 208 pp.

Marchal, P. 1896. La reproduction et l'évolution des guêpes sociales. *Archives de Zoologie Expérimentale et Générale*, 3d ser., 4: 1–100.

—— 1897. La castration nutriciale chez les Hyménoptères sociaux. *Compte Rendu de la Société de Biologie, Paris*, pp. 556–557.

Markin, G. P. 1970. Food distribution within laboratory colonies of the Argentine ant, *Iridomyrmex humilis* (Mayr). *Insectes Sociaux*, 17(2): 127–157.

Markl, H. 1968. Die Verständigung durch Stridulationssignale bei Blattschneiderameisen: II, Erzeugung und Eigenschaften der Signale. *Zeitschrift für Vergleichende Physiologie*, 60(2): 103–150.

Marler, P. R. 1956. Behaviour of the chaffinch, *Fringilla coelebs. Behaviour*, supplement 5. vii + 184 pp.

—— 1957. Specific distinctiveness in the communication signals of birds. *Behaviour*, 11(1): 13–39.

—— 1959. Developments in the study of animal communication. In P. R. Bell, ed. (*q.v.*), *Darwin's biological work: some aspects reconsidered*, pp. 150–206.

—— 1960. Bird songs and mate selection. In W. E. Lanyon and W. N. Tavolga, eds. (*q.v.*), *Animal sounds and communication*, pp. 348–367.

—— 1961. The logical analysis of animal communication. *Journal of Theoretical Biology*, 1(3): 295–317.

—— 1965. Communication in monkeys and apes. In I. DeVore, ed. (*q.v.*), *Primate behavior: field studies of monkeys and apes*, pp. 544–584.

—— 1967. Animal communication signals. *Science*, 157: 769–774.

—— 1969. *Colobus guereza*: territoriality and group composition. *Science*, 163: 93–95.

—— 1970. Vocalizations of East African monkeys: I, red *Colobus*. *Folia Primatologica*, 12(2,3): 81–91.

—— ed. 1972. *The marvels of animal behavior*. National Geographic Society, Washington, D.C. 422 pp.

—— 1973. A comparison of vocalizations of red-tailed monkeys and blue monkeys, *Cercopithecus ascanius* and *C. mitis*, in Uganda. *Zeitschrift für Tierpsychologie*, 33(3): 223–247.

Marler, P. R., and W. J. Hamilton III. 1966. *Mechanisms of animal behavior*. John Wiley & Sons, New York xi + 771 pp.

Marler, P. R., and P. Mundinger. 1971. Vocal learning in birds. In H. Moltz, ed. (*q.v.*), *The ontogeny of vertebrate behavior*, pp. 389–450.

Marler, P. R., and M. Tamura. 1964. Culturally transmitted patterns of vocal behavior in sparrows. *Science*, 146: 1483–1486.

Marr, J. N., and L. E. Gardner, Jr. 1965. Early olfactory experience and later social behavior in the rat: preference, sexual responsiveness, and care of the young. *Journal of Genetic Psychology*, 107: 167–174.

Marsden, H. M. 1968. Agonistic behaviour of young rhesus monkeys after changes induced in social rank of their mothers. *Animal Behaviour*, 16(1): 38–44.

—— 1971. Intergroup relations in rhesus monkeys (*Macaca mulatta*). In A. H. Esser, ed. (*q.v.*), *Behavior and environment: the use of space by animals and men*, pp. 112–113.

Marshall, A. J. 1954. *Bower-birds, their displays and breeding cycles*. Clarendon Press of Oxford University Press, Oxford. x + 208 pp.

Martin, M. M., Mary J. Gieselmann, and Joan Stadler Martin. 1973. Rectal enzymes of attine ants, α-amylase and chitinase. *Journal of Insect Physiology*, 19(7):

1409–1416.

Martin, M. M., and Joan Stadler Martin. 1971. The presence of protease activity in the rectal fluid of primitive attine ants. *Journal of Insect Physiology*, 17(10): 1897–1906.

Martin, P. S. 1966. Africa and Pleistocene overkill. *Nature, London*, 212(5060): 339–342.

Martin, R. D. 1968. Reproduction and ontogeny in tree shrews (*Tupaia belangeri*) with reference to their general behavior and taxonomic relationships. *Zeitschrift für Tierpsychologie*, 25(4): 409–495; 25(5): 505–532.

—— 1972. Adaptive radiation and behaviour of the Malagasy lemurs. *Philosophical Transactions of the Royal Society of London*, ser. B, 264: 295–352.

—— 1973. A review of the behaviour and ecology of the lesser mouse lemur (*Microcebus murinus* J. F. Miller 1777). In R. P. Michael and J. H. Crook, eds. (*q.v.*), *Comparative ecology and behaviour of primates*, pp. 1–68.

Martinez, D. R., and E. Klinghammer. 1970. The behavior of the whale *Orcinus orca*: a review of the literature. *Zeitschrift für Tierpsychologie*, 27(7): 828–839.

Martof, B. S. 1953. Territoriality in the green frog, *Rana clamitans*. *Ecology*, 34(1): 165–174.

Maschwitz, U. 1964. Gefahrenalarmstoffe und Gefahrenalarmierung bei sozialen Hymenopteren. *Zeitschrift für Vergleichende Physiologie*, 47(6): 596–655.

—— 1966a. Alarm substances and alarm behavior in social insects. *Vitamins and hormones*, 24: 267–290.

—— 1966b. Das Speichelsekret der Wespenlarven und seine biologische Bedeutung. *Zeitschrift für Vergleichende Physiologie*, 53(3): 228–252.

Maschwitz, U., R. Jander, and D. Burkhardt. 1972. Wehrsubstanzen und Wehrverhalten der Termite *Macrotermes carbonarius*. *Journal of Insect*

Physiology, 18(9): 1715–1720.

Maschwitz, U., K. Koob, and H. Schildknecht. 1970. Ein Beitrag zur Funktion der Metathoracaldrüse der Ameisen. *Journal of Insect Physiology*, 16(2): 387– 404.

Maslow, A. H. 1936. The role of dominance in the social and sexual behavior of infra-human primates: IV, the determination of hierarchy in pairs and in a group. *Journal of Genetic Psychology*, 49(1): 161–198.

—— 1940. Dominance-quality and social behavior in infra- human primates. *Journal of Social Psychology*, 11: 313–324.

—— 1954. *Motivation and Personality*. Harper, New York. 411 pp.

—— 1972. *The farther reaches of human nature*. Viking Press, New York. xxii + 423 pp.

Mason, J. W. 1968. Organization of the multiple endocrine responses to avoidance in the monkey. *Psychosomatic Medicine*, 30(5): 774–790.

Mason, W. A. 1960. The effects of social restriction on the behavior of rhesus monkeys: I, free social behavior, *Journal of Comparative and Physiological Psychology*, 53(6): 582–589.

—— 1965. The social development of monkeys and apes. In I. DeVore, ed. (*q.v.*), *Primate behavior: field studies of monkeys and apes*, pp. 514–543.

—— 1968. Use of space in *Callicebus* groups. In Phyllis C. Jay, ed. (*q.v.*), *Primates: studies in adaptation and variability*, pp. 200–216.

—— 1971. Field and laboratory studies of social organization in *Saimiri and Callicebus*, In L. A. Rosenblum, ed. (*q.v.*), *Primate behavior: developments in field and laboratory research*, vol. 2, pp. 107–137.

Mason, W. A., and G. Berkson. 1962. Conditions influencing vocal responsiveness of infant chimpanzees. *Science*, 137: 127–128.

Masters, R. D. 1970. Genes, language, and evolution. *Semiotica*, 2(4): 295–320.

Masters, W. H., and Virginia E. Johnson. 1966. *Human sexual response*. Little, Brown, Boston. xiii + 366 pp.

Mather, K., and B. J. Harrison. 1949. The manifold effect of selection. *Heredity*, 3(1): 1–52; 3(2): 131–162.

Mathew, D. N. 1964. Observations on the breeding habits of the bronze-winged jaçana, *Metopidius indicus* (Latham). *Journal of the Bombay Natural History Society*, 61(2): 295–302.

Mathewson, Sue F. 1961. Gonadotrophic control of aggressive behavior in starlings. *Science*, 134: 1522–1523.

Matthews, L. H. 1971. *The life of mammals*, vol. 2. Universe Books, New York. 440 pp.

Matthews, R. W. 1968a. *Microstigmus comes*: sociality in a sphecid wasp. *Science*, 160: 787–788.

—— 1968b. Nesting biology of the social wasp *Microstigmus comes. Psyche, Cambridge*, 75(1): 23–45.

Mattingly, I. G. 1972. Speech cues and sign stimuli. *American Scientist*, 60(3): 327–337.

Mautz, D., R. Boch, and R. A. Morse. 1972. Queen finding by swarming honey bees. *Annals of the Entomological Society of America*, 65(2): 440–443.

May, R. M. 1973. *Stability and complexity in model ecosystem*. Princeton University Press, Princeton, N.J. x + 235 pp.

Maynard Smith, J. 1956. Fertility, mating behaviour, and sexual selection in *Drosophila subobscura. Journal of Genetics*, 54(2): 261–279.

—— 1964. Group selection and kin selection. *Nature, London*, 201(4924): 1145–1147.

—— 1965. The evolution of alarm calls. *American Naturalist*, 99(904): 59–63.

—— 1971. What use is sex? *Journal of Theoretical Biology*, 30(2): 319–335.

Maynard Smith, J., and G. R. Price. 1973. The logic of animal conflict. *Nature, London*, 246(5427): 15–18.

Maynard Smith, J., and M. G. Ridpath. 1972. Wife sharing in the Tasmanian native hen, *Tribonyx mortierii*: a case of kin selection? *American Naturalist*, 106(950): 447–452.

Mayr, E. 1935. Bernard Altum and the territory theory. *Proceedings of the Linnaean Society of New York* (1933–34), nos. 45, 46, pp. 24–38.

—— 1960. The emergence of evolutionary novelties. In S. Tax, ed., *Evolution after Darwin*, vol. 1, *The evolution of life, its origin, history, and future*, pp. 349–380. University of Chicago Press, Chicago. viii + 629 pp.

—— 1963. *Animal species and evolution*, Belknap Press of Harvard University Press, Cambridge. xiv + 797 pp.

—— 1969. *Principles of systematic zoology*. McGraw-Hill Book Co., New York. xi + 428 pp.

—— 1970. *Populations, species, and evolution*. Belknap Press of Harvard University Press, Cambridge. xv + 453 pp.

Mazokhin-Porshnyakov, G. A. 1969. Die Fähigkeit der Bienen, visuelle Reize zu generalisieren. *Zeitschrift für Vergleichende Physiologie*, 65(1): 15–28.

McBride, A. F., and D. O. Hebb. 1948. Behavior of the captive bottle-nose dolphin, *Tursiops truncatus*. *Journal of Comparative and Physiological Psychology*, 41: 111–123.

McBride, G. 1958. Relationship between aggressiveness and egg production in the domestic hen. *Nature, London*, 181(4612): 858.

—— 1963. The "teat order" and communication in young pigs. *Animal Behaviour*, 11(1): 53–56.

McBride, G., I. P. Parer, and F. Foenander. 1969. The social organization and behaviour of the feral domestic fowl. *Animal Behaviour Monographs*, 2(3): 125–181.

McCann, C. 1934. Observations on some of the Indian langurs. *Journal of the Bombay Natural History Society*, 36(3): 618–628.

McClearn, G. E. 1970. Behavioral genetics. *Annual Review of Genetics*, 4: 437–468.

McClearn, G. E., and J. C. DeFries. 1973. *Introduction to behavioral genetics*. W. H. Freeman, San Francisco. x + 349 pp.

McClintock, Martha. 1971. Menstrual synchrony and suppression. Nature, London, 229(5282): 244–245.

McCook, H. C. 1879. Combats and nidification of the pavement ant, *Tetramorium caespitum. Proceedings of the Academy of Natural Sciences of Philadelphia*, 31: 156–161.

McDonald, A. L., N. W. Heimstra, and D. K. Damkot. 1968. Social modification of agonistic behaviour in fish. *Animal Behaviour*, 16(4): 437–441.

McEvedy, C. 1967. *The penguin atlas of ancient history*. Penguin Books, Baltimore, Md. 96 pp.

McFarland, W. N., and S. A. Moss. 1967. Internal behavior in fish schools. *Science*, 156: 260–262.

McGrew, W. C., and Caroline E. G. Tutin. 1973. Chimpanzee tool use in dental grooming. *Nature, London*, 241(5390): 477–478.

McGuire, M. T. 1974. The St. Kitts vervet. *Contributions to Primatology*, 1. xii + 199 pp.

McHugh, T. 1958. Social behavior of the American buffalo (*Bison bison bison*). *Zoologica, New York*, 43(1): 1–40.

McKay, F. E. 1971. Behavioral aspects of population dynamics in unisexual-bisexual *Poeciliopsis* (Pisces: Poeciliidae). *Ecology*, 52(5): 778–790.

McKay, G. M. 1973. Behavior and ecology of the Asiatic elephant in south-eastern Ceylon. *Smithsonian Contributions to Zoology*, 125. iv + 113 pp.

McKnight, T. L. 1958. The feral burro in the United States: distribution and problem. *Journal of Wildlife Management*, 22(2): 163–179.

McLaren, I. A. 1967. Seals and group selection. *Ecology*, 48(1): 104–110.

McLaughlin, C. A. 1967. Aplodontoid, sciuroid, geomyoid, castoroid, and anomaluroid rodents. In S. Anderson and J. K. Jones, Jr., eds. (*q.v.*), *Recent mammals of the world: a synopsis of families*, pp. 210–225.

McManus, J. J. 1970. Behavior of captive opossums, *Didelphis marsupialis virginiana. American Midland Naturalist*, 84(1): 144–169.

McNab, B. K. 1963. Bioenergetics and the determination of home range size. *American Naturalist*, 97(894): 133–140.

Mead, Margaret. 1965. Socialization and enculturation. *Current Anthropology*, 4(1): 184–188.

Mech, L. D. 1970. *The wolf: the ecology and behavior of an endangered species*, Natural History Press, Garden City, N.Y. xx + 384 pp.

Medawar, P. B. 1952. *An unsolved problem of biology*. H. K. Lewis, London. 24 pp. (Reprinted in P. B. Medawar, *The uniqueness of the individual*, pp. 44–70, Methuen, London, 1957. 191 pp.)

Medler, J. T. 1957. Bumblebee ecology in relation to the pollination of alfalfa and red clover. *Insectes Sociaux*, 4(3): 245–252.

Meier, G. W. 1965. Other data on the effects of social isolation during rearing upon adult reproductive behaviour in the rhesus monkey (*Macaca mulatta*). *Animal Behaviour*, 13(2,3): 228–231.

Menzel, E. W., Jr. 1966. Responsiveness to objects in free-ranging Japanese monkeys. *Behaviour*, 26(1,2): 130–149.

—— 1971. Communication about the environment in a group of young chimpanzees. *Folia Primatologica*, 15(3,4): 220–232.

Menzel, R. 1968. Das Gedächtnis der Honigbiene für Spektralfarben: I, kurzzeitiges und langzeitiges Behalten. *Zeitschrift für Vergleichende Physiologie*, 60(1):

82–102.

Merfield, F. G., and H. Miller. 1956. *Gorillas were my neighbours*. Longmans, London.

Merrell, D. J. 1953. Selective mating as a cause of gene frequency changes in laboratory populations of *Drosophila melanogaster. Evolution*, 7(4): 287–296.

——— 1968. A comparison of the estimated size and the "effective size" of breeding populations of the leopard frog, *Rana pipiens. Evolution*, 22(2): 274–283.

Mertz, D. B. 1971a. Life history phenomena in increasing and decreasing populations. In G. P. Patil, E. C. Pielou, and W. E. Waters, eds., *Statistical ecology*, vol. 2, *Sampling and modeling biological populations and population dynamics*, pp. 361–399. Pennsylvania State University Press, University Park, Pa.

——— 1971b. The mathematical demography of the California condor population. *American Naturalist*, 105(945): 437–453.

Mesarović, M. D., D. Macko, and Y. Takahara. 1970. *Theory of hierarchical, multilevel system*. Academic Press, New York. xiii + 294 pp.

Mewaldt, L. R. 1964. Effects of bird removal on winter population of sparrows. *Bird Banding*, 35(3): 184–195.

Meyerriecks, A. J. 1960. *Comparative breeding behavior of four species of North American herons*. Publication no. 2. The Nuttall Ornithological Club, Cambridge, Mass. viii + 158 pp.

——— 1972. *Man and birds: evolution and behavior*. Pegasus, Bobbs-Merrill Co., Indianapolis. xii + 209 pp.

Michael, R. P. 1966. Action of hormones on the cat brain. In R. A. Gorski and R. E. Whalen, eds., *Brain and behavior*, vol. 3, *The brain and gonadal function*, pp. 81–98. University of California Press, Berkeley. xv + 289 pp.

Michael, R. P., and J. H. Crook, eds. 1973. *Comparative ecology and behaviour of primates.* Academic Press, New York. xvi + 847 pp.

Michael, R. P., and Patricia P. Scott. 1964. The activation of sexual behaviour by the subcutaneous administration of oestrogen. *Journal of Physiology,* 171(2): 254–274.

Michener, C. D. 1958. The evolution of social behavior in bees. *Proceedings of the Tenth International Congress of Entomology, Montreal,* 1956, 2: 441–447.

—— 1961a. Probable parasitism among Australian bees of the genus Allodapula (Hymenoptera, Apoidea, Ceratinini). *Annals of the Entomological Society of America,* 54(4): 532–534.

—— 1961b. Observations on the nests and behavior of *Trigona* in Australia and New Guinea (Hymenoptera, Apidae). *American Museum Novitates,* 2026. 46 pp.

—— 1962. Biological observations on the primitively social bees of the genus *Allodapula* in the Australian region (Hymenoptera, Xylocopinae). *Insectes Sociaux,* 9(4): 355–373.

—— 1964a. Reproductive efficiency in relation to colony size in hymenopterous societies. *Insectes Sociaux,* 11(4): 317–341.

—— 1964b. The bionomics of *Exoneurella,* a solitary relative of *Exoneura* (Hymenoptera: Apoidea: Ceratinini). *Pacific Insects,* 6(3): 411–426.

—— 1965. The life cycle and social organization of bees of the genus *Exoneura* and their parasite, *Inquilina* (Hymenoptera: Xylocopinae). *Kansas University Science Bulletin,* 46(9): 317–358.

—— 1966a. Interaction among workers from different colonies of sweat bees (Hymenoptera, Halictidae). *Animal Behaviour,* 14(1): 126–129.

—— 1966b. The bionomics of a primitively social bee, *Lasioglossum versatum* (Hymenoptera: Halictidae). *Journal of the Kansas Entomological Society,* 39(2): 193–217.

—— 1966c. Evidence of cooperative provisioning of cells in *Exomalopsis*

(Hymenoptera: Anthophoridae). *Journal of the Kansas Entomological Society*, 39(2): 315–317.

—— 1966d. Parasitism among Indo-Australian bees of the genus *Allodapula* (Hymenoptera: Ceratinini). *Journal of the Kansas Entomological Society*, 39(4): 705–708.

—— 1969. Comparative social behavior of bees. *Annual Review of Entomology*, 14: 299–342.

—— 1970. Social parasites among African allodapine bees (Hymenoptera, Anthophoridae, Ceratinini). *Journal of the Linnean Society, London, Zoology*, 49(3): 199–215.

—— 1971. Biologies of African allodapine bees. *Bulletin of the American Museum of Natural History*, 145(3): 221–301.

—— 1973. The Brazilian honeybee. *BioScience*, 23(9): 523–533.

—— 1974. *The social behavior of the bees: a comparative study*. Belknap Press of Harvard University Press, Cambridge. xii + 404 pp.

Michener, C. D., and D. J. Brothers. 1974. Were workers of eusocial Hymenoptera initially altruistic of oppressed? *Proceedings of the National Academy of Sciences, U.S.A.*, 71(3): 671–674.

Michener, C. D., D. J. Brothers, and D. R. Kamm. 1971. Interactions in colonies of primitively social bees: artificial colonies of *Lasioglossum zephyrum*. *Proceedings of the National Academy of Sciences, U.S.A*, 68(6): 1241–1245.

Michener, C. D., and W. B. Kerfoot. 1967. Nests and social behavior of three species of *Pseudaugochloropsis* (Hymenoptera: Halictidae). *Journal of the Kansas Entomological Society*, 40(2): 214–232.

Milkman, R. D. 1967. Heterosis as a major cause of heterozygosity in nature. *Genetics*, 55(3): 493–495.

—— 1970. The genetic basis of natural variation in *Drosophila melanogaster*. *Advances in Genetics*, 15: 55–114.

Miller, E. M. 1969. Caste differentiation in the lower termites. In K. Krishna and Frances M. Weesner, eds. (*q.v.*), *Biology of termites*, vol. 1, pp. 283–310.

Miller, G. A., E. Galanter, and K. H. Pribram. 1960. *Plans and the structure of behavior*. Henry Holt, New York. xii + 226 pp.

Miller, N. E. 1948. Theory and experiment relating psychoanalytic displacement to stimulus-response generalization. *Journal of Abnormal and Social Psychology*, 43(2): 155–178.

Miller, R. S. 1964. Ecology and distribution of pocket gophers (Geomyiidae) in Colorado. *Ecology*, 45(2): 256–272.

—— 1967. Pattern and process in competition. *Advances in Ecological Research*, 4: 1–74.

Miller, R. S., and W. J. D. Stephen. 1966. Spatial relationships in flocks of sandhill cranes (*Grus canadensis*). *Ecology*, 47(2): 323–327.

Millikan, G. C., and R. I. Bowman. 1967. Observations on Galápagos Tool-using finches in captivity. *Living Bird*, 6: 23–41.

Milstead, W. W., ed. 1967. *Lizard ecology: a symposium*. University of Missouri Press, Columbia. xi + 300 pp.

Milum, V. G. 1955. Honey bee communication. *American Bee Journal*, 95(3): 97–104.

Minchin, A. K. 1937. Notes on the weaning of a young koala (*Phascolarctos cinereus*). *Records of the South Australian Museum, Adelaide*, 6(1): 1–3.

Minks, A. K., W. L. Roelofs, F. J. Ritter, and C. J. Persoons. 1973. Reproductive isolation of two tortricid moth species by different ratios of a two-component sex attractant. *Science*, 180: 1073.

Missakian, Elizabeth A. 1972. Genealogical and cross-genealogical dominance relations in a group of free-ranging rhesus monkeys (*Macaca mulatta*) on Cayo Santiago. *Primates*, 13(2): 169–180.

Mitchell, G. D. 1969. Paternalistic behavior in primates. *Psychological Bulletin*,

71: 399–417.

Mitchell, R. 1970. An analysis of dispersal in mites. *American Naturalist*, 104(939): 425–431.

Mizuhara, H. 1964. Social changes of Japanese monkey troops in the Takasaki-Yama. *Primates*, 5(1,2): 27–52.

Moffat, C. B. 1903. The spring rivalry of birds. Some views on the limit to multiplication. *Irish Naturalist*, 12(6): 152–166.

Mohnot, S. M. 1971. Some aspects of social changes and infant-killing in the Hanuman langur, *Presbytis entellus* (Primates: Cercopithecidae), in western India. *Mammalia*, 35: 175–198.

Mohr, H. 1960. Zum Erkennen von Raubvögeln. insbesondere von Sperber und Baumfalk, durch Kleinvögeln. *Zeitschrift für Tierpsychologie*, 17(6): 686–699.

Möhres, F. P. 1957. Elektrische Entladungen im Dienste der Revierabgrenzung bei Fischen. *Naturwissenschaften*, 44(15): 431–432.

Moltz, H. 1971a, The ontogeny of maternal behavior in some selected mammalian species. In H. Moltz, ed. (*q.v.*), *The ontogeny of vertebrate behavior*, pp. 263–313.

—— ed. 1971b. *The ontogeny of vertebrate behavior*. Academic Press, New York. xi + 500 pp.

Moment, G. 1962. Reflexive selection: a possible answer to an old puzzle. *Science*, 136: 262–263.

Montagner, H. 1963. Étude préliminaire des relations entre les adultes et le couvain chez les guêpes sociales du genre *Vespa*, au moyen d'un radio-isotope. *Insectes Sociaux*, 10(2): 153–165.

—— 1966. Le Mécanisme et les conséquences des comportements trophallactiques chez les guêpes du genre *Vespa*. Thesis, Faculté des Sciences de l'Université de Nancy, France. 143 pp.

—— 1967. Comportements trophallactiques chez les guêpes sociales. Sound, color film produced by Service du Film Recherche Scientifique; 96, Boulevard Raspail, Paris. No. B2053, 19 min.

Montagu, M. F. Ashley. 1968a. The new litany of "innate depravity", or original sin revisited. In M. F. Ashley Montage, ed. (*q.v.*), *Man and aggression*, pp. 3–17.

—— ed. 1968b. *Man and aggression*. Oxford University Press, Oxford. xiv + 178 pp. (2d ed., 1973.)

Montgomery, G. G., and M. E. Sunquist. 1974. Impact of sloths on neotropical forest energy flow and nutrient cycling. In F. B. Golley and E. Medina, eds., *Tropical ecological systems: trends in terrestrial and aquatic research*, vol. 2, *Ecology studies, analysis and synthesis*. Springer-Verlag, New York. (In press.)

Moore, B. P. 1964. Volatile terpenes from *Nasutitermes* soldiers (Isoptera, Termitidae). *Journal of Insect Physiology*, 10(2): 371–375.

—— 1968. Studies on the chemical composition and function of the cephalic gland secretion in Australian termites. *Journal of Insect Physiology*, 14(1): 33–39.

—— 1969. Biochemical studies in termites. In K. Krishna and Frances M. Weesner, eds. (*q.v.*), *Biology of termites*, vol. 1, pp. 407–432.

Moore, J. C. 1956. Observations of manatees in aggregations. *American Museum Novitates*, 1811. 24 pp.

Moore, N. W. 1964. Intra- and interspecific competition among dragonflies (Odonata): an account of observations and field experiments on population control in Dorset, 1954–60. *Journal of Animal Ecology*, 33(1): 49–71.

Moore, W. S., and F. E. Mckay. 1971. Coexistence in unisexual-bisexual species complexes of *Poeciliopsis* (Pisces: Poeciliidae). *Ecology*, 52(5): 791–799.

Moorhead, P. S., and M. M. Kaplan, eds. 1967. *Mathematical challenges to the Neo-Darwinian interpretation of evolution*. Wistar Institute Symposium Monograph no. 5. Wistar Institute Press, Philadelphia. xi + 140 pp.

Moreau, R. E. 1960. Conspectus and classification of the ploceine weaver-birds. *Ibis*, 102(2): 298–321; 102(3): 443–471.

Morgan, C. L. 1896. *An introduction to comparative psychology*. Walter Scott, London. xvi + 382 pp.

—— 1922. *Emergent evolution*. Holt, New York. (3d ed., 1931. xii + 313 pp.)

Morgan, Elaine. 1972. *The descent of woman*. Stein and Day, New York. 258 pp.

Morimoto, R. 1961a. On the dominance order in *Polistes* wasps: I, studies on the social Hymenoptera in Japan XII. *Science Bulletin of the Faculty of Agriculture, Kyushu University*, 18(4): 339–351.

—— 1961b. On the dominance order in *Polistes* wasps: II, studies on the social Hymenoptera in Japan XIII. *Science Bulletin of the Faculty of Agriculture, Kyushu University*, 19(1): 1–17.

Morris, C. 1946. *Signs, language, and behavior*. Prentice-Hall, Englewood Cliffs, N.J. xiv + 365 pp.

Morris, D. 1957. "Typical intensity" and its relation to the problem of ritualization. *Behaviour*, 11(1): 1–12.

—— 1962. *The biology of art*. Alfred Knopf, New York. 176 pp.

—— 1967a. *The naked ape: a zoologist's study of the human animal*. McGraw-Hill Book Co., New York. 252 pp.

—— ed. 1967b. *Primate ethology: essays on the socio-sexual behavior of apes and monkeys*. Aldine Publishing Co., Chicago. x + 374 pp. (Reprinted as a paperback, Anchor Books, Doubleday, Garden City, N.Y., 1969. vii + 471 pp.)

Morrison, B. J., and W. F. Hill. 1967. Socially facilitated reduction of the fear response in rats raised in groups or in isolation. *Journal of Comparative and Physiological Psychology*, 63: 71–76.

Morse, D. H. 1967. Foraging relationships of brown-headed nuthatches and pine warblers. *Ecology*, 48(1): 94–103.

—— 1970. Ecological aspects of some mixed-species foraging flocks of birds. *Ecological Monographs*, 40(1): 119–168.

Morse, R. A., and N. E. Gary. 1961. Colony response to worker bees confined with queens (*Apis mellifera* L.). *Bee World*, 42(8): 197–199.

Morse, R. A., and F. M. Laigo. 1969. Apis dorsata *in the Philippines* (*including an annotated bibliography*). Monograph of the Philippine Association of Entomologists, Inc. (University of the Philippines, Languna, P.I.), no. 1. 96 pp.

Morton, N. E. 1969. Human population structure. *Annual Review of Genetics*, 3: 53–74.

Morton, N. E., Shirley Yee, D. E. Harris, and Ruth Lew. 1971. Bioassay of kinship. *Theoretical Population Biology*, 2(4): 507–524.

Mörzer Bruyns, W. F. J. 1971. *Field guide of whales and dolphins*. C. A. Mess, Amsterdam. 258 pp.

Mosebach-Pukowski, Erna. 1937. Über die Raupengesellschaften von *Vanessa io* und *Vanessa unticae*. *Zeitschrift für Morphologie* und *Ökologie der Tiere*, 33(3): 358–380.

Moyer, K. E. 1969. Internal impulses to aggression. *Transactions of the New York Academy of Sciences*, 31(2): 104–114.

—— 1971. *The physiology of hostility*. Markham, Chicago. x + 194 pp.

Moynihan, M. H. 1958. Notes on the behavior of some North American gulls: II, non-aerial hostile behavior of adults. *Behaviour*, 12(1,2): 95–182.

—— 1960. Some adaptations which help to promote gregariousness. *Proceedings of the Twelfth International Ornithological Congress, Helsinki*, pp. 523–541.

—— 1962. The organization and probable evolution of some mixed species flocks of Neotropical birds. *Smithsonian Miscellaneous Collections*, 143(7). 140 pp.

—— 1964. Some behavior patterns of playrrhine monkeys: I, the night monkey (*Aotus trivirgatus*). *Smithsonian Miscellaneous Collections*, 146(5). iv + 84 pp.

—— 1966. Communication in the titi monkey, *Callicebus. Journal of Zoology, London*, 150(1): 77–127.

—— 1968. Social mimicry: character convergence versus character displacement. *Evolution*, 22(2): 315–331.

—— 1969. Comparative aspects of communication in New World primates. In D. Morris, ed. (*q.v.*), *Primate ethology: essays on the socio-sexual behavior of apes and monkeys*, pp. 306–342.

—— 1970a. Control, suppression, decay, disappearance and replacement of displays. *Journal of Theoretical Biology*, 29(1): 85–112.

—— 1970b. Some behavior patterns of platyrrhine monkeys: II, *Saguinus geoffroyi* and some other tamarins. *Smithsonian Contributions to Zoology*, 28. iv + 77 pp.

—— 1973. The evolution of behavior and the role of behavior in evolution. *Breviora*, 415. 29 pp.

—— 1974. Conservatism of displays and comparable stereotyped patterns among cephalopods. (Unpublished manuscript.)

Muckenhirn, N. A., and J. F. Eisenberg. 1973. Home ranges and predation in the Ceylon leopard. In R. L. Eaton, ed. (*q.v.*), *The world's cats*, vol. 1, pp. 142–175.

Mueller, H. C. 1971. Oddity and specific searching image more important than conspicuousness in prey selection. *Nature, London*, 233(5318): 345–346.

Mukinya, J. G. 1973. Density, distribution, population structure and social organization of the black rhinoceros in Masai Mara Game Reserve. *East African Wildlife Journal*, 11(3,4): 385–400.

Müller, D. G., L. Jaenicke, M. Donike, and T. Akintobi. 1971. Sex attractant in a brown alga: chemical structure. *Science*, 171: 815–817.

Müller-Schwarze, D. 1968. Play deprivation in deer. *Behaviour*, 31(3): 144–162.

—— 1969. Complexity and relative specificity in a mammalian pheromone. *Nature, London*, 223(5205): 525–526.

—— 1971. Pheromones in black-tailed deer (*Odocoileus hemionus columbianus*). *Animal Behaviour*, 19(1): 141–152.

Müller-Velten, H. 1966. Über den Angstgeruch bei der Hausmaus. *Zeitschrift für Vergleichende Physiologie*, 52(4): 401–429.

Murchison, C. 1935. The experimental measurement of a social hierarchy in *Gallus domesticus*: IV, loss of body weight under conditions of mild starvation as a function of social dominance. *Journal of General Psychology*, 12: 296–312.

Murdoch, W. W. 1966. Population stability and life history phenomena. *American Naturalist*, 100(910): 5–11.

Murie, A. 1944. *The wolves of Mount McKinley*. Fauna of the National Parks of the United States, Fauna Series no. 5. U.S. Department of the Interior, Washington, D.C. xix + 238 pp.

Murphy, G. I. 1968. Patterns in life history. *American Naturalist*, 102(927): 391–403.

Murray, B. G. 1967. Dispersal in vertebrates. *Ecology*, 48(6): 975–978.

—— 1971. The ecological consequences of interspecific territorial behavior in birds. *Ecology*, 52(3): 414–423.

Murton, R. K. 1968. Some predator-prey relationships in bird damage and population control. In R. K. Murton and E. N. Wright, eds., *The problems of birds as pests*, pp. 157–169. Academic Press, New York.

Murton, R. K., A. J. Isaacson, and N. J. Westwood. 1966. The relationships between wood-pigeons and their clover food supply and the mechanism of population control. *Journal of Applied Ecology*, 3(1): 55–96.

Myers, Judith H., and C. J. Krebs. 1971. Genetic, behavioral, and reproductive attributes of dispersing field voles *Microtus Pennsylvanicus* and *Microtus ochrogaster. Ecological Monographs*, 41(1): 53–78.

Myers, K., C. S. Hale, R. Mykytowycz, and R. L. Hughes. 1971. The effects of varying density and space on sociality and health in animals. In A. H. Esser, ed. (*q.v.*), *Behavior and environment: the use of space by animals and men*, pp. 148–187.

Mykytowycz, R. 1958–60. Social behaviour of an experimental colony of wild rabbits, *Oryctolagus cuniculus* (L.), I, II, III. *Commonwealth Scientific and Industrial Research Organization, Wildlife Research, Canberra*, 3: 7–25; 4: 1–13; 5: 1–20.

—— 1962. Territorial function of chin gland secretion in the rabbit, *Oryctolagus cuniculus* (L.). *Nature, London*, 193(4817): 799.

—— 1964. Territoriality in rabbit populations. *Australian Natural History*, 14(1): 326–329.

—— 1965. Further observations on the territorial function and histology of the submandibular cutaneous (chin) glands in the rabbit, *Oryctolagus cuniculus* (L.). *Animal Behaviour*, 13(4): 400–412.

—— 1968. Territorial marking by rabbits. *Scientific American*, 218(5) (May): 116–126.

Mykytowycz, R., and M. L. Dudziński. 1972. Aggressive and protective behaviour of adult rabbits *Oryctolagus cuniculus* (L.) towards juveniles. *Behaviour*, 43(1–4): 97–120.

Myton, Becky. 1974. Utilization of space by *Peromyscus leucopus* and other small mammals. *Ecology*, 55(2): 277–290.

Nagel, U. 1973. A comparison of anubis baboons, hamadryas baboons and their hybrids at a species border in Ethiopia. *Folia Primatologica*, 19(2,3): 104–165.

Nakamura, E. L. 1972. Development and use of facilities for studying tuna behavior. In H. E. Winn and B. L. Olla, eds., *Behavior of marine animals: current perspectives in research*, vol. 2, *Vertebrates*, pp. 245–277. Plenum Press, New York.

Napier, J. R. 1960. Studies of the hands of living primates. *Proceedings of the Zoological Society of London*, 134(4): 647–657.

Napier, J. R., and P. H. Napier. 1967. *A handbook of living primates*. Academic Press, New York. xiv + 456 pp.

—— eds. 1970. *Old World monkeys: evolution, systematics, and behavior*. Academic Press, New York. xvi + 660 pp.

Narise, T. 1968. Migration and competition in *Drosophila*: I, competition between wild and vestigial strains of *Drosophila melanogaster* in a cage and migration-tube population. *Evolution*, 22(2): 301–306.

Naylor, A. F. 1959. An experimental analysis of dispersal in the flour beetle, *Tribolium confusum*. *Ecology*, 40(3): 453–465.

Neal, E. 1948. *The badger*. Collins, London. xvi + 158 pp.

Nedel, J. O. 1960. Morphologie und Physiologie der Mandibeldrüse einiger Bienen-arten (Apidae). *Zeitschrift für Morphologie und Ökologie der Tiere*, 49(2): 139–183.

Neel, J. V. 1970. Lessons from a "primitive" people. *Science*, 170: 815–822.

Neill, W. T. 1971. *The last of the ruling reptiles: alligators, crocodiles, and their kin*. Columbia University Press, New York. xvii + 486 pp.

Nel, J. J. C. 1968. Aggressive behaviour of the harvester termites *Hodotermes mossambicus* (Hagen) and *Trinervitermes trinervoides* (Sjöstedt). *Insectes Sociaux*, 15(2): 145–156.

Nelson, J. B. 1965. The behaviour of the gannet. *British Birds*, 58(7): 233–288; 58(8): 313–336.

Nero, R. W. 1956. A behavior study of the red-winged blackbird: I, mating and nesting activities. *Wilson Bulletin*, 68(1): 5–37.

Neuweiler, G. 1969. Verhaltensbeobachtungen an einer indischen Flughundkolonie (*Pteropus g. giganteus Brünn*). *Zeitschrift für Tierpsychologie*, 26(2): 166–199.

Neville, M. K. 1968. Ecology and activity of Himalayan foothill rhesus monkeys (*Macaca mulatta*). *Ecology*, 49(1): 110–123.

Nice, Margaret M. 1937. Studies in the life history of the song sparrow: I, a population study of the song sparrow. *Transactions of the Linnaean Society of New York*, 4. vi + 247 pp.

—— 1941. The role of territory in bird life. *American Midland Naturalist*, 26(3): 441–487.

—— 1943. Studies in the life history of the song sparrow: II, the behavior of the song sparrow and other passerines. *Transactions of the Linnaean Society of New York*, 6. viii + 328 pp.

Nicholls, D. G. 1970. Dispersal and dispersion in relation to the birthsite of the southern elephant seal, *Mirounga leonina* (L.), of Macquarie Island. *Mammalia*, 34(4): 598–616.

Nicholson, A. J. 1954. An outline of the dynamics of animal populations. *Australian Journal of Zoology*, 2(1): 9–65.

Nicholson, E. M. 1929. Report on the "British Birds" census of heronries, 1928. *British Birds*, 22(12): 334–372.

Nicolai, J. 1964. Der Brutparasitismus der Viduinae als ethologisches Problem: Prägungsphänomene als Faktoren der Rassen- und Artbildung. *Zeitschrift für Tierpsychologie*, 21(2): 129–204.

—— 1969. Beobachtungen an Paradieswitwen (*Steganura paradisaea* L., *Steganura obtusa* Chapin) und der Strohwitwe (*Tetraenura fischeri* Reichenow) in Ostafrika. *Journal für Ornithologie*, 110(4): 421–447.

Nielsen, H. T. 1964. Swarming and some other habits of *Mansonia perturbans* and *Psorophora ferox* (Diptera: Culicidae). *Behaviour*, 24(1,2): 67–89.

Niemitz, C., and A. Krampe. 1972. Untersuchungen zum Orientierungsverhalten der Larven von *Necrophorus vespillo* F. (Silphidae Coleoptera). *Zeitschrift für Tierpsychologie*, 30(5): 456–463.

Nietzsche, F. 1956. *The birth of tragedy* and *The genealogy of morals: an attack*, trans. by Francis Golffing. Anchor Books, Doubleday, Garden City, N.Y. xii + 299 pp.

Nisbet, I. C. T. 1973. Courtship-feeding, egg-size and breeding success in common terns. *Nature, London*, 241(5385): 141–142.

Nishida, T. 1966. A sociological study of solitary male monkeys. *Primates*, 7(2): 141–204.

—— 1968. The social group of wild chimpanzees in the Mahali Mountains. *Primates*, 9(2): 167–227.

—— 1970. Social behavior and relationship among wild chimpanzees of the Mahali Mountains. *Primates*, 11(1): 47–87.

Nishida, T., and K. Kawanaka. 1972. Inter-unit-group relationships among wild chimpanzees of the Mahali Mountains. *Kyoto University African Studies*, 7: 131–169.

Nishiwaki, M. 1972. General biology. In S. H. Ridgway, ed. (*q.v.*), *Mammals of the sea: biology and medicine*, pp. 3–204.

Nissen, H. W. 1931. A field study of the chimpanzee: observations of chimpanzee behavior and environment in western French Guinea. *Comparative Psychology Monographs*, 8(1). vi + 122 pp.

Nixon, H. L., and C. R. Ribbands. 1952. Food transmission within the honeybee community. *Proceedings of the Royal Society*, ser. B, 140: 43–50.

Noble, G. A. 1962. Stress and parasitism: II, effect of crowding and fighting among ground squirrels on their coccidia and trichomonads. *Experimental Parasitology*, 12(5): 368–371.

Noble, G. K. 1931. *The biology of the Amphibia*. McGraw-Hill Book Co., New York. xiii + 577 pp.

—— 1939. The role of dominance in the social life of birds. *Auk*, 56(3): 263–273.

Negueira-Neto, P. 1950. Notas bionomicas sobre Meliponineos (Hymenoptera,

Apoidea): IV, colonias mistas e questões relacionadas. *Revista de Entomologia, Rio de Janeiro*, 21(1,2): 305–367.

—— 1970a. A criacão de abelhas indigenas sem ferrão (Meloponinae). Editora Chãcaras e Quintais, São Paulo. 365 pp.

—— 1970b. Behavior problems related to the pillages made by some parasitic stingless bees (Meliponinae, Apidae). In L. R. Aronson et al., eds. (*q.v.*), *Development and evolution of behavior: essays in memory of T. C. Schneirla*, pp. 416–434.

Noirot, C. 1958–59. Remarques sur l'écologie des termites. *Annales de la Société Royale Zoologique de Belgique*, 89(1): 151–169.

—— 1969a. Glands and secretions. In K. Krishna and Frances M. Weesner, eds. (*q.v.*), *Biology of termites*, vol. 1, pp. 89–123.

—— 1969b. Formation of castes in the higher termites. In K. Krishna and Frances M. Weesner, eds. (*q.v.*), *Biology of termites*, vol. 1, pp. 311–350.

Noirot, Elaine. 1972. The onset of maternal behavior in rats, hamsters, and mice: a selective review. *Advances in the Study of Behavior*, 4: 107–145.

Nolte, D. J., I. Dési, and Beryl Meyers. 1969. Genetic and environmental factors affecting chiasma formation in locusts. *Chromosoma, Berlin*, 27(2): 145–155.

Nolte, D. J., S. H. Eggers, and I. R. May. 1973. A locust pheromone: locustol. *Journal of Insect Physiology*, 19(8): 1547–1554.

Nolte, D. J., I. R. May, and B. M. Thomas. 1970. The gregarisation pheromone of locusts. *Chromosoma, Berlin*, 29(4): 462–473.

Nordeng, H. 1971. Is the local orientation of anadromous fishes determined by pheromones? *Nature, London*, 233(5319): 411–413.

Nørgaard, E. 1956. Environment and behaviour of *Theridion saxatile*. *Oikos* (Acta Oecologica Scandinavica), 7(2): 159–192.

Norris, K. S., ed. 1966. *Whales, dolphins, and porpoises*. University of California Press, Berkeley. xvi + 789 pp.

—— 1967. Aggressive behavior in Cetacea. In Carmine D. Clemente and D. B. Lindsley, eds. (*q.v.*), *Brain function*, vol. 5, *Aggression and defense, neural mechanisms and social patterns*, pp. 225–241.

Norris, K. S., and J. H. Prescott. 1961. Observations on Pacific cetaceans of Californian and Mexican waters. *University of California Publications in Zoology*, 63(4): 291–402.

Norris, Maud J. 1968. Some group effects on reproduction in locusts. In R. Chauvin and C. Noirot, eds. (*q.v.*), *L'effet de groupe chez les animaux*, pp. 147–161.

Northrop, F. S. C. 1959. *The logic of the sciences and the humanities*. Meridian Books, New York. xiv + 402 pp.

Norton-Griffiths, M. N. 1969. The organisation, control and development of parental feeding in the oystercatcher (*Haematopus ostralegus*). *Behaviour*, 34(2): 55–114.

Nottebohm, F. 1967. The role of sensory feedback in the development of avian vocalizations. *Proceedings of the Fourteenth International Ornithological Congress, Oxford*, 1966, pp. 950–956.

Novick, A. 1969. *The world of bats*. Holt, Rinehart and Winston, New York. 171 pp.

Nutting, W. L. 1969. Flight and colony foundation. In K. Krishna and Frances M. Weesner, eds. (*q.v.*), *Biology of termites*, vol. 1, pp. 233–282.

O'Connell, C. P. 1960. Use of fish schools for conditioned response experiments. *Animal Behaviour*, 8(3,4): 225–227.

O'Donald, P. 1972. Sexual selections by variations in fitness at breeding time. *Nature, London*, 237(5354): 349–351.

O'Farrell, T. P. 1965. Home range and ecology of snowshoe hares in interior Alaska. *Journal of Mammalogy*, 46(3): 406–418.

Ogburn, W. F., and M. Nimkoff. 1958. *Sociology*, 3d ed. Houghton Mifflin Co., Boston. x + 756 pp.

Ohba, S. 1967. Chromosomal polymorphism and capacity for increase under near optimal conditions. *Heredity*, 22(2): 169–185.

Okano, T., C. Asami, Y. Haruki, M. Sasaki, N. Itoigawa, S. Shinohara, and T. Tsuzuki. 1973. Social relations in a chimpanzee colony. In C. R. Carpenter, ed. (*q.v.*), *Behavioral regulators of behavior in primates*, pp. 85–105.

Økland, F. 1934. Utvandring og overvintring hos den røde skogmaur (*Formica rufa* L.). *Norsk Entomologisk Tidsskrift*, 3(5): 316–327.

Oliver, J. A. 1956. Reproduction in king cobra, *Ophiophagus hannah* Cantor. *Zoologica*, New York, 41(4): 145–152.

Oppenheimer, J. R. 1968. Behavior and ecology of the white-faced monkey, *Cebus capucinus*, on Barro Colorado Island, C.Z. Ph.D. thesis, University of Illinois, Urbana. viii + 181 pp.

—— 1973. Social and communicative behavior in the *Cebus* monkey. In C. R. Carpenter, ed. (*q.v.*), *Behavioral regulators behavior in primates*, pp. 251–271.

Ordway, Ellen. 1965. Caste differentiation in *Augochlorella* (Hymenoptera, Halictidae). *Insectes Sociaux*, 12(4): 291–308.

—— 1966. The bionomics of *Augochlorella striata* and *A. persimilis* in eastern Kansas (Hymenoptera: Halictidae). *Journal of the Kansas Entomological Society*, 39(2): 270–313.

Orians, G. H. 1961a. Social stimulation within blackbird colonies. *Condor*, 63(4): 330–337.

—— 1961b. The ecology of blackbird (*Agelaius*) social systems. *Ecological Monographs*, 31(3): 285–312.

—— 1969. On the evolution of mating systems in birds and mammals. *American Naturalist*, 103(934): 589–603.

Orians, G. H., and G. M. Christman. 1968. A comparative study of the behavior of red-winged, tricolored, and yellow-headed blackbirds. *University of*

California Publications in Zoology, 84. 81 pp.

Orians, G. H., and G. Collier. 1963. Competition and blackbird social systems. *Evolution*, 17(4): 449–459.

Orians, G. H., and Mary F. Willson. 1964. Interspecific territories of birds. *Ecology*, 45(4): 736–745.

Orr, R. T. 1967. The Galapagos sea lion. *Journal of Mammalogy*, 48(1): 62–69.

Ostrom, J. H. 1972. Were some dinosaurs gregarious? *Palaeogeography, Palaeoclimatology, Palaeoecology*, 11: 287–301.

Otte, D. 1970. *A comparative study of communicative behavior in grasshoppers*. Miscellaneous Publications, Museum of Zoology, University of Michigan, Ann Arbor, 141. 168 pp.

—— 1972. Simple versus elaborate behavior in grasshoppers: an analysis of communication in the genus *Syrbula. Behaviour*, 42(3,4): 291–322.

Otto, D. 1958. Über die Arbeitsteilung im Staate von *Formica rufa rufo-pratensis minor* Gössw. und ihre verhaltensphysiologischen Grundlagen, ein Beitrag zur Biologie der Roten Waldameise. *Wissenschaftliche Abhandlungen der Deutschen Akademie der Landwirtschaftswissenschaften zu Berlin*, 30: 1–169.

Owen, D. F. 1963. Similar polymorphisms in an insect and a land snail. *Nature, London*, 198(4876): 201–203.

Owen-Smith, R. N. 1971. Territoriality in the white rhinoceros (*Ceratotherium simum*) Burchell. *Nature, London*, 231(5301): 294–296.

—— 1974. The social system of the white rhinoceros. In V. Geist and F. Walther, eds. (*q.v.*), *The behaviour of ungulates and its relation to management*, vol. 1, pp. 341–351.

Packard, R. L. 1967. Octodontoid, bathyergoid, and ctenodactyloid rodents. In S. Anderson and J. K. Jones, Jr., eds. (*q.v.*), *Recent mammals of the world: a synopsis of families*, pp. 273–290.

—— 1968. An ecological study of the fulvous harvest mouse in eastern Texas.

American Midland Naturalist, 79(1): 68–88.

Packer, W. C. 1969. Observations on the behavior of the marsupial *Setonix brachyurus* (Quoy and Gaimard) in an enclosure. *Journal of Mammalogy*, 50(1): 8–20.

Pagès, Elisabeth. 1965. Notes sur les pangolins du Gabon. *Biologia Gabonica*, 1(3): 209–238.

—— 1970. Sur l'écologie et les adaptation de l'oryctérope et des pangolins sympatriques du Gabon. *Biologia Gabonica*, 6(1): 27–92.

—— 1972a. Comportement agressif et sexuel chez les pangolins arboricoles (*Manis tricuspis* et *M. longicaudata*). *Biologia Gabonica*, 8(1): 3–62.

—— 1972b. Comportement maternel et développement du jeune chez un pangolin arboricole (*M. tricuspis*). *Biologia Gabonica*, 8(1): 63–120.

Paine, R. T. 1966. Food web complexity and species diversity. *American Naturalist*, 100(910): 65–75.

Pardi, L. 1940. Ricerche sui Polistini: I, poliginia vera ed apparente in *Polistes gallicus* (L.). *Processi Verbali della Società Toscana di Scienze Naturali in Pisa*, 49: 3–9.

—— 1948. Dominance order in *Polistes* wasps. *Physiological Zoology*, 21(1): 1–13.

Pardi, L., and M. T. M. Piccioli. 1970. Studi sulla biologia di *Belonogaster* (Hymenoptera, Vespidae): 2, differenziamento castale incipiente in *B. griseus* (Fab.). *Monitore Zoologico Italiana*, n.s., supplement 3, pp. 235–265.

Parker, G. A. 1970a. Sperm competition and its evolutionary consequences in the insects. *Biological Reviews, Cambridge Philosophical Society*, 45: 525–568.

—— 1970b. The reproductive behaviour and the nature of sexual selection in *Scatophaga stercoraria* L. (Diptera: Scatophagidae): IV, epigamic competition and competition between males for the possession of females. *Behaviour*, 37(1,2): 113–139.

Parr, A. E. 1927. A contribution to the theoretical analysis of the schooling behaviour of fishes. *Occasional Papers of the Bingham Oceanographic Collection*, 1: 1–32.

Parsons, P. A. 1967. *The genetic analysis of behaviour*. Methuen, London. x + 174 pp.

Passera, L. 1968. Observations biologiques sur la fourmi *Plagiolepis grassei* Le Masne Passera parasite social de *Plagiolepis pygmaea* Latr. (Hym. Formicidae). *Insectes Sociaux*, 15(4): 327–336.

Pastan, I. 1972. Cyclic AMP. *Scientific American*, 227(2) (August); 97–105.

Patterson, I. J. 1965. Timing and spacing of broods in the black-headed gull *Larus ridibundus. Ibis*, 107(4): 433–459.

Patterson, O. 1967. *The sociology of slavery: an analysis of the origins, development and structure of Negro slave society in Jamaica*. Fairleigh Dickinson University Press, Cranbury, N.J. 310 pp.

Patterson, R. G. 1971. Vocalization in the desert tortoise, *Gopherus agassizi*. M.A. thesis, California State University, Fullerton. [Cited by B. H. Brattstrom, 1974 (*q.v.*).]

Pavlov, I. P. 1928. *Lectures on conditioned reflexes*. International Publishers, New York. 414 pp.

Payne, R. S., and S. McVay. 1971. Songs of humpback whales. *Science*, 173: 585–597.

Peacock, A. D., and A. T. Baxter. 1950. Studies in Pharaoh's ant, *Monomorium pharaonis* (L.): 3, life history. *Entomologist's Monthly Magazine*, 86: 171–178.

Peacock, A. D., I. C. Smith, D. W. Hall, and A. T. Baxter. 1954. Studies in Pharaoh's ant, *Monomorium pharaonis* (L): 8, male production by parthenogenesis. *Entomologist's Monthly Magazine*, 90: 154–158.

Pearson, O. P. 1948. Life history of mountain viscachas in Peru. *Journal of Mammalogy*, 29(4): 345–374.

—— 1966. The prey of carnivores during one cycle of mouse abundance. *Journal of Animal Ecology*, 35(1): 217–233.

—— 1971. Additional measurements of the impact of carnivores on California voles (*Microtus californicus*). *Journal of Mammalogy*, 52(1): 41–49.

Peek, F. W. 1971. Seasonal change in the breeding behavior of the male red-winged blackbird. *Wilson Bulletin*, 83(4): 383–395.

Peek, J. M., R. E. LeResche, and D. R. Stevens. 1974. Dynamics of moose aggregations in Alaska, Minnesota, and Montana. *Journal of Mammalogy*, 55(1): 126–137.

Pérez, J. 1899. *Les abeilles*. Librairie Hachette et Cie, Paris. viii + 348 pp.

Perry, R. 1966. *The world of the polar bear*. University of Washington Press, Seattle. xi + 195 pp.

—— 1967. *The world of the wolves*. Cassell, London. xi + 162 pp.

—— 1969. *The world of the giant panda*. Taplinger, New York. ix + 136 pp.

Peters, D. S. 1973. *Crossocerus dimidiatus* (Fabricius, 1781), eine weitere soziale CrabroninenArt. *Insectes Sociaux*, 20(2): 103–108.

Peterson, R. L. 1955. *North American moose*. University of Toronto Press, Toronto. xi + 280 pp.

Peterson, R. S. 1968. Social behavior in pinnipeds. In R. J. Harrison, ed., *The behavior and physiology of pinnipeds*, pp. 3–35. Appleton-Century-Crofts, New York. 411 pp.

Peterson, R. S., and G. A. Bartholomew. 1967. The natural history and behavior of the California sea lion. Special Publication no. 1. American Society of Mammalogists, Stillwater, Okla. xii + 79 pp.

Petit, Claudine. 1958. Le déterminisme génétique et psycho-physiologique de la compétition sexuelle chez *Drosophila melanogaster*. *Bulletin Biologique de la France et de la Belgique*, 92(3): 248–329.

Petit, Claudine, and Lee Ehrman. 1969. Sexual selection in *Drosophila. Evolutionary Biology*, 3: 177–233.

Petter, F. 1961. Répartition géographique et écologie des rongeurs désertiques (du Sahara occidental à l'Iran oriental). *Mammalia*, 25(special number): 1–219.

Petter, J.-J. 1962a. Recherches sur l'écologie et l'éthologie des lémuriens malgaches. *Mémoires du Muséum National d'Histoire Naturelle, Paris*, ser. A (Zoology), 27(1): 1–146.

—— 1962b. Ecological and behavioral studies of Madagascar lemurs in the field. *Annals of the New York Academy of Sciences*, 102(2): 267–281.

—— 1970. "Domaine vital" et "territoire" chez les lémuriens malgaches. In G. Richard, ed. (*q.v.*), *Territoire et domaine vital*, pp. 107–114.

Petter, J.-J., and C. M. Hladik. 1970. Observations sur le domaine vital et la densité de population de *Loris tardigradus* dans les forêts de Ceylan. *Mammalia*, 34(3): 394–409.

Petter, J.-J., and Arlette Petter. 1967. The aye-aye of Madagascar. In S. A. Altmann, ed. (*q.v.*), *Social communication among primates*, pp. 195–205.

Petter, J.-J., and A. Peyrieras. 1970. Nouvelle contribution à l'étude d'un lémurien malgache, le aye-aye (*Daubentonia madagascariensis* E. Geoffroy). *Mammalia*, 34(2): 167–193.

Petter, J.-J., A. Schilling, and G. Pariente. 1971. Observations écoéthologiques sur deux lémuriens malgaches nocturnes: *Phaner furcifer* et *Microcebus coquereli. La Terre et la Vie*, 118(3): 287–327.

PetterRousseaux, Arlette. 1962. Recherches sur la biologie de la reproduction des primates inférieurs. *Mammalia*, 26, supplement 1. 88 pp.

Pfeffer, P. 1967. Le mouflon de Corse (*Ovis ammon musimom* Schreber 1782); position systématique, écologie et éthologie comparées. *Mammalia*, 31, supplement. 262 pp.

Pfeffer, P., and H. Genest. 1969. Biologie comparée d'une population de mouflons de Corse (*Ovis ammon musimon*) du Parc Naturel du Caroux. *Mammalia*, 33(2): 165–192.

Pfeiffer, J. E. 1969. *The emergence of man*. Harper & Row, New York xxiv + 477 pp.

Pfeiffer, W. 1962. The fright reaction of fish. *Biological Reviews, Cambridge Philosophical Society*, 37(4): 495–511.

Phillips, P. J. 1973. Evolution of holopelagic Cnidaria: colonial and noncolonial strategies. In R. S. Boardman, A. H. Cheetham, and W. A. Oliver, Jr. eds. (*q.v.*), *Animal colonies: development and function through time*, pp. 107–118.

Pianka, E. R. 1970. On *r*- and *k*-selection. *American Naturalist*, 104(940): 592–597.

Piccioli, M. T. M., and L. Pardi. 1970. Studi della biologia di *Belonogaster (Hymenoptera, Vespidae): 1, sull'etogramma di* Belonogaster griseus (Fab.). *Monitore Zoologico Italiana*, n.s., supplement 3, pp. 197–225.

Pickles, W. 1940. Fluctuations in the populations, weights and biomasses of ants at Thornhill, Yorkshire, from 1935 to 1939. *Transactions of the Royal Entomological Society of London*, 90(17): 467–485.

Pielou, E. C. 1969. *An introduction to mathematical ecology*. Wiley-Interscience, New York. viii + 286 pp.

Pilbeam, D. 1972. *The ascent of man: an introduction to human evolution*. Macmillan Co., New York. x + 207 pp.

Pilleri, G., and J. Knuckey. 1969. Behaviour patterns of some Delphinidae observed in the western Mediterranean. *Zeitschrift für Tierpsychologie*, 26(1): 48–72.

Pilters, Hilde. 1954. Untersuchungen über angeborene Verhaltensweisen bei Tylopoden, unter besonderer Berücksichtigung der neuweltlichen Formen. *Zeitschrift für Tierpsychologie*, 11(2): 213–303.

Pisarski, B. 1966. Études sur les fourmis du genre *Strongylognathus* Mayr (Hymenoptera, Formicidae). *Annales Zoologici, Warsaw*, 23(22): 509–523.

Pitcher, T. J. 1973. The three-dimensional structure of schools in the minnow, *Phoxinus phoxinus* (L.). *Animal Behaviour*, 21(4): 673–686.

Pitelka, F. A. 1942. Territoriality and related problems in North American hummingbirds. *Condor*, 44(5): 189–204.

—— 1957. Some aspects of population structure in the short-term cycle of the brown lemming in northern Alaska. *Cold Spring Harbor Symposia on Quantitative Biology*, 22: 237–251.

—— 1959. Numbers, breeding schedule, and territoriality in pectoral sandpipers of northern Alaska. *Condor*, 61(4): 233–264.

Plateaux-Quénu, Cécile. 1961. Les sexués de remplacement chez les insectes sociaux. *Année Biologique*, 37(5,6): 177–216.

—— 1972. *La biologie des abeilles primitives*. Les grand problèmes de la biologie, no. 11. Masson, Paris. 200 pp.

—— 1973. Construction et évolution annuelle du nid d'*Evylaeus calceatus* Scopoli (Hym., Halictinae) avec quelques considérations sur la division du travail dans les sociétés monogynes et digynes. *Insectes Sociaux*, 20(3): 297–320.

Plath, O. E. 1922. Notes on *Psithyrus*, with records of two new American hosts. *Biological Bulletin, Marine Biological Laboratory, Woods Hole*, 43(1): 23–44.

—— 1934. *Bumblebees and their ways*. Macmillan Co., New York. xvi + 201 pp.

Platt, J. R. 1964. Strong inference. *Science*, 146: 347–353.

Plempel, M. 1963. Die chemischen Grundlagen der Sexualreaktion bei Zygomyceten. *Planta*, 59: 492–508.

Ploog, D. W. 1967. The behavior of squirrel monkeys (*Saimiri sciureus*) as revealed by sociometry, bio-acoustics, and brain stimulation. In S. A. Altmann, ed. (*q.v.*), *Social communication among primates*, pp. 149–184.

Poelker, R. J., and H. D. Hartwell. 1973. Black bear of Washington. *Biological Bulletin*, Washington State Game Department, 14: 1–180.

Plateaux-Quénu, I. 1962. Beiträge zu einem Ethogramm des Wickelbären (*Potos flavus* Schreber). *Zeitschrift für Säugetierkunde, Berlin*, 27(1): 1–44.

—— 1966. On the marking behavior of the kinkajou (*Potos flavus* Schreber). *Zoologica, New York*, 51(4): 137–142.

Poirier, F. E. 1968. The Nilgiri langur (*Presbytis johnii*) Mother-infant dyad. *Primates*, 9(1,2): 45–68.

—— 1969a. Behavioral flexibility and intergroup variation among Nilgiri langurs (*Presbytis johnii*) of South India. *Folia Primatologica*, 11(1,2): 119–133.

—— 1969b. The Nilgiri langur (*Presbytis johnii*) troop: its composition, structure, function, and change. *Folia Primatologica*, 10(1,2): 20–47.

—— 1970a. The Nilgiri langur (*Presbytis johnii*) of South India. In L. A. Rosenblum, ed. (*q.v.*), *Primate behavior: developments in field and laboratory reserach*, vol. 1, pp. 251–383.

—— 1970b. Dominance structure of the Nilgiri langur (*Presbytis johnii*) of south India. *Folia Primatologica*, 12(3): 161–186.

—— ed. 1972a. *Primate socialization*. Random House, New York. x + 260 pp.

—— 1972b. Introduction. In F. E. Poirier, ed. (*q.v.*), *Primate socialization*, pp. 3–28.

Pontin, A. J. 1961. Population stabilization and competition between the ants *Lasius flavus* (F.) and *L. niger* (L.). *Journal of Animal Ecology*, 30(1): 47–54.

—— 1963. Further considerations of competition and the ecology of the ants *Lasius flavus* (F.) and *L. niger* (L.). *Journal of Animal Ecology*, 32(3): 565–574.

Poole, T. B. 1966. Aggressive play in polecats. *Symposia of the Zoological Society of London*, 18: 23–44.

Porter, W. P., and D. M. Gates. 1969. Thermodynamic equilibria of animals with environment. *Ecological Monographs*, 39(3): 227–244.

Porter, W. P., J. W. Mitchell, W. A. Beckman, and C. B. DeWitt. 1973. Behavioral implications of mechanistic ecology: thermal and behavioral modeling of desert ectotherms and their microenvironment. *Oecologia, Berlin*, 13(1): 1–54.

Powell, G. C., and R. B. Nickerson. 1965. Aggregations among juvenile king crabs (*Paralithodes camtschatica*, Tilesius), Kodiak, Alaska. *Animal Behaviour*, 13(2,3): 374–380.

Priesner, E. 1968. Die interspezifischen Wirkungen der Sexuallockstoffe der Saturniidae (Lepidoptera). *Zeitschrift für Vergleichende Physiologie*, 61(3): 263–297.

Pringle, J. W. S. 1951. On the parallel between learning and evolution. *Behaviour*, 3(3): 174–215.

Prior, R. 1968. *The roe deer of Cranborne Chase: an ecological survey*. Oxford University Press, Oxford. xvi + 222 pp.

Prokopy, R. J. 1972. Evidence for a marking pheromone deterring repeated oviposition in apple maggot flies. *Environmental Entomology*, 1(3): 326–332.

Pukowski, Erna. 1933. Ökologische Untersuchungen an *Necrophorus* F. *Zeitschrift für Morphologie und Ökologie der Tiere*, 27(3): 518–586.

Pulliainen, E. 1965. Studies on the wolf (*Canis lupus* L.) in Finland. *Annales Zoologici Fennici, Helsinki*, 2(4): 215–259.

Pulliam, R., B. Gilbert, P. Klopfer, D. McDonald, Linda McDonald, and G. Millikan. 1972. On the evolution of sociality, with particular reference to *Tiaris olivacea*. *Wilson Bulletin*, 84(1): 77–89.

Quastler, H. 1958. A primer on information theory. In H. P. Yockey, R. L. Platzman, and H. Quastler, eds. (*q.v.*), *Symposium on information theory in biology*, pp. 3–49.

Quilliam, T. A., ed. 1966. The mole: its adaptation to an underground environment. *Journal of Zoology, London*, 149(1): 31–114.

Quimby, D. C. 1951. The life history and ecology of the jumping mouse, *Zapus hudsonius. Ecological Monographs*, 21(1): 61–95.

Rabb, G. B., and Mary S. Rabb. 1963. On the behavior and breeding biology of the African pipid frog *Hymenochirus boettigeri*. *Zeitschrift für Tierpsychologie*, 20(2): 215–241.

Rabb, G. B., J. H. Woolpy, and B. E. Ginsburg. 1967. Social relationships in a group of captive wolves. *American Zoologist*, 7(2): 305–311.

Radakov, D. V. 1973. *Schooling in the ecology of fish*, trans by H. Mills. Halsted Press, Wiley, New York. viii + 173 pp.

Rahm, U. 1961. Verhalten der Schuppentiere (Pholidota). *Handbuch der Zoologie*, 8(1): 32–48.

—— 1969. Notes sur le cri du *Dendrohyrax dorsalis* (Hyracoidea). *Mammalia*, 33(1): 68–79.

Raignier, A. 1972. Sur l'origine des nouvelle sociétés des fourmis voyageuses africaines (Hyménoptères Formicidae, Dorylinae). *Insectes Sociaux*, 19(3): 153–170.

Raignier, A., and J. Van Boven. 1955. Étude taxonomique, biologique et biométrique des *Dorylus* du sousgenre *Anomma* (Hymenoptera Formicidae). *Annales du Musée Royal du Congo Belge, Tervuren* (Belgium), n.s. 4 (Sciences Zoologiques) 2: 1–359.

Ralls, Katherine. 1971. Mammalian scent marking. *Science*, 171: 443–449.

Rand, A. L. 1941. Development and enemy recognition of the curve-billed thrasher *Toxostoma curvirostre*. *Bulletin of the American Museum of Natural History*, 78: 213–242.

—— 1953. Factors affecting feeding rates of anis. *Auk*, 70(1): 26–30.

—— 1954. Social feeding behavior of birds. *Fieldiana, Zoology* (Chicago): 36(1): 1–71.

Rand, A. S. 1967a. The adaptive significance of territoriality in iguanid lizards. In W. W. Milstead, ed. (*q.v.*), *Lizard ecology: a symposium*, pp. 106–115.

社會生物學：新綜合理論

—— 1967b. Ecology and social organization in the iguanid lizard *Anolis lineatopus*. *Proceedings of the United States National Museum, Smithsonian Institution*, 122: 1–79.

Rand, A. S., and E. E. Williams. 1970. An estimation of redundancy and information content of anole dewlaps. *American Naturalist*, 104(935): 99–103.

Ransom, T. W. 1971. Ecology and social behavior of baboons (*Papio anubis*) at the Gombe National Park. Ph.D. thesis, University of California, Berkeley.

Ransom, T. W., and B. S. Ransom. 1971. Adult male-infant relations among baboons (*Papio anubis*). *Folia Primatologica*, 16(3,4): 179–195.

Ransom, T. W., and Thelma E. Rowell. 1972. Early social development of feral baboons. In F. E. Poirier, ed. (*q.v.*), *Primate socialization*, pp. 105–144.

Rappaport, R. A. 1971. The sacred in human evolution. *Annual Review of Ecology and Systematics*, 2:23–44.

Rasa, O. Anne E. 1973. Marking behaviour and its social significance in the African dwarf mongoose, *Helogale undulata rufula*. *Zeitschrift für Tierpsychologie*, 32(3): 293–318.

Rasmussen, D. I. 1964. Blood group polymorphism and inbreeding in natural populations of the deer mouse *Peromyscus maniculatus*. *Evolution*, 18(2): 219–229.

Ratcliffe, F. N., F. J. Gay, and T. Greaves. 1952. *Australian termites, the biology, recognition, and economic importance of the common species.* Commonwealth Scientific and Industrial Research Organization, Melbourne. 124 pp.

Rau, P. 1933. *The jungle bees and wasps of Barro Colorado Island* (*with notes on other insects*). Published by the author, Kirkwood, St. Louis County, Mo. 324 pp.

Rawls, J. 1971. *A theory of justice.* Belknap Press of Harvard University Press,

Cambridge. xvi + 607 pp.

Ray, C., W. A. Watkins, and J. J. Burns. 1969. The underwater song of *Erignathus* (bearded seal). *Zoologica, New York*, 54(2): 79–83.

Regnier, F. E., and E. O. Wilson. 1968. The alarm-defence system of the ant *Acanthomyops claviger. Journal of Insect Physiology*, 14(7): 955–970.

——— 1969. The alarm-defence system of the ant *Lasius alienus. Journal of Insect Physiology*, 15(5): 893–898.

——— 1971. Chemical communication and "propaganda" in slave-maker ants. *Science*, 172: 267–269.

Reid, M. J., and J. W. Atz. 1958. Oral incubation in the cichlid fish *Geophagus jurupari* Heckel. *Zoologica, New York*, 43(5): 77–88.

Renner, M. 1960. Das Duftorgan der Honigbiene und die physiologische Bedeutung ihres Lockstoffes. *Zeitschrift für Vergleichende Physiologie*, 43(4): 411–468.

Renner, M., and Margot Baumann. 1964. Über Komplexe von subepidermalen Drüsenzellen (Duftdrüsen?) der Bienenkönigin. *Naturwissenschaften*, 51(3): 68–69.

Rensch, B. 1956. Increase of learning ability with increase of brain size. *American Naturalist*, 90(851): 81–95.

——— 1960. *Evolution above the species level.* Columbia University Press, New York. xvii + 419 pp.

Renský, M. 1966. The systematics of paralanguage. *Travaux linguistiques de Prague*, 2:97–102.

Ressler, R. H., R. B. Cialdini, M. L. Ghoca, and Suzanne M. Kleist. 1968. Alarm pheromone in the earthworm *Lumbricus terrestris. Science*, 161: 597–599.

Rettenmeyer, C. W. 1962. The behavior of millipeds found with neotropical army ants. *Journal of the Kansas Entomological Society*, 35(4): 377–384.

——— 1963a. The behavior of Thysanura found with army ants. *Annals of the*

Entomological Society of America, 56(2): 170–174.

—— 1963b. Behavioral studies of army ants. *Kansas University Science Bulletin*, 44(9): 281–465.

Reynolds, H. C. 1952. Studies on reproduction in the opossum (*Didelphis virginiana virginiana*). *University of California Publications in Zoology*, 52(3): 223–284.

Reynolds, V. 1965. Some behavioural comparisons between the chimpanzee and the mountain gorilla in the wild. *American Anthropologist*, 67(3): 691–706.

—— 1966. Open groups in hominid evolution. *Man*, 1(4): 441–452.

—— 1968. Kinship and the family in monkeys, apes and man. *Man*, 3(2): 209–233.

Reynolds, V., and Frances Reynolds. 1965. Chimpanzees of the Budongo Forest. In I. DeVore, ed. (*q.v.*), *Primate behavior: field studies of monkeys and apes*, pp. 368–424.

Rheingold, Harriet L. 1963a. Maternal behavior in the dog. In Harriet Rheingold, ed. (*q.v.*), *Maternal behavior in mammas*, pp. 169–202.

—— ed. 1963b. *Maternal behavior in mammals*. John Wiley & Sons, New York. viii + 349 pp.

Rhijn, J. G. van. 1973. Behavioural dimorphism in male ruffs, *Philomachus pugnax* (L.). *Behaviour*, 47(3,4): 153–229.

Ribbands, C. R. 1953. *The behaviour and social life of honeybees*. Bee Research Association, London. 352 pp.

Rice, D. W. 1967. Cetaceans. In S. Anderson and J. K. Jones, Jr., eds. (*q.v.*), *Recent mammals of the world: a synopsis of families*, pp. 291–324.

Rice, D. W., and K. W. Kenyon. 1962. Breeding cycles and behavior of Laysan and black-footed albatrosses. *Auk*, 79(4): 517–567.

Richard, Alison. 1970. A comparative study of the activity patterns and behavior of

Alouatta villosa and Ateles geoffroyi. Folia Primatologica, 12(4): 241–263.

Richard, G., ed. 1970. *Territoire et domaine vital*. Masson et Cie, Paris. viii + 125 pp.

Richards, Christina M. 1958. The inhibition of growth in crowded *Rana pipiens* tadpoles. *Physiological Zoology*, 31(2): 138–151.

Richards, K. W. 1973. Biology of *Bombus polaris* Curtis and *B. hyperboreus* Schönherr at Lake Hazen, Northwest Territories (Hymenoptera: Bombini). *Quaestiones Entomologicae*, 9: 115–157.

Richards, O. W. 1927a. The specific characters of the British humblebees (Hymenoptera). *Transactions of the Entomological Society of London*, 75(2): 233–268.

—— 1927b. Sexual selection and allied problems in the insects. *Biological Reviews, Cambridge Philosophical Society*, 2(4): 298–364.

—— 1965. Concluding remarks on the social organization of insect communities. *Symposia of the Zoological Society of London*, 14: 169–172.

—— 1969. The biology of some W. African social wasps (Hymenoptera: Vespidae, Polistinae). *Memorie Società Entomologica Italiana*, 48(1B): 79–93.

—— 1971. The biology of the social wasps (Hymenoptera, Vespidae). *Biological Reviews, Cambridge Philosophical Society*, 46(4): 483–528.

Richards, O. W., and Maud J. Richards. 1951. Observations on the social wasps of South America (Hymenoptera Vespidae). *Transactions of the Royal Entomological Society of London*, 102(1): 1–170.

Richardson, W. B. 1942. Ring-tailed cats (*Bassariscus astutus*): their growth and development. *Journal of Mammalogy*, 23(1): 17–26.

Richter-Dyn, Nira, and N. S. Goel. 1972. On the extinction of colonizing species. *Theoretical Population Biology*, 3(4): 406–433.

Ride, W. D. L. 1970. *A guide to the native mammals of Australia*. Oxford University Press, Oxford. xiv + 249 pp.

Ridgway, S. H., ed. 1972. *Mammals of the sea: biology and medicine*. C. C. Thomas, Springfield, Ill. xiv + 812 pp.

Ridpath, M. G. 1972. The Tasmanian native hen, *Tribonyx mortierii*, I–III. *Commonwealth Scientific and Industrial Research Organization, Wildlife Research, East Melbourne*, 17(1): 1–118.

Riemann, J. G., Donna J. Moen, and Barbara J. Thorson. 1967. Female monogamy and its control in houseflies. *Journal of Insect Physiology*, 13(3): 407–418.

Ripley, Suzanne. 1967. Intertroop encounters among Ceylon gray langurs (*Presbytis entellus*). In S. A. Altmann, ed. (*q.v.*), *Social communication among primates*, pp. 237–253.

—— 1970. Leaves and leaf-monkeys. In J. R. Napier and P. H. Napier, eds. (*q.v.*), *Old World monkeys: evolution, systematics, and behavior*, pp. 481–509.

Ripley, S. D. 1952. Territory and sexual behavior in the great Indian rhinoceros, a speculation. *Ecology*, 33(4): 570–573.

—— 1958. Comments on the black and square-lipped rhinoceros species in Africa. *Ecology*, 39(1): 172–174.

—— 1959. Competition between sunbird and honeyeater species in the Moluccan Islands. *American Naturalist*, 93(869): 127–132.

—— 1961. Aggressive neglect as a factor in interspecific competition in birds. *Auk*, 78(3): 366–371.

Roberts, Pamela. 1971. Social interactions of *Galago crassicaudatus*. *Folia Primatologica*, 14(3,4): 171–181.

Roberts, R. B., and C. H. Dodson. 1967. Nesting biology of two communal bees, *Euglossa imperialis* and *Euglossa ignita* (Hymenoptera: Apidae), including description of larvae. *Annals of the Entomological Society of America*, 60(5): 1007–1014.

Robertson, A., D. J. Drage, and M. H. Cohen. 1972. Control of aggregation in *Dictyostelium discoideum* by an external periodic pulse of cyclic adenosine monophosphate. *Science*, 175: 333–335.

Robertson, D. R. 1972. Social control of sex reversal in a coral-reef fish. *Science*, 177: 1007–1009.

Robins, C. R., C. Phillips, and Fanny Phillips. 1959. Some aspects of the behavior of the blennioid fish *Chaenopsis ocellata* Poey. *Zoologica, New York*, 44(2): 77–84.

Robinson, D. J., and I. McT. Cowan. 1954. An introduced population of the gray squirrel (*Sciurus carolinensis* Gmelin) in British Columbia. *Canadian Journal of Zoology*, 32(3): 261–282.

Rodman, P. S. 1973. Population composition and adaptive organisation among orang-utans of the Kutai Reserve. In R. P. Michael and J. H. Crook, eds. (*q.v.*), *Comparative ecology and behaviour of primates*, pp. 171–209.

Roe, Anne, and G. G. Simpson, eds. 1958. *Behavior and evolution*. Yale University Press, New Haven, Conn. vii + 557 pp.

Roe, F. G. 1970. *The North American buffalo: a critical study of the species in the wild state*, 2d ed. University of Toronto Press, Toronto. xi + 991 pp.

Roelofs, W. L., and A. Comeau. 1969. Sex pheromone specificity: taxonomic and evolutionary aspects in Lepidoptera. *Science*, 165: 398–400.

—— 1971. Sex attractants in Lepidoptera. *Proceedings of the Second International Congress of Pesticide Chemistry, IUPAC, Tel Aviv, Israel*, pp. 91–114.

Rogers, L. L. 1974. Movement patterns and social organization of black bears in Minnesota. Ph.D. thesis, University of Minnesota, Minneapolis.

Rood, J. P. 1970. Ecology and social behavior of the desert cavy (*Microcavia australis*). *American Midland Naturalist*, 83(2): 415–454.

Rood, J. P., and F. H. Test. 1968. Ecology of the spiny rat, *Heteromys anomalus*, at Rancho Grande, Venezuela. *American Midland Naturalist*, 79(1): 89–102.

Roonwal, M. L. 1970. Termites of the Oriental region. In K. Krishna and Frances M. Weesner, eds. (*q.v.*), *Biology of termites*, vol. 2, pp. 315–391.

Ropartz, P. 1966. Contribution à l'étude du déterminisme d'un effet de groupe chez les souris. *Comptes Rendus de l'Académie des Sciences, Paris*, 263: 2070–2072.

—— 1968. Olfaction et comportement social chez les rongeurs. *Mammalia*, 32(4): 550–569.

Rose, R. M., J. W. Holaday, and I. S. Bernstein. 1971. Plasma testosterone, dominance rank and aggressive behaviour in male rhesus monkeys. *Nature, London*, 231(5302): 366–368.

Rosen, M. W. 1959. *Water flow about a swimming fish*. Station Technical Publications, NOTS TP 2298. U.S. Naval Ordnance Test Station, China Lake, Calif. iv + 94 pp. [Cited by C. M. Breder, 1965 (*q.v.*).]

Rosen, M. W., and N. E. Cornford. 1971. Fluid friction of fish slimes. *Nature, London*, 234(5323): 49–51.

Rosenblatt, J. S. 1965. The basis of synchrony in behavioral interaction between the mother and her offspring in the laboratory rat. In B. M. Foss, ed., *Determinants of infant behaviour*, vol. 3, pp. 3–45. Methuen, London. xiii + 264 pp.

—— 1972, Learning in newborn kittens. *Scientific American*, 227(6) (December): 18–25.

Rosenblatt, J. S., and D. S. Lehrman. 1963. Maternal behavior of the laboratory rat. In Harriet L. Rheingold, ed. (*q.v.*), *Maternal behavior in mammals*, pp. 8–57.

Rosenblum, L. A., ed. 1970. *Primate behavior: developments in field and laboratory research*, vol. 1. Academic Press, New York. xii + 400 pp.

—— 1971a. The ontogeny of Mother-infant relations in macaques. In H. Moltz, ed. (*q.v.*), *The ontogeny of vertebrate behavior*, pp. 315–367.

—— ed. 1971b. *Primate behavior: developments in field and laboratory research*, vol. 2. Academic Press, New York. xi + 267 pp.

Rosenblum, L. A., and R. W. Copper, eds. 1968. *The squirrel monkey*. Academic

Press, New York. xii + 451 pp.

Rosenson, L. M. 1973. Group formation in the captive greater bush-baby (*Galago crassicaudatus crassicaudatus*). *Animal Behaviour*, 21(1): 67–77.

Rothballer, A. B. 1967. Aggression, defense and neurohumors. In Carmine D. Clemente and D. B. Lindsley, eds. (*q.v.*), *Brain function*, vol. 5, *Aggression and defense, neural mechanisms and social patterns*, pp. 135–170.

Roubaud, E. 1916. Recherches biologiques sur les guêpes solitaires et sociales d'Afrique: la genèse de la vie sociale et l'évolution de l'instinct maternel chez les vespides. *Annales des Sciences Naturelles*, 10th ser. (Zoologie), 1: 1–160.

Roughgarden, J. 1971. Density-dependent natural selection. *Ecology*, 52(3): 453–468.

—— 1974. Species packing and competition function with illustrations from coral reef fish. *Theoretical Population Biology*, 5(2): 163–186.

Rousseau, M. 1971. Un machairodonte dans l'art Aurignacien? *Mammalia*, 35(4): 648–657.

Rovner, J. S. 1968. Territoriality in the sheet-web spider *Linyphia triangularis* (Clerk) (Araneae, Linyphiidae). *Zeitschrift für Tierpsychologie*, 25(2): 232–242.

Rowell, Thelma E. 1963. Behaviour and female reproductive cycles of rhesus macaques. *Journal of Reproduction and Fertility*, 6: 193–203.

—— 1966a. Forest living baboons in Uganda. *Journal of Zoology, London*, 149(3): 344–364.

—— 1966b. Hierarchy in the organization of a captive baboon group. *Animal Behaviour*, 14(4): 430–443.

—— 1967. A quantitative comparison of the behaviour of a wild and a caged baboon troop. *Animal Behaviour*, 15(4): 499–509.

—— 1969a. Long-term changes in population of Ugandan baboons. *Folia*

Primatologica, 11(4): 241–245.

—— 1969b. Variability in the social organization of primates. In D. Morris, ed. (*q.v.*), *Primate ethology, essays on the socio-sexual behavior of apes and monkeys*, pp. 283–305.

—— 1970. Baboon menstrual cycle affected by social environment. *Journal of Reproduction and Fertility*, 21: 133–141.

—— 1971. Organization of caged groups of *Cercopithecus* monkeys. *Animal behaviour*, 19(4): 625–645.

—— 1972. *Social behaviour of monkeys*. Penguin Books, Harmondsworth, Middlesex. 203 pp.

Rowell, Thelma E., N. A. Din, and A. Omar. 1968. The social development of baboons in their first three months. *Journal of Zoology, London*, 155(4): 461–483.

Rowell, Thelma E., R. A. Hinde, and Yvette Spencer-Booth. 1964. "Aunt"-infant interaction in captive rhesus monkeys. *Animal Behaviour*, 12(2,3): 219–226.

Rowley, I. 1965. The life history of the superb blue wren, *Malurus cyaneus. Emu*, 64(4): 251–297.

Ruelle, J. E. 1970. A revision of the termites of the genus *Macrotermes* from the Ethiopian Region (Isoptera: Termitidae). *Bulletin of the British Museum of Natural History, Entomology*, 24: 365–444.

Rumbaugh, D. M. 1970. Learning skills of anthropoids. In L. A. Rosenblum, ed. (*q.v.*), *Primate behavior: developments in field and laboratory research*, vol. 1, pp. 1–70.

Russell, Eleanor. 1970. Observations on the behaviour of the red kangaroo (*Megaleia rufa*) in captivity. *Zeitschrift für Tierpsychologie*, 27(4): 385–404.

Ryan, E. P. 1966. Pheromone: evidence in a decapod crustacean. *Science*, 151: 340–341.

Ryland, J. S. 1970. *Bryozoans*. Hutchinson University Library, London. 175 pp.

Saayman, G. S. 1971a. Behaviour of the adult males in a troop of free-ranging chacma baboons (*Papio ursinus*). *Folia Primatologica*, 15(1,2): 36–57.

—— 1971b. Grooming behaviour in a troop of free-ranging chacma baboons (*Papio ursinus*). *Folia Primatologica*, 16(3,4): 161–178.

Saayman, G. S., C. K. Tayler, and D. Bower. 1973. Diurnal activity cycles in captive and free-ranging Indian Ocean bottle-nose dolphins (*Tursiops aduncus* Ehrenburg). *Behaviour*, 44(3,4): 212–233.

Sabater Pi, J. 1972. Contribution to the ecology of *Mandrillus sphinx* Linnaeus 1758 of Rio Muni (Republic of Equatorial Guinea). *Folia Primatologica*, 17(4): 304–319.

—— 1973. Contribution to the ecology of *Colobus polykomos satanas* (Waterhouse, 1838) of Rio Muni, Republic of Equatorial Guinea. *Folia Primatologica*, 19(2,3): 193–207.

Sackett, G. P. 1970. Unlearned responses, differential rearing experiences, and the development of social attachments by rhesus monkeys. In L. A. Rosenblum, ed. (*q.v.*), *Primate behavior: developments in field and laboratory research*, vol. 1, pp. 111–140.

Sade, D. S. 1965. Some aspects of parent-offspring and sibling relations in a group of rhesus monkeys, with a discussion of grooming. *American Journal of Physical Anthropology*, 23(1): 1–17.

—— 1967. Determinants of dominance in a group of free-ranging rhesus monkeys. In S. A. Altmann, ed. (*q.v.*), *Social communication among primates*, pp. 99–114.

Sadleir, R. M. F. S. 1965. The relationship between agonistic behaviour and population changes in the deermouse, *Peromyscus maniculatus* (Wagner). *Journal of Animal Ecology*, 34(2): 331–352.

Sahlins, M. D. 1959. The social life of monkeys, apes and primitive man. In J. N. Spuhler, ed., *The evolution of man's capacity for culture*, pp. 54–73. Wayne State University Press, Detroit, Mich. 79 pp.

Saint Girons, M. C. 1967. Étude du genre *Apodemus* Kaup, 1829 en France (suite et fin). *Mammalia*, 31(1): 55–100.

Sakagami, S. F. 1954. Occurrence of an aggressive behaviour in queenless hives, with considerations on the social organization of honeybee. *Insectes Sociaux*, 1(4): 331–343.

—— 1960. Ethological peculiarities of the primitive social bees, *Allodape* Lepeltier and allied genera. *Insectes Sociaux*, 7(3): 231–249.

—— 1971. Ethosoziologischer Vergleich zwischen Honigbienen und stachellosen Bienen. *Zeitschrift für Tierpsychologie*, 28(4): 337–350.

Sakagami, S. F., and Y. Akahira. 1960. Studies on the Japanese honeybee, *Apis cerana cerana* Fabricius: 8, two opposing adaptations in the post-stinging behavior of honeybees. *Evolution*, 14(1): 29–40.

Sakagami, S. F., and K. Fukushima. 1957. Vespa dybowskii André as a facultative temporary social parasite. *Insectes Sociaux*, 4(1): 1–12.

Sakagami, S. F., and K. Hayashida. 1968. Bionomics and sociology of the summer matrifilial phase in the social halictine bee, *Lasioglossum duplex. Journal of the Faculty of Science, Hokkaido University*, 6th ser. (Zoology), 16(3): 413–513.

Sakagami, S. F., and S. Laroca. 1963. Additional observations on the habits of the cleptobiotic stingless bees, the genus *Lestrimelitta* Friese (Hymenoptera, Apoidea). *Journal of the Faculty of Science, Hokkaido University*, 6th ser. (Zoology), 15(2): 319–339.

Sakagami, S. F., and C. D. Michener. 1962. *The nest architecture of the sweat bees (Halictinae): a comparative study of behavior.* University of Kansas Press, Lawrence. 135 pp.

Sakagami, S. F. Maria J. Montenegro, and W. E. Kerr. 1965. Behavior studies of the stingless bees, with special reference to the oviposition process: 5, *Melipona quadrifasciata anthidioides* Lepeletier. *Journal of the Faculty of Science, Hokkaido University*, 6th ser. (Zoology), 15(4): 578–607.

Sakagami, S. F., and Y. Oniki. 1963. Behavior studies of the stingless bees, with special reference to the oviposition process: 1, *Melipona compressipes manaosensis* Schwarz. *Journal of the Faculty of Science, Hokkaido University*, 6th ser. (Zoology), 15(2): 300–318.

Sakagami, S. F., and K. Yoshikawa. 1968. A new ethospecies of *Stenogaster* wasps from Sarawak, with a comment on the value of ethological characters in animal taxonomy. *Annotationes Zoologicae Japonenses*, 41(2): 77–84.

Sakagami, S. F., and R. Zucchi. 1965. Winterverhalten einer neotropischen Hummel, *Bombus atratus*, innerhalb des Beobachtungskastens: ein Beitrag zur Biologie der Hummeln. *Journal of the Faculty of Science, Hokkaido University*, 6th ser. (Zoology), 15(4): 712–762.

Sale, P. F. 1972. Effect of cover on agonistic behavior of a reef fish: a possible spacing mechanism. *Ecology*, 53(4): 753–758.

Salt, G. 1936. Experimental studies in insect parasitism: 4, the effect of superparasitism on population of *Trichogramma evanescens*. *Journal of Experimental Biology*, 13: 363–375.

Sanders, C. J. 1970. The distribution of carpenter ant colonies in the spruce-fir forests of northeastern Ontario. *Ecology*, 51(5): 865–873.

—— 1971. Sex pheromone specificity and taxonomy of budworm moths (Choristoneura). *Science*, 171: 911–913.

Sanders, C. J., and F. B. Knight. 1968. Natural regulation of the aphid *Pterocomma populifoliae* on bigtooth aspen in northern lower Michigan. *Ecology*, 49(2): 234–244.

Sands, W. A. 1957. The soldier mandibles of the Nasutitermitinae (Isoptera, Termitidae). *Insectes Sociaux*, 4(1): 13–24.

—— 1972. The soldierless termites of Africa (Isoptera: Termitidae). *Bulletin of the British Museum of Natural History, Entomology*, supplement 18. 244 pp.

Santschi, F. 1920. Fourmis du genre *Bothriomyrmex* Emery (systématique et moeurs). *Revue Zoologique Africaine*, 7(3): 201–224.

Sauer, E. G. F., and Eleonore M. Sauer. 1963. The South-West African bush-baby of the *Galago senegalensis* group. *Journal of the South West Africa Scientific Society*, 16: 5–35. [Synopsis in J. R. Napier and P. H. Napier, 1967 (*q.v.*).]

—— 1972. Zur Biologie der Kurzohrigen Elefantenspitzmaus. *Zeitschrift des Kölner Zoo*,15(4): 119–139.

Savage, T. S., and J. Wyman. 1843–1844. Observations on the external characters and habits of the Troglodytes Niger, Geoff. and on its organization. *Boston Journal of Natural History*, 4(3): 362–376; 4(4): 377–386.

Schaller, G. B. 1961. The orang-utan in Sarawak. *Zoologica, New York*, 46(2): 73–82.

—— 1963. *The mountain gorilla: ecology and behavior*. University of Chicago Press, Chicago. xviii + 431 pp.

—— 1965a. The behavior of the mountain gorilla. In I. DeVore, ed. (*q.v.*), *Primate behavior: field studies of monkeys and apes*, pp. 324–367.

—— 1965b. *The year of the gorilla*. Ballantine Books, New York. 285 pp.

—— 1967. *The deer and the tiger: a study of wildlife in India*. University of Chicago Press, Chicago. ix + 370 pp.

—— 1970. This gentle and elegant cat. *Natural History*, 79(6): 30–39.

—— 1972. *The Serengeti lion: a study of predator-prey relations*. University of Chicago Press, Chicago. xiii + 480 pp.

Schaller, G. B., and G. R. Lowther. 1969. The relevance of carnivore behavior to the study of early hominids. *South-Western Journal of Anthropology*, 25(4): 307–341.

Scheffer, V. B. 1958. *Seals, sea lions, and walruses: a review of the Pinnipedia*. Stanford University Press, Stanford, Calif. x + 179 pp.

Schein, M. W., and M. H. Fohrman. 1955. Social dominance relationships in a herd of dairy cattle. *British Journal of Animal Behaviour*, 3(2): 45–55.

Schenkel, R. 1947. Ausdrucks-Studien an Wölfen. Gefangenschafts-Beobachtungen. *Behaviour*, 1(2): 81–129.

—— 1966a. Zum Problem der Territorialität und des Markierens bei Säugern—am Beispiel des Schwarzen Nashorns und des Löwens. *Zeitschrift für Tierpsychologie*, 23(5): 593–626.

—— 1966b. Play, exploration and territoriality in the wild lion. *Symposia of the Zoological Society of London*, 18: 11–22.

—— 1967. Submission : its features and function in the wolf and dog. *American Zoologist*, 7(2): 319–329.

Scherba, G. 1964. Species replacement as a factor affection distribution of *Formica opaciventris* Emery (Hymenoptera: Formicidae). *Journal of the New York Entomological Society*, 72: 231–237.

Scheven, J. 1958. Beitrag zur Biologie der Schmarotzerfeldwespen *Sulcopolistes atrimandibularis* Zimm., *S. semenowi* F. Morawitz und *S. sulcifer* Zimm. *Insectes Sociaux*, 5(4): 409–437.

Schevill, W. E. 1964. Underwater sounds of cetaceans. In W. N. Tavolga, ed. (*q.v.*), *Marine bio-acoustics*, pp. 307–316.

Schevill, W. E., and W. A. Watkins. 1962. *Whale and porpoise voices: a phonograph record*. Contribution no. 1320. Woods Hole Oceanographic Institution, Woods Hole, Mass. 24 pp.

Schiller, P. H. 1952. Innate constituents of complex responses in primates. *Psychological Review*, 59(3): 177–191.

—— 1957. Innate motor action as a basis of learning. In Clair H. Schiller, trans. and ed., *Instinctive behavior: the development of a modern concept*, pp. 264–287. International Universities Press, New York. xix + 328 pp.

Schjelderup-Ebbe, T. 1922. Beiträge zur Sozialpsychologie des Haushuhns. *Zeitschrift für Psychologie*, 88(3–5): 225–252.

—— 1923. Weitere Beiträge zur Sozial- und Individualpsychologie des Haushuhns. *Zeitschrift für Psychologie*, 92(1,2): 60–87.

—— 1935. Social behavior of birds. In C. A. Murchison, ed., *A handbook of social psychology*, pp. 947–972. Clark University Press, Worcester, Mass. xii + 1195 pp.

Schloeth, R. 1961. Das Sozialleben des Camargue-Rindes. *Zeitschrift für Tierpsychologie*, 18(5): 575–627.

Schmid, B. 1939. Psychologische Beobachtungen und Versuche an einem jungen, männlichen Ameisenbären (*Myrmecophaga tridactylus* L.). *Zeitschrift für Tierpsychologie*, 2(2): 117–126.

Schneider, D. 1969. Insect olfaction: deciphering system for chemical messages. *Science*, 163: 1031–1037.

Schneirla, T. C. 1933. Studies on army ants in Panama. *Journal of Comparative Psychology*, 15(2): 267–299.

—— 1938. A theory of army-ant behavior based upon the analysis of activities in a representative species. *Journal of Comparative Psychology*, 25(1): 51–90.

—— 1940. Further studies on the army-ant behavior pattern. Mass-organization in the swarm-raiders. *Journal of Comparative Psychology*, 29(3): 401–460.

—— 1946. Problems in the biopsychology of social organization. *Journal of Abnormal and Social Psychology*, 41(4): 385–402.

—— 1956. A preliminary survey of colony division and related processes in two species of terrestrial army ants. *Insectes Sociaux*, 3(1): 49–69.

—— 1971. *Army ants: a study in social organization*, ed. by H. R. Topoff. W. H. Freeman, San Francisco. xxii + 349 pp.

Schneirla, T. C., and R. Z. Brown. 1952. Sexual broods and the production of young queens in two species of army ants. *Zoologica, New York*, 37(1): 5–32.

Schneirla, T. C., and G. Piel. 1948. The army ant. *Scientific American*, 175(6) (June): 16–23.

Schneirla, T. S., J. S. Rosenblatt, and Ethel Tobach. 1963. Maternal behavior in the cat. In Harriet L. Rheingold, ed. (*q.v.*), *Maternal behavior in mammals*, pp. 122–168.

Schoener, T. W. 1965. The evolution of bill size differences among sympatric congeneric species of birds. *Evolution*, 19(2): 189–213.

—— 1967. The ecological significance of sexual dimorphism in size in the lizard *Anolis conspersus. Science*, 155:474–477.

—— 1968a. Sizes of feeding territories among birds. *Ecology*, 49(1): 123–141.

—— 1968b. The *Anolis* lizards of Bimini: resource partitioning in a complex fauna. *Ecology*, 49(4): 704–726.

—— 1971. Theory of feeding strategies. *Annual Review of Ecology and Systematics*, 2: 369–404.

—— 1973. Population growth regulated by intraspecific competition for energy or time: some simple representations. *Theoretical Population Biology*, 4(1): 56–48.

Schoener, T. W., and Amy Schoener. 1971a. Structural habitats of West Indian *Anolis* lizards: 1, lowland Jamaica. *Breviora*, 368. 53 pp.

—— 1971b. Structural habitats of West Indian *Anolis* lizards: 2, Puerto Rican uplands. *Breviora*, 375. 39 pp.

Schopf, T. J. M. 1973. Ergonomics of polymorphism: its relation to the colony as the unit of natural selection in species of the phylum Ectoprocta. In R. S. Boardman, A. H. Cheetham, and W. A. Oliver, Jr., eds. (*q.v.*), *Animal colonies: development and function through time*, pp. 247–294.

Schremmer, F. 1972. Beobachtungen zur Biologie von *Apoica pallida* (Olivier, 1791), einer neotropischen sozialen Faltenwespe (Hymenoptera, Vespidae). *Insectes Sociaux*, 19(4): 343–357.

Schull, W. J., and J. V. Neel. 1965. *The effects of inbreeding on Japanese children.* Harper & Row, New York. xii + 419 pp.

Schultz, A. H. 1958. The occurrence and frequency of pathological and teratological conditions and of twinning among non-human primates. *Primatologia, Handbuch der Primatenkunde*, 1: 965–1014.

Schultze-Westrum, T. 1965. Innerartliche Verständigung durch Düfte beim Gleitbeutler *Petaurus breviceps papuanus* Thomas (Marsupialia, Phalangeridae). *Zeitschrift für Vergleichende Physiologie*, 50(2): 151–220.

Schusterman, R. J., and R. G. Dawson. 1968. Barking, dominance, and territoriality in male sea lions. *Science*, 160: 434–436.

Schwarz, H. F. 1948. Stingless bees (Meliponidae) of the western hemisphere, *Bulletin of the American Museum of Natural History*, 90. xvii + 546 pp.

Scott, J. F. 1971. *Internalization of norms: a sociological theory of moral commitment*. Prentice-Hall, Englewood Cliffs, N.J. xviii + 237 pp.

Scott, J. P. 1967. The evolution of social behavior in dogs and wolves. *American Zoologist*, 7(2): 373–381.

—— 1968. Evolution and domestication of the dog. *Evolutionary Biology*, 2: 243–275.

Scott, J. P., and E. Fredericson. 1951. The causes of fighting in mice and rats. *Physiological Zoology*, 24(4): 273–309.

Scott, J. P., and J. L. Fuller. 1965. *Genetics and the social behavior of the dog*. University of Chicago Press, Chicago. xviii + 468 pp.

Scott, J. W. 1942. Mating behavior of the sage grouse. *Auk*, 59(4): 477–498.

—— 1950. A study of the phylogenetic or comparative behavior of three species of grouse. *Annals of the New York Academy of Sciences*, 51(6): 1062–1073.

Scudo, F. M. 1967. The adaptive value of sexual dimorphism: 1, anisogamy. *Evolution*, 21(2): 285–291.

Seay, B. 1966. Maternal behavior in primiparous and multiparous rhesus monkeys. *Folia Primatologica*, 4(2): 146–168.

Sebeok, T. A. 1962. Coding in the evolution of signalling behavior. *Behavioral Science*, 7(4): 430–442.

—— 1963. Communication among social bees; porpoises and sonar; man and dolphin. *Language*, 39(3): 448–466.

—— 1965. Animal communication. *Science*, 147: 1006–1014.

—— ed. 1968. *Animal communication: techniques of study and results of research.* Indiana University Press, Bloomington. xviii + 686 pp.

Seemanova, Eva. 1972. (Quoted by *Time*, October 9, 1972, p. 58.)

Seitz, A. 1955. Untersuchungen über angeborene Verhaltensweisen bei Caniden: III, Beobachtungen an Marderhunden (*Nyctereutes procyonoides* Gray). *Zeitschrift für Tierpsychologie*, 12(3): 463–489.

Sekiguchi, K., and S. F. Sakagami. 1966. Structure of foraging population and related problems in the honeybee, with considerations on the division of labour in bee colonies. *Report of the Hokkaido National Agricultural Experiment Station* (Hitsujigaoka, Sapporo, Japan), no. 69. 65 pp.

Selander, R. K. 1965. On mating systems and sexual selection. *American Naturalist*, 99(906): 129–141.

—— 1966. Sexual dimorphism and differential niche utilization in birds. *Condor*, 68(2): 113–151.

—— 1972. Sexual selection and dimorphism in birds. In B. Campbell, ed. (*q.v.*), *Sexual selection and the descent of man*, 1871–1971, pp. 180–230.

Selous, E. 1927. *Realities of bird life*. Constable, London.

Selye, H. 1956. *The stress of life*. McGraw-Hill Book Co., New York. xviii + 324 pp.

Seton, E. T. 1909. *Life-histories of northern animals: an account of the mammals of Manitoba*, 2 vols. Charles Scribner's Sons, New York. Vol. 1: xxx + 673 pp; vol. 2: xii + 590 pp.

Sexton, O. J. 1960. Some aspects of the behavior and of the territory of a dendrobatid frog, *Prostherapis trinitatis. Ecology*, 41(1): 107–115.

—— 1962. Apparent territorialism in *Leptodactylus insularum* Barbour. *Herpetologica*, 18(3): 212–214.

Shank, C. C. 1972. Some aspects of behaviour in a population of feral goats (*Capra hircus* L.). *Zeitschrift für Tierpsychologie*, 30(5): 488–528.

Shannon, C. E., and W. Weaver. 1949. *The mathematical theory of communication*. University of Illinois Press, Urbana. 117 pp.

Sharp, W. M., and Louise H. Sharp. 1956. Nocturnal movement and behavior of wild raccoons at a winter feeding station. *Journal of Mammalogy*, 37(2): 170–177.

Shaw, Evelyn. 1962. The schooling of fishes. *Scientific American*, 206(6) (June): 128–138.

—— 1970. Schooling in fishes: critique and review. In L. R. Aronson, Ethel Tobach, D. S. Lehrman, and J. S. Rosenblatt, eds. (*q.v.*), *Development and evolution of behavior: essays in memory of T. C. Schneirla*, pp. 452–480.

Shearer, D., and R. Boch. 1965. 2Heptanone in the mandibular gland secretion of the honey-bee. *Nature, London*, 206(4983): 530.

Shepher, J. 1972. [A news report of his studies of marriage in Israeli kibbutzes in "Science and the citizen," *Scientific American*, 227(6) (December): 43.]

Shettleworth, Sara J. 1972. Constraints on learning. *Advances in the Study of Behavior*, 4: 1–68.

Shillito, Joy F. 1963. Field observations on the growth, reproduction and activity of a woodland population of the common shrew *Sorex araneus* L. *Proceedings of the Zoological Society of London*, 140(1): 99–114.

Shoemaker, H. H. 1939. Social hierarchy in flocks of the canary. *Auk*, 56(4): 381–406.

Shorey, H. H. 1970. Sex pheromones of Lepidoptera. In D. L. Wood, R. M.

Silverstein, and M. Nakajima, eds. (*q.v.*), *Control of insect behavior by natural products*, pp. 249–284.

Short, L. 1961. Interspecies flocking of birds of montane forest in Oaxaca, Mexico. *Wilson Bulletin*, 73(4): 341–347.

Shuleikin, V. V. 1968. *Marine physics*. Nauka Publishing House, Moscow. [Cited by D. V. Radakov, 1973 (*q.v.*).]

Siegel, R. W., and L. W. Cohen. 1962. The intracellular differentiation of cilia. *American Zoologist*, 2(4): 558.

Sikes, Sylvia K. 1971. *The natural history of the African elephant*. Elsevier, New York. xxvi + 397 pp.

Silberglied, R. E., and O. R. Taylor. 1973. Ultraviolet differences between the sulfur butterflies, *Colias eurytheme* and *C. philodice*, and a possible isolating mechanism. *Nature, London*, 241(5389): 406–408.

Silén, L. 1942. Origin and development of the cheilo-ctenostomatous stem of Bryozoa. *Zoologiska Bidrag från Uppsala*, 22: 1–59.

—— 1975. Polymorphism. In R. M. Woollacott, ed., *The biology of bryozoans*. Academic Press, New York. (In press.)

Silverstein, R. M. 1970. Attractant pheromones of Coleoptera. In M. Beroza, ed. (*q.v.*), *Chemicals controlling insect behavior*, pp. 21–40.

Simberloff, D. S., and E. O. Wilson. 1969. Experimental zoogeography of islands: the colonization of empty islands. *Ecology*, 50(2): 278–296.

Simmons, J. A., E. G. Wever, and J. M. Pylka. 1971. Periodical cicada: sound production and hearing. *Science*, 171: 212–213.

Simmons, K. E. L. 1951. Interspecific territorialism. *Ibis*, 93(3): 407–413.

—— 1955. Studies on great crested grebes. *Avicultural Magazine*, 61(1): 3–13; 61(2): 93–102; 61(3): 131–146; 61(4): 181–201; 61(5): 235–253; 61(6): 294–316.

—— 1970. Ecological determinants of breeding adaptations and social behaviour in two fish-eating birds. In J. H. Crook, ed. (*q.v.*), *Social behaviour in birds and mammals*, pp. 37–77.

Simon, H. A. 1962. The architecture of complexity. *Proceedings of the American Philosophical Society*, 106(6): 467–482.

Simonds, P. E. 1965. The bonnet macaque in South India. In I. DeVore, ed. (*q.v.*), *Primate behavior: field studies of monkeys and apes*, pp. 175–196.

Simons, E. L., and P. C. Ettel. 1970. Gigantopithecus. *Scientific American*, 222(1) (January): 76–85.

Simpson, G. G. 1944. *Tempo and mode in evolution*. Columbia University Press, New York. xviii + 237 pp.

—— 1945. The principles of classification and a classification of mammals. *Bulletin of the American Museum of Natural History*, 85. xvi + 350 pp.

—— 1953. *The major features of evolution*. Columbia University Press, New York. xx + 434 pp.

—— 1961. *Principles of animal taxonomy*. Columbia University Press, New York. xii + 247 pp.

Simpson, T. L. 1973. Coloniality among the Porifera. In R. S. Boardman, A. H. Cheetham, and W. A. Oliver, Jr., eds. (*q.v.*), *Animal colonies: development and function through time*, pp. 549–565.

Sinclair, A. R. E. 1970. Studies of the ecology of the East African buffalo. Ph.D. thesis, Oxford University, Oxford. [Cited by H. Kruuk, 1972 (*q.v.*).]

Sipes, R. G. 1973. War, sports and aggression: an empirical test of two rival theories. *American Anthropologist*, 75(1): 64–86.

Skaife, S. H. 1953. Sub-social bees of the genus *Allodape* Lep. & Serv. *Journal of the Entomological Society of South Africa*, 16(1): 3–16.

—— 1954a. The black-mound termite of the Cape, *Amitermes atlanticus* Fuller. *Transactions of the Royal Society of South Africa*, 34(1): 251–271.

—— 1954b. Caste differentiation among termites. *Transactions of the Royal Society of South Africa*, 34(2): 345–353.

—— 1955. *Dwellers in darkness*. Longmans, Green, London. x + 134 pp.

Skinner, B. F. 1966. The phylogeny and ontogeny of behavior. *Science*, 153: 1205–1213.

Skutch, A. F. 1935. Helpers at the nest. *Auk*, 52(3): 257–273.

—— 1959. Life history of the groove-billed ani. *Auk*, 76(3): 281–317.

—— 1961. Helpers among birds. *Condor*, 63(3): 198–226.

Sladen, F. W. L. 1912. *The humblebee, its life-history and how to domesticate it, with descriptions of all the British species of* Bombus *and* Psithyrus. Macmillan Co., London. xiii + 283 pp.

Slijper, E. J. 1962. *Whales*. Hutchinson, London. 475 pp.

Slobin, D. 1971. *Psycholinguistics*. Scott, Foresman, Glenview, Ill. xii + 148 pp.

Slobodkin, L. B., and A. Rapoport. 1974. An optimal strategy of evolution. *Quarterly Review of Biology*, 49(3): 181–200.

Smith, C. C. 1968. The adaptive nature of social organization in the genus of tree squirrels *Tamiasciurus*. *Ecological Monographs*, 38(1): 31–63.

Smith, E. A. 1968. Adoptive suckling in the grey seal. *Nature, London*, 217(5130): 762–763.

Smith, H. M. 1943. Size of breeding populations in relation to egg-laying and reproductive success in the eastern red-wing (*Agelaius p. phoeniceus*). *Ecology*, 24(2): 183–207.

Smith, M. R. 1936. *Distribution of the Argentine ant in the United States and suggestions for its control or eradication*. U.S. Department of Agriculture, Circular no. 387. 39 pp.

Smith, N. G. 1968. The advantages of being parasitized. *Nature, London*, 219(5155): 690–694.

Smith, W. J. 1963. Vocal communication in birds. *American Naturalist*, 97(893): 117–125.

—— 1969a. Messages of vertebrate communication. *Science*, 165: 145–150.

—— 1969b. Displays of *Sayornis phoebe* (Aves, Tyrannidae). *Behaviour*, 33(3,4): 283–322.

Smith, W. J., Sharon L. Smith, Elizabeth C. Oppenheimer, Jill G. de Villa, and F. A. Ulmer. 1973. Behavior of a captive population of black-tailed prairie dogs: annual cycle of social behavior. *Behaviour*, 46(3,4): 189–220.

Smyth, M. 1968. The effects of removal of individuals from a population of bank voles (*Clethrionomys glareolus*). *Journal of Animal Ecology*, 37(1): 167–183.

Smythe, N. 1970a. The adaptive value of the social organization of the coati (*Nasua narica*). *Journal of Mammalogy*, 51(4): 818–820.

—— 1970b. On the existence of "pursuit invitation" signals in mammals. *American Naturalist*, 104(938): 491–494.

Snow, Carol J. 1967. Some observations on the behavioral and morphological development of coyote pups. *American Zoologist*, 7(2): 353–355.

Snow, D. W. 1958. *A study of blackbirds*. Allen and Unwin, London. 192 pp.

—— 1961. The natural history of the oilbird, *Steatornis caripensis*, in Trinidad, W.I.: I, general behavior and breeding habits. *Zoologica, New York*, 46(1): 27–48.

—— 1963. The evolution of manakin displays. *Proceedings of the Thirteenth International Ornithological Congress, Ithaca*, 1962, pp. 553–561.

Snyder, N. 1967. An alarm reaction of aquatic gastropods to intraspecific extract. *Memoirs of the Cornell University Agricultural Experiment Station*, 403: 1–222.

Snyder, R. L. 1961. Evolution and integration of mechanisms the regulate population growth. *Proceedings of the National Academy of Sciences, U.S.A.*, 47(4): 449–455.

Sody, H. J. V. 1959. Das javanische Nashorn, *Rhinoceros sondaicus*. *Zeitschrift für Säugetierkunde*, 24(3,4): 109–240.

Solomon, M. E. 1969. *Population dynamics*. St. Martin's Press, New York. 60 pp.

Sondheimer, E., and J. B. Simeone, eds. 1970. *Chemical ecology*. Academic Press, New York. xvi + 336 pp.

Sorenson, M. W. 1970. Behavior of tree shrews. In L. A. Rosenblum, ed. (*q.v.*), *Primate behavior: developments in field and laboratory research*, vol. 1, pp. 141–193.

Sorokin, P. 1957. *Social and cultural dynamics*. Porter Sargent, Boston. 719 pp.

Soulié, J. 1960a. Des considérations écologiques peuvent-elles apporter une contribution à la connaissance du cycle biologique des colonies de *Cremastogaster* (Hymenoptera-Formicoidea). *Insectes Sociaux*, 7(3): 283–295.

——— 1960b. La "sociabilité" des *Cremastogaster* (Hymenoptera-Formicoidea). *Insectes Sociaux*, 7(4): 369–376.

——— 1964. Le contrôle par les ouvrières de la monogynie des colonies chez *Sphaerocrema striatula* (Myrmicidae, Cremastogastrini). *Insectes Sociaux*, 11(4): 383–388.

Southern, H. N. 1948. Sexual and aggressive behaviour in the wild rabbit. *Behaviour*, 1(3,4): 173–194.

Southwick, C. H., ed. 1963. *Primate social behavior: an enduring problem*, Van Nostrand Co., Princeton, N.J. viii + 191 pp.

——— 1967. An experimental study of intragroup agonistic behavior in rhesus monkeys (*Macaca mulatta*). *Behaviour*, 28(1,2): 182–209.

——— 1969. Aggressive behaviour of rhesus monkeys in natural and captive groups. In S. Garattini and E. B. Sigg, eds. (*q.v.*), *Aggressive behaviour*, pp. 32–43.

——— ed. 1970. *Animal aggression: selected readings*. Van Nostrand Reinhold, New York. xii + 229 pp.

社會生物學：新綜合理論

Southwick, C. H., Mirza Azhar Beg, and M. R. Siddiqi. 1965. Rhesus monkeys in North India. In I. DeVore, ed. (*q.v.*), *Primate behavior: field studies of monkeys and apes*, pp. 111–159.

Southwick, C. H., and M. R. Siddiqi. 1967. The role of social tradition in the maintenance of dominance in a wild rhesus group. *Primates*, 8(4): 341–353.

Sowls, L. K. 1974. Social behaviour of the collared peccary, *Dicotyles tajacu* (L.). In V. Geist and F. Walther, eds. (*q.v.*), *The behaviour of ungulates and its relation to management*, vol. 1, pp. 144–165.

Sparks, J. H. 1965. On the role of allopreening invitation behaviour in reducing aggression among red avadavats, with comments on its evolution in the Spermestidae. *Proccedings of the Zoological Society of London*, 145(3): 387–403.

—— 1969. Allogrooming in primates: a review. In D. Morris, ed. (*q.v.*), *Primate ethology: essays on the socio-sexual behavior of apes and monkeys*, pp. 190–225.

Spencer-Booth, Yvette. 1968. The behaviour of group companions towards rhesus monkey infants. *Animal Behaviour*, 16(4): 541–557.

—— 1970. The Relationships between mammalian young and conspecifics other than mothers and peers: a review. *Advances in the Study of Behavior*, 3: 119–194.

Spencer-Booth, Yvette, and R. A. Hinde. 1967. The effects of separating rhesus monkey infants from their mothers for six days. *Journal of Child Psychology and Psychiatry*, 7: 179–197.

—— 1971. The effects of thirteen days maternal separation on infant rhesus monkeys compared with those of shorter and repeated separations. *Animal Behaviour*, 19(3): 595–605.

Spieth, H. T. 1968. Evolutionary implications of sexual behavior in *Drosophila*. *Evolutionary Biology*, 2: 157–193.

Spradbery, J. P. 1965. The social organization of wasp communities. *Symposia of the Zoological Society of London*, 14: 61–96.

—— 1973. *Wasps: an account of the biology and natural history of solitary and social wasps*. Sidgwick and Jackson, London, xvi + 408 pp.

Stains, H. J. 1967. Carnivores and pinnipeds. In S. Anderson and J. K. Jones, Jr., eds. (*q.v.*), *Recent mammals of the world: a synopsis of families*, pp. 325–354.

Stamps, Judy A. 1973. Displays and social organization in female *Anolis aeneus*. *Copeia*, 1973, no. 2, pp. 264–272.

Starr, R. C. 1968. Cellular differentiation in *Volvox. Proceedings of the National Academy of Sciences, U.S.A.*, 59(4): 1082–1088.

Starrett, A. 1967. Hystricoid, erethizontoid, cavioid, and chinchilloid rodents. In S. Anderson and J. K. Jones, Jr., eds. (*q.v.*), *Recent mammals of the world: a synopsis of families*, pp. 254–272.

Stefanski, R. A. 1967. Utilization of the breeding territory in the black-capped chickadee. *Condor*, 69(3): 259–267.

Steiner, A. L. 1971. Play activity of Columbian ground squirrels. *Zeitschrift für Tierpsychologie*, 28(3): 247–261.

Stenger, Judith. 1958. Food habits and available food of ovenbirds in relation to territory size. *Auk*, 75(3): 335–346.

Stenger, Judith, and J. B. Falls. 1959. The utilized territory of the ovenbird. *Wilson Bulletin*, 71(2): 125–140.

Stephens, J. S., R. K. Johnson, G. S. Key, and J. E. McCosker. 1970. The comparative ecology of three sympatric species of California blennies of the genus *Hypsoblennius* Gill (Teleostomi, Blenniidae). *Ecological Monographs*, 40(2): 213–233.

Sterba, G. 1962. *Fresh-water fishes of the world*, Pet Library, Cooper Square, New York. 877 pp.

Sterndale, R. A. 1884. *Natural history of the Mammalia of India and Ceylon*.

社會生物學：新綜合理論

Calcutta. [Cited by L. H. Matthews, 1971 (*q.v.*).]

Števčić, Z. 1971. Laboratory observations on the aggregations of the spiny spider crab (*Maja squinado* Herbst). *Animal Behaviour*, 19(1): 18–25.

Stevenson, Joan G. 1969. Song as a reinforcer, In R. A. Hinde, ed. (*q.v.*), *Bird vocalizations: their relation to current problems in biology and psychology*, pp. 49–60.

Stewart, R. E., and J. W. Aldrich. 1951. Removal and repopulation of breeding birds in a spruce-fir forest community, *Auk*, 68(4): 471–482.

Steyn, J. J. 1954. The pugnacious ant (*Anoplolepis custodiens* Smith) and its relation to the control of citrus scales at Letaba. *Memoirs of the Entomological Society of South Africa*, no. 3. iii + 96 pp.

Stiles, F. G. 1971. Time, energy, and territoriality of the Anna hummingbird (*Calypte anna*). *Science*, 173: 818–821.

Stiles, F. G., and L. L. Wolf. 1970. Hummingbird territoriality at a tropical flowering tree. *Auk*, 87(3): 467–491.

Stimson, J. 1970. Territorial behavior of the owl limpet, *Lottia gigantea. Ecology*, 51(1): 113–118.

Stirling, I. 1971. Studies on the behaviour of the South Australian fur seal, *Arctocephalus forsteri* (Lesson), 1, 2. *Australian Journal of Zoology*, 19(3): 243–273.

—— 1972. Observations on the Australian sea lion, *Neophoca cinerea* (Peron). *Australian Journal of Zoology*, 20(3): 271–279.

Stone, R. C., and C. L. Hayward. 1968. Natural history of the desert woodrat, *Neotoma lepida. American Midland Naturalist*, 80(2): 458–476.

Struhsaker, T. T. 1967a. Behavior of vervet monkeys (*Cercopithecus aethiops*). *University of California Publications in Zoology*, 82. 64 pp.

—— 1967b. Social structure among vervet monkeys (*Cercopithecus aethiops*). *Behaviour*, 29(2–4): 83–121.

—— 1967c. Auditory communication among vervet monkeys (*Cercopithecus aethiops*). In S. A. Altmann, ed. (*q.v.*), *Social communication among primates*, pp. 281–324.

—— 1967d. Ecology of vervet monkeys (*Cercopithecus aethiops*) in the Masai-Amboseli Game Reserve, Kenya. *Ecology*, 48(6): 891–904.

—— 1969. Correlates of ecology and social organization among African cercopithecines. *Folia Primatologica*, 11(1,2): 80–118.

—— 1970a. Phylogenetic implications of some vocalizations of *Cercopithecus* monkeys. In J. R. Napier and P. H. Napier eds. (*q.v.*), *Old World monkeys: evolution, systematics, and behavior*, pp. 365–444.

—— 1970b. Notes on *Galagoides demidovii* in Cameroon. *Mammalia*, 34(2): 207–211.

Struhsaker, T. T., and J. S. Gartlan. 1970. Observations on the behaviour and ecology of the patas monkey (*Erythrocebus patas*) in the Wazas Reserve, Cameroon. *Journal of Zoology, London*, 161(1): 49–63.

Struhsaker, T. T., and P. Hunkeler. 1971. Evidence of Tool-using by chimpanzees in the Ivory Coast. *Folia Primatologica*, 15(3,4): 212–219.

Stuart, A. M. 1960. Experimental studies on communication in termites. Ph.D. thesis, Harvard University, Cambridge, Mass. 95 pp.

—— 1963. Studies on the communication of alarm in the termite *Zootermopsis nevadensis* (Hagen), Isoptera. *Physiological Zoology*, 36(1): 86–96.

—— 1969. Social behavior and communication. In K. Krishna and Frances M. Weesner, eds. (*q.v.*), *Biology of termites*, vol. 1, pp. 193–232.

—— 1970. The role of chemicals in termite communication. In J. W. Johnston, D. G. Moulton, and A. Turk, eds. (*q.v.*), *Advances in chemoreception*, vol. 1, *Communication by chemical signals*, pp. 79–106.

Stuewer, F. W. 1943. Raccoons: their habits and management in Michigan. *Ecological Monographs*, 13(2):203–257.

Stumper, R. 1950. Les associations complexes des fourmis. Commensalisme, symbiose et parasitisme. *Bulletin Biologique de la France et de la Belgique*, 84(4): 376–399.

Subramoniam, Swarna. 1957. Some observations on the habits of the slender loris, *Loris tardigradus* (Linnaeus). *Journal of the Bombay Natural History Society*, 54(2): 387–398.

Sudd, J. H. 1963. How insects work in group. *Discovery*, June. pp. 15–19.

—— 1967. *An introduction to the behaviour of ants*. Arnold, London. viii + 200 pp.

Sugiyama, Y. 1960. On the division of a natural troop of Japanese monkeys at Takasaki-Yama. *Primates*, 2(2): 109–148.

—— 1967. Social organization of Hanuman langurs. In S. A. Altmann, ed. (*q.v.*), *Social communication among primates*, pp. 221–236.

—— 1968. Social organization of chimpanzees in the Budongo Forest, Uganda. *Primates*, 9(3): 225–258.

—— 1969. Social behavior of chimpanzees in the Budongo Forest, Uganda. *Primates*, 10(3,4): 197–225..

—— 1971. Characteristics of the social life of bonnet macaques (*Macaca radiata*). *Primates*, 12(3,4): 247–266.

—— 1972. Social characteristics and socialization of wild chimpanzees. In F. E. Poirier, ed. (*q.v.*), *Primate socialization*, pp. 145–163.

—— 1973. Social organization of wild chimpanzees. In C. R. Carpenter, ed. (q.v.), *Behavioral regulators of behavior in primates*, pp. 68–80.

Summers, F. M. 1938. Some aspects of normal development in the colonial ciliate *Zoothamnium alternans. Biological Bulletin, Marine Biological Laboratory, Woods Hole*, 74(1): 117–129.

Suzuki, A. 1969. An ecological study of chimpanzees in a savanna woodland. *Primates*, 10(2): 103–148.

—— 1971. Carnivory and cannibalism observed among forest-living chimpanzees. *Journal of the Anthropological Society of Nippon*, 79(1): 30–48.

Sved, J. A., T. E. Reed, and W. F. Bodmer. 1967. The number of balanced polymorphisms that can be maintained in a natural population. *Genetics*, 55(3): 469–481.

Szlep, Raja, and T. Jacobi. 1967. The mechanism of recruitment to mass foraging in colonies of *Monomorium venustum* Smith, M. *subopacum* ssp. *phonicium* Em., *Tapinoma israelis* For. and *T. simothi v. phoenicium* Em. *Insectes Sociaux*, 14(1): 25–40.

Taber, F. W. 1945. Contribution on the life history and ecology of the nine-banded armadillo. *Journal of Mammalogy*, 26(3): 211–226.

Talbot, Mary. 1943. Population studies of the ant, *Prenolepis imparis* Say. *Ecology*, 24(1): 31–44.

—— 1957. Population studies of the slave-making ant *Leptothorax duloticus* and its slave *Leptothorax curvispinosus. Ecology*, 38(3): 449–456.

—— 1967. Slave-raids of the ant *Polyergus lucidus* Mayr. *Psyche, Cambridge*, 74(4): 299–313.

Talbot, Mary, and C. H. Kennedy. 1940. The slave-making ant, *Formica sanguinea subintegra* Emery, its raids, nuptial flights and nest structure. *Annals of the Entomological Society of America*, 33(3): 560–577.

Talmadge, R. V., and G. D. Buchanan. 1954. The armadillo: a review of its natural history, ecology, anatomy, and reproductive physiology. *Rice Institute Pamphlet, Houston*, 41(2): 1–135. [Cited by J. F. Eisenberg, 1966 (*q.v.*).]

Tavistock, H. W. 1931. The food-shortage theory. *Ibis*, 13th ser., 1: 351–354.

Tavolga, Margaret C. 1966. Behavior of the bottle-nose dolphin (*Tursiops truncatus*); social interactions in a captive colony. In K. S. Norris, ed. (*q.v.*), *Whales, dolphins and porpoises*, pp. 718–730.

Tavolga, Margaret C., and F. S. Essapian. 1957. The behavior of the bottle-nosed dolphin (*Tursiops truncatus*): mating, pregnancy, parturition, and Mother-infant behavior. *Zoologica, New York*, 42(1): 11–31.

Tavolga, W. N., ed. 1964. *Marine bio-acoustics*. Pergamon, New York. xiv + 413 pp.

Tayler, C. K., and G. S. Saayman. 1973. Imitative behaviour by Indian Ocean bottle-nose dolphins (*Tursiops aduncus*) in captivity. *Behaviour*, 44(3,4): 286–298.

Taylor, L. H. 1939. Observations on social parasitism in the genus *Vespula* Thomson. *Annals of the Entomological Society of America*, 32(2): 304–315.

Teleki, G. 1973. *The predatory behavior of wild chimpanzees*. Bucknell University Press, Lewisburg, Pa. 232 pp.

Tembrock, G. 1968. Land mammals. In T. A. Sebeok, ed. (*q.v.*), *Animal communication: techniques of study and results of research*, pp. 338–404.

Tener, J. S. 1954. A preliminary study of the musk-oxen of Fosheim Peninsula, Ellesmere Island, N.W.T. *Canada Wildlife Service, Wildlife Management Bulletin*, 1st ser., no. 9. 34 pp. [Cited by L. D. Mech, 1970 (*q.v.*).]

—— 1965. *Musk-oxen in Canada: a biological and taxonomic review*. Department of Northern Affairs and National Resources, Ottawa. 166 pp.

Test, F. H. 1954. Social aggressiveness in an amphibian. *Science*, 120: 140–141.

Tevis, L. 1950. Summer behavior of a family of beavers in New York State. *Journal of Mammalogy*, 31(1): 40–65.

Thaxter, R. 1892. On the Myxobacteriaceae, a new order of Schizomycetes. *Botanical Gazette*, 17: 389–406.

Theodor, J. L. 1970. Distinction between "self" and "not-self" in lower invertebrates. *Nature, London*, 227(5259): 690–692.

Thielcke, G. 1965. Gesangsgeographische Variation des Gartenbaumläufers (*Certhia brachydactyla*) im Hinblick auf das Artbildungsproblem. *Zeitschrift für Tierpsychologie*, 22(5): 542–566.

—— 1969. Geographic variation in bird vocalizations. In R. A. Hinde, ed. (*q.v.*), *Bird vocalizations: their relation to current problems in biology and psychology: essays presented to W. H. Thorpe*, pp. 311–339.

Thielcke, G., and Helga Thielcke. 1970. Die sozialen Funktionen verschiedener Gesangsformen des Sonnenvogels (*Leiothrix lutea*). *Zeitschrift für Tierpsychologie*, 27(2): 177–185.

Thiessen, D. D. 1964. Population density, mouse genotype, and endocrine function in behavior. *Journal of Comparative and Physiological Psychology*, 57(3): 412–416.

—— 1973. Footholds for survival. *American Scientist*, 61(3): 346–351.

Thiessen, D. D., H. C. Friend, and G. Lindzey. 1968. Androgen control of territorial marking in the Mongolian gerbil. *Science*, 160: 432–433.

Thiessen, D. D., K. Owen, and G. Lindzey. 1971. Mechanisms of territorial marking in the male and female Mongolian gerbils (*Meriones unguiculatus*). *Journal of Comparative and Physiological Psychology*, 77(1): 38–47.

Thiessen, D. D., and P. Yahr. 1970. Central control of territorial marking in the Mongolian gerbil. *Physiology and Behavior*, 5: 275–278.

Thines, G., and B. Heuts. 1968. The effect of submissive experiences on dominance and aggressive behaviour of *Xiphophorus* (Pisces, Poeciliidae). *Zeitschrift für Tierpsychologie*, 25(2): 139–154.

Thoday, J. M. 1953. Components of fitness. *Symposia of the Society for Experimental Biology*, 7: 96–113.

—— 1964. Genetics and integration of reproductive systems. *Symposia of the Royal Entomological Society of London*, 2: 108–119.

Thompson, W. L. 1960. Agonistic behavior in the house finch: 2, factors in aggressiveness and sociality. *Condor*, 62(5): 378–402.

Thompson, W. R. 1957. Influence of prenatal maternal anxiety on emotionality in young rats. *Science*, 125: 698–699.

—— 1958. Social behavior. In Anne Roe and G. G. Simpson, eds. (*q.v.*), *Behavior and evolution*, pp. 291–310.

Thorpe, W. H. 1954. The process of song-learning in the chaffinch as studied by means of the sound spectrograph. *Nature, London*, 173(4402): 465–469.

—— 1961. *Bird-song: the biology of vocal communication and expression in birds*. Cambridge University Press, Cambridge. xii + 143 pp.

—— 1963a. *Learning and instinct in animals*, 2d ed. Methuen, London. xii + 558 pp.

—— 1963b. Antiphonal singing in birds as evidence for avian auditory reaction time. *Nature, London*, 197(4869): 774–776.

—— 1972a. The comparison of vocal communication in animals and man. In R. A. Hinde, ed. (*q.v.*), *Non-verbal communication*, pp. 27–47.

—— 1972b. Vocal communication in birds. In R. A. Hinde, ed. (*q.v.*), *Non-verbal communication*, pp. 153–176.

Thorpe, W. H., and M. E. W. North. 1965. Origin and significance of the power of vocal imitation: with special reference to the antiphonal singing of birds. *Nature, London*, 208(5007): 219–222.

—— 1966. Vocal imitation in the tropical bou-bou shrike *Laniarius aethiopicus major* as a means of establishing and maintaining social bonds. *Ibis*, 108(3): 432–435.

Thorpe, W. H., and O. L. Zangwill, eds. 1961. *Current problems in animal behaviour*. Cambridge University Press, Cambridge. xiv + 424 pp.

Tiger, L. 1969. *Men in groups*. Random House, New York. xx + 254 pp.

Tiger, L., and R. Fox. 1971. *The imperial animal*. Holt, Rinehart and Winston, New York. xi + 308 pp.

Tinbergen, L. 1960. The natural control of insects in pinewoods: I, factors influencing the intensity of predation by songbirds. *Archives Néerlandaises de Zoologie, Leydig*, 13(3): 265–336.

Tinbergen, N. 1939. Field observations of East Greenland birds: II, the behavior of the snow bunting (*Plectrophenax nivalis subnivalis* [Brehm]) in spring. *Transactions of the Linnaean Society of New York*, 5: 1–94.

—— 1951. *The study of instinct*. Clarendon Press of Oxford University Press, Oxford. xii + 228 pp.

—— 1952. "Derived" activities; their causation, biological significance, origin, and emancipation during evolution. *Quarterly Review of Biology*, 27(1): 1–32.

—— 1953. *The herring gull's world: a study of the social behaviour of birds*. Collins, London. xvi + 255 pp.

—— 1959. Comparative studies of the behaviour of gulls (Laridae): a progress report. *Behaviour*, 15(1,2): 1–70.

—— 1960. The evolution of behavior in gulls. *Scientific American*, 203(6) (December): 118–130.

—— 1967. Adaptive features of the black-headed gull *Larus ridibundus* L. *Proceedings of the Fourteenth International Ornithological Congress, Oxford*, 1966, pp. 43–59.

Tinbergen, N., M. Impekoven, and D. Franck. 1967. An experiment on spacing-out as a defence against predation. *Behaviour*, 28(3,4): 307–321.

Tinkle, D. W. 1965. Population structure and effective size of a lizard population. *Evolution*, 19(4): 569–573.

—— 1967. The life and demography of the side-blotched lizard. *Uta stansburiana. Miscellaneous Publications, Museum of Zoology, University of Michigan, Ann Arbor*, 132. 182 pp.

—— 1969. The concept of reproductive effort and its relation to the evolution of life histories of lizards. *American Naturalist*, 103(933): 501–516.

Tobias, P. V. 1973. Implications of the new age estimates of the early South African

社會生物學：新綜合理論

hominids. *Nature, London*, 246(5428): 79–83.

Todd, J. H. 1971. The chemical language of fishes. *Scientific American*, 224(5) (May): 99–108.

Todt, D. 1970. Die antiphonen Paargesänge des ostafrikanischen Grassängers *Cisticola hunteri prinioides* Neumann. *Journal für Ornithologie*, 111(3,4): 332–356.

Tokuda, K., and G. D. Jensen. 1968. The leader's role in controlling aggressive behavior in a monkey group. *Primates*, 9(4): 319–322.

Tordoff, H. B. 1954. Social organization and behavior in a flock of captive, nonbreeding red crossbills. *Condor*, 56(6): 346–358.

Tretzel, E. 1966. Artkennzeichnende und reaktionsauslösende Komponenten im Gesang der Heidelerche (*Lullula arborea*). *Verhandlungen der Deutschen Zoologischen Gesellschaft, Jena*, 1965, pp. 367–380.

Trivers, R. L. 1971. The evolution of reciprocal altruism. *Quarterly Review of Biology*, 46(4): 35–57.

—— 1972. Parental investment and sexual selection. In B. Campbell, ed. (*q.v.*), *Sexual selection and the descent of man*, 1871–1971, pp. 136–179.

—— 1974. Parent-offspring conflict. *American Zoologist*, 14(1): 249–264.

—— 1975. Haplodiploidy and the evolution of the social insects. *Science*. (In press).

Trivers, R. L., and D. E. Willard. 1973. Natural selection of parental ability to vary the sex ratio of offspring. *Science*, 179: 90–92.

Troughton, E. L. 1966. *Furred animals of Australia*, 8th ed., rev. Livingston Publishing Co., Wynnewood, Pa. xxxii + 376 pp.

Truman, J. W., and Lynn M. Riddiford. 1974. Hormonal mechanisms underlying insect behaviour. *Advances in Insect Physiology*, 10: 297–352.

Trumler, E. 1959. Das "Rossigkeitsgesicht" und ähnliches Ausdrucksverhalten bei

Einhufern. *Zeitschrift für Tierpsychologie*, 16(4): 478–488.

Tschanz, B. 1968. Trottellummen. *Zeitschrift für Tierpsychologie*, supplement 4. 103 pp.

Tsumori, A. 1967. Newly acquired behavior and social interactions of Japanese monkeys. In S. A. Altmann, ed. (*q.v.*), *Social communication among primates*, pp. 207–219.

Tsumori, A., M. Kawai, and R. Motoyoshi. 1965. Delayed response of wild Japanese monkeys by the sand-digging method: 1, case of the Koshima troop. *Primates*, 6(2): 195–212.

Tucker, D., and N. Suzuki. 1972. Olfactory responses to Schreckstoff of catfish. *Proceedings of the Fourth International Symposium on Olfaction and Taste, Starnberg, Germany*, pp. 121–127.

Turnbull, C. M. 1968. The importance of flux in two hunting societies. In R. B. Lee and I. DeVore, eds. (*q.v.*), *Man the hunter*, pp. 132–137.

—— 1972. *The mountain people*. Touchstone Books, Simon and Schuster, New York. 309 pp.

Turner, C. D., and J. T. Bagnara. 1971. *General endocrinology*, 5th ed. W. B. Saunders Co., Philadelphia. x + 659 pp.

Turner, E. R. A. 1964. Social feeding in birds. *Behaviour*, 24(1,2): 1–46.

Turner, F. B., R. I. Jennrich, and J. D. Weintraub. 1969. Home ranges and body size of lizards. *Ecology*, 50(6): 1076–1081.

Tyler, Stephanie. 1972. The behaviour and social organization of the New Forest Ponies. *Animal Behaviour Monographs*, 5(2): 85–196.

Ullrich, W. 1961. Zur Biologie und Soziologie der Colobusaffen (*Colobus guereza caudatus* Thomas 1885). *Zoologische Garten, Leipzig*, n.s. 25(6): 305–368.

Urquhart, F. A. 1960. *The monarch butterfly*. University of Toronto Press, Toronto, xxiv + 361 pp.

Uzzell, T. 1970. Meiotic mechanisms of naturally occurring unisexual vertebrates. *American Naturalist*, 104(939): 433–445.

Valone, J. A., Jr. 1970. Electrical emissions in *Gymnotus carapo* and their relation to social behavior. *Behaviour*, 37(1,2): 1–14.

Vandenbergh, J. G. 1967. The development of social structure in free-ranging rhesus monkeys. *Behaviour*, 29(2–4): 179–194.

—— 1971. The effects of gonadal hormones on the aggressive behaviour of adult golden hamsters (*Mesocricetus auratus*). *Animal Behaviour*, 19(3): 589–594.

Van Denburgh, J. 1914. The gigantic land tortoises of the Galapagos Archipelago. *Proceedings of the California Academy of Sciences, San Francisco*, 4th ser. 2(1): 203–374.

Van Deusen, H. M., and J. K. Jones. Jr. 1967. Marsupials. In S. Anderson and J. K. Jones, Jr., eds. (*q.v.*), *Recent mammals of the world: a synopsis of families*, pp. 61–86.

Van Valen, L. 1971. Group selection and the evolution of dispersal. *Evolution*, 25(4): 591–598.

Varley, Margaret, and D. Symmes. 1966. The hierarchy of dominance in a group of macaques. *Behaviour*, 27(1,2): 54–75.

Vaughan, T. A. 1972. *Mammalogy*. W. B. Saunders Co., Philadelphia. viii + 463 pp.

Velthuis, H. H. V., and J. van Es. 1964. Some functional aspects of the mandibular glands of the queen honeybee. Journal of Apicultural Research, 3(1): 11–16.

Verheyen, R. 1954. *Monographie éthologique de l'hippopotame* (Hippopotamus amphibius Linné). Institut des Parcs Nationaux du Congo Belge. Exploration du Parc National Albert, Brussels. 91 pp.

Verner, J. 1965. Breeding biology of the long-billed marsh wren. *Condor*, 67(1):

6–30.

Verner, J., and Gay H. Engelsen. 1970. Territories, multiple nest building, and polygyny in the long-billed marsh wren. *Auk*, 87(3): 557–567.

Verner, J., and Mary F. Willson. 1966. The influence of habitats on mating systems of North American Passerine birds. *Ecology*, 47(1): 143–147.

Vernon, W., and R. Ulrich. 1966. Classical conditioning of pain-elicited aggression. *Science*, 152: 668–669.

Verron, H. 1963. Rôle des stimuli chimiques dans l'attraction sociale chez *Calotermes flavicollis* (Fabr.). *Insectes Sociaux*, 10(2): 167–184; 10(3): 185–296; 10(4): 297–335.

Verts, B. J. 1967. *The biology of the striped skunk*. University of Illinois Press, Urbana. xiv + 218 pp.

Verwey, J. 1930. Die Paarungsbiologie des Fischreihers. *Zoologische Jahrbücher, Abteilungen Physiologie*, 48: 1–120.

Vince, Margaret A. 1969. Embryonic communication, respiration and the synchronization of hatching. In R. A. Hinde, ed. (*q.v.*), *Bird vocalizations: their relations to current problems in biology and psychology*, pp. 233–260.

Vincent, F. 1968. La sociabilité du galago de Demidoff. *La Terre et la Vie*, 115(1): 51–56.

Vincent, R. E. 1958. Observations of red fox behavior. *Ecology*, 39(4): 755–757.

Voeller, B. 1971. Developmental physiology of fern gametophytes: relevance for biology. *BioScience*, 21(6): 266–270.

Vos, A. de, P. Brokx, and V. Geist. 1967. A review of social behavior of the North American cervids during the reproductive period. *American Midland Naturalist*, 77(2): 390–417.

Vuilleumier, F. 1967. Mixed species flocks in Patagonian forests, with remarks on interspecies flock formation. *Condor*, 69(4): 400–404.

Waddington, C. H. 1957. *The strategy of the genes: a discussion of some aspects of theoretical biology.* George Allen and Unwin, London. x + 262 pp.

Wahlund, S. 1928. Zusammensetzung von Populationen und Korrelationserscheinungen vom Standpunkt der Vererbungslehre aus betrachtet. *Hereditas*, 11: 65–106.

Walker, E. P., ed. 1964. *Mammals of the world*, vol.3, *A classified bibliography.* Johns Hopkins Press, Baltimore. ix + 769 pp.

Wallace, B. 1958. The average effect of radiation-induced mutations on viability in *Drosophila melanogaster. Evolution*, 12(4): 532–556.

—— 1968. *Topics in population genetics.* W. W. Norton, New York. x + 481 pp.

—— 1973. Misinformation, fitness, and selection. *American Naturalist*, 107(953): 1–7.

Wallis, D. I. 1961. Food-sharing behaviour of the ants *Formica sanguinea* and *Formica fusca. Behaviour*, 17(1): 17–47.

Waloff, Z. 1966. *The upsurges and recessions of the desert locust plague: an historical survey.* Anti-Locust Memoir no. 8. Anti-Locust Research Centre, London. 111 pp.

Walther, F. R. 1964. Verhaltensstudien an der Gattung *Tragelaphus* De Blainville, 1816, in Gefangenschaft, unter besonderer Berücksichtigung des Sozialverhaltens. *Zeitschrift für Tierpsychologie*, 21(4): 393–467.

—— 1969. Flight behaviour and avoidance of predators in Thomson's gazelle (*Gazella thomsoni* Guenther 1884). *Behaviour*, 34(3): 184–221.

Ward, P. 1965. Feeding ecology of the black-faced dioch *Quelea quelea* in Nigeria. *Ibis*, 107(2): 173–214.

Waring, G. H. 1970. Sound communications of black-tailed, white-tailed, and Gunnison's prairie dogs. *American Midland Naturalist*, 83(1): 167–185.

Warren, J. M., and R. J. Maroney. 1958. Competitive social interaction between monkeys. *Journal of Social Psychology*, 48: 223–233.

Washburn, S. L., ed. 1961. *Social life of early man*. Viking Fund Publications in Anthropology no. 31. Aldine Publishing Co., Chicago. ix + 299 pp.

—— ed. 1963. *Classification and human evolution*. Viking Fund Publications in Anthropology no. 37. Aldine Publishing Co., Chicago. viii + 371 pp.

—— 1970. Comment on: "A possible evolutionary basis for aesthetic appreciation in men and apes." *Evolution*, 24(4): 824–825.

—— 1971. On understanding man. *Rehovot, Weizmann Institute of Science*, 6(2): 22–29.

Washburn, S. L., and Virginia Avis. 1958. Evolution of human behavior. In Anne Roe and G. G. Simpson, eds. (*q.v.*), *Behavior and evolution*, pp. 421–436.

Washburn, S. L., and I. DeVore. 1961. The social life of baboons. *Scientific American*, 204(6) (June): 62–71.

Washburn, S. L., and D. A. Hamburg. 1965. The implications of primate research. In I. DeVore, ed. (*q.v.*), *Primate behavior: field studies of monkeys and apes*, pp. 607–622.

Washburn, S. L., and R. S. Harding. 1970. Evolution of primate behavior. In F. O. Schmitt, ed., *Neural and behavioural evolution. Neurosciences: second study program*, pp. 39–47. Rockefeller University Press, New York. 1068 pp.

Washburn, S. L., and F. C. Howell. 1960. Human evolution and culture. In S. Tax, ed., *Evolution after Darwin*, vol. 2, *Evolution of man*, pp. 33–56. University of Chicago Press, Chicago. viii + 473 pp.

Washburn, S. L., Phyllis C. Jay, and Jane B. Lancaster. 1968. Field studies of Old World monkeys and apes. *Science*, 150: 1541–1547.

Wasmann, E. 1915. Neue Beiträge zur Biologie von *Lomechusa* und *Atemeles*, mit kritischen Bemerkungen über das echte Gastverhältnis. *Zeitschrift für Wissenschaftliche Zoologie*, 114(2): 233–402.

Watson, A. 1967. Population control by territorial behaviour in red grouse. *Nature, London*, 215(5107): 1274–1275.

—— ed. 1970. *Animal populations in relation to their food resources*. Blackwell Scientific Publications, Oxford. xx + 477 pp.

Watson, A., and D. Jenkins. 1968. Experiments on population control by territorial behaviour in red grouse. *Journal of Animal Ecology*, 37(3): 595–614.

Watson, A., and R. Moss. 1971. Spacing as affected by territorial behavior, habitat and nutrition in red grouse (*Lagopus l. scoticus*). In A. H. Esser, ed. (*q.v.*), *Behavior and environment: the use of space by animals and men*, pp. 92–111.

Watson, J. A. L., J. J. C. Nel, and P. H. Hewitt. 1972. Behavioural changes in founding pairs of the termite, *Hodotermes mossambicus*. *Journal of Insect Physiology*, 18(2): 373–387.

Watts, C. R., and A. W. Stokes. 1971. The social order of turkeys. *Scientific American*, 224(6) (June): 112–118.

Wautier, V. 1971. Un Phénomène social chez les coléoptères: le grègarisme des *Brachinus* (Caraboïdea Brachinidae). *Insectes Sociaux*, 18(3): 1–84.

Way, M. J. 1953. The relationship between certain ant species with particular reference to biological control of the coreid, *Theraptus* sp. *Bulletin of Entomological Research*, 44(4): 669–691.

—— 1954a. Studies of the life history and ecology of the ant *Oecophylla longinoda* Latreille. *Bulletin of Entomological Research*, 45(1): 93–112.

—— 1954b. Studies on the association of the ant *Oecophylla longinoda* (Latr.) (Formicidae) with the scale insect *Saissetia zanzibarensis* Williams (Coccidae). *Bulletin of Entomological Research*, 45(1): 113–134.

—— 1963. Mutualism between ants and honeydew-producing Homoptera. *Annual Review of Entomology*, 8: 307–344.

Weber, M. 1964. *The sociology of religion*, trans. by E. Fischoff, with an introduction by T. Parsons. Beacon Press, Boston. lxx + 304 pp.

Weber, N. A. 1943. Parabiosis in Neotropical "ant gardens." *Ecology*, 24(3): 400–404.

—— 1944. The Neotropical coccid-tending ants of the genus *Acropyga* Roger. *Annals of the Entomological Society of America*, 37(1): 89–122.

—— 1966. Fungus-growing ants. *Science*, 153: 587–604.

—— 1972. *Gardening ants: the attines.* Memoirs of the American philosophical Society no. 92. American Philosophical Society, Philadelphia. xx + 146 pp.

Wecker, S. C. 1963. The role of early experience in habitat selection by the prairie deer mouse, *Peromyscus maniculatus bairdi. Ecological Monographs*, 33(4): 307–325.

Weeden, Judith Stenger. 1965. Territorial behavior of the tree sparrow. *Condor*, 67(3): 193–209.

Weeden, Judith Stenger, and J. B. Falls. 1959. Differential responses of male ovenbirds to recorded songs of neighboring and more distant individuals. *Auk*, 76(3): 343–351.

Weesner, Frances M. 1970. Termites of the Nearctic region. In K. Krishna and Frances M. Weesner, eds. (*q.v.*), *Biology of termites*, vol. 2, pp. 477–525.

Weir, J. S. 1959. Egg masses and early larval growth in *Myrmica. Insectes Sociaux*, 6(2): 187–201.

Weismann, A. 1891. *Essays upon heredity and kindred biological problems*, 2d ed. Clarendon Press, Oxford. xv + 471 pp.

Weiss, P. A. 1970. *Life, order, and understanding: a theme in three variations.* Graduate Journal, University of Texas, Supplement 8. 157 pp.

Weiss, R. F., W. Buchanan, Lynne Altstatt, and J. P. Lombardo. 1971. Altruism is rewarding. *Science*, 171: 1262–1263.

Welch, B. L., and Annemarie S. Welch. 1969. Aggression and the biogenic amine neurohumors. In S. Garattini and E. B. Sigg, eds. (*q.v.*), *aggressive behaviour*, pp. 188–202.

Weller, M. W. 1968. The breeding biology of the parasitic black-headed duck. *Living Bird*, 7: 169–207.

Wemmer, C. 1972. Comparative ethology of the large-spotted genet, *Genetta tigrina*, and related viverrid genera. Ph.D. thesis, University of Maryland, College Park.

Wesson, L. G. 1939. Contributions to the natural history of *Harpagoxenus americanus* (Hymenoptera: Formicidae). *Transactions of the American Entomological Society*, 65: 97–122.

—— 1940. Observations on *Leptothorax duloticus. Bulletin of the Brooklyn Entomological Society*, 35(3): 73–83.

West, Mary Jane. 1967. Foundress associations in polistine wasps: dominance hierarchies and the evolution of social behavior. *Science*, 157: 1584–1585.

West, Mary Jane, and R. D. Alexander. 1963. Sub-social behavior in a burrowing cricket *Anurogryllus muticus* (De Geer): Orthoptera: Gryllidae. *Ohio Journal of Science*, 63(1): 19–24.

Weygoldt, P. 1972. Geisselskorpione und Geisselspinnen (*Uropygi* und *Amblypygi*). *Zeitschrift des Kölner Zoo*, 15(3): 95–107.

Wharton, C. H. 1950. Notes on the life history of the flying lemur. *Journal of Mammalogy*, 31(3): 269–273.

Wheeler, W. M. 1904. A new type of social parasitism among ants. *Bulletin of the American Museum of Natural History*, 20(3): 347–375.

—— 1910. *Ants: their structure, development and behavior*. Columbia University Press, New York. xxv + 663 pp.

—— 1916. The Australian ants of the genus *Onychomyrmex. Bulletin of the Museum of Comparative Zoology, Harvard*, 60(2): 45–54.

—— 1918. A study of some ant larvae with a consideration of the origin and meaning of social habits among insects. *Proceedings of the American Philosophical Society*, 57: 293–343.

—— 1921. A new case of parabiosis and the "ant gardens" of British Guiana. *Ecology*, 2(2): 89–103.

—— 1922. Ants of the American Museum Congo Expedition, a contribution to the myrmecology of Africa: VII, keys to the genera and subgenera of ants; VIII, a synonymic list of the ants of the Ethiopian region; IX, a synonymic list of the ants of the Malagasy Region. *Bulletin of the American Museum of Natural History*, 45(1): 631–1055.

—— 1923. *Social life among the insects*. Harcourt, Brace, New York. vii + 375 pp.

—— 1925. A new guest-ant and other new Formicidae from Barro Colorado Island, Panama. *Biological Bulletin, Marine Biological Laboratory, Woods Hole*, 49(3): 150–181.

—— 1927a. *Emergent evolution and the social*. Kegan Paul, Trench, Trubner, London. 57 pp.

—— 1927b. The physiognomy of insects. *Quarterly Review of Biology*, 2(1): 1–36.

—— 1928. *The social insects: their origin and evolution*. Harcourt, Brace, New York. xviii + 378 pp.

—— 1930. Social evolution. In E. V. Cowdry, ed. (*q.v.*), *Human biology and racial welfare*, pp. 139–155.

—— 1933. *Colony-founding among ants, with and account of some primitive Australian species*. Harvard University Press, Cambridge. x + 179 pp.

—— 1934. A second revision of the ants of the genus *Leptomyrmex Mayr. Bulletin of the Museum of Comparative Zoology, Harvard*, 77(3): 69–118.

—— 1936. Ecological relations of ponerine and other ants to termites. *Proceedings of the American Academy of Arts and Sciences*, 71(3): 159–243.

Whitaker, J. O., Jr. 1963. A study of the meadow jumping mouse, *Zapus hudsonius* (Zimmerman) in central New York. *Ecological Monographs*, 33(3): 215–254.

White, H. C. 1970. *Chains of opportunity: system models of mobility in organizations*. Harvard University Press, Cambridge. xvi + 418 pp.

White, J. E. 1964. An index of the range of activity. *American Midland Naturalist*, 71(2): 369–373.

White, Sheila J., and R. E. C. White. 1970. Individual voice production in gannets. *Behaviour*, 37(1,2): 40–54.

Whitehead, G. K. 1972. *The wild goats of Great Britain and Ireland*. David and Charles, Newton Abbot, U.K. 184 pp.

Whiting , J. W. M. 1968. Discussion, "Are the hunter-gatherers a cultural type?" In R. B. Lee and I. DeVore, eds. (*q.v.*), *Man the hunter*, pp. 336–339.

Whittaker, R. H., and P. P. Feeny. 1971. Allelochemics: chemical interactions between species. *Science*, 171: 757–770.

Whitten, W. K., and F. H. Bronson. 1970. The role of pheromones in mammalian reproduction. In J. W. Johnston, Jr., D. G. Moulton, and A. Turk, eds. (*q.v.*), *Advances in chemoreception*, vol. 1, *Communication by chemical signals*, pp. 309–325.

Wickler, W. 1962. Ei-Attrappen und Maulbrüten bei afrikanischen Cichliden. *Zeitschrift für Tierpsychologie*, 19(2): 129–164.

—— 1963. Zur Klassifikation der Cichlidae, am Beispiel der Gattungen *Tropheus, Petrochromis, Haplochromis* und *Hemihaplochromis* n. gen. (Pisces, Perciformes). *Senckenbergiana Biologica*, 44(2): 83–96.

—— 1967a. Vergleichende Verhaltensforschung und Phylogenetik. In G. Heberer, ed., *Die Evolution der Organismen*, vol. 1, pp. 420–508. G. Fischer, Stuttgart. xvi + 754 pp.

—— 1967b. Specialization of organs having a signal function in some marine fish. *Studies in Tropical Oceanography, Miami*, 5: 539–548.

—— 1969a. Zur Soziologie des Brabantbuntbarsches, *Tropheus moorei* (Pisces, Cichlidae). *Zeitschrift für Tierpsychologie*, 26(8): 967–987.

—— 1969b. Socio-sexual signals and their intra-specific imitation among primates. In D. Morris, ed. (*q.v.*), *Primate ethology: essays on the socio-sexual behavior of apes and monkeys*, pp. 89–189.

—— 1972a. *The sexual code: the social behavior of animals and men. Doubleday*, Garden City, N.Y. xxxi + 301 pp. (Translated from *Sind Wir Sünder?*, Droemer Knaur, Munich, 1969.)

—— 1972b. Aufbau und Paarspezifität des Gesangsduettes von *Laniarius funebris* (Aves, Passeriformes, Laniidae). *Zeitschrift für Tierpsychologie*, 30(5): 464–476.

—— 1972c. Duettieren zwischen artverschiedenen Vögeln im Freiland. *Zeitschrift für Tierpsychologie*, 31(1): 98–103.

Wickler, W., and Uta Seibt. 1970. Das Verhalten von *Hymenocera picta* Dana, einer Seesterne fressenden Garnele (Decapoda, Natantia, Gnathophyllidae). *Zeitschrift für Tierpsychologie*, 27(3): 352–368.

Wickler, W., and Dagmar Uhrig. 1969a. Verhalten und ökologische Nische der Gelbflügelfledermaus, *Lavia frons* (Geoffroy) (Chiroptera, Megadermatidae). *Zeitschrift für Tierpsychologie*, 26(6): 726–736.

—— 1969b. Bettelrufe, Antwortszeit und Rassenunterschiede im Begrüssungsduett des Schmuckbartvogels *Trachyphonus d'arnaudii. Zeitschrift für Tierpsychologie*, 26(6): 651–661.

Wiegert, R. G. 1974. Competition: a theory based on realistic, general equations of population growth. *Science*, 185: 539–542.

Wiener, N. 1948. Time, communication, and the nervous system. *Annals of the New York Academy of Sciences*, 50(4): 197–220.

Wilcox, R. S. 1972. Communication by surface waves: mating behavior of a water strider (Gerridae). *Journal of Comparative Physiology*, 80(3): 255–266.

Wiley, R. H. 1973. Territoriality and non-random mating in sage grouse, *Centrocercus urophasianus. Animal Behaviour Monographs*, 6(2): 85–169.

—— 1974. Evolution of social organization and life history patterns among grouse (Aves: Tetraonidae). *Quarterly Review of Biology*, 49(3): 201–227.

Wille, A., and C. D. Michener. 1973. The nest architecture of stingless bees with special reference to those of Costa Rica (Hymenoptera: Apidae). *Revista de Biología Tropical*(Universidad de Costa Rica, San José), 21 (supplement 1): 1–278.

Wille, A., and E. Orozco. 1970. The life cycle and behavior of the social bee *Lasioglossum* (*Dialictus*) *umbripenne* (Hymenoptera: Halictidae). *Revista de Biología Tropical*(Universidad de Costa Rica, San José), 17(2): 199–245.

Williams, C. B. 1964. *Patterns in the balance of nature and related problems in quantitative biology*. Academic Press, New York. vii + 324 pp.

Williams, Elizabeth, and J. P. Scott. 1953. The development of social behavior patterns in the mouse in relation to natural periods. *Behaviour*, 6(1): 35–65.

Williams, E. C. 1941. An ecological study of the floor fauna of the Panama rain forest. *Bulletin of the Chicago Academy of Science*, 6(4): 63–124.

Williams, E. E. 1972. The origin of faunas, evolution of lizard congeners in a complex island fauna: a trial analysis. *Evolutionary Biology*, 6: 47–89.

Williams, F. X. 1919. Philippine wasp studies: II, descriptions of new species and life history studies. *Bulletin of the Experiment Station, Hawaiian Sugar Planters' Association, Entomology Series*, 14: 19–184.

Williams, G. C. 1957. Pleiotropy, natural selection, and evolution of senescence. *Evolution*, 11(4): 398–411.

—— 1964. Measurement of consociation among fishes and comments on the evolution of schooling. *Publications of the Museum, Michigan State University, East Lansing, Biological Series*, 2(7): 351–383.

—— 1966a. *Adaptation and natural selection: a critique of some current evolutionary thought*. Princeton University Press, Princeton, N.J. x + 307 pp.

—— 1966b. Natural selection, the costs of reproduction, and a refinement of Lack's principle. *American Naturalist*, 100(916): 687–690.

Williams, G. C., and J. B. Mitton. 1973. Why reproduce sexually? *Journal of*

Theoretical Biology, 39(3): 545–554.

Williams, G. C., and Doris C. Williams. 1957. Natural selection of individually harmful social adaptations among sibs with special reference to social insects. *Evolution*, 11(1): 32–39.

Williams, H. W., M. W. Sorenson, and P. Thompson. 1969. Antiphonal calling of the tree shrew *Tupaia palawanensis. Folia Primatologica*, 11(3): 200–205.

Williams, T. R. 1972. The socialization process: a theoretical perspective. In F. E. Poirier, ed. (*q.v.*), *Primate socialization*, pp. 206–260.

Willis, E. O. 1966. The role of migrant birds at swarms of army ants. *Living Bird*, 5: 187–231.

—— 1967. The behavior of bicolored antbirds. *University of California Publications in Zoology*, 79. 127 pp.

Wilmsen, E. N. 1973. Interaction, spacing behavior, and the organization of hunting bands. *Journal of Anthropological Research*, 29(1): 1–31.

Wilson, A. P. 1968. Social behavior of free-ranging rhesus monkeys with an emphasis on aggression. Ph.D. thesis, University of California, Berkeley. [Cited by J. H. Crook, 1970b (*q.v.*).]

Wilson, A. P., and C. Boelkins. 1970. Evidence for seasonal variation in aggressive behaviour by *Macaca mulatta. Animal Behaviour*, 18(4): 719–724.

Wilson, E. O. 1953. The origin and evolution of polymorphism in ants. *Quarterly Review of Biology*, 28(2): 136–156.

—— 1955a. A monographic revision of the ant genus *Lasius. Bulletin of the Museum of Comparative Zoology, Harvard*, 113(1): 1–205.

—— 1955b. Ecology and behavior of the ant *Belonopelta deletrix* Mann. *Psyche, Cambridge*, 62(2): 82–87.

—— 1957. The organization of a nuptial flight of the ant *Pheidole sitarches* Wheeler. *Psyche, Cambridge*, 64(2): 46–50.

—— 1958a. The beginnings of nomadic and group-predatory behavior in the ponerine ants. *Evolution*. 12(1): 24–31.

—— 1958b. Observations on the behavior of the cerapachyine ants. *Insectes Sociaux*, 5(1): 129–140.

—— 1958c. Studies on the ant fauna of Melanesia: I, the tribe Leptogenyini; II, the tribes Amblyoponini and Platythyreini. *Bulletin of the Museum of Comparative Zoology, Harvard*, 118(3): 101–153..

—— 1958d. A chemical releaser of alarm and digging behavior in the ant *Pogonomyrmex badius* (Latreille). *Psyche, Cambridge*, 65(2,3): 41–51.

—— 1959a. Communication by tandem running in the ant genus *Cardiocondyla*. *Psyche, Cambridge*, 66(3): 29–34.

—— 1959b. Adaptive shift and dispersal in a tropical ant fauna. *Evolution*, 13(1): 122–144.

—— 1959c. Source and possible nature of the odor trail of fire ants. *Science*, 129: 643–644.

—— 1961. The nature of the taxon cycle in the Melanesian ant fauna. *American Naturalist*, 95(882): 169–193.

—— 1962a. Chemical communication among workers of the fire ant *Solenopsis saevissima* (Fr. Smith): 1, the organization of mass-foraging; 2, an information analysis of the order trail; 3, the experimental induction of social responses. *Animal Behaviour*, 10(1,2): 134–164.

—— 1962b. Behavior of *Daceton armigerum* (Latreille), with a classification of self-grooming movements in ants. *Bulletin of the Museum of Comparative Zoology, Harvard*, 127(7): 403–422.

—— 1963. Social modifications related to rareness in ant species. *Evolution*, 17(2): 249–253.

—— 1964. The true army ants of the Indo-Australian area (Hymenoptera: Formicidae: Dorylinae). *Pacific Insects*, 6(3): 427–483.

—— 1966. Behaviour of social insects. In P. T. Haskell, ed., *Insect behaviour*, pp. 81–96. Symposium of the Royal Entomological Society of London, no. 3. Royal Entomological Society, London. 113 pp.

—— 1968a. The ergonomics of caste in the social insects. *American Naturalist*, 102(923): 41–66.

—— 1968b. Chemical systems. In T. A. Sebeok, ed. (*q.v.*), *Animal communication: techniques of study and results of research*, pp. 75–102.

—— 1969. The species equilibrium. In G. M. Woodwell, ed., *Diversity and stability in ecological systems*, pp. 38–47. Brookhaven Symposia in Biology no. 22. Biology Department, Brookhaven National Laboratory, Upton, N.Y. vii + 264 pp.

—— 1970. Chemical communication within animal species. In E. Sondheimer and J. B. Simeone, eds. (*q.v.*), *Chemical ecology*, pp. 133–155.

—— 1971a. *The insect societies*. Belknap Press of Harvard University Press, Cambridge. x + 548 pp.

—— 1971b. Competitive and aggressive behavior. In J. F. Eisenberg and W. Dillon, eds. (*q.v.*), *Man and beast: comparative social behavior*, pp. 183–217.

—— 1972b. On the queerness of social evolution. *Bulletin of the Entomological Society of America*, 19(1): 20–22.

—— 1972b. Animal communication. *Scientific American*, 227(3) (September): 52–60.

—— 1973. Group selection and its significance for ecology. *BioScience*, 23(11): 631–638.

—— 1974a. The soldier of the ant *Camponotus* (*Colobopsis*) *fraxinicola* as a trophic caste. *Psyche, Cambridge*, 81(1): 182–188.

—— 1974b. *Leptothorax duloticus* and the beginnings of slavery in ants. *Evolution*. (In press.)

—— 1974c. Aversive behavior and competition within colonies of the ant

社會生物學：新綜合理論

Leptothorax curvispinosus Mayr (Hymenoptera: Formicidae). *Annals of the Entomological Society of America*, 67(5): 777–780.

—— 1974d. The population consequences of polygyny in the ant *Leptothorax curvispinosus* Mayr (Hymenoptera: Formicidae). *Annals of the Entomological Society of America*, 67(5): 781–786.

Wilson, E. O., and W. H. Bossert. 1963. Chemical communication among animals. *Recent progress in Hormone Research*, 19: 673–716.

—— 1971. *A primer of population biology*. Sinauer Associates, Sunderland, Mass. 192 pp.

Wilson, E. O., and W. L. Brown. 1956. New parasitic ants of the genus *Kyidris*, with notes on ecology and behavior. *Insectes Sociaux*, 3(3): 439–454.

—— 1958. Recent changes in the introduced population of the fire ant *Solenopsis saevissima* (Fr. Smith). *Evolution*, 12(2): 211–218.

Wilson, E. O., F. M. Carpenter, and W. L. Brown. 1967. The first Mesozoic ants. *Science*, 157: 1038–1040.

Wilson, E. O., T. Eisner, W. R. Briggs, R. E. Dickerson, R. L. Metzenberg, R. D. O'Brien, M. Susman, and W. E. Boggs. 1973. *Life on earth*. Sinauer Associates, Sunderland, Mass. xiv + 1053 pp.

Wilson, E. O., T. Eisner, G. C. Wheeler, and Jeanette Wheeler. 1956. *Aneuretus simoni* Emery, a major link in ant evolution. *Bulletin of the Museum of Comparative Zoology, Harvard*, 115(3): 81–99.

Wilson, E. O., and F. E. Regnier. 1971. The evolution of the alarm-defense system in the formicine ants. *American Naturalist*, 105(943): 279–289.

Wilson, E. O., and R. W. Taylor. 1964. A fossil ant colony: new evidence of social antiquity. *Psyche, Cambridge*, 71(2): 93–103.

—— 1967. The ants of Polynesia (Hymenoptera: Formicidae). *Pacific Insects Monograph*, 14. 109 pp.

Wilsson, L. 1971. Observations and experiments on the ethology of the European beaver (*Castor fiber* L.). *Viltrevy*, 8(3): 115–266.

Wing, M. W. 1968. Taxonomic revision of the Nearctic genus *Acanthomyops* (Hymenoptera: Formicidae). *Memoirs, Cornell University Agricultural Experiment Station*, 405: 1–173.

Winn, H. E. 1964. The biological significance of fish sounds. In W. N. Tavolga, ed. (*q.v.*), *Marine bio-acoustics*, pp. 213–231.

Winterbottom, J. M. 1943. On woodland bird parties in northern Rhodesia. *Ibis*, 85(4): 437–442.

—— 1949. Mixed bird parties in Tropics, with special reference to northern Rhodesia. *Auk*, 66(3): 258–263.

Wolf, L. L., and F. R. Hainsworth. 1971. Time and energy budgets of territorial hummingbirds. *Ecology*, 52(6): 980–988.

Wolf, L. L., and F. G. Stiles. 1971. Evolution of pair cooperation in a tropical hummingbird. *Evolution*, 24(4): 759–773.

Wolfe, M. L., and D. L. Allen. 1973. Continued studies of the status, socialization, and relationships of Isle Royal wolves, 1967 to 1970. *Journal of Mammalogy*, 54(3): 611–633.

Wood, D. H. 1970. An ecological study of *Antechinus stuartii* (Marsupialia) in a south-east Queensland rain forest. *Australian Journal of Zoology*, 18(2): 185–207.

—— 1971. The ecology of *Rattus fuscipes* and *Melomys cervinipes* (Rodentia: Muridae) in a south-east Queensland rain forest. *Australian Journal of Zoology*, 19(4): 371–392.

Wood, D. L., R. M. Silverstein, and M. Nakajima, eds. 1970. *Control of insect behavior by natural products*. Academic Press, New York. x + 345 pp.

Wood-Gush, D. G. M. 1955. The behaviour of the domestic chicken: a review of the literature. *British Journal of Animal Behaviour*, 3(3): 81–110.

Woolfenden, G. E. 1973. Nesting and survival in a population of Florida scrub jays.

Living Bird, 12: 25–49.

—— 1974a. Florida scrub jay helpers at the nest. *Auk*. (In press.)

—— 1974b. The effect and source of Florida scrub jay helpers. (publishe manuscript.)

Woollacott, R. M., and R. L. Zimmer. 1972. Origin and structure of the brood chamber in *Bugula neritina* (Bryozoa). *Marine Biology*, 16: 165–170.

Woolpy, J. H. 1968a. The social organization of wolves. *Natural History*, 77(5): 46–55.

—— 1968b. Socialization of wolves. *Science and Psychoanalysis*, 12: 82–94.

Woolpy, J. H., and B. E. Ginsburg. 1967. Wolf socialization: a study of temperament in a wild social species. *American Zoologist*, 7(2): 357–363.

Wortis, R. P. 1969. The transition from dependent to independent feeding in the young ring dove. *Animal Behaviour Monographs*, 2(1): 1–54.

Wright, S. 1931. Evolution in Mendelian populations. *Genetics*, 16(2): 97–158.

—— 1943. Isolation by distance. *Genetics*, 28(2): 114–138.

—— 1945. Tempo and mode in evolution: a critical review. *Ecology*, 26(4): 415–419.

—— 1969. *Evolution and the genetics of populations*, vol. 2, *The theory of gene frequencies*. University of Chicago Press, Chicago. vii + 511 pp.

Wünschmann, A. 1966. Einige Gefangenschafts-Beobachtungen an Breitstirn-Wombats (*Lasiorhinus latifrons* Owen 1845). *Zeitschrift für Tierpsychologie*, 23(1): 56–71.

Wüst, Margarete. 1973. Stomodeale und proctodeale Sekrete von Ameisenlarven und ihre biologische Bedeutung. *Proceedings of the Seventh Congress of the International Union for the Study of Social Insects, London*, pp. 412–417.

Wynne-Edwards, V. C. 1962. *Animal dispersion in relation to social behaviour*. Oliver and Boyd, Edinburgh. xi + 653 pp.

—— 1971. Space use and the social community in animals and men. In A. H. Esser, ed. (*q.v.*), *Behavior and environment: the use of space by animals and men*, pp. 267–280.

Yamada, M. 1958. A case of acculturation in a society of Japanese monkeys. *Primates*, 1(2): 30–46. (In Japanese.)

—— 1966. Five natural troops of Japanese monkeys in Shodoshima Island: 1, distribution and social organization. *Primates*, 7(3): 315–362.

Yamanaka, M. 1928. On the male of a paper wasp, *Polistes fadwigae* Dalla Torre. *Science Reports of the Tôhoku Imperial University, Sendai, Japan*, 6th ser. (Biology), 3(3): 265–269.

Yamane, S. 1971. Daily activities of the founding queens of two *Polistes* species, *P. snelleni* and *P. biglumis* in the solitary stage (Hymenoptera, Vespidae). *Kontyû*, 39: 203–217.

Yasuno, M. 1965. Territory of ants in the Kayano grassland at Mt. Hakkôda. *Science Reports of the Tôhoku University, Sendai, Japan*, 6th ser. (Biology), 31(3): 195–206.

Yeaton, R. I. 1972. Social behavior and social organization in Richardson's ground squirrel (*Spermophilus richardsonii*) in Saskatchewan. *Journal of Mammalogy*, 53(1): 139–147.

Yeaton, R. I. and M. L. Cody. 1974. Competitive release in island song sparrow populations. *Theoretical Population Biology*, 5(1): 42–58.

Yerkes, R. M. 1943. *Chimpanzees: a laboratory colony*. Yale University Press, New Haven. xv + 321 pp.

Yerkes, R. M., and Ada M. Yerkes. 1929. *The great apes: a study of anthropoid life*. Yale University Press, New Haven. xix + 652 pp.

Yockey, H. P., R. L. Platzman, and H. Quastler, eds. 1958. *Symposium on information theory in biology*. Pergamon Press, New York. xii + 418 pp.

Yoshiba, K. 1968. Local and intertroop variability in ecology and social behavior of common Indian langurs. In Phyllis C. Jay, ed. (*q.v.*), *Primates: studies in adaptation and variability*, pp. 217–242.

Yoshikawa, K. 1963. Introductory studies on the life economy of polistine wasps: 2, superindividual stage; 3, dominance order and territory. *Journal of Biology, Osaka City University*. 14: 55–61.

—— 1964. Predatory hunting wasps as the natural enemies of insect pests in Thailand. *Nature and Life in South-east Asia* (Tokyo), 3: 391–398.

Yoshikawa, K., R. Ohgushi, and S. F. Sakagami. 1969. Preliminary report on entomology of the Osaka City University 5th Scientific Expedition to South-east Asia, 1966, with descriptions of two new genera of stenogasterine wasps by J. van der Vecht. *Nature and Life in South-east Asia* (Tokyo), 6: 153–182.

Young, C. M. 1964. An ecological study of the common shelduck (*Tadorna tadorna* L.) with special reference to the regulation of the Ythan population. Ph.D. thesis, Aberdeen University, Aberdeen. [Cited by J. R. Krebs, 1971 (*q.v.*).]

Zajonc, R. B. 1971. Attraction, affiliation, and attachment. In J. F. Eisenberg and W. S. Dillon, eds. (*q.v.*), *Man and beast: comparative social behavior*, pp. 141–179.

Zarrow, M. X., J. E. Philpott, V. H. Denenberg, and W. B. O'Connor. 1968. Localization of ^{14}C-4-corticosterone in the two day old rat and a consideration of the mechanism involved in early handling. *Nature, London*, 218(5148): 1264–1265.

Zimmerman, J. L. 1971. The territory and its density dependent effect in *Spiza americana*. *Auk*, 88(3): 591–612.

Zucchi, R., S. F. Sakagami, and J. M. F. de Camargo. 1969. Biological observations on a Neotropical parasocial bee, *Eulaema nigrita*, with a review of the biology of Euglossinae: a comparative study. *Journal of the Faculty of Science, Hokkaido University*, 6th ser. (Zoology), 17: 271–380.

Zuckerman, S. 1932. *The social life of monkeys and apes*. Harcourt, Brace, New

York. xii + 356 pp.

Zumpe, Doris. 1965. Laboratory observations on the aggressive behaviour of some butterfly fishes (*Chaetodontidae*). *Zeitschrift für Tierpsychologie*, 22(2): 226–236.

Zwölfer, H. 1958. Zur Systematik, Biologie und Ökologie unterirdisch lebender Aphiden (Homoptera, Aphidoidea) (Anoeciinae, Tetraneurini, Pemphigini und Fordinae): IV, ökologische und systematische Erörterungen. *Zeitschrift für Angewandte Entomologie*, 43(1): 1–52.

中英對照表

Abudefduf	豆娘魚
!Kung	孔族（喀拉哈里沙漠）
!Kung Bushmen	孔族布殊曼人
"The Physiognomy of Insects"	昆蟲的相貌
2-heptanone	二庚酮
2-hexenol	2-己烯醇
4-methyl-3-heptanone	4-甲基-3-庚酮
9-hydroxy-2-decenoic acid	9-羥-2-癸烯酸
9-hydroxydecanoic acid	9-羥癸烯酸
9-keto-2-decenoic acid	9-酮-2-癸烯酸
9-keto-decenoic acid	9-酮-癸烯酸
9-ketodecanoic acid	9-酮癸酸
absconding	逃離
absolute dominance hierarchy	絕對統御位階
Acacia	相思樹
Acanthoclinea	棘變蟻
Acanthognathus	刺顎家蟻
Acantholepis	刺結蟻
Acanthomyops	刺山蟻
Acanthomyops claviger	小黃蟻
Acanthomyrmex	刺家蟻
Acanthoponera	刺針蟻
Acanthostichini	棘列蟻族

Acanthostichus	棘列蟻
Acanthotermes	棘白蟻
accessory gland	副性腺
accidental species	偶然物種
Accipiter badius	褐耳雀鷹
Accipiter nisus	北雀鷹
Accipiter virgatus	台灣松雀鷹
acentric society	無中心式社會
Acheulean	阿舍利文化
Achlya （water mold）	綿黴
Acinonyx jubatus （cheetah）	獵豹
Acrasiales	集胞菌目
acrasin	聚集素
acrasinase	聚集素酶
Acridinae	尖頭蝗亞科
Acrocephalus scirpaceus （reed warbler）	葦鶯
Acromyrmex	擬切葉家蟻
Acropyga	臀山蟻屬
ACTH	促腎上腺皮質素
active nuclear species	主動核心物種
adaptive radiation	適應輻射
Ader, R.	艾德
adoption gland	收養腺
Aedes	斑蚊
Aegithalos caudatus （long-tailed tit）	銀喉長尾山雀
Aenictini	迷蟻族
Aenictus	迷蟻
Aepyceros melampus （impala）	飛羚
Aeretes	溝牙鼯鼠
Aethomys	蹊鼠

afterswarm	再分蜂群
Agamidae	飛蜥科
Agapostemon	喜蜂
Agelaius phoeniceus	紅翅黑鸝
Agelaius tricolor	三色黑鸝
aggregation	群集
Aglais urticae	蕁麻蛺蝶
agonistic buffering	爭勝緩衝
Ahmar Mountains	阿馬爾山脈
Ailurus （less panda; red panda）	小貓熊
Aix	鴛鴦屬
Aix galericulata （Mandarin duck）	鴛鴦
Aix sponsa （wood duck）	林鴨
alarm	警報
Alcelaphinae	狷羚亞科
Alcelaphus buselaphus （Bubal hartebeest）	狷羚
Alces alces （moose）	麋鹿
Alces americana	美洲麋鹿
Alcyonacea	軟珊瑚目
Alexander, R. D.	亞歷山大
Algonquin Park	阿岡昆公園（加拿大）
Allee, W. C.	埃里
allelomorph	等位基因
Allenopithecus （Allen's swamp monkey）	短肢猴亞屬
Allodape	小蘆蜂
Allodape angulata	角小蘆蜂
allogrooming	異體梳理
allomaternal	假母的
allometry	異速生長
allomone	異源激素

Allomyces	異水黴
alloparent	假父母
alloparental care	代行親職
allopaternal	假父的
Allosaurus	異特龍
Alopex （arctic fox）	北極狐
Alouatta villosa = A. palliata （mantled howler）	吼猴
alternative hypothesis	對立假設
Altmann, S. A.	阿特曼
altricial young	晚熟型幼雛
altruism	利他行為
Altum, Johann Bernard Theodor	阿爾圖姆
Alverdes, F.	艾爾維德
Amblyopone	鈍針蟻屬
Amblyoponini	鈍針蟻族
Amblyrhynchus	海鬣蜥
Amboseli	安波塞里地區 （肯亞）
Ambystoma （salamanders）	鈍口螈屬
Ambystomidae	鈍口螈科
ameba	變形蟲
American Museum of Natural History	美國自然史博物館
amino acid	胺基酸
Amitermes	弓白蟻
Amitermes hastatus	矛形弓白蟻
Ammodytes	玉筋魚
Ammophila	細腰胡蜂
Ammospiza	尖尾麻雀
amnesty	寬赦
Amoeba	真正變形蟲屬

Amphibolurus barbatus	鬃鬣蜥
Amphibolurus reticulatus （Lake Eyre dragon）	網紋鬃鬣蜥
Amphipoda	端腳目
Anacanthotermes	旱白蟻
Anas	鴨屬
Anathana （Madras tree shrew）	印度樹鼩
Anatidae	雁鴨科
ancestrula	原始蟲室
ancestry	祖先
Ancistrocerus	汋蜾蠃
Anderson, W. W.	安德森
Andes	安地斯山脈
Andrena	地花蜂
Andrenidae	地花蜂科
Andreninae	地花蜂亞科
Andrew, R. J.	安德魯
androgen	雄激素
Anergates	無工蟻
Aneuretini	靈蟻族
Aneuretus	靈蟻
Anguilla	鰻鱺
Anguillidae	鰻鱺科
Animal Behavior Society	動物行為學會
Animal Dispersion in Relation to Social Behaviour	動物的分散與社會行為的關係
anisogamy	異配生殖
Annelida	環節動物門
Anochetus	顎針蟻
Anolis aeneus	銅變色蜥

Anolis garmani	牙買加變色蜥
Anolis lineatopus	線變色蜥
Anomalospiza imperbis （cuckoo weaver）	杜鵑織布鳥
Anomaluridae	鱗尾鼯鼠科
Anomalurus （scaly-tailed squirrel）	鱗尾鼯鼠
Anomma	異蟻
Anoplolepis	捷山蟻
Anoplotermes	無兵蟻
Anser albifrons （white-fronted geese）	白額雁
antebrachial organ	前臂腺
Antechinus （marsupial mouse）	寬足袋鼩
Antelopinae	羚羊亞科
Anthidiini	黃斑蜂族
Anthidium	黃斑蜂
Anthomedusae	花水母目
Anthophoridae	條蜂科
Anthophorinae	條蜂亞科
Anthozoa	珊瑚蟲綱
Anthropoidea	類人猿亞目
anthropomorphism	擬人論
Anthus pratensis （meadow pipit）	草地鷚
Antidorcas marsupialis （springbuck）	跳羚
Antilocapra americana （pronghorn）	北美叉角羚
Antilocapridae	叉角羚科
antipredation	抵禦掠食者
antisocial factor	反社會因子
antithesis principle	對比原理
Antrozous pallidus	蒼白洞蝠
Ants: Their Structure, Development and Behavior, 1910	螞蟻：其結構、發展與行為

Aotus trivirgatus （douroucouli; night monkey）	夜猴
Aphaenogaster	長腳家蟻
Aphelocoma coerulescens （Florida scrub jay）	佛羅里達灌叢鴉
Aphelocoma ultramarina （Mexican jay）	墨西哥松鴉
Aphis fabae （black bean aphid）	黑豆蚜蟲
Aphis maidiracis （corn-root aphid）	玉米根蚜蟲
Aphrastura spinicauda （ovenbird）	灶鳥（小）
Apicotermes	尖白蟻屬
Apicotermes arquieri	阿奎利尖白蟻
Apicotermes occultus	隱匿尖白蟻
Apidae	蜜蜂科
Apinae	蜜蜂亞科
Apini	蜜蜂族
Apis cerana	中華蜜蜂
Apis dorsata	大蜜蜂
Apis florea	矮蜜蜂
Apis mellifera	義大利蜜蜂
Apistogramma	隱帶麗魚
Aplodontia （mountain beaver）	山狸
Aplodontidae	山狸科
Apodemus	姬鼠
Apoica	屯墾胡蜂
Apoidea	蜜蜂總科
aposematism	警戒
appeasement gland	安撫腺
appendage	附器
Apterostigma	無翅斑蟻
Aransas	阿蘭薩斯 （美國德州）

Archbold Biological Station	阿奇波德生物研究所
Archotermopsis	古白蟻
Arctocebus （angwantibo）	金熊猴
Arctocephalus	南海狗
Ardea （heron）	蒼鷺
Ardrey, Robert	阿德瑞
arena	競技場
Argia （damselfly）	豆娘
Argusianus argus （argus pheasant）	青鸞
Aristida oligantha （wire grass）	少花三芒草
Aristotle	亞里斯多德
Arizona	亞利桑納州（美國）
Armitermes	叢白蟻
Armstrong, Edward A.	阿姆斯壯
Arnhardt's gland	安哈特氏腺
arolium / arolia	中墊
Arremonops conirostris （green-backed sparrow）	青背麻雀
Arrow, K. J.	亞羅
Artamus	木燕
Artiodactyla	偶蹄目
Ascaloptynx （owlfly）	蝶角蛉
Ascaphus truei （tailed frog）	尾蟾
Ascia	白蝶屬
Ascidiacea	海鞘綱
Asio	耳鴞
assembly	聚群
assortative mating	同型交配
astogeny	群動物發育史
Astragulus peruvianus	紫雲英

Ateles geoffroyi （black-handed spider monkey）	黑蜘蛛猴
Atelocynus （small-eared zorro）	小耳犬
Atemeles pubicollis	黑隱翅蟲
Athapaskan Dogrib Indians	阿薩巴斯卡印地安人（加拿大）
Atherinomorus stipes	堅頭美銀漢魚
Atopogale	異鼩
Atta	切葉家蟻屬
attendant species	伴隨物種
attention structure	注意力結構
Attini	切葉家蟻族
auditory communication	聽覺通訊
Augochlora	綠隧蜂
Augochlorini	綠隧蜂族
Aulostomus （trumpet fish）	管口魚屬
Aussendienst	戶外勞務
Australopithecus （man-ape）	南猿
Australopithecus africanus	非洲南猿
Australopithecus habilis	巧手南猿
Austrolasius	奧毛山蟻亞屬
autocatalysis	自催化
Autolytus	自裂蟲
automimicry	同種擬態
autonomic nerve	自主神經
autozooid	獨立個蟲
auxiliary	輔助者
Avahi	毛狐猴
avicularia	鳥頭體
Awash Falls	阿瓦士瀑布（衣索比亞）
Axis axis （axis deer; chital）	斑鹿

Azteca	阿茲特克蟻
Badis badis	棕鱸
Balaena （right whale）	露脊鯨屬
Balaenidae	露脊鯨科
Balaenoptera	鬚鯨
Balaenopteridae	鬚鯨科
Balantiopteryx	小兜翼蝠屬
Balantiopteryx plicata	襞兜翼蝠
band	夥
Barkow, J.	巴爾考
Barlow, G. W.	巴羅
Barrington, Daines	巴林頓
Barro Colorado Island	巴羅科羅拉多島（巴拿馬）
Barrow	巴羅
Bartholomew, G. A.	巴多羅繆
Bartlett, P. N.	巴特列
Basiceros	鈍角家蟻
Basicerotini	鈍角家蟻族
Bassaricyon （olingo）	南美節尾浣熊
Bassariscus （ring-tailed cat; cacomistle）	中美節尾浣熊
Bateman effect	貝特曼效應
Bateman, A. J.	貝特曼
Bathygobius	黑蝦虎
Batjan Island	巴坎島（印尼）
begging	乞食
Behavioral Ecology and Sociobiology	行為生態學與社會生物學
behavioral scale	行為量表
Belonogaster	針腹胡蜂屬
Belonopelta	針遁蟻
Berenty Reserve	貝亨提保護區（馬達加斯加）

社會生物學：新綜合理論

Bergson, Henri	柏格森
Berkson, G.	柏克森
Bertram, B. C. R.	貝特藍
Bethyloidea	蟻形蜂總科
Bhagavad-Gita	博迦梵歌
Bierens de Haan, J. A.	畢倫斯・狄・韓
billing	以喙相觸
bimaturism	成熟不同步
biogram	生物程式
biological agent	生物製劑
biomass	生物量
Biophilia	論親生命
Bird Display Behaviour	鳥的炫示與行為
Birdsell, J. B.	貝澤爾
Birdwhistle, R. L.	貝德惠索
bivouac	蟻體巢
Black Hills	黑丘（美國）
Blarina	北美短尾鼩鼱
Bledius spectabilis	華麗隱翅蟲
Blest, A. D.	布萊斯特
Blurton Jones, N. G.	布勒頓瓊斯
Bombina	鈴蟾
Bombinae	熊蜂亞科
Bombini	熊蜂族
Bombus hyperboreus	寒帶熊蜂
Bombus lapidarius	紅尾熊蜂
bombykol	家蠶醇
Bombyx	家蠶屬
Bombyx mori	野家蠶
bonanza strategy	大旺策略

Book of the Month Club	當月好書社
Boorman, S. A.	布爾曼
Borneo	婆羅洲
Bos	牛屬
Bos bison （bison）	北美野牛
Bos gaurus （gaur）	亞洲野牛
Bos taurus （wild cattle）	歐洲牛
Bossert, W. H.	包塞特
Bothriomyrmex	點琉璃蟻屬
Bothroponera	粗針蟻
Botryllus	菊海鞘屬
Bovidae	牛科
Bovinae	牛亞科
brachial gland	肱腺
Brachinus （bombardier beetle）	炮步行蟲
Brachioaus （rotifer）	海水輪蟲
Brachygastra	短肚胡蜂
Brachymyrmex	短山蟻
Brachyponera	短針蟻
Brachyteles （woolly spider monkey）	捲毛蜘蛛猴
bract	苞片
Bradypodidae	樹懶科
Bradypus （tree sloth）	樹懶
Bragg, A. N.	布萊格
Brannigan, C. R.	布蘭尼根
Branta （goose）	黑雁屬
Branta canadensis （Canada geese）	加拿大雁
Braunsapis sauteriella	邵氏小蘆蜂
breeding season	繁殖季
Brehm, Alfred	布倫姆

Brereton, J. L. G.	布列勒頓
Brevicoryne （aphid）	菜蚜屬
Brock, V. E.	布洛克
brood care	幼蟲照顧
brood parasitism	巢寄生
Brothers, D. J.	布拉澤斯
Brown, J. H.	布朗
Brown, Roger	布朗
Bruce effect	布魯斯效應
Bruce, H. M.	布魯斯
Bryozoa	苔蘚動物門
Bubalornis albirostris	白喙牛文鳥
Bubalus （water buffalo）	亞洲水牛屬
Bubulcus （egret）	牛背鷺屬
Bucephala （duck; goldeneye）	鵲鴨屬
Bucephala clangula	鵲鴨
budding	發芽、昆蟲群體分裂
Budongo Forest	布頓哥森林（烏干達）
Bufo （toad）	蟾蜍屬
Bufo marinus （giant toad）	海蟾蜍
Bugula	草苔蟲
Burt, W. H.	柏特
Buteo （hawk）	鵟屬
Butler, Charles	巴特勒
Butler, R. A.	巴特勒
Butorides （green heron）	綠鷺屬
Cacajao （uakari）	禿猴
Cacicus （cacique）	酋長鳥屬
Cactospiza （woodpecker finch）	鴷形樹雀
Caenolestes （rat opossum）	新袋鼠屬

Caenolestidae	新袋鼠科
Calamagrostis	青茅
Calcaritermes	距白蟻
Calidris （dunlin）	濱鷸屬
Calidris minutilla （least sandpiper）	姬濱鷸
call notes	鳴叫
Callicebus （titi）	伶猴屬
Callicebus moloch （dusky titi）	毛腮伶猴
Callimico goeldii （Goeldi's marmoset）	猴狨
Calliopsis	麗蜂
Callithricidae	狨科
Callithrix （marmoset）	狨屬
Callithrix jacchus	狨
Callorhinus	北海狗
Calomyrmex	熱蟻
Calypso	卡麗普索號
Calypte anna	安娜蜂鳥
Calyptomyrmex	雙唇蟻
Camelidae （camels and relatives）	駱駝科
Camelus bactrianus （camel）	雙峰駱駝
Camponotini	弓背蟻族
Camponotus （carpenter ant）	弓背蟻
Camponotus femoratus	腿節巨山蟻
Camponotus senex	耄耄弓背蟻
Camus, A.	卡繆
Canidae	犬科
Caninae	犬亞科
Canis （"true" dog）	犬屬
Canis familiaris （domestic dog）	家犬
Canis lupus （wolf）	狼

Canis mesomelas （black-back jackal）	黑背胡狼
cannibalism	同類相食
Canoidea	犬總科
Capella media （great snipe）	大鷸
Caperea	小露脊鯨
Capra hircus	山羊
Capreolus capreolus	狍鹿
Caprimulgus （nightjar）	夜鷹屬
Caprinae	山羊亞科
Caprini	山羊族
Capritermes	歪白蟻
Capromyidae	硬毛鼠科
Capromys （hutia）	硬毛鼠
Carabidae	步行蟲科
carbon dioxide	二氧化碳
carboxypeptidase	羧肽酶
Cardiocondyla	瘤突家蟻
Cardiocondyla wroughtoni	駱氏瘤突家蟻
Carebara	寡家蟻
Carl, Ernest A.	卡爾
carnival display	嘉年華炫示
Carnivora	食肉目
Carpenter, C. R.	卡本特
Carpodacus （finch）	朱雀屬
carrying capacity	環境承載量
Cassidix mexicanus	巨尾擬八哥
caste	階級
Castor （beaver）	河狸
Castoridae	河狸科
casual group	偶現群

Catarrhini	狹鼻小目
Catatopinae （grasshopper）	斑腿蝗亞科
Cataulacini	溝切葉蟻族
Cataulacus	溝切葉蟻
catecholamines	兒茶酚胺
Catenula	鏈渦蟲
Caulibugula	莖苔蟲
Caulophrynidae	長鰭鮟鱇科
Cavalli-Sforza, L. L.	史弗薩
Cavia （guinea pig; cavy）	豚鼠
Caviidae	豚鼠科
Cayman Brac	開曼布拉克島
Cayo Santiago	聖地牙哥島 （波多黎各）
Cebidae	捲尾猴科
Ceboidea	捲尾猴總科
Cebuella	侏儒狨屬
Cebuella pygmaea （pygmy marmoset）	侏儒狨
Cebus apella （black-capped capuchin）	黑帽捲尾猴
Cebus capucinus	白喉捲尾猴
Celebes	西里伯斯（印尼）
celibacy	不婚
Cenozoic	新生代
central grouping tendency	中心組群趨向
central hierarchy	核心領導階級
centripetal society	向心式社會
Centrocercus （sage grouse）	艾草榛雞屬
Centrocercus urophasianus	艾草榛雞
Centrolenella	小跗蛙
Centrolenella fleischmanni	弗氏小跗蛙
Cephalodiscus	頭盤蟲

Cephalophinae	遁羚亞科
Cephalopholis	九刺鮨屬
Cephalopholis argus	斑點九刺鮨
Cephalophus maxwelli （blue duiker）	藍遁羚
Cephalopoda	頭足綱
Cephalotes	看門蟻
Cephalotini	看門蟻族
Cerapachyini	粗角蟻族
Cerapachys	粗角蟻
Ceratiidae	角鮟鱇科
Ceratina	蘆蜂
Ceratinini	蘆蜂族
Ceratotherium simum （white rhinoceros）	白犀牛
Cercerini	節腹泥蜂族
Cerceris	節腹泥蜂
Cercocebus （mangabey）	白眉猴屬
Cercocebus albigena （gray-cheeked mangabey）	灰頭白眉猴
Cercocebus torquatus （mangabey）	白領白眉猴
Cercopidae （froghopper, spittle insect）	沫蟬科
Cercopithecidae	獼猴科
Cercopithecoidea	獼猴總科
Cercopithecus （guenon）	鬚猴屬
Cercopithecus aethiops （vervet; grivet）	綠猴
Cercopithecus albogularis （Syke's money）	白喉鬚猴
Cercopithecus ascanius （redtail, guenon）	紅尾鬚猴
Cercopithecus campbelli	坎氏鬚猴
Cercopithecus mitis （blue monkeys）	青猴
Cercopithecus nictitans （spot-nosed guenon）	大白鼻鬚猴

Cercopithecus petaurista （lesser spot-nosed guenon）	小白鼻鬚猴
Cercopithecus talapoin （mangrove monkey）	侏鬚猴
Cerdocyon （crab-eating fox）	食蟹狐
ceremony	儀式
Ceriantharia	砂巾著目
Certhia （creeper）	旋木雀屬
Cervidae	鹿科
Cervinae	鹿亞科
Cervus canadensis （elk）	駝鹿
Cervus elaphus （red deer）	赤鹿
Cestoda	絛蟲綱
Ceylon	錫蘭
Chaenopsis （blenny）	管鳚屬
Chaetodontidae	蝴蝶魚科
Chalarodon	柔齒蜥
Chalicodoma	沙漠石蜂
Chalmers, N. R.	查麥爾
Chamaea fasciata	鷦雀眉
Chamaeleontidae	避役科
Chance, M. R. A.	錢斯
character convergence	性狀趨同
character displacement	性狀替換
Charadriidae	鴴科
Chartergus	紙胡蜂
Chase, I. D.	卻斯
Cheilostomata	唇口目
Cheirogaleus （dwarf lemur）	侏儒狐猴屬
Cheirogaleus major	大侏儒狐猴
Cheliomyrmecini	小蹄蟻族

Cheliomyrmex	小蹄蟻
Chelmon	管嘴魚屬
Chelonia （green turtle）	海龜屬
Chelostoma	裂爪蜂
chemical communication	化學通訊
chemoreception	化學感受
Chermidae （jumping plant lice）	木蝨科
Chiengmai	清邁（泰國）
Chinchilla	絨鼠屬
Chinchillidae	絨鼠科
Chippewa	契波瓦族
Chiromantis	攀蛙屬
Chironectes	蹼足負鼠
Chiropotes （bearded saki）	鬚狐尾猴
Chiroptera	翼手目
Chlorophanes （honeycreeper）	食蜜鳥屬
Chlorophanes spiza （green honeycreeper）	綠色食蜜鳥
Choeropsis liberiensis （pygmy hippopotamus）	侏儒河馬
Choloepus	二趾樹懶
Chomsky, N.	喬姆斯基
Chondromyces	粒黴
Chondrophora	漂浮水母目
Chordata （chordates）	脊索動物門
Chordeiles （nighthawk）	美洲夜鷹屬
chorusing	合唱
Chrysemys	錦龜屬
Chrysochloridae	金鼴科
Chrysochloris	金鼴
Chrysocyon （maned wolf）	鬃狼

Chthonolasius	地毛山蟻亞屬
chymotrypsin	胰凝乳蛋白酶
Cicadellidae （leafhopper）	葉蟬科
Cichlasoma	麗體魚屬
Cichlidae	麗魚科
Ciidae	筒蕈蟲科
ciliates	纖毛蟲
Ciliophora	纖毛蟲動物門
cilium / cilia	纖毛
clade	演化支
cladogram	演化分支圖
Cladomyrma	分枝家蟻屬
Clamator glandarius	鳳鵑
clan	幫（象群）
Clausewitz, Karl von	克勞塞維茨
Clavularia （coral）	羽珊瑚屬
Clethrionomys （vole）	紅背鼠屬
cline	地理漸變
cliques	結盟
cloaca	泄殖腔
Clupea （herring）	鯡屬
Clupeiformes	鯡形目
Cnidaria	刺胞動物門
coalesce	接合
coalitions	結盟
Coccidae （scale insect）	介殼蟲科
Cody, M. L.	寇迪
coefficient	係數
coefficient of kinship	親屬係數
Coelenterata	腔腸動物門

社會生物學：新綜合理論

Coelocormus	腹球鞘
cognitive neuroscience	認知神經科學
Cohen, J. E.	寇恩
cohesiveness	內聚性
Collias, N. E.	柯里亞斯
Colobinae	疣猴亞科
Colobus （guereza）	疣猴屬
Colobus guereza	黑白疣猴
colony	聚落
colony odor	聚落氣味
Columba （pigeon）	鴿屬
Columbia palumbus （wood pigeon）	斑尾林鴿
commensalism	片利共生
communal	共居
communal courtship	集體求偶
communal display	集體炫示
communal group	共居群體
communal nesting	共居築巢
communication	通訊
communion signal	交融訊號
Comoros	葛摩
comparative psychology	比較心理學
compartmentalization	區隔作用
competition	競爭
complex	種群
composite signals	複合訊號
compound nests	複合巢
compression hypothesis	壓縮假說
compromise	折衷
conciliation	安撫

condylarth	踝節類
Condylura	星鼻鼴鼠
conformity	從眾
Congo Forest	剛果森林
connectedness	網絡連結
Connochaetes （wildebeest; gnu）	牛羚屬
Connochaetes taurinus （blue wildebeest）	斑紋牛羚
Conochilus	聚花輪蟲
Consilience: The Unity of Knowledge	知識大融通
contact communication	接觸通訊
contest competition	獨佔競爭
context	環境條件
convergence	演化趨同
cooperative breeding	合作繁殖
coordination	協同
Cope's Rule	寇普法則
Coptotermes	家白蟻
Coptotermes formosanus	臺灣家白蟻
Coralliidae	紅珊瑚科
cormidium / cormidia	群居體
Cornitermes	角白蟻
corticotrophin	促腎上腺皮質素
Corvidae	鴉科
Corvus （crow, raven, rook）	鴉屬
Corvus splendens （crow）	家鴉
Costa Rica	哥斯大黎加
Costelytra	草金龜屬
Cotingidae	傘鳥科
Cottus	杜父魚屬
Coulson, J. C.	庫爾森

court	場子
Cousteau, Jacques-Yves	谷斯多
Crabro	銀口蜂
Crabroninae	銀口蜂亞科
Crabronini	銀口蜂族
Creatophora cinerea （wattled starling）	肉垂椋鳥
Crematogaster	舉尾家蟻
Crematogastrini	舉尾家蟻族
crepitation	碎裂音
Cretatermes	白堊白蟻
Cretatermitinae	白堊白蟻亞科
Cricetidae	倉鼠科
Cricetomys （giant rat）	巨頰囊鼠屬
Cricetus （hamster）	倉鼠
Cristatella	冠苔蟲
Cristatella mucedo	高大冠苔蟲
critical mass	臨界質量
Crocidura	麝鼩
Crocuta crocuta （spotted hyena）	斑點鬣狗
Crook, J. H.	克魯克
crop	嗉囊
Crossarchus	長毛獴
Crotophaga	犀鵑
Crotophaga ani （smooth-billed ani）	滑嘴犀鵑
Crotophaga major （greater ani）	大犀鵑
Crotophaga sulcirostris （groove-billed ani）	清嘴犀鵑
Crotophaginae	犀鵑亞科
crucial experiment	決斷實驗
Crustacea	甲殼綱
crustacean	甲殼類

crustecdysone	促脫皮甾酮
Cryptocercidae	隱尾蜚蠊科
Cryptocercus punctulatus	點刻隱尾蜚蠊
Cryptopone	隱針蟻
Cryptotermes	堆砂白蟻
Ctenosaura hemilopha	短冠刺尾蜥
Ctenosaura pectinata	櫛刺尾蜥
Ctenosaura pectinata （large black lizard）	刺尾鬣蜥
Cubitermes	方白蟻
cuckoldry	婚外情
Cuculidae	杜鵑科
Cuculinae	杜鵑亞科
Cuculus canorus	大杜鵑
Cuculus sparverioides	鷹鵑
Cuculus varius	大鷹鵑
cultural evolution	文化演化
culture shock	文化衝擊
Cuniculus （paca）	無尾刺豚鼠
Cuon （dhole; red dog）	豺犬
Curio, E.	庫里歐
Cyanocitta	冠藍鴉屬
Cyanocitta stelleri （Steller's jay）	暗冠藍鴉
Cyathocormus	杯球鞘
cybernetic	模控式
Cybister （beetle）	大龍蝨屬
cyclic-3'-5'-adenosine monophosphate （cyclic AMP）	環腺苷磷酸
Cyclopes	侏食蟻獸
Cylindromyrmecini	粗角牙針蟻族
Cylindromyrmex	粗角牙針蟻

Cylindrotoma	錐大蚊屬
Cynictis	筆尾獴
Cynocephalidae	鼯猴科
Cynocephalus （flying lemur; colugo）	鼯猴
Cynodon dactylon	狗牙根
Cynomys （prairie dog）	草原土撥鼠屬
Cynomys ludovicianus （black-tail prairie dog）	黑尾草原土撥鼠
Cynopithecus niger （Celebes black ape）	西里伯斯黑猴
Cyphomyrmex	彎背蟻
Cypriniformes	鯉形目
Cyprinodon diabolis	魔鱂
Cyrtacanthacridinae	褐斑青蝗亞科
Cysticercus	囊蟲
Cystophora （hooded seal）	管海豹
cytoplasmic strand	細胞質絲
Daanje, A.	達安吉
Dacetini	針刺家蟻族
Daceton armigerum	武士針刺家蟻
Dahlberg, G.	達爾柏格
Damaliscus （topi; blesbok）	白面狷羚
Damara	達瑪拉 （南非）
Danakil	達納基爾沙漠區（衣索比亞）
Danaus （butterfly）	斑蝶屬
Dane, Benjamin	戴恩
Darling, Fraser F.	達林，弗瑞賽
Darwin, C.	達爾文
Dascyllus	圓雀鯛屬
Dascyllus aruanus	三帶圓雀鯛
Dasogale	馬島林蝟

Dasypodidae	犰狳科
Dasyprocta punctata （agouti）	刺豚鼠
Dasyproctidae	刺豚鼠科
Dasypus （armadillo）	犰狳
Dasyuridae	袋貓科
Dasyurus （marsupial cat）	袋貓
Daubentonia madagascariensis （aye-aye）	指猴
Daubentoniidae	指猴科
Davenport Ranch	達芬波特牧場（美國德州）
Davis, D. E.	戴維斯
dear enemy effect	鄰敵相睦現象
decomposer	分解者
decyl acetate	醋酸癸酯
Deegener, P.	狄格奈
defensive gland	防衛腺
degree of relatedness	血緣關係
Delphinapterus （beluga）	白鯨
Delphinidae	海豚科
Delphinus （ocean dolphin）	海豚屬
Delphinus bairdi	貝氏真海豚
Delphinus delphis （Atlantic dolphin; saddle-backed dolphin）	真海豚
deme	混交群體
demography	族群結構
Dendrobates galindoi	加林樹棲箭毒蛙
Dendrobatidae	箭毒蛙科
Dendrocopos （woodpecker）	啄木鳥屬
Dendrogale （smooth-tailed tree shrew）	細尾樹鼩
Dendrohyrax	樹蹄兔
Dendroica pinus （pine warbler）	黃腹松林鶯

Dendrolagus	樹袋鼠
Dendrolasius	樹毛山蟻亞屬
Dendromus	非洲攀緣鼠
Denham, W. W.	戴能
density dependence	密度相關性
dependent variable	應變數
deprivation experiments	剝奪實驗
Dermoptera	皮翼目
descriptive ethology	描述行為學
desertion	拋棄伴侶
Desmana	麝鼹
despotism	專制主義
determinant	決定因子
development of social behavior	社會行為的發展
developmental-genetic conception of ethical behavior	道德行為的發展遺傳概念
Devil's Hole	魔鬼洞 （美國內華達州）
DeVore, I.	狄弗爾
Diacamma	雙稜針蟻
Diaea	狩蛛屬
Diaea dorsata （crab spider）	狩蛛
dialects	方言（鳥）
Dialictus	穿隧蜂屬
Dianthidium	雙黃斑蜂
Diapriidae	錘角細蜂科
Diceros bicornis （black rhinoceros）	黑犀牛
Diclidurus	鬼蝠屬
Diclidurus alba	南美鬼蝠
Dicrostonyx （collared lemming）	環頸旅鼠屬
Dicrurus macrocercus （drongo）	卷尾

Dictyoptera	網翅目
Dictyostelium	網柱黏菌
Dictyostelium discoideum	盤狀網柱黏菌
Dictyostelium mucoroides	毛網柱黏菌
Didelphidae	負鼠科
Didelphis （opossum）	負鼠
Dingle, H.	丁格爾
Dinotherium （dinothere）	恐獸
Diodon	二齒魨屬
Diolé, Phillipe	狄奧列
Diplodocus （dinosaur）	梁龍屬
Diplodomys （kangaroo rat）	跳囊鼠
Diploptera	折翅目
Diplorhoptrum	竊蟻亞屬
Dipodidae	跳鼠科
Diprion （wasp）	松葉蜂屬
Dipsosaurus dorsalis	沙漠鬣蜥
Diptera	雙翅目
Dipus （jerboa）	跳鼠
direct role	直接角色
disassortative mating	異型交配
discipline	管教
Discothyrea	盤針蟻
discrete signal	離散訊號
displacement	移位
displacement activity	替代活動
disruptive selection	歧化選擇
distraction display	轉移注意力的炫示
distress communication	求救通訊

DNA	去氧核糖核酸
Dobzhansky, T.	多布贊斯基
dodecyl acetate	醋酸十二酯
Dolichoderinae	琉璃蟻亞科
Dolichoderini	琉璃蟻族
Dolichoderus	琉璃蟻
Dolichonyx （bobolink）	長刺歌雀屬
Dolichonyx oryzivorus （bobolink）	長刺歌雀
Dolichotis （Patagonian hare）	兔豚鼠
dominance hierarchy	統御位階
dominance order	統御次序
Dorylinae	矛蟻亞科
Dorylini	矛蟻族
Dorylus （driver ant）	矛蟻
Dorylus wilverthi	食根矛蟻
Dorymyrmex	矛琉璃蟻
Douglas-Hamilton, I.	道格拉斯‧漢米爾頓
Drepanoplectes jacksoni	傑克森氏寡婦鳥
Drepanotermes	鉤白蟻
Dromococcyx	雉鵑屬
drone	雄蜂雄蟻
Drosophila melanogaster	黑腹果蠅
Drosophilidae	果蠅科
Drymarchon	森王蛇屬
Drymarchon corais （indigo snake）	靛森王蛇
Dryopithecus indicus	印度森林古猿
duetting	對唱
Dufour's gland	杜佛腺體
Dugesia （flatworm）	渦蟲屬
Dugong	儒艮

Dugongidae	儒艮科
dulosis	奴蟻
Dulus dominicus （palmchat）	棕櫚鵖
Durkheim, Emile	涂爾幹
Dusicyon	南美狐狼
Dybas, H. S.	狄巴斯
Dynastes hercules （Hercules beetle）	長戟大兜蟲
Dytiscus （beetle）	龍蝨屬
Eberhard, Mary Jane West	威斯特埃伯哈特
Echinops	小馬島蝟
Echinosorex	鼩蝟
Eciton （army ant）	遊蟻
Eciton burchelli	鬼針遊蟻
Eciton hamatum	彎鉤遊蟻
Ecitoninae	遊蟻亞科
Ecitonini	遊蟻族
ecological efficiency	生態效率
ecological factors	生態因子
ecological pressure	生態壓力
ecological release	生態釋放
ecological steady state	生態穩定狀態
ecology	生態
Ectatomma	泛針蟻
Ectatommini	泛針蟻族
Ectocarpus （alga）	水雲屬
ectoparasite	外寄生者
Ectoprocta	外肛動物門（＝苔蘚動物門）
Edentata	貧齒目
effective population number	有效族群數目
egg mimicry	卵擬態

Eibl-Eibesfeldt, I.	埃伯・埃比士菲德
Eisenberg, J. F.	埃森伯格
electrical communication	電力通訊
Elephantidae	象科
Elephantulus （elephant shrew）	象鼩
Elephas maximus （Indian elephant）	亞洲象
Eleutherodactylus	卵齒蟾
Ellesmere Island	埃西斯米爾島 （加拿大）
Emballonuridae	鞘尾蝠科
emergent evolution	浮現的演化
Emerson, A. E.	艾默生
Emery, Carlo	埃默里
Emery's rule	埃默里法則
emigration	移出
Emlen, J. T.	埃姆倫
empathic learning	觀摩學習
Empididae （dance flies）	舞虻科
Empidonax （flycatcher）	北美鶲
Empis （fly）	舞虻屬
enculturation	文化適應
endocrine exhaustion	內分泌耗竭
endocrinology	內分泌學
energy budgets	能量預算
Engystomops	窄口蟾
Engystomops pustulosus	水泡窄口蟾
Enhydra lutris （sea otter）	海獺
entomology	昆蟲學
Entoprocta	內肛動物門
environmental modification	環境改變
environmental tracking	環境追蹤

environmentalism	環境決定論
enzymatic deactivation	酶去活化作用
epideictic display	雄辯炫示
epigamic selection	誘惑選擇
epigenetics	表觀遺傳學
epiglottis	會厭
Epimyrma	多型蟻屬
Epimyrma goesswaldi	高氏多型蟻
Epimyrma ravouxi	拉氏多型蟻
Epimyrma stumperi	史氏多型蟻
Epimyrma vandeli	范氏多型蟻
epinephrine	腎上腺素
epistasis	上位作用
Epomophorus gambianus	西非肩毛果蝠
Epomops franqueti	無尾肩章果蝠
Epopostruma	夾顎家蟻
Eptesicus fuscus	大棕蝠
Eptesicus minutus	小棕蝠
Eptesicus rendalli	任氏棕蝠
Equidae	馬科
equilibrium	平衡狀態
Equus asinus （wild ass）	野驢
Equus burchelli （Burchell's zebra）	柏氏斑馬
Equus caballus （wild horse）	家馬
Equus caballus przewalskii （primitive horse）	蒙古野馬
Equus grevyi （Grevy's zebra）	格氏斑馬
Erethizon （New World porcupine）	美洲豪豬
Erethizontidae	美洲豪豬科
ergatogynes	擬工蟻

ergonomics	工效學
Erichthonius	端腳目
Erignathus （bearded seal）	髯海豹
Erinaceidae	刺蝟科
Erinaceus （hedgehog）	刺蝟
Erithacus （robin）	歐亞鴝屬
Erolia melanotos （pectoral sandpiper）	斑胸濱鷸
Erythrocebus patas （patas monkey）	紅猴
Eschrichtiidae	灰鯨科
Eschrichtius （gray whale）	灰鯨
Esperiopsis	枝葉海綿
Espinas, A.	埃斯畢納
Estes, R. D.	艾斯特斯
Estrildidae	梅花雀科
estrogen	雌激素
ethical behaviorism	道德行為主義
ethical intuitionism	道德直覺主義
ethnocentrism	種族中心主義
ethnography	民族誌
ethocline	行為梯度變異
ethogram	習性譜
ethology	動物行為學
Etroplus （chromide）	小腹麗鯛屬
Eucalyptus	桉樹
Eucera	長角蜂
Eucerini	長角蜂族
eudoxome	合體節
Eudynamis scolopacea （koel）	噪鵑
Euglossa	長舌蜂
Euglossini	長舌蜂族

Euler-Lotka equation	尤拉—羅特卡等式
Euler, L.	尤拉
Eumenes	唇蜾蠃
Eumenidae	唇蜾蠃科
Eumeninae	唇蜾蠃亞科
Eumetopias	北海獅
Euoticus （needle-nailed galago）	尖爪叢猴亞屬
Euphagus cyanocephalus	布氏烏鶇
Eurhopalothrix	毛家蟻
Eurystomata	外肛動物目
eusociality	真社會性
Eustenogaster	真狹腹胡蜂
Eutamias dorsalis	峭壁花栗鼠
Eutamias umbrinus	尤恩塔花栗鼠
eutheria	真獸下綱
Euthynnus affinus	巴鰹
Evolution and Human Behavior	演化與人類行為
evolutionary clade	演化支
evolutionary compromise	演化折衷
evolutionary convergence	演化趨同
evolutionary grade	演化級
evolutionary pacemaker	演化節律
evolutionary process	演化程序
evolutionary psychology	演化心理學
evolutionary rate	演化速率
Evylaeus	林蜂
excitation	興奮
exclusive function	排它函數
excretion	排泄
exogamy	外婚

Exomalopsini	外絨蜂族
Exomalopsis	外絨蜂
Exoneurella	小麗蜂屬
exploitation hypothesis	剝削假說
exploratory behavior	探索行為
exponential growth	指數成長
expressivity	表現度
extinction	滅絕
facilitation	促成反應
faculty	官能
Fagen, R. M.	費根
Falco （hawk）	隼屬
Fallacy of Affirming the Consequent	肯定後項的謬誤
Fallacy of Simplifying the Cause	簡化原因的謬誤
family unit	家族單元
Feldman, M. W.	費德曼
Felidae	貓科
Felis domestica （domestic cat）	家貓
Feloidea	貓總科
Fennicus （fennec fox）	耳廓狐
Fernando Póo	裴南多島
fertility	生育力
Festuca	牛毛草
Ficedula （flycatcher）	姬鶲屬
Ficedula hypoleuca （pied flycatcher）	歐洲鵲鶲
Fisher's principle	費雪原理
fission-fusion societies	分裂－熔合社會
fitness	適合度
flight distance	逃跑距離
floater	飄遊份子

Floscularia	簇輪蟲
food chains	食物鏈
food sharing	食物共享
foraging	覓食
Forelius	前琉璃蟻
Formica	山蟻屬
Formica exsecta	切割山蟻
Formica fusca	暗褐山蟻
Formica microgyna	小山蟻
Formica polyctena	禿背山蟻
Formica rubicunda	深紅山蟻
Formica sanguinea	血色山蟻
Formica subintegra	亞全山蟻
Formica subsericea	亞絲絨山蟻
Formicidae	蟻科
Formicinae	山蟻亞科
Formicini	山蟻族
Formicoidea	蟻總科
Formicoxenus nitidulus	光亮外來蟻
Forskalia	歪鐘水母屬
Fossey, D.	弗希
founder effect	創始者效應
Fox, Robin	福克斯
Franklin, W. L.	富蘭克林
Fraser Darling effect	弗瑞賽‧達林效應
Fregata （frigate bird）	軍艦鳥
fricative	擦音
Fringilla （chaffinch）	燕雀屬
Fringilla montifringilla （brambling）	花雀
Frisch, K. von	弗瑞希

fugitive species	逃避性物種
Fulgoridae （lantern-fly）	蠟蟬科
Fulica （coot）	骨頂屬
functional response	功能性反應
fundamental theory	基礎理論
fungus comb	真菌巢 （白蟻窩）
Funktionswechsel	功能轉換原理
Futterparasitismus	食物寄生
Gadgil-Bossert Model	賈吉爾—包賽特模型
Gadgil, M.	賈吉爾
Galago	嬰猴屬
Galago crassicaudatus （thick-tailed galago）	粗尾叢猴
Galago demidovii （dwarf galago）	矮嬰猴
Galago senegalensis （the bush-baby）	嬰猴
Galagoides （dwarf galago）	矮嬰猴亞屬
Galium	豬殃殃
Gallus domesticus （common domestic fowl）	家雞
Gallus gallus （red jungle fowl）	原雞
Galton, Francis	賈爾頓
Gamasidae	革蟎科
Garcinia	鳳果
Garden Bay	嘉登灣 （加拿大）
Gargaphia solani	網蝽
Gartlan, J. S.	賈特藍
gaster	柄後腹
Gasterosteus （stickleback）	刺魚屬
Gastrophryne	小口蛙
gastrozooid	營養個蟲
Gates, D. M.	蓋茲

Gavia （diver）	潛鳥屬
Gazella granti （Grant's gazelle）	葛氏瞪羚
Gazella thomsoni （Thomson's gazelle）	湯氏瞪羚
Gehyra	截趾虎
Gehyra variegata	琉球截趾虎
Geist, V.	蓋斯特
Gekkonidae	壁虎科
Gelechiidae （moth）	旋蛾科
gene dispersal	基因散佈
gene flow	基因流動
General Adaptation Syndrome	一般適應症候群
genetic determinism	遺傳決定論
genetic drift	遺傳漂移
genetic swamping	基因淹沒
genetics	遺傳學
genomics	基因組
gens / gentes	巢寄生族
Geocapromys	地硬毛鼠
Geochelone （Galapagos tortoise）	象龜屬
geographic race	地區品種
Geomyiidae	囊鼠科
Geomys （pocket gopher）	囊鼠
Geophagus	珠母麗魚屬
Gerbillus （gerbil）	沙鼠
Geronticus （ibis）	朱鷺屬
Gerridae	黽蝽科
Gersdorf, E.	蓋史多夫
Gesomyrmecini	短角蟻族
Gesomyrmex	短角蟻
gestalt	完形

社會生物學：新綜合理論

Gibraltar Island	直布羅陀島（美國）
Gigantopithecus	巨猿
Gir	吉爾森林區 （印度古哲拉邦）
Giraffa （giraffe）	長頸鹿屬
Glaucomys	美洲鼯鼠
Gliridae	睡鼠科
Glis （dormice）	睡鼠
Globicephala melaena （pilot whale）	長肢領航鯨
Globicephala scammoni （pilot whale）	黑領航鯨
gluconeogenesis	葡萄糖生成
glucosucrose	葡萄蔗糖
Glyptotermes	樹白蟻
Gnamptogenys	彎顎針蟻
Goffman, E.	高夫曼
Gombe Stream National Park	岡貝溪國家公園
gonium / gonia	生殖原細胞
Gonodactylus （mantis shrimp）	指蝦蛄屬
gonozooid	生殖個蟲
Gopherus agassizi	阿氏穴龜
Gorgasia （garden eel）	園鰻屬
Gorge Creek	峽谷溪（澳洲）
Gorgonacea	柳珊瑚目
Gorilla gorilla	大猩猩
Gorilla gorilla beringei （eastern highland gorilla）	東部高地大猩猩
Gorilla gorilla gorilla （western lowland gorilla）	西部低地大猩猩
Gorilla gorilla graueri （eastern lowland gorilla）	東部低地大猩猩
Gould, S. J.	古爾德
Gracula （mynah）	鷯哥屬

gradation	梯度
Grampus	灰海豚屬
Grampus griseus（Risso's dolphin）	瑞氏海豚
great ape	大猿
grex	黏聚菌
grooming	梳理
group	群
group selection	群體選擇
group size	群體規模
Grus（crane）	鶴屬
Grus americana（whooping crane）	美洲鶴
Guhl, A. M.	顧爾
Guira guira（guira cuckoo）	圭拉鵑
Guyana	蓋亞那
Gymnarchidae	裸臀魚科
Gymnogyps（condor）	禿鷹屬
Gymnolaemata	裸唇綱
Gymnopithys bicolor（bicolored antbird）	雙色蟻鳥
Gymnorhinus cyanocephala（piñon jay）	無冠松鴉
Gymnotidae（electric fish）	裸背電鰻科
Gymnotus carapo（banded knife-fish）	圭亞那裸背電鰻
gynogenetic	孤雌生殖
Habia fuscicauda（ant-tanager）	黑尾裸鼻雀
habituation	習慣化
Hacienda Barbascal	巴巴斯卡園（哥倫比亞）
Haematopus（oystercatcher）	蠣鷸屬
Hagenia	苦蘇
Haldane, J. B. S.	霍爾丹
Halichoerus grypus（gray seal）	灰海豹
Halictidae	隧蜂科

Halictinae	隧蜂亞科
Halictini	隧蜂族
Hall, J. R.	霍爾
Hall, K. R. L.	霍爾
Halle, Louis. J.	哈勒
Hamilton, W. D.	漢米爾頓
Hamirostra （buzzard）	紅頭鷲屬
Hapalemur （gentle lemur）	柔狐猴
Haplochromis	樸麗鯛屬
haplodiploidy	單雙套染色體制
Hardin, Garrett	哈定
Hardy-Weinberg Law	哈迪—范柏格二氏定律
Hardy, Sir Alister	哈迪爵士
harem polygyny	一雄多雌的妻妾群
Harlow, H. F.	哈洛
Harpagoxenus	瘤顎切葉家蟻屬
Harpagoxenus sublaevis	亞平瘤顎切葉家蟻
Hartley, P. H. T.	哈特里
Hartmanella	輪枝黏菌
Hediger, H.	赫迪格
Helogale	侏儒獴
Hemibelideus （ringtail）	環尾袋貂
Hemicentetes	紋蝟
Hemichordata	半索動物門
Hemilepistus reaumuri （sowbug）	潮蟲
Hemiptera	半翅目
hemolymph	血淋巴
Heniochus	立旗鯛屬
Henry, Charles	亨利
Herpestes	獴屬

Herpestinae	獴亞科
Herrnstein, R. J.	荷恩史坦
Heteralocha acutirostris （huia）	兼嘴垂耳鴉
Heteranthidium	異黃斑蜂
Heterohyrax	岩蹄兔
Heteromyidae	林棘鼠科
Heteromys （spiny rat）	林棘鼠
Heteronetta atricapilla （black-headed duck）	黑頭鴨
Heteroponera	異牙針蟻
Heterotermes	異白蟻
heterozooid	特化個蟲
heterozygosity	異形合子
heterozygous	異型合子 （基因）；雜合
hierarchy	階級系統
higher oligosaccharides	高寡糖
Hilara	華舞虻屬
Himantopus （stilt）	長腳鷸屬
Hinde, R. A.	辛德
Hipparion （three-toed horse）	三趾馬
Hippopotamidae	河馬科
Hippopotamus amphibius （hippopotamus）	河馬
Hipposideros atratus	黑葉鼻蝠
Hipposideros beatus	小葉鼻蝠
Hipposideros brachyotis	短耳葉鼻蝠
Hipposideros commersoni	康氏葉鼻蝠
Hipposideros diadema	冠葉鼻蝠
Hippotraginae	馬羚亞科
Hircinia	山羊海綿
Hirundo （swallow）	燕屬
Hodotermes	草白蟻

社會生物學：新綜合理論

Hodotermitidae	草白蟻科
Hodotermitinae	草白蟻亞科
Hodotermopsis	徑原白蟻
Hoffer, E.	郝費爾
holism	整體論
Hölldobler, B.	霍德伯勒
Holmes, R. T.	侯姆斯
Homans, G. C.	荷曼斯
home range	活動圈
homeostasis	恆定
Hominidae	人科
Hominoidea	人型總科
Homo	人屬
Homo erectus	直立人
Homo sapiens（modern man）	智人；現代人
Homo sapiens neanderthalensis（Neanderthal man）	尼安德塔人
Homoptera	同翅目
Homotherium（sabertooth cat）	似劍齒虎
homozygosity	同型合子
honeydew	蜜露
Hoplitis	擬孔蜂
Horn principle	荷恩原理
Horn, H. S.	荷恩
Horr, D.	郝爾
Howard, H. E.	郝華
Huaylarco	烏埃拉科（祕魯）
Huber, P.	余貝
Human Nature: A Critical Reader	人性——批評讀本

Humphries, D. A.	亨福瑞斯
Hutchinson, G. E.	赫欽孫
Hutchinsonian hyperspace	赫欽孫超空間
Huxley, T. H.	赫胥黎
Hyaenidae	鬣狗科
hydraulic model	水壓模型
Hydrochoeridae	水豚科
Hydrochoerus （capybara）	水豚
Hydrozoa	水螅蟲綱
Hydrurga （leopard seal）	豹海豹
Hyemoschus aquaticus （water chevrotain）	非洲鼷鹿
Hyla	雨蛙
Hyla avivoca	鳥鳴雨蛙
Hyla crucifer	春雨蛙
Hylidae	樹蟾科
Hylobates agilis （dark-handed gibbon）	黑手長臂猿
Hylobates lar （lar gibbon）	白手長臂猿
Hylobatidae	長臂猿科
Hymenocera picta	油彩蠟膜蝦
Hymenolepis	膜殼絛蟲
Hymenoptera	膜翅目
Hyosphaera	舌骨球魚屬
Hypericum	金絲桃
Hyperoodon	瓶鼻鯨
Hypoclinea	下蟻
Hypoponera	姬針蟻
hypothalamus	下視丘
Hypsignathus monstrosus	錘頭果蝠
Hypsiprymnodon	麝袋鼠
Hypsoblennius	高鳚

Hypsoblennius gilberti	吉氏高鳚
Hypsoblennius jenkinsi	詹氏高鳚
Hypsypops rubicunda（garibaldi）	小雀鯛
Hyracoidea	蹄兔目
Hystricidae	豪豬科
Hystrix（Old World porcupine）	豪豬
Icteridae	擬黃鸝科
idiosyncrasy	特異性
idiothèque	園壁（白蟻窩）
Iguanidae（iguanas）	鬣蜥科
Ik	伊克族（烏干達）
Immanthidium	內黃斑蜂
Imo	伊摩（日本獼猴）
imperative	令式
impossibility theorem	不可能定理
imprinting	銘印
Inachis io	孔雀蛺蝶
inbreeding coefficient	近交係數
Incisitermes minor	小楹白蟻
inclusive fitness	總適合度
Indicatoridae	響蜜鴷科
indirect role	間接角色
individual	個體
individual distance	個體距離
Indochina	中南半島
Indri indri	光面狐猴
Indriidae	光面狐猴科
information analysis	資訊分析
Inia	亞馬遜江豚
innate behavior	內生行為

innate deep-structure model	固有的深層結構模型
Innendienst	巢內勞務
Inquilina	寄食蜂
inquilinism	客居
Insecta	昆蟲綱
Insectivora	食蟲目
instinct	本能
integument	體壁
intention movement	意圖動作
interdemic selection/interpopulation selection	群間選擇
intermediate Sub-social I	中介亞社會性 I
intermediate Sub-social II	中介亞社會性 II
International Ecological Congress	國際生態會議
interphase	分裂間期
interzooid	中間個蟲
intrasexual selection	同性內選擇
Iridomyrmex detectus	肉蟻
Iridomyrmex humilis （argentine ant）	阿根廷虹琉璃蟻
Isle Royale	皇家島（美國）
isoamyl acetate	乙酸異戊酯
isogamy	同配生殖
Isoodon （bandicoot）	短鼻袋狸
Isopoda	等足目
Isoptera	等翅目
Itani, Junichiro	伊谷純一郎
Izawa, Kosei	伊澤紘生
Jamaica	牙買加
James IV	詹姆士四世
Janzen, D. M.	簡曾
Jarman, P. J.	賈曼

Jasus lalandei（spiny lobsters）	南非岩龍蝦
Jay, P. C.	傑伊
Jenkins, D.	簡肯斯
Johannseniella	約蠓屬
Jolly, A.	喬利
Jolly, C. J.	喬利
Journal of Mammalogy	哺乳動物學期刊
Journal of Social and Biological Structures	社會與生物構造期刊
Junco hyemalis（slate-colored junco）	深灰磧鵐
Kabogo Mountains	卡巴哥山（坦尚尼亞）
kairomone	種間激素
Kalahari	喀拉哈里沙漠
Kalotermes	木白蟻
Kalotermitidae	木白蟻科
Kamin, L. J.	凱門
Kanduka michiei（Arothron stellatus）	星斑叉鼻魨
Kansyana	康希亞納（坦尚尼亞）
Kant, I.	康德
Karst, H.	卡爾斯特
Kaufmann, J. H.	考夫曼
Kawanaka, Kenji	川中健二
kenozooid	空間個蟲
Kerfoot, W. B.	柯爾福特
Kerivoula	彩蝠
Kerivoula harrisoni	哈氏彩蝠
Kerivoula papillosa	疣彩蝠
Kerivoula picta	彩蝠
kin selection	親屬選擇
kinesic communication	動作通訊
King Solomon's Ring	所羅門王的指環

King, J. A.	金恩
Kinsey, A. C.	金賽
kinship group	親屬群體
Kluijver, H. N.	克盧維
Kobus defassa （defassa waterbuck）	迪氏水羚
Kobus ellipsiprymnus （common waterbuck）	水羚
Kobus kob （kob）	赤羚
Kobus kob thomasi （Uganda kob）	烏干達赤羚
Kobus vardoni （puku）	瓦氏赤羚
Koford, C. B.	寇福
Kogia	小抹香鯨
Kohlberg, L.	柯爾柏格
Kolomak	寇洛馬克
Kortlandt, A.	考特藍
Koshima Island	幸島 （日本）
Krebs, J. R.	克列卜斯
Kruuk, H.	柯魯克
Kühlmann, D. H. D.	庫爾曼
Kummer, H.	庫麥
Kutai Reserve	古戴保護區（婆羅洲）
Kyidris	平地氏蟻屬
labial gland	唇腺
Labidus	鉗蟻
Labiotermes	唇白蟻
Labridae	隆頭魚科
Labroides dimidiatus	太平洋裂唇魚
Labyrinthula	網黏菌屬
Labyrinthulales	網黏菌目
Lacertidae	正蜥科

Lack, D.	賴克
Lagidium （mountain viscacha）	山絨鼠
Lagomorpha	兔形目
Lagopus （grouse）	松雞屬
Lagostomus	平原絨鼠
Lagothrix （woolly monkey）	絨毛猴屬
Lagothrix lagothricha	兔頭猴
Lake Albert	愛伯特湖（烏干達）
Lake Edward	愛德華湖 （薩伊）
Lake Erie	伊利湖（美國）
Lake Kivu	基伍湖（非洲）
Lake Manyara National Park	曼雅拉湖國家公園（坦尚尼亞）
Lake Superior	蘇必略湖（美國）
Lake Tanganyika	坦干伊卡湖
Lake Victoria	維多利亞湖（非洲）
Lampyridae （fireflies）	螢科
Lampyris （firefly）	螢屬
Lancaster, Jane B.	藍卡斯特
Landau index	藍道指數
Landau, H.	藍道
Lantana camara	馬櫻丹
Laridae （gulls）	鷗科
Larus （gull）	鷗屬
Larus argentatus	黑脊鷗
Larus ridibundus	紅嘴鷗
larva	幼蟲
Lasioglossum	淡脈隧蜂
Lasiophanes	毛舌蟻
Lasiorhinus （wombat）	軟毛袋熊
Lasiurus borealis	紅毛尾蝠

Lasiurus cinereus	灰毛尾蝠
Lasius	毛山蟻屬
Lasius alienus	奇異毛山蟻
Lasius neoniger	新黑毛山蟻
Lasius reginae	大王毛山蟻
Lavia	黃翼蝠屬
Lavia frons （yellow-winged bat）	黃翼蝠
Lawick-Goodall, H.	勞威克
Laws, R. M.	洛斯
Le Masne, G.	勒曼
learned deep-structure model	學習來的深層結構模型
Leibnitz, G. W.	萊布尼茲
lek	求偶場
Lemmus （lemming）	旅鼠
Lemur （true lemur）	狐猴屬
Lemur catta （ring-tailed lemur）	環尾狐猴
Lemur fulvus （brown lemur）	褐狐猴
Lemuridae	狐猴科
Leontideus （golden lion marmoset; golden lion tamarin）	獅狨
Lepidophyllum	鱗葉
Lepidoptera	鱗翅目
Lepilemur （sportive lemur）	鼬狐猴
Lepilemur mustelinus	鼬狐猴
Lepomis gibbosus （pumpkinseed sunfish）	瓜仁太陽魚
Leporidae	兔科
Leptanilla	細蟻
Leptanillinae	細蟻亞科
Leptochilus	細唇胡蜂
Leptodactylidae	薄趾蟾科

Leptogenys	細顎針蟻
Leptogenys diminuta	小細顎針蟻
Leptomedusae	有鞘水母目
Leptomyrmecini	細山蟻族
Leptomyrmex	細山蟻
Leptothorax curvispinosus	彎刺窄胸家蟻
Leptothorax diversipilosus	裂毛窄胸家蟻
Leptothorax duloticus	蓄奴窄胸家蟻
Leptothorax provancheri （shampoo ant）	洗滌蟻
Leptothorax tuberum	瘤突窄胸家蟻
Leptothorax unifasciata	單條窄胸家蟻
Leptothorax unifasciatus	單帶窄胸家蟻
Lepus （rabbit）	兔屬
Lestoros （rat opossum）	鼩負鼠
Lestrimelitta	盜蜂屬
Lévi-Strauss, C.	李維史陀
Lewontin, R. C.	路翁廷
Leyhausen, P.	黎豪森
Lieberman, P.	李伯曼
Lilly, John C.	利里
limbic system	邊緣系統
limonene	檸檬烯
Lin, N.	林
Lindauer, M.	林道爾
Linophrynidae	鬚鮟鱇科
Linyphia triangularis （sheet-web spider）	皿網蛛
Liometopum	平滑琉璃蟻
Liostenogaster	平滑狹腹胡蜂
Lissodelphis borealis （right whale dolphin）	北露脊海豚
Litocranius walleri （gerenuk）	長頸羚羊

Lloyd, M.	洛伊德
Lobelia	山梗菜
Lockie, J. D.	洛基
Lophiomys （maned rat）	鬃鼠
lophophore	觸手冠
Lordomyrma	溝家蟻
Lorenz, K. Z.	勞倫茲
Loris （slender loris）	細長懶猴
Loris tardigradus	細長懶猴
Lorisidae	懶猴科
Lotka-Volterra equations	羅弗方程式
Loxia curvirostra （red crossbill）	紅交嘴雀
Loxodonta africana （African elephant）	非洲象
Lualaba rivers	盧阿拉巴河
Lubulungu River	盧布朗谷河（坦尚尼亞）
Luciola discollis （West African firefly）	西非螢火蟲
Lycaon （African hunting dog）	非洲野犬
Lycaon pictus （African wild dog）	非洲野犬
Lyrurus tetrix （European black grouse）	黑琴雞
Macaca fascicularis （crab-eating monkey）	食蟹獼猴
Macaca fuscata （Japanese monkey）	日本獼猴
Macaca irus （crab-eating monkey）	食蟹獼猴
Macaca mulatta （rhesus monkey）	恆河猴
Macaca nemestrina （pig-tailed macaque）	豬尾獼猴
Macaca radiata （bonnet macaque）	綺帽獼猴
Macaca sinica	斯里蘭卡獼猴
Macaca speciosa （stump-tailed macaque）	截尾獼猴
Macaca sylvanus （Barbary ape）	叟猴
MacArthur, R. H.	麥克阿瑟
MacKinnon, J. R.	麥金農

Macropodidae	袋鼠科
Macropus	大袋鼠
Macropus parryi	帕氏大袋鼠
Macroscelides	短尾象鼩
Macroscelididae	短尾象鼩科
Macroscelididae （elephant shrew）	象鼩科
Macrotermes	大白蟻屬
Macrotermes bellicosus	東非大白蟻
Macrotermes natalensis	南非大白蟻
Macrotermitinae	大白蟻亞科
Macrotus waterhousii	華氏大耳蝠
Madoqua （dik-dik）	犬羚
Magicicada	週期蟬
Mahali Mountains	馬哈利山（坦尚尼亞）
Makapan Australopithecus	馬卡潘南猿
Malaya	馬來亞
Malurus cyaneus （Australian superb blue wren）	細尾鷦鶯
Man and Dolphin, 1961	人與海豚
Mandena	曼迪納（馬達加斯加）
Mandrillus	山魈屬
Mandrillus leucophaeus （drill）	鬼狒
Mandrillus sphinx （mandrill）	山魈
Manidae	穿山甲科
Manis （pangolin; scaly anteater）	穿山甲
Marikina （true bare-faced tamarin）	禿面獠狨亞屬
Maring	麻林族（紐幾內亞）
Markovian	馬可夫式的
Marler, P. R.	馬爾勒

Marmota flaviventris （yellow-bellied marmot）	黃腹旱獺
Marsupialia	有袋目
Martin, R. D.	馬丁
Maryland	馬里蘭州（美國）
Masaridae	植食胡蜂科
Maschwitz, U.	馬士維茲
Maslow, A. H.	馬斯洛
Mason, W. A.	梅遜
Mastigophora	鞭毛蟲門
Mastigoproctus giganteus （whip scorpion）	雷達蠍
Mastotermes	澳白蟻
Mastotermes darwiniensis	達爾文白蟻
Mastotermitidae	澳白蟻科
mating center	配對中央區
mating plug	交配栓子
maxillary gland	下顎腺
Maynard Smith, J.	梅納史密斯
Mayr, Ernst	麥爾
Mayriella	塔形蟻
Mbuti pygmies	姆布逖匹格米人（剛果森林）
Megachile	切葉蜂
Megachilidae	切葉蜂科
Megachilinae	切葉蜂亞科
Megachilini	切葉蜂族
Megaleia	巨袋鼠
Megaloglossus woermanni	非洲長舌果蝠
Megalomyrmex symmetochus	對稱巨蟻
Megaponera	巨針蟻
Megaptera （humpback whale）	座頭鯨

Melanopteryx nigerrimus	黑織布鳥
Meleagris gallopavo （turkey）	野生火雞
Meles meles （European badger）	獾
melezitose	松三糖
Melipona	無螫蜂
Meliponini	無螫蜂族
Melissotarsini	扁蟻族
Melissotarsus	扁蟻
Melophorini	植蟻族
Melophorus	植蟻
Melville, Herman	梅爾維爾
Membracidae （treehopper）	角蟬科
Mendelian populations	孟德爾族群
Mendota	門多塔湖（美國威斯康辛州）
Mentawai Islands	民打威群島（印尼）
Meranoplini	突胸家蟻族
Meranoplus	突胸家蟻
Meropidae （bee-eater）	蜂虎科
Merops bulocki （bee eater）	紅喉蜂虎
Mesarovi , M. D.	梅薩洛維契
mesogloea	中膠層
Mesoplodon	中喙鯨
Messor	收割家蟻
metacommunication	後設通訊
metapleural gland	後胸側腺
Metapone	短腰家蟻
Metaponini	短腰家蟻族
metapopulation	關聯族群
metazoa	後生動物
Michener, C. D.	米契納

Microcavia	草原豚鼠
Microcebus (mouse lemur)	鼠狐猴
Microcebus murinus	小鼠狐猴
Microcerotermes	鋸白蟻
Microciona	細菌海綿
Microdon (syrphid fly)	微蚜蠅屬
microevolution	微演化
Microgale	鼩蝟
Microhodotemes	小草白蟻
Micromalthus	複變甲蟲
Micropalama himantopus (stilt sandpiper)	高蹺鷸
Microstigmus	小刺蜂
Microstigmus comes	小刺蜂
Microstomum	微口渦蟲
Microtus (vole)	田鼠屬
Microtus brandti	布氏田鼠
Mid-intestine	中腸
Mimosella	仿苔蟲
Mindanao	民答那峨（菲律賓）
minimum specification	最低需求 （衡量社會性的標準）
Miniopterus australis	澳洲長翼蝠
Miniopterus schreibersii	摺翅蝠
Miopithecus (talapoin; mangrove monkey)	侏鬚猴亞屬
Mirotermes	怪白蟻
Mirounga (elephant seal)	象海豹
Mischocyttarus	柄腹胡蜂
mixed colony	混生聚落
mixed flocks/herds/schools	混生群
mobbing	包圍騷擾
Moby Dick	白鯨記

Moffat, C. B.	莫伐
Mohave Desert	莫哈維沙漠（美國）
Molossidae	皺鼻蝠科
Molothrus （cowbird）	牛鸝屬
Molothrus badius （bay-winged cowbird）	棗紅翼牛鸝
Molothrus bonariensis （shiny cowbird）	光亮牛鸝
Molothrus rufo-axillaris （screaming cowbird）	呼嘯牛鸝
Moluccas	摩鹿加（印尼）
Monachus （monk seal）	僧侶海豹
Monacis	僧蟻
Monera	原核生物界
Moniaecera	孤垂泥蜂
Monodon （narwhal）	獨角鯨
Monodontidae	獨角鯨科
monogamy	單配偶制
monogyny	單雌群
Monomorium	單家蟻
Monomorium pharaonis	小黃單家蟻
Monomorium salomonis	所羅門單家蟻
Monotremata	單孔目
Montagner, H.	蒙塔納
Moore, T. E.	穆爾
Morgan, C. L.	摩根
Morgan, Elaine	摩根，伊蓮
Morgan's Canon	摩根準則
Mormoops megalophylla	葉頤蝠
morphology	形態
Morris, Desmond	莫里斯
Morse, D. H.	摩爾斯

Mosebach-Pukowski, Erna	莫斯巴赫・普科斯基
Motacilla alba （pied wagtail）	白鶺鴒
Mount Visoke	威索克山（非洲）
Moynihan, M. H.	莫尼漢
Mt. Kahuzi district	卡胡茲山區（非洲）
Mt. Kilimanjaro	吉力馬扎羅山
mucilage	黏液
Muggiaea	五角水母屬
Mugil cephalus （striped mullet）	鯔魚
Mugiliformes	鯔形目
multiple regression analysis	多元迴歸分析
multiplier effect	乘數效應
Mungos mungo （banded mongoose）	非洲獴
Murngin	孟根族
Murton, R. K.	摩頓
Mus （mouse）	小鼠屬
Musca domestica （house fly）	家蠅
musth	發情狂暴
Mutillidae	蟻蜂科
mutualism	互利共生
Myiopsitta monachus	和尚鸚鵡
Myocastor （nutria; coypus）	美洲巨水鼠屬
Myocastoridae	美洲巨水鼠科
Myopias	小眼針蟻
Myoprocta	長尾刺豚鼠
Myotis austroriparius	東南鼠耳蝠
Myrianida	厚多鏈蟲
Myrmecia （bulldog ant）	牙針蟻
Myrmecia gulosa	貪食牙針蟻
Myrmeciinae	牙針蟻亞科

社會生物學：新綜合理論

Myrmecina	黑豔家蟻
Myrmecobius （marsupial anteater）	袋食蟻獸
Myrmecocystus	蜜蟻
Myrmecophaga （anteater）	食蟻獸
Myrmecophagidae	食蟻獸科
Myrmecorhynchini	象蟻族
Myrmecorhynchus	象蟻屬
Myrmica	家蟻屬
Myrmica brevinodis	短節家蟻
Myrmicina	切葉蟻
Myrmicinae	家蟻亞科
Myrmosidae	節腹蟻蜂科
Myrmoteras	齒顎山蟻
Myrmoteratini	齒顎山蟻族
Mysticeti	鬚鯨目
Myxobacteria	黏液菌綱
Myxomycetales	真黏菌目
Myxomycota	黏菌門
Nairobi Park	奈洛比公園（肯亞）
Nanomia	小水母屬
Nanomia cara	小型水母
nanozooid	微個蟲
nasal	鼻音
Nasalis larvatus （proboscis monkey）	長鼻猴
Nasanov gland	納氏腺
Nasua narica （coati）	長鼻浣熊
Nasuella （little coati）	小長鼻浣熊
Nasutitermes	象白蟻
Naturalist	大自然的獵人

Necrophorus （burying beetle）	埋葬蟲
nectophore	泳鐘體
Neel, J. V. G.	尼爾
negative feedback	負回饋
Neivamyrmex	利馬遊蟻
neo-Darwinism	新達爾文主義
Neocapritermes	新歪白蟻
Neoceratiidae	新角鮟鱇科
Neomorphinae	雞鵑亞科
Neophoca	澳洲海獅
neoteinic	幼態成熟者
Neotermes	新白蟻
Neotoma （wood rat）	林鼠
nest commensalism	棲巢片利共生
nested hierarchy	巢狀位階
New Guinea	紐幾內亞
New South Wales	新南威爾斯（澳洲）
New World	新世界
Ngorongoro Crater	恩戈羅恩戈羅火山口區 （坦尚尼亞）
Nice, Margaret M.	奈斯
niche	生態區位
Nishida, Toshisada	西田利貞
Nissen, H. W.	尼森
Nkungwe	恩孔威（坦尚尼亞）
nomadic phase	遊獵期
Nomia	彩帶蜂屬
Nomiinae	彩帶蜂亞科
Norops auratus （grass anolis）	金草變色蜥
Not in Our Genes	不在於我們的基因
Nothocercus bonapartei	高地鷄鴕

Nothofagus	假山毛欅
Nothomyrmecia	偽牙針蟻
Notoryctes （marsupial mole）	袋鼴
Notoryctidae	袋鼴科
Ntale River	恩達利河（坦尚尼亞）
nuclear species	核心物種
nuptial flight	求偶飛行
nutritional castration	營養閹割
Nyae Nyae	奈伊奈伊（納米比亞）
Nyctea scandianca	雪鴞
Nyctereutes （raccoon dog）	狸屬
Nycteridae	裂面蝠科
Nycteris arge	淡色裂面蝠
Nycteris hispida	粗毛裂面蝠
Nycteris nana	矮小裂面蝠
Nycticebus （slow loris）	懶猴屬
nymph	若蟲
Obelia	藪枝蟲屬
occipital condyle	枕髁
Ochetomymecini	溝蟻族
Ochetomyrmex	溝蟻
Ochotona （pika）	鼠兔
Ochotonidae	鼠兔科
Odobenidae	海象科
Odobenus （walrus）	海象
Odocoileinae	美洲鹿亞科
Odocoileus hemionus （mule deer）	騾鹿
Odocoileus virginianus	白尾鹿
Odontoceti	齒鯨目
Odontomachus	鋸針蟻

odor trial	嗅跡
Odynerus	疼痛胡蜂
Oecophylla	織葉蟻
Oecophylla longinoda	長節織葉蟻
Oecophylla smaragdina	黃柑蟻
Oecophyllini	織葉蟻族
Oedipomidas (crested bare-faced tamarin)	棉頂獠狨亞屬
Oka, H.	岡氏
Okapia johnstoni (okapi)	歐卡皮鹿
Old World	舊世界
Olduvai	奧杜瓦伊（坦尚尼亞）
Oligomyrmex	寡家蟻
Olina, G. P.	奧里納
omega effect	末位效應
On Aggression	攻擊的秘密
On Human Nature	論人性
Ondatra (muskrat)	麝鼠
Onychomyrmex	爪蟻
operant conditioning	操作制約
operculum / opercula	蒴蓋
Ophiophagus hannah	眼鏡王蛇
Ophiotermes	蛇白蟻
Opisthopsis	閃光蟻
optimal mix	最佳化混合
optimization	最佳值
optimum-yield hypothesis	資源最佳獲取量假說
Orcaella	短鰭海豚
Orcinus orca (killer whale)	虎鯨
Oreamnos americanus (mountain goat)	北美山羊
Orectognathus	長顎家蟻

Oregon	俄勒岡州（美國）
Orians-Verner effect	奧維二氏效應
Orians, G. H.	奧里安
Origin of Species	物種原始
Orinoco	奧里諾科河
Ornithorhynchidae	鴨嘴獸科
Ornithorhynchus（duck-billed platypus）	鴨嘴獸
Orthoptera	直翅目
Ortstreue	歸家趨性
Orwell, G.	歐威爾
Orycteropodidae	土豚科
Orycteropus（aardvark）	土豚
Oryctolagus	穴兔
Oryctolagus cuniculus	穴兔
Oryctolagus cuniculus（European rabbit）	歐洲兔
Oryx beisa（beisa oryx）	東非劍羚
Oryx gazella（gemsbok）	南非劍羚
Oryzomys（rice rat）	稻鼠
Osmia	怪唇壁蜂
Otaria	南海獅
Otariidae	海獅科
Otidae	鴇科
Otis tarda（bustard）	大鴇
Otocyon（bat-eared fox）	蝠耳狐
Otocyoninae	蝠耳狐亞科
Ourebia（oribi）	侏羚
Ovibos moschatus（musk ox）	麝牛
Ovibovini	麝牛族
ovipositor	產卵管
Ovis canadensis（mountain sheep）	大角羊

p-benzoquinone	對苯醌
Pachycoris fabricii	盾蝽象
Pachysima	厚蟻
pair bond	配對關係
palpon	觸管
Pampa Galeras National Vicuña Reserve	加列拉草原國家駝馬保護區（祕魯）
Pan paniscus （pygmy chimpanzee）	侏儒黑猩猩
Pan troglodytes （chimpanzee）	黑猩猩
pandorina	實球藻
panmixia	隨機交配族群
Panthera leo （lion）	獅
Panthera tigris （tiger）	虎
Panurginae	黃斑花蜂亞科
Panurginus	小黃斑花蜂
Panurgus	黃斑花蜂
Papio anubis （olive baboon）	東非狒狒；橄欖狒狒
Papio cynocephalus （yellow baboon）	草原狒狒
Papio hamadryas （hamadryas baboon）	阿拉伯狒狒
Papio papio （Guinea baboon）	幾內亞狒狒
Papio ursinus （chacma baboon）	豚尾狒狒
parabiosis	聯體共生
Paracryptocerus texanus	側隱角蟻
Paradisaeidae	極樂鳥科
Paraechinus	沙漠蝟
paralanguage	副語言
parasitism	寄生
parasocial	副社會性
Paratettix texanus （grouse locust）	刺翼蚱
Paratrechina	黃山蟻
parecium	小室 （白蟻窩）

parental care	親代照顧
parental investment	親代投資
Parischnogaster	短腹胡蜂
Parker, I. S. C.	派克
Parr, A. E.	帕爾
Parsons, Talcott	帕森斯
partial correlation	淨相關
Parus carolinensis（Carolina chickadee）	卡羅萊納山雀
parvorder	小目
Passeriformes	雀形目
Passerina（bunting）	鵐屬
Passerina cyanea	靛藍鵐
passive nuclear species	被動核心物種
Patagonia	巴塔哥尼亞
Patterson, I. J.	派特遜
Pavlov, I.	巴夫洛夫
Pecari angulatus	貒豬
peck order	啄咬次序
Pedioecetes phasianellus（prairie sharp-tailed grouse）	草原尖尾松雞
Pelea（vaal rhebuck）	短角羚
Pempheris oualensis	烏伊蘭擬金眼鯛
Pemphredoninae	短柄細腰蜂亞科
penetrance	外顯率
Perameles（bandicoot）	袋狸
Peramelidae	袋狸科
Perca flavescens（yellow perch）	黃金鱸
Perciformes	鱸形目
Perdita	糞蜂
Perdix perdix（grey partridge）	灰鷓鴣

Pericapritermes	近歪白蟻
Perissodactyla	奇蹄目
permissible optimum	現實允許的最適狀態　（性狀）
Perodicticus　（potto）	波特懶猴
Peromyscus　（deer mouse）	鹿鼠
Perophora	豆角鞘
Petaurista	鼯鼠
Petaurus　（glider）	袋鼯
Petrogale	岩袋鼠
Petter, J. J.	裴特
Phacochoerus aethiopicus　（warthog）	疣豬
Phalanger　（cuscus）	袋貂
Phalangeridae	袋貂科
Phaner　（fork-marked dwarf lemur）	叉斑侏儒狐猴
Phascolarctos　（koala）	無尾熊
Phascolomyidae	袋熊科
Phasianidae	雉科
Pheidole	大頭家蟻
Pheidole fallax	昧影大頭家蟻
Pheidologeton	擬大頭家蟻
pheromone	費洛蒙
Philander	灰林負鼠
Philetairus socius	合群織布鳥
Philomachus pugnax	流蘇鷸
philopatry	歸家趨性
Philornis	愛鳥蠅屬
Phloeophana longirostris	斑色䳍
Phoca　（common seal）	海豹屬
Phocidae	海豹科
Phocoena　（porpoise）	鼠海豚

Phocoenidae	鼠海豚科
Phoenicurus phoenicurus （European redstart）	紅尾鴝
Pholidota	鱗甲目
phoneme	音位
phoneme	音素
Phormia regina	玻璃蠅
Phoronida	箒形動物門
Phoronis ovalis	卵形箒蟲
phrase structure grammar	片語結構文法
Phylacolaemata	被唇綱
phyletic group	系統群
Phylloscopus （chiffchaff）	柳鶯屬
Phylloscopus collybita	棕柳鶯
Phyllostomatidae	矛鼻蝠科
Phyllostomus discolor	異色矛鼻蝠
Phyllostomus hastatus	大矛鼻蝠
Phyllotis （pericot）	葉耳鼠
phylogenetic	系統發生
Physalia （Portuguese man-of-war）	僧帽水母屬
Physarum	絨泡黏菌屬
Physeter （sperm whale）	抹香鯨屬
Physeteridae	抹香鯨科
Piaget, Jean	皮亞傑
Piliocolobus （red colobus）	赤疣猴亞屬
pinene	蒎烯
pinniped	鰭足類
Pinnipedia	鰭腳目
Pinus clausa （sand pine）	沙松
Pipidae	負子蟾科

Pipistrellus pipistrellus	家蝠
Pipridae	侏儒鳥科
Piranga rubra （summer tanager）	夏裸鼻雀
Pithecia （saki）	狐尾猴
Pithecia monachus （monk saki）	僧面狐尾猴
Plagiolepidini	斜山蟻族
Plagiolepis	斜山蟻屬
planula larva	實囊幼蟲
Plasmodiophorales	根腫菌目
plasmodium	原質團
Platanista （long-snout river dolphin）	江豚屬
Platanistidae	江豚科
Platt, John R.	普萊特
Platyrrhini	廣鼻小目
Platythyrea	寬牙針蟻
Platythyreini	寬牙針蟻族
play	遊戲
Plecoglossus altivelis （ayu）	香魚
Plecotus auritus	長耳蝠
Plecotus townsendii	湯氏長耳蝠
pleiotropism	基因多效性
Pleistocene	更新世
plesiobiosis	異種共棲
Plethodon cinereus	紅背蠑螈
Pliny	普利尼
Ploceidae	文鳥科
Ploceinae	織布鳥科
Ploceus cucullatus	黑頭群棲織布鳥
plosive	爆發音
Plotosus	鰻鯰

社會生物學：新綜合理論

Plumatella	羽苔蟲
Poeciliopsis （minnow）	若花鱂
Pogonomyrmex badius （Florida harvester ant, American harvester）	佛州收穫蟻
Poirier, F. E.	包理葉
Poison gland	毒腺
Poison tunnel	輸毒道
Poisson distribution	卜瓦松分佈
Polistes （paper wasp）	馬蜂屬
Polistes atrimandibularis	腹顎馬蜂
Polistes canadensis	加拿大馬蜂
Polistes fadwigae	日本紙巢蜂
Polistes fuscatus	褐馬蜂
Polistes gallicus （European paper wasp）	柞蠶馬蜂
Polistes semenowi	西氏馬蜂
Polistes sulcifer	溝馬蜂
Polistinae	馬蜂亞科
Polistini	馬蜂族
polyacetoxy diterpenoid	多乙醯雙類萜
polyandry	一雌多雄制
Polybia	異腹胡蜂
Polybiini	異腹胡蜂族
Polybioides	異短腹胡蜂
polybrachygamy	多而短暫配偶制
Polycentrus schomburgkii	葉鱸
Polychaeta	多毛綱
Polydactylus （thread herring）	多指馬鮁
Polyergus	悍山蟻屬
Polyergus rufescens	趨紅悍山蟻
polyethism	行為多型性

polygamy	多配偶制
polygyny	一雄多雌制;多雌群
polygyny threshold	一雄多雌門檻
polymorphic	多型的
Polyrhachis	棘山蟻
Polysphondylium	輪生細胞黏菌
Pompiloidea	蛛蜂總科
Ponera	針蟻
Ponerinae	針蟻亞科
Ponerini	針蟻族
Poneroid complex	針蟻種群
Pongidae	猩猩科
Pongo pygmaeus (orang-utan)	紅毛猩猩
population	族群
population biology	族群生物學
population nucleus	族群核
Porifera	海綿動物門
Porter, W. P.	波特
Portotermes	盲白蟻
postpharyngeal gland	後咽腺
Potamochoerus porcus (African bush-pig)	叢林豬
Potamogale	獺鼱
potlatch	誇富宴
Potorous	長鼻袋鼠
Potos (kinkajou)	蜜熊
power grip	強力抓握
preadaptation	前適應;預先適應
precision grip	精確抓握
precocial young	早熟型幼雛
precursor	前驅物

Presbytis cristatus	銀葉猴
Presbytis entellus（common langur; Indian langur）	長尾葉猴；黃冠葉猴
Presbytis johnii	南印葉猴；尼爾吉里葉猴
Presbytis melalophos	黑脊葉猴
Presbytis senex（purple-faced langur）	紫臉葉猴
presocial	前社會性
primary reproductive	主要生殖員
Primates	靈長目
primer	引子
primitively Sub-social	原始亞社會性
principle of allocation	分配原則
Principle of Antithesis	對比原理
principle of stringency	緊縮原則
Principles of Animal Ecology	動物生態原理
Prionopelta	鋸鈍針蟻
Pristella riddlei	細鋸脂鯉
Pristomyrmex	雙針家蟻
probabilistic left-to-right model	由左至右的機率模型
Proboscidea	長鼻目
Procavia（hyrax）	蹄兔屬
Proceratium	盾角針蟻
Procolobus（olive colobus）	橄欖疣猴亞屬
Procryptocerus	頭隱角蟻
Procyon（raccoon）	浣熊屬
Procyon lotor（common raccoon）	浣熊
Procyonidae	浣熊科
proglottid	節片
Prolasius	原毛山蟻
promiscuity	亂交

Promyrmecia	原牙針蟻
Pronolagus	岩兔
propaganda substance	宣傳物質
Propithecus （sifaka）	跳狐猴
Propithecus verreauxi （Verreaux's sifaka）	白背跳狐猴
Prosimii	原猴亞目
prosody	聲韻
protease	蛋白酶
protected threat	仗勢欺人
Proteles cristatus （aardwolf）	土狼
Protista	原生生物界
Protoceratops	原角龍
Protopolybia	原腹胡蜂屬
protozoa	原生動物
Provespa	夜胡蜂
Psammetichos	布桑提克
Psammotermes	沙白蟻
Pseudacris ornata	花腔合唱蛙
Pseudagapostemon	擬喜蜂
pseudergate	偽工蟻
Pseudocheirus	卷尾袋貂
Pseudococcidae （mealybug）	粉介殼蟲科
Pseudolasius	偽毛山蟻
Pseudomyrmecinae	偽家蟻亞科
Pseudomyrmex	偽家蟻屬
pseudoplasmodium	假原質團
Psithyrus	青蜂屬
Psyllidae （jumping plant lice）	木蝨科
Pternohyla	挖洞蛙
Pterobranchia	羽鰓蟲綱

Pterocheilus	翼唇胡蜂
Pteropodidae	大蝙蝠科
Pteropus	狐蝠
Pteropus eotinus	始新狐蝠
Pteropus geddiei	地狐蝠
Pteropus giganteus	巨狐蝠
Pteropus poliocephalus	灰首狐蝠
Pteropus scapulatus	岬狐蝠
Ptilocercus （feather-tailed tree shrew）	羽尾樹鼩
Ptilonorhynchidae （bowerbird）	造園鳥科
pupa / pupae	蛹
Pygarrhichas albogularis （ovenbird）	灶鳥（大）
Pygathrix （douc langur）	海南葉猴
Pyrosoma	火體蟲
quantitative hedonism	數量享樂主義論
quasisocial	準社會性
queen substance	蜂后物質
Queensland	昆士蘭（澳洲）
Quelea quelea （dioch）	奎利亞雀
Quercus myrtifolia （myrtle）	稔葉櫟
Radakov, D. V.	拉達考夫
Ramapithecus punjabicus	旁遮普拉瑪人猿
Rameses II	拉梅西斯二世
Ramphocelus carbo （silver-billed tanager）	銀喙裸鼻雀
Ramphocelus nigrogularis （black-throated tanager）	黑喉裸鼻雀
Rana	蛙屬
Rana catesbeiana （bullfrog）	牛蛙
Rana pipiens （leopard frog）	豹蛙
Rana temporaria （common frog）	歐洲林蛙

Rand, A. L.	藍德
Rangifer tarandus（reindeer; caribou）	馴鹿
Ranidae	赤蛙科
Ransom, T. W.	藍孫
Rappaport, R. A.	拉帕波特
Rattus（rat）	家鼠屬
Rattus norvegicus（laboratory rat）	溝鼠
Ravenglass	雷文格拉斯 （英國）
Rawls, J.	羅爾斯
Ray, John	約翰・雷
receptor	受器
Recherches sur les mœurs des fourmis indigènes, 1810	本土螞蟻習性之研究
recruitment	增援
Rectal sac	直腸囊
reductionism	簡化論
Redunca（reedbuck）	葦羚
regulation	調節行為
regurgitation	反芻
Reichensperger, A.	萊申史柏格
relative dominance hierarchy	相對統御位階
releaser	釋放劑
Rennes	雷恩 （法國）
repagula	卵桿體
reproduction	繁殖率
reproductive effort	繁殖的努力
reproductive success	繁殖成功率
reproductivity effect	生殖效應
Reticulitermes	散白蟻
reversed social evolution	逆向社會演化

Reynolds, F.	雷諾茲
Rhabdocoela	棒腸目
Rhabdopleura	桿壁蟲
Rhacophorus	樹蛙
Rhea americana （rhea）	美洲鴕
Rhinocerotidae	犀牛科
Rhinolophidae	蹄鼻蝠科
Rhinolophus clivosus	佐氏菊頭蝠
Rhinolophus lepidus	短翼菊頭蝠
Rhinolophus rouxi	魯氏菊頭蝠
Rhinopithecus （snub-nosed langur）	獅鼻猴
Rhinopoma hardwickei	小鼠尾蝠
Rhinopomatidae	鼠尾蝠科
Rhinotermes	鼻白蟻
Rhinotermitidae	鼻白蟻科
Rhizocephala	根頭目
rhizoid	假根
Rhodesia	羅德西亞
Rhodeus	鰟鮍屬
Rhodeus amarus （bitterling）	苦味鰟鮍
Rhopalomastix	粗跗家蟻
Rhopalosomatidae	刺角蜂科
Rhoptromyrmex	鼓家蟻
Rhynchonycteris naso	長鼻蝠
Rhynchotermes	象鼻白蟻
Rhynchozoon	喙苔蟲
Rhytidoponera	褶刺蟻
Richmond Range	李奇蒙國家公園（澳洲）
Richmondena （cardinal）	鳳頭鳥屬
Riffenburgh, R. H.	瑞芬堡

Rift Valley （East Africa）	東非裂谷
Rissa tridactyla （kittiwake gull）	三趾鷗
ritualization	儀式化
Rodentia	齧齒目
Rodman, P. S.	羅德曼
Rogers, L. L.	羅哲斯
role	角色
role profile	角色輪廓
Ropalidia	鈴腹胡蜂
Ropalidiini	鈴腹胡蜂族
Rose, S.	羅斯，史蒂芬
Rossomyrmex	俄山蟻屬
Rostratula benghalensis （painted snipe）	彩鷸
Rotifera	輪蟲動物門
Roubaud, Emile	盧波
Rousettus leschenaulti	棕果蝠
Rowell, T. E.	羅威爾
royal cell	蜂后室；蟻后室
Rugitermes	雛白蟻
Ruminantia	反芻亞目
Rupicapra rupicapra （chamois）	歐洲山羚
Rupicaprini	歐洲山羚族
Rupicola rupicola （cock of the rock）	動冠傘鳥
Saas-Fee	薩斯菲（瑞士）
Saccopteryx	囊翼蝠
Saccopteryx bilineata	大銀線蝠
Saccopteryx leptura	小銀線蝠
sacred ritual	神聖儀式

Saguinus （tamarin） 獠狨屬

Saguinus geoffroyi （rufous-naped tamarin） 綿冠獠狨

Saguinus oedipus 綿頂獠狨

Sahlins, M. D. 薩林斯

Saiga tatarica （saiga） 大鼻羚

Saigini 大鼻羚族

Saimiri sciureus （squirrel monkey） 松鼠猴

Sakagami, S. F. 阪上

Salmo salar （salmon） 鮭魚

Salmo trutta （trout） 鱒魚

Sarcophilus （Tasmanian devil） 袋獾

Sardinops caerulea （Pacific sardine） 擬沙丁魚

Saturniidae 天蠶蛾科

Sauromalus obesus 脹身扁平蜥

Scaphidura oryzivora （giant cowbird） 巨牛鸝

Scaphiopus （spadefoot toad） 掘足蟾屬

Scarabaeidae 金龜子科

Scaridae 鸚嘴魚科

Scatophaga stercoraria （yellow dung fly） 黃糞蠅

Schaller, G. B. 夏勒

Schedorhinotermes 長鼻白蟻

Schenkel, R. 申克爾

Schizophyta 裂殖菌門

Schjelderup-Ebbe, T. 謝爾德魯艾伯

Schneirla, T. C. 史奈爾拉

Schoener, T. W. 舒納

Schwinger, Julian 史溫格

Scincidae 石龍子科

Sciuridae 松鼠科

Sciurus （squirrel） 松鼠屬

Scolioidea	土蜂總科
Scolopacidae	鷸科
Scolytidae	小蠹蟲科
scramble competition	互搶競爭
Scyphozoa	水母綱
Sekiguchi, K.	關口
Selenaria	月形蟲
selfish herd	自私獸群
Selye, H.	塞雷
Sematectonic	符號築造
semisocial	半社會性
Senecio	黃菀
Serengeti	塞倫蓋蒂 （坦尚尼亞）
Serenoa repens （palmetto）	鋸棕櫚
Sericomyrmex amibilis	美麗絲光蟻
Serinus canaria （canary）	金絲雀
Seronera	塞羅奈拉（坦尚尼亞）
Serranidae	鮨科
Serritermes	齒白蟻
Serritermes serrifer	齒白蟻
Serritermitidae	齒白蟻科
Setifer	大馬島蝟
Setonyx	短尾袋鼠
sexual dimorphism	性別二型性
sexual medusoid	生殖芽體
Shaw, Evelyn	蕭
Sialia sialis （eastern bluebird）	東藍鴝
Sicista （birch mouse）	長尾跳鼠
Sierra Leone	獅子山
Sikkim	錫金（印度）

Simias （Pagai Island langur）	豬尾葉猴
Simmons, J. A.	席門斯
Simocyoninae	短鼻犬亞科
Simon, H. A.	賽門
Simopelta	扁小蟻
Simopone	扁額粗角蟻
Sinhalese	僧伽羅人（錫蘭）
Sioux	蘇族
Siphonophora	管水母目
siphonozooid	管個蟲
Sitta pusilla （brown-headed nuthatch）	褐頭鳾
Sivatherium （sivathere）	溼婆獸
Skaife, S. H.	史凱夫
Skinner, B. F.	史金納
Smilisca	鑿蛙
Smilisca baudini	包氏鑿蛙
Sminthopsis （marsupial rat）	狹足袋鼬
Smith, H. M.	史密斯
Smithistruma	瘤家蟻
Smythe, N.	史密士
Snow, C. P.	史諾
social drift	社會漂移
social field	社會場域
social homeostasis	社會性恆定
social inertia	社會慣性
social mimicry	社會擬態
social parasitism	社會性寄生
social structure	社會結構
social symbiosis	社會共生
society	社會

sociocline	社會性梯度變異
socionomic sex ratio	社會性性比
Solenodon	溝齒鼩
Solenodontidae	溝齒鼩科
Solenopsis invicta	入侵紅火蟻
solitary	獨居
Somateria mollissima （eider duck）	歐絨鴨
Sorex	鼩鼱
Soricidae	尖鼠科
Sorokin, P. A.	索羅金
Sotalia （ridge-backed dolphin）	南美長吻海豚
Sousa	白海豚
South Dakota	南達科塔州（美國）
Spalacidae	盲鼴鼠科
Spalax （mole rat）	盲鼴鼠
species	物種
Speothos （bush dog）	叢林犬
spermathecal duct	受精囊管
Spermophilus	地松鼠
Spermophilus parryi	北極地松鼠
Spermophilus undulatus	長尾地松鼠
Sphecidae	細腰蜂科
Sphecinae	細腰蜂亞科
Sphecodes	紅腹隧蜂
Sphecoidea	細腰蜂總科
Sphecomyrma	蜂蟻
Sphecomyrminae	蜂蟻亞科
spinozooid	棘個蟲
spinster hypothesis	老小姐假說
spit	啐

Spiza americana （dickcissel）	斯皮扎雀
Spizella passerina （chipping sparrow）	褐斑翅鵐
stabilizing selection	穩定化選擇
Staphylinidae	隱翅蟲科
statary phase	靜止期
Steatornis caripensis （oilbird）	油鴟
Steganura （paradise widow bird）	天堂寡婦鳥屬
Stelopolybia	柱腹胡蜂屬
Stenella attenuata	熱帶斑海豚
Stenella caeruleoalba （blue-white dolphin）	藍白原海豚
Stenella styx	條紋海豚
Stenidae	糙齒海豚科
Steno （rough-toothed dolphin）	糙齒海豚
Stenogaster	狹腹胡蜂
Stenogastrinae	狹蜂胡蜂亞科
Stenostomum	直口渦蟲
step function	階梯函數
Stephanoaetus coronatus （crowned eagle）	冠雕
Sterkfontein	史德克方頓
stickleback model	刺魚模式
stigmergic communication	激發工作的通訊
Stolephorus purpureus （baitfish）	紫側帶小公魚
Stolonifera	匐根珊瑚目
Streptopelia risoria （ring dove）	斑鳩
stridulation	摩擦發聲
strong inference	強推論
Strongylognathus	圓顎切葉家蟻屬
Strongylognathus alpinus	高山圓顎切葉家蟻
Strongylognathus testaceus	褐黃圓顎切葉家蟻
Struhsaker, T. T.	史屈薩克

Strumigenys	瘤顎家蟻
Struthio camelus（ostrich）	鴕鳥
Sturnus vulgaris	歐洲椋鳥
subfamily	亞科
suborder	亞目
subset	子集
Sub-social	亞社會性
subspecies	亞種
substrate brooding	底質孵育（魚）
Sugiyama, Yukimaru	杉山幸丸
Suidae	豬科
Suina	豬亞目
Sukhumi Station	蘇呼米養殖所（亞布卡薩）
Sula leucogaster（brown boobies）	褐鰹鳥
Sumatra	蘇門答臘（印尼）
Suncus	臭鼩
superfamily	總科
superorganism	超個體
supplementary reproductive	附加生殖員
Suricata	狐獴
Surniculus lugubris（drongo-cuckoo）	烏鵑
survivorship	存活率
Sus scrofa（European wild pig）	野豬
Suzuki, Akira	鈴木晃
Sylvilagus	棉尾兔
symbiosis	共生
Symphalangus syndactylus（siamang）	大長臂猿
Syncerus caffer（buffalo）	非洲水牛
Syngnathidae	海龍魚科
Synnotum	偶苔蟲

Synoeca	合巢胡蜂
Syntactic Structures, 1957	句法結構
Syntermes	合白蟻
synthesis	綜合法
Syrrhophus	岩蟾
Tachyglossidae	針鼴科
Tachyglossus （echidna）	針鼴
tactile communication	觸覺通訊
Tadarida	犬吻蝠
Tadarida brasiliensis	巴西犬吻蝠
Tadarida major	大犬吻蝠
Tadarida mexicana	墨西哥游離尾蝠
Tadarida midas	米達犬吻蝠
Tadarida pumila	小犬吻蝠
Talpa	鼴鼠
Talpidae	鼴鼠科
Tamandua	小食蟻獸
Tamarindus indica （tamarind tree）	羅晃子
Tamias	美洲金花鼠
Tamiasciurus	紅松鼠
Tamils	坦米爾人（錫蘭）
Tangara inornata （plain-colored tanager）	素色裸鼻雀
Tapera	條紋杜鵑屬
Taphozous	墓蝠
Taphozous melanopogon	黑鬚墓蝠
Taphozous nudiventris	裸腹墓蝠
Taphozous peli	黑暗墓蝠
Tapinoma	慌琉璃蟻屬
Tapinomini	慌琉璃蟻族
Tapiridae	貘科

tarsal claw	跗爪
Tarsiidae	眼鏡猴科
Tarsipes （honey possum）	蜜貂
Tarsius （tarsier）	眼鏡猴
Taurotragus oryx （common eland）	巨羚
Taxidea taxus （American badger）	美洲獾
Tayassuidae	猯豬科
Technomyrmex	扁琉璃蟻
Teiidae	鞭尾蜥科
Teleki, G.	泰勒基
Teleutomyrmex schneideri	末日蟻
Telmatodytes palustris （long-billed marsh wren）	長喙沼澤鷦鷯
Tenasserim	丹那沙林（緬甸）
Tener, J. S.	泰納
Tenrec	馬島蝟
Tenrecidae	馬島蝟科
Termes	白蟻屬
Termitidae	白蟻科
Termitopone	鑽木蟻
Termopsinae	原白蟻亞科
Termopsis	原白蟻
terpenoid	類萜
territory	領域
tetradecyl acetate	醋酸十四酯
Tetraenura fischeri （straw-tailed widow bird）	桿尾寡婦鳥
Tetralonia	四條蜂
Tetramorium	皺家蟻屬
Tetramorium caespitum （common pavement ant）	灰黑皺家蟻

Tetraodontiformes	魨形目
Tetraonidae	松雞科
Tetraponera	擬家蟻屬
Thalasseus maximus（royal tern）	皇家燕鷗
Thaliacea	海樽綱
The Adapted Mind: Evolutionary Psychology and the Generation of Culture	適應的心智——演化心理學與文化發生
The Biology of Art, 1962	藝術的生物學
The Descent of Man and Selection in Relation to Sex	人類的起源與性的選擇
The Descent of Woman	女人原始
The Expression of the Emotions in Man and Animals	人與動物的情緒表達
The Feminine Monarchie	女性君主政體
The Imperial Animal	優越的動物
The Insect Societies	昆蟲社會
The Mind of the Dolphin: A Nonhuman Intelligence, 1967	海豚的心智：非人類的智能
The Naked Ape	裸猿
The Naturalist in Nicaragua, 1974	博物學家在尼加拉瓜
The Social Contract	社會契約
The Social Life of Monkeys and Apes, 1932	猿猴的社會生活
The Theory of Island Biogeography	島嶼生物地理學原理
Theropithecus gelada	獅尾狒狒
Thomasomys（tree mouse）	南美嶺鼠
Thomomys	平齒囊鼠
Thompson, W. R.	湯普遜
Thompsonia socialis	快合藤壺
Thraupis episcopus（blue tanager）	灰藍裸鼻雀
threshold effect	門檻效應
Thryonomyidae	蔗鼠科

Thryonomys （cane rat）	蔗鼠
Thylacinus （Tasmanian wolf）	袋狼
Thynnidae	膨腹土蜂科
Tiaris olivacea （yellow-faced grassquit）	黃臉草雀
Tierra del Fuego	火地群島
Tiger, Lionel	泰格
Tikh, N. A.	蒂赫
Tinbergen, N.	丁伯根
Tinkle, D. W.	丁克爾
Tiphiidae	小土蜂科
Tiwi	蒂威族
tolerable cost	可容忍成本
town	集鎮 （土撥鼠窩）
Trachurus symmetricus （jack mackerel）	寬竹莢魚
Trachymyrmex	粗家蟻
tradition drift	傳統漂移
Tragelaphus imberbis （lesser kudu）	扭角條紋羚
Tragelaphus strepsiceros （greater kudu）	大扭角條紋羚
Tragulidae （chevrotain; mouse deer）	鼷鹿科
Tragulus （chrevrotain）	鼷鹿
Tragulus javanicus	爪哇鼷鹿
Tragulus napu	大鼷鹿
trait	性狀
trans-9-hydroxy-2-decenoic acid	轉 -9- 羥 -2- 癸烯酸
trans-9-keto-2-decenoic acid	轉 -9- 酮 -2- 癸烯酸
transformational grammar	變形文法
transverse fission	橫分裂
trehalose	海藻糖
tribalism in the modern sense	現代部落主義
Tribolium castaneum （flour beetle）	赤擬穀盜

Tribonyx mortierii （Tasmanian native hen）	塔斯馬尼亞土雞
Trichechidae	海牛科
Trichechus （manatee）	海牛
Trichonympha	披髮蟲
Trichoscapa	桿鬚蟻
Triglyphothrix	三裂毛蟻
Trigona	無鉤蜂
Trigonopsis	大翅癭蜂
Trigonopsis cameronii	大翅癭蜂
Tringa totanus	赤足鷸
Trinidad	千里達
Trivers, R. L.	崔佛斯
Trochilidae （hummingbird）	蜂鳥科
Troglodytes troglodytes （common wren）	歐洲鷦鷯
trophallaxis	交哺
trophic egg	營養卵
trophic level	營養階
trophobiosis	營養共生
Tropidurus	脊尾蜥
true symbiosis	真共生
true worker caste	真工階級
Tryngites subruficollis （buff-breasted sandpiper）	黃胸濱鷸
Tubulidentata	管齒目
tunicata	被囊動物
Tupaia glis （tree shrew）	樹鼩
Tupaia glis belangeri	緬甸樹鼩
Tupaiidae	樹鼩科
Turbellaria	渦蟲綱
Turdoides squamiceps （Arabian babbler）	阿拉伯鶇鶥

Turnix sylvatica （button quail）	三趾鶉
turnover	更新速率
Tursiops （porpoise）	寬吻海豚屬
Tursiops aduncus （Indian Ocean bottle-nosed dolphin）	印太瓶鼻海豚
Tursiops gilli （Pacific bottle-nosed dolphin）	古氏瓶鼻海豚
Tursiops truncatus （Atlantic bottle-nosed dolphin）	瓶鼻海豚
Typhlomyrmecini	盲牙針蟻族
Typhlomyrmex	盲牙針蟻
Ululodes mexicana	墨西哥長腳蛉
Ungulata	有蹄目
Urocyon （gray fox）	灰狐
Urogale （Philippine tree shrew）	菲律賓樹鼩
Ursidae	熊科
Ursus americanus （black bear）	美洲黑熊
Uta stansburiana	側斑鬣蜥
Varanidae	巨蜥科
variability	變異性
variance	變異數
Velella	帆水母屬
verbal communication	語文通訊
Verne, Jules	凡爾納
Verner, J.	維納
Vernon, W.	維爾能
Veromessor	種子收穫蟻
vesiculase	精液凝固酶
Vespa	胡蜂屬
Vespa crabro	費邊胡蜂
Vespa dybowskii	茶色胡蜂

Vespa mandarinia	中國大胡蜂
Vespa orientalis	東方胡蜂
Vespa xanthoptera	黃翅胡蜂
Vespertilionidae	蝙蝠科
Vespidae	胡蜂科
Vespinae	胡蜂亞科
Vespoidea	胡蜂總科
Vespula	黃胡蜂屬
Vespula maculata	斑胡蜂
vibraculum / vibracula	振鞭體
Vicugna vicugna （vicuña）	南美駝馬
Viduinae	維達鳥亞科
Virunga Volcanoes	維龍加山脈（非洲）
Viverridae	靈貓科
Viverrinae	靈貓亞科
vocal pouch	聲囊
vocalization	發聲
volvox	團藻
Vombatus （wombat）	袋熊
vowel	母音
Vulpes （fox）	狐屬
Wankie National Park	萬基國家公園（羅德西亞）
warfare	戰爭
Washburn, S. L.	華士朋
Washo	瓦碩族
Wasmann, Erich	瓦斯曼
Wasmannia	小火蟻
Watson, A.	華森
weight-surface law	重量—表面積定律
Weiss, P. A.	魏斯

wet season	溼季
Wheeler, W. M.	惠勒
White, E.	懷特
White, Gilbert	懷特
Wickler, W.	威克勒
Wiener, N.	維納
Wiley, R. H.	魏利
will to power	奪權意志
Williams, G. C.	威廉斯
Williamsonia	威氏蘇鐵
Wilson, E. O.	威爾森
Woolfenden, G. E.	沃芬登
work castration	工作閹割
Wynne-Edwards, V. C.	文愛德華茲
Xanthocephalus（yellow-headed blackbird）	黃頭黑鸝
xenobiosis	賓主共棲
xenophobia	仇外；恐外
Xenopus laevis（African clawed frog）	非洲爪蟾
Xiphophorus（swordtail fish）	劍尾魚
Xolmis pyrope（tyrant flycatcher）	霸鶲
Xylocopa	絨木蜂
Xylocopinae	絨木蜂亞科
Xylocopini	絨木蜂族
Yanomama Indians, Yanomamö, Yanomami	亞諾瑪瑪印地安人
Zacryptocerus	平頭家蟻
Zaglossus	原針鼴
Zajonc, R. B.	扎雍克
Zalophus	加州海獅
Zapodidae	林跳鼠科
Zapus（jumping mouse）	林跳鼠

Zatapinoma	酸臭蟻
Zebrasoma flavescens（yellow surgeon fish）	黃高鰭刺尾鯛
Zermatt	則馬特（瑞士）
Ziphiidae	喙鯨科
Ziphius（beaked whale）	喙鯨屬
Zoantharia	六放珊瑚目
zooid	單蟲體
Zootermopsis	溼木白蟻
Zoothamnium	聚縮蟲
Zuckerman, S.	祖克曼